Jetzt helfe ich mir selbst

Start-Schwierigkeiten

Dieser Wegweiser soll Ihnen helfen, bei streikendem Motor den Fehler einzukreisen. In Frage kommen fast immer nur zwei Störungsursachen: Zünd- oder Kraftstoffanlage. Der aussichtsreichste Weg: Von beiden Gruppen die Anfangsfrage beantworten und falls diese bejaht werden können, mit dem Wegweiser für die Zündanlage beginnen. Entsprechend unserer Tabelle läßt sich der

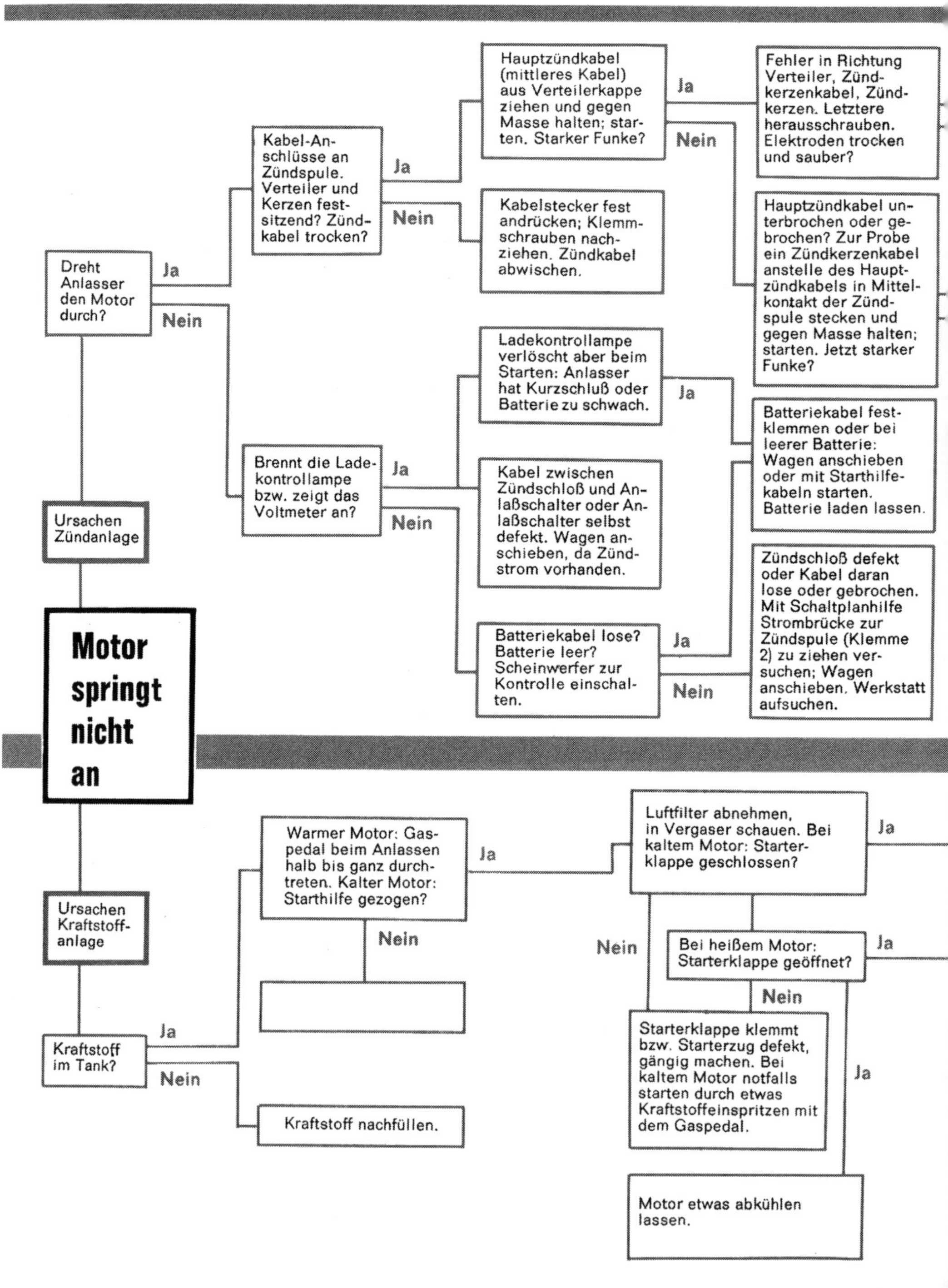

Motor auch bei Störungen, die während einer Fahrt auftreten, durchprüfen. Man beachte auch die näheren Ausführungen zu den einzelnen Punkten in den einzelnen Kapiteln und die damit verbundenen speziellen Störungshilfen, die auf den rechts unten angegebenen Seiten zu finden sind. Dieses Schema gilt sinngemäß auch für die meisten anderen Automobilfabrikate.

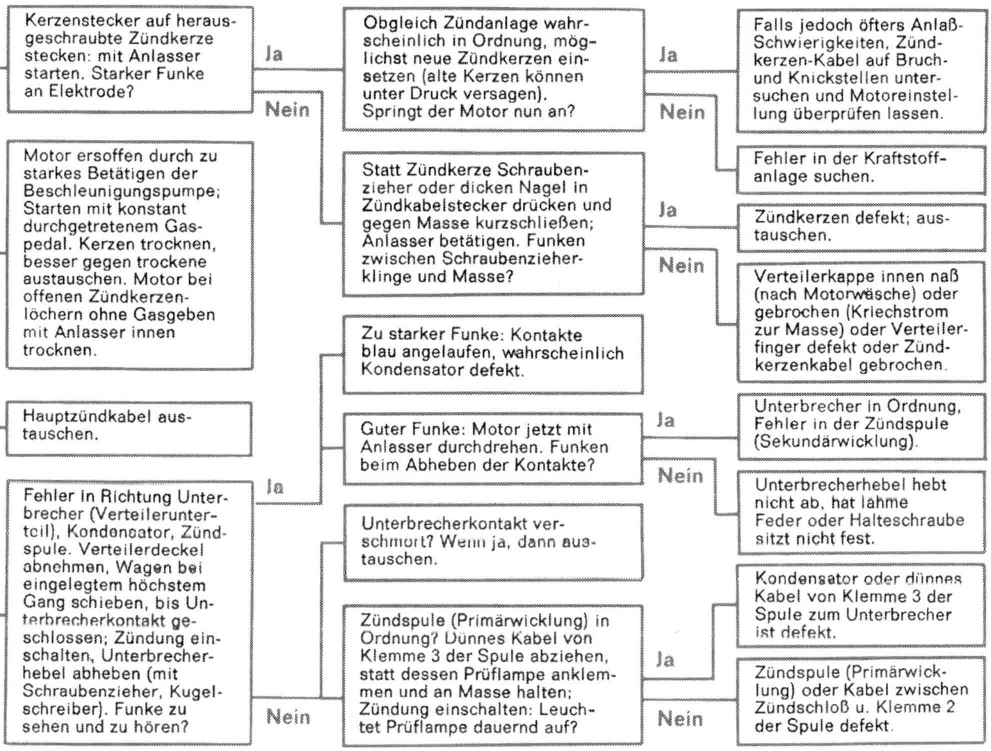

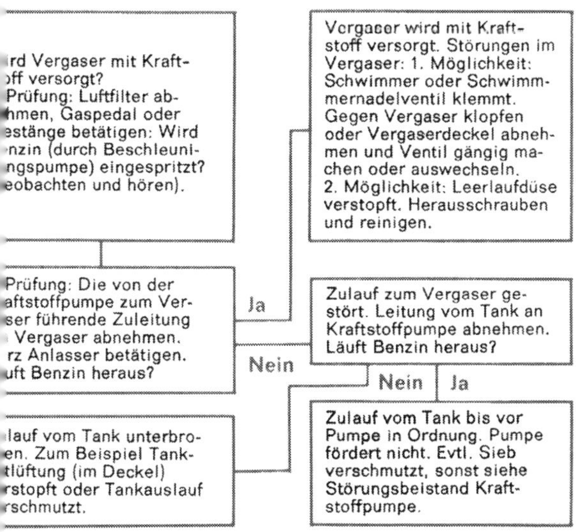

Eingehende Störungstabellen finden Sie auf den Seiten

Dieter Korp

Peugeot 204
Peugeot 304

alle Modelle

Jetzt helfe ich mir selbst

Unter Mitarbeit von
Richard Traub

Motorbuch Verlag Stuttgart

ISBN 3-87943-358-5

Umschlagentwurf und Buchgestaltung: Peter Werner / Siegfried Horn
Titelbild: Richard Traub

Auflage Nr. 103 977

Idee und Gestaltung des Störungsfahrplanes in der vorderen
Buchklappe: Verfasser
Fotos: Traub 53, Thaer 2, Michelin 2, Continental 1, Uniroyal 1.
Zeichnungen: Peugeot 57, Traub 2, Holert 1, Simca 1, RUD 1.
Schaltpläne: Peugeot 10.

Druck: KN Digital Printforce GmbH, Schockenriedstraße 37, 70565 Stuttgart
Printed in Germany.

Sie finden in diesem Buch

Seite

So bleibt Ihr Auto mobil

Die Null steht in der Mitte bei der Typbezeichnung Ihres Peugeot, denn diese Zahlen hat sich die französische Firma schützen und reservieren lassen. Aber wir wollen in dieser Zeit der Kostensteigerungen mit diesem Buch erreichen, daß die Nullen auf Ihren Rechnungen möglichst rechts stehen, rechts vom Komma. Was können Sie beispielsweise tun, um der Verrostung vorzubeugen und die Nachlackierung hinauszuschieben? Nähere Hinweise finden Sie ab Seite 211.

Es ist immer gut, wenn man sich selbst zu helfen weiß. Zwar steht in rund 1000 Peugeot-Werkstätten in der Bundesrepublik gut geschultes Personal bereit, Ihnen Sorgen abzunehmen und das Auto mobil zu halten. Und man bekommt auch recht schnell einen Termin für die Reparatur, seit es vielfach üblich wurde, den Wagen nur noch während der Garantiezeit warten zu lassen, später aber nur noch zu unbedingt nötigen Arbeiten der Werkstatt zu überlassen. Das geschieht allerdings mehr aus Not, denn Arbeits- und Kostenpreise laufen uns mehr und mehr davon.

Vernünftige Selbsthilfe dagegen spart Ärger und Kosten. In diesem Sinn ist das vorliegende Buch gedacht. Es soll die an sich schon informative Peugeot-Betriebsanleitung ergänzen in Richtung Eigenpflege, Selbsthilfe, Störungsbeistand und Werterhaltung, ohne ein Reparaturleitfaden im Sinne eines Werkstatthandbuchs zu sein.

Für den 204 Diesel sind hier die Wartungsarbeiten und die notwendigsten Bedienungshinweise beschrieben. Eine detaillierte Erklärung des Motors und der Einspritzanlage für diese in Deutschland seltene Variante mußte aus Platzgründen entfallen.

Allen freundlichen Leuten, die bei der Herausgabe dieses Ratgebers geholfen haben, sei hiermit herzlicher Dank abgestattet.

Die Verfasser

Wahrscheinlich haben Sie die Höhle erkannt, in der ein Teil der 204/304-Palette aufgestellt ist Das Reflektorgehäuse im Radkasten eines 204. Die Peugeot kommen aus Frankreich, wo uralte Malereien in den Pyrenäenhöhlen von früher Kultur zeugen. Peugeots werden allerdings weder in Höhlen noch in den Pyrenäen gebaut, sondern in Socheaux, im uns nahen Osten Frankreichs. Doch bringen sie uns ein Stück Kultur, angenehmen Fahrkomfort und technische Problemlosigkeit, was auch wieder Zeit für angenehme Nebensachen übrigläßt. Darüber sollte man aber die Pflege und Werterhaltung des Wagens nicht zu sehr vergessen.

Entwicklungshilfe

Selbsthilfe und Sparen am rechten Fleck haben wir zum Programm dieses Buches erhoben. Dazu gehört, rechten Nutzen aus dem Inhalt zu ziehen, der die Erfahrungen der Fahrer- und Werkstattpraxis, viele Ratschläge für den Fahrbetrieb und die Pflege Ihres Peugeot zusammenfaßt. Sie können am meisten davon profitieren, wenn Sie das Buch immer im Auto dabei haben: Um in einer ruhigen Stunde etwa eine theoretische Erklärung anzugehen, um bei einer Störung den Fehler rasch einzukreisen, beim Basteln oder Reparieren einen Arbeitsablauf zu verfolgen, sich auf den Umgang und das richtige Verhalten in der Werkstatt vorzubereiten oder beim Kauf eines Zubehörs oder Schmiermittels sich rechtzeitig zu informieren. Das Buch wie einen Roman zu verschlingen lohnt sich höchstens dann, wenn Sie gar keine Ahnung vom Auto haben und sich deshalb einen ersten Überblick verschaffen wollen.

Erste Hilfe

Hilfestellung für Suche und geldsparende Nutzung geben wir im Buch selbst: Den Störungsfahrplan in der vorderen, die Schaltpläne ab Seite 247 und in der hinteren Buchklappe, dazu Inhaltsverzeichnis und Stichwortverzeichnis zum raschen Auffinden der interessierenden Sachpunkte. Oft genügt dann einfaches Nachschlagen – und Sie können entscheiden, ob Sie mit bordeigenen Mitteln selbst flottkommen oder ob Sie Hilfe brauchen. Durch schnelles »Gewußt wie« kann man so manchmal das teure Abschleppen vermeiden, das meist mehr als einen Fünfzigmarkschein kostet, und noch aus eigener Kraft eine Werkstatt anlaufen. Es sei denn, ein Unfall hemmte die weitere Fortbewegung.

Nützliches Steckenpferd

Jenen Autofahrern, die nicht unters Blech schauen wollen oder einen Horror vor dem Praktischen haben, möchten wir empfehlen, ihre Vorbehalte vor dem Innenleben ihres Automobils abzulegen. Vieles ist nämlich einfacher als man glaubt. Fahren Sie einmal in einer stillen Stunde – am Wochenende oder im Urlaub – auf einen ruhigen Platz oder in einen abgelegenen Winkel. Öffnen Sie die Motorhaube oder kriechen Sie unter den Wagen und schauen Sie sich die Teile sozusagen »unverbindlich« an. Schon dabei fallen Ihnen die Anfangsgründe einiger Prüfungen in den Schoß, die im Wartungsplan des Werks enthalten sind: Wie sehen die Zündleitungen aus, sauber oder verschmutzt? Sind die Bremsschläuche, Stoßdämpfer oder Kühlwasserschläuche trocken? Steht die Bremsflüssigkeit und die Kühlflüssigkeit hoch genug? So fängt es an und so hat schon mancher Autofahrer Geschmack am Praktischen – und am Sparen gefunden!

Gedruckte Verführung

Bei zunehmender Erfahrung stellt mancher Autobesitzer gelegentlich fest, daß er seinen Wagen der Werkstatt zur Wartung nur deshalb weggab, weil sich im Kundendienst-Scheckheft ein Blatt für den gerade erreichten Kilometerstand vorfand, dem Wagen in Wirklichkeit aber eigentlich gar nichts fehlte. Kann man daraus dem Fahrzeughersteller den Vorwurf machen, er locke die Auto-

besitzer unnötig in die Werkstatt (was ja schließlich Geld und Zeit kostet)? Keineswegs, denn die regelmäßig vorgeschriebenen Wartungs- und Pflegearbeiten müssen notgedrungen ein Kompromiß aus der Vielzahl unterschiedlichster Beanspruchung sein, denen die Wagen in der Fahrpraxis unterworfen sind. Der eine fährt seinen Peugeot nur bei gutem Wetter oder am Wochenende, der andere muß immer und auf allen Sorten von Straßen fahren. Stadtfahrten oder Schleichfahrten bei Autobahnstauungen beanspruchen den Wagen grundsätzlich anders als schnelle Fahrten auf »Landstraßen letzter Ordnung«. Das erfordert bei der Aufstellung der Wartungspläne im Kundendienst-Scheckheft einen »Sicherheitsfaktor«, der auch höchste Beanspruchung einzelner Autoteile berücksichtigt.
Man kann daher bei ausreichender Erfahrung und sorgfältiger Überlegung die Wartung des Wagens in gewisser Weise seinen eigenen Fahrverhältnissen anpassen, ohne an der Verkehrssicherheit etwas zu versäumen. Man braucht sich also nicht ängstlich an die Kilometerabstände im Kundendienstheft zu halten. Geringfügige Überschreitungen spielen vor allem dann keine Rolle, wenn es sich um nicht besonders strapazierte Teile (als Folge einseitiger ungünstiger Fahrbedingungen) handelt.

Fingerzeige: *Innerhalb der Garantiezeit sollten Sie alle Arbeiten der Werkstatt überlassen. Es wäre falscher Stolz, den Wagen von Anfang an selbst versorgen zu wollen. Reklamieren Sie das, was Sie stört: Die Werkstatt ist verpflichtet, alles zu unternehmen, um den Wagen in Ordnung zu bringen. Lassen Sie sich mit der Mängelbehebung nicht über die Garantiezeit hinaus vertrösten. Manchmal folgt sonst das bittere Erwachen zu spät.*
Achten Sie darauf, daß die Garantieinspektionen im Scheckheft vermerkt werden. Wenn Sie später nicht nachweisen können, daß alles ordnungsgemäß ausgeführt wurde, können Sie Schwierigkeiten bei eventuell anfallenden Garantie- oder Kulanzleistungen bekommen!

Gezielte Inspektionsarbeiten

Es gibt nicht wenige Autofahrer, die nach der Garantiezeit alles, was sie sich an Wartungsarbeiten selbst zutrauen, regelmäßig erledigen und nur noch aus zwei Gründen die Werkstatt aufsuchen: Wenn tatsächlich Störungen oder Schäden die Hilfe des Fachmanns erfordern, oder wenn wichtige Wartungsarbeiten notwendig erscheinen, die entsprechendes Wissen, Geschick und spezielle Werkstatthilfsmittel erfordern.
Das sind vor allem jene Wartungsarbeiten, die in unserem Wartungsplan auf Seite 33 mit »W« (= Werkstatt) gekennzeichnet sind und bei der Selbstpflegewartung »übrig« bleiben, jedoch nicht versäumt werden dürfen. Oder sie können von der Werkstatt wesentlich schneller und preiswerter erledigt werden.
Wer hauptsächlich an Selbstbedienungs-Tankstellen sein Benzin zapft, kommt ohne ein bestimmtes Maß an Eigenkontrolle nicht aus. Dazu wären vor allem jene Kontrollen zu nennen, die sowieso nicht nur bei jedem offiziellen Wartungsdienst, sondern in wesentlichen kürzeren Zeitabständen vorgenommen werden müssen:

- Beleuchtung
- Batterie-Säurestandkontrolle
- Bremsflüssigkeitsstand
- Kühlflüssigkeitsstand
- Motorölstand
- Reifendruck- und -zustand
- Sauberkeit der Zündanlage
- Wirkung u. Zustand der Bremsanlage

Sparen helfen

Am Schluß dieses Kapitels, aber keineswegs an letzter Stelle in der Bedeutung, steht das Bestreben dieses Handbuchs, Ihnen sparen zu helfen. Denn:

»Erst unter dem Strich wird zusammengezählt.« Mit dem Autokauf ist das Geldausgeben ja keineswegs beendet. Denken Sie nur an die Betriebsmittel wie Benzin, Öl, usw., dazu kommen Wartungskosten, Reparaturen, Reifen. Ganz abgesehen von der Wertminderung, die Ihr Wagen mit jedem Kilometer und Tag erleidet.
Kann man daran etwas sparen? Auf keinen Fall an den fixen Kosten. Aber an Kraftstoff und Öl können Sie bereits sparen; darüber geben verschiedene Kapitel dieses Buches Auskunft. Auch auf die Möglichkeiten, durch richtige Wartung und Pflege zur Werterhaltung beizutragen. Sollten Sie aber doch dies und jenes in dem Buch vermissen, dann seien Sie bitte nicht gleich ungehalten. Wollte man alles berücksichtigen, was an einem Auto zu tun ist und alles bei Betrieb und Fahren hereinspielt, müßte dieses Buch um ein Vielfaches dicker werden. Sie wollen aber noch andere Dinge im Ablagefach Ihres Peugeot unterbringen und es nicht völlig durch einen dicken Werkstattwälzer blockieren.

Neue Meßeinheiten

Internationale Abkommen und das Bundesgesetz vom 2. Juli 1969 fordern, daß wir von einigen altgewohnten technischen Begriffen allmählich Abschied nehmen und statt dessen neue technische Maßeinheiten gebrauchen. Soweit sie unser Auto betreffen, sind sie natürlich auch in diesem Buch zu finden, vielfach allerdings noch neben oder mit den alten Bezeichnungen, sozusagen zum Eingewöhnen. Hier ihre Erläuterung:
Die Motorleistung wird nicht mehr in **PS** (= Pferdestärken), sondern in **kW** (= Kilowatt) angegeben, wobei 1 PS = 0,736 kW ist.
Das Drehmoment, sowohl beim Motor wie beim Anziehen von Montageschrauben, kannte man seither in **mkg** (= Meterkilogramm), jetzt wird es in **Nm** (= Newtonmeter) gemessen, wobei 1 mkg = 10 Nm sind. Die seitherigen Werte verzehnfachen sich also.
Der Reifenluftdruck, seither in **atü** (= Atmosphäre Überdruck) angegeben, wird nun in **bar** (= Bar Überdruck) vorgeschrieben, wobei 1 atü = 0,9806 bar, praktisch also auch = 1 bar ist.

Extratour

Sie haben zu Ihrem Peugeot dieses Buch erworben und damit gewissermaßen ein Anrecht darauf, zu erfahren, wie Sie mit möglichst wenig Aufwand möglichst lange Ihren Wagen genießen können. Natürlich gibt es Grenzen der Selbsthilfe, sei es aus Mangel an Gelegenheit, Werkzeug oder praktischer Veranlagung. Wir sagen Ihnen in den betreffenden Absätzen, wann der Fachmann angebracht ist. Dann fühlt man sich naturgemäß zu den Peugeot-Werkstätten hingezogen, die in der Regel mit den modernsten Geräten ausgerüstet sind. Davon gibt es in der Bundesrepublik rund 1000. Dort sitzen die Spezialisten für Ihren Peugeot. Aber in manchen komplizierten Fällen ist es trotzdem vorteilhafter, einen Spezialisten für Einzelaggregate aufzusuchen.

Vergaser-Dienste

Solex-Vertretungen sind für Probleme des Vergasers und der Kraftstoffpumpe zuständig. Die Liste der Solex-Dienste im In- und Ausland schickt die Pierburg GmbH & Co. KG, Postfach 838, 4040 Neuß 13, auf Anforderung. Fast immer haben die Solex-Dienste auch Motorprüfstände, auf denen man Vergaser- und Zündeinstellung optimal aufeinander einstellen kann.

Auto-Elektrik-Werkstätten

Dazu zählen auch die Bosch-Vertretungen. Dort beschränkt man sich keineswegs nur auf die Zündkerzen oder die Scheinwerfer, sondern es stehen dort teil- oder vollelektronische Motortestgeräte für die Prüfung der Zündung, für die richtige Zündeinstellung und die günstigste Abstimmung der Vergasereinstellung, den Druck der Kraftstoffpumpe und weitere Messungen mehr. Beim Kauf neuer Teile erfolgt der Einbau oft kostenlos. Von der Firma Bosch GmbH, Kundendienst-Abteilung, Robert-Bosch-Platz 1, 7016 Gerlingen-Schillerhöhe bei Stuttgart, erhält man auf Anforderung ein Verzeichnis aller Bosch-Dienste im In- und Ausland. Da sich die elektrische Ausrüstung der verschiedenen Fabrikate weitgehend gleicht, kann man bei diesen Diensten fast immer auf Hilfe hoffen. Übrigens übernehmen die Bosch-Dienste auch Vergasereinstellarbeiten (im Einvernehmen mit Solex), was im Grund nur vernünftig ist: Erst muß die Zündeinstellung stimmen, bevor man den Vergaser prüft.

Reifenwerkstätten

Davon gibt es mehr als man normalerweise weiß; studieren Sie nur einmal das Branchenverzeichnis Ihres Telefonbuches! Hier ist man in der Regel in bezug auf Reifenreparaturen, Auswuchten, Runderneuern, und mehr als man glaubt bei der Beratung für den Kauf der richtigen Reifen gut aufgehoben. Beim Reifenkauf wird die Montage oft gar nicht berechnet.

Karosserie-Werkstätten

Autolackierereien oder -polstereien ist es meist egal, welches Markenzeichen das Auto trägt, das zur Reparatur auf den Hof fährt. Auf dem Gebiet der Blechbearbeitung sind sie mit jedem Wagen vertraut. Nicht selten gibt auch die Peugeot-Werkstatt Reparaturwagen an diese Fachwerkstätten weiter.

Tankstellen

Ernennen Sie eine gutgeführte Tankstelle zu Ihrer Stammtankstelle. An vielen Tankstellen gibt es ungenutzte Pflegekapazität und Zeit für den Kunden. Den geringeren Zuspruch der Autofahrer suchen diese Tankstellenhalter durch besonders höfliche, schnelle und gute Bedienung auszugleichen. An solch einer Tankstelle ist man gut aufgehoben, denn die technische Ausstattung moderner Tankstellen bietet mehr als nur Benzin für den Tank. Dort finden sie durchweg alle Geräte zum Ölwechsel, zur Reifenpflege und oft auch zur Batteriepflege. An ausgewählten Tankstellen finden sich sogar Motor-Prüfgeräte zum Einstellen von Leerlauf und Zündung.
Freilich darf man von einer Tankstelle in fahrzeugtechnischer Hinsicht auch nicht zu viel erwarten. Regelrechte Reparaturen wird ein vernünftiger Tankstellenhalter schon von sich aus ablehnen (er ist auch nicht entsprechend haftpflichtversichert!) und die wirklichen reparaturtechnischen Feinheiten Ihres Peugeot kann verständlicherweise auch nur die Peugeot-Werkstatt kennen.

Freie Auto-Werkstätten

Obwohl die Autowerke versuchen, möglichst viele Vertragshändler und Werkstätten an sich zu binden, gibt es noch genügend Individualisten im Kraftfahrzeughandwerk, die frei bleiben möchten. Man trifft oft auf erheblichen Sachverstand und redliches Bemühen.

Hohe Schule der Selbsthilfe

Der erfahrene Autopraktiker kann sich noch mehr selbst helfen. Allerdings muß dazu sein Werkzeugschrank schon recht gut ausgestattet sein.
Für jenen Autofahrer, der lieber unter berufener Anleitung selbst Hand anlegen möchte, gibt es auch spezielle Selbsthilfe-Werkstätten, die gegen Miete Boxen überlassen, in denen man arbeiten kann. Allerdings muß man diese Werkstätten oft mühsam im Branchenverzeichnis des Telefonbuchs oder im Anzeigenteil von Tageszeitungen suchen, da es immer wieder Wechsel gibt, bekannte Werkstätten aufgeben und neue hinzukommen. Hier einige Adressen, die sich bisher als beständig erwiesen haben:

Anschrift	Name	Telefon	Arbeitsplätze
1000 Berlin 42 (Mariendorf) Mariendorfer Damm 146	Auto-Hobby-Werkstatt Janasik & Schiffmann	7 06 13 86	15
2000 Hamburg 50 (Altona) Ruhrstraße 48–56	Auto-Selbsthilfe Fibier & Co.	8 50 11 51	26
2000 Hamburg 50 (Altona) Bornkampweg 6	Mach-es-selbst-Station Shell-Station Fr. Hofer	89 43 42	5
3000 Hannover Fössestraße 105 a	SB Autohobby-Center Siegfried Jetzkewitz	4 58 87 86	30
4370 Marl-Sinsen Halterner Straße 42 a	Autoverwertung Fr. Schmidt	8 14 60	4
5000 Koln Genter Straße 13–15	Autohobby-Mietwerkstatt	52 48 74	70
6000 Frankfurt-Nied Nieder Kirchweg 113	Autohobby-Mietwerkstatt	39 92 92	65
6500 Mainz-Mombach Industriestraße 5	Autohobby-Mietwerkstatt	4 62 58	35
6800 Mannheim-Waldhof Waldstraße 172	Shell-Station Albrecht	75 31 28	2
8000 München 45 Knorrstraße 135	Shell-Hobby-Station Adolf Höhl	3 51 43 90	8

Meist zahlt man hier für die Benutzung eines Arbeitsplatzes einen Pauschalpreis. Extra bezahlen muß man für Hebebühne und Spezialwerkzeug.

Kostenbremse

Es gibt Leute, die hören das Gras wachsen. Sie entdecken jeden Tag aufs neue Anzeichen für den baldigen Verfall ihres Gefährts. Freilich sollte man auch nicht ins andere Extrem verfallen und fünf gerade sein lassen. Denn was man früh erkennt, läßt sich oft billig heilen, häufig ohne Werkstattbesuch, nur durch eine einfache Pflegearbeit. Deswegen ist es durchaus von Vorteil, hin und wieder eine Fahrt auf der Hausstrecke in eine private Probefahrt umzuwandeln und aufmerksam Motor, Getriebe, Fahrwerk und Karosserie zu beobachten. Die Werkstatt hat für die vorgeschriebene ausführliche Probefahrt ohnehin nur selten die Zeit oder Gelegenheit.

Wie Sie gleich lesen werden, ist für die hier geschilderten Kontrollen kein besonderes Werkzeug nötig. Höchstens ein großer Bogen Packpapier, falls Sie genauer hinsehen wollen und dazu unter den Wagen kriechen müssen. Einige der Kontrollen sind ohnehin reine Sichtprüfungen.

Übrigens: Vorgehen nach dem geschilderten Rezept gibt auch für den Gebrauchtwagenkauf verläßliche Rückschlüsse. Auch dort spart ein scharfer Blick manch hart verdiente Mark.

Prüfen im Stand

Vor dem Einsteigen oder bei der Wagenwäsche um den Wagen gehen. Achten Sie auf folgende Punkte:

- Neue Kratzer im Lack?
- Beulen im Blech?
- Rostansatz?
- Reifenzustand?

Beleuchtung:

- Fernlicht?
- Abblendlicht?
- Standlicht?
- Scheinwerfer verschmutzt?
- Zusatz-Scheinwerfer?
- Rückleuchten?

Signale:

- Blinkanlage?
- Warnblinkanlage?
- Tönt die Hupe?
- Bremslichter?

Eigentlich sind Sie vor Antritt jeder Fahrt zur Überprüfung der Beleuchtung und der Funktion der Signale verpflichtet. In der Praxis tun das nur wenige. Aber man sollte diese Punkte nicht vernachlässigen.

Motor:

- Ölstand?
- Auspuffschrauben fest?
- Vergaser benzinfeucht?
- Ansaugrohre fest?
- Ölspuren?
- Starke Ventilgeräusche?
- Bremsflüssigkeitsstand?
- Kühlmittelstand?

Wagenstandplatz ansehen: Neue Ölflecken? Wenn ja, woher? (Jedoch treten Ölverluste beim Fahren stärker auf, weil das Öl dann dünner ist).

Elektrische Anlage:

- Batteriepole verschmutzt?
- Brennen die Kontrollampen?
- Batterieflüssigkeitsstand?
- Sicherungen intakt?

Aufschlußreich kann das Betrachten der Wagenunterseite sein, etwa auf der Hebebühne einer Tankstelle oder wenn der Wagen über der Montagegrube steht (beim Ölwechsel):

- Unterbodenschutz ohne Lücken?
- Rostansatz am Unterboden?
- Bremsschläuche feucht?
- Schwergängige Räder?
- Ölfeuchtigkeit unten am Motor?
- Radlager mit zu großem Spiel?
- Auspufftopf beschädigt?
- Auspufftopf durchgerostet?

Probefahrt

Pflegearbeit Nr. 17

Bei der privaten Probefahrt empfiehlt sich folgendes Kontrollschema:
Bremsen – Lenkung – Motor – Kupplung – Getriebe.

- Bremsen Sie (zunächst vorsichtig auf leerer, ebener und nicht gewölbter Straße) mit losgelassenem Lenkrad: Zieht der Wagen zur Seite? Den Wagen evtl. durch schnelle Lenkkorrekturen auf Kurs halten.
- Lenkung kurz anreißen und dann loslassen: Kommt der Wagen ohne Hilfe der Hände wieder in Geradeauslauf zurück? Stellt sich die Lenkung nach Kurven ohne Handhilfe zurück? Läßt sich das Lenkrad leicht drehen? Rollt der Wagen leicht bei abgestelltem Motor weiter (sonst zu schwergängige Räder)?
- Läuft der Motor im Leerlauf leise und gleichmäßig? Auch nach längerer Fahrt? Sauberer Übergang und ruckfreies Beschleunigen beim Gasgeben? Gaswegnehmen bei höherem Tempo: Ungewöhnliche Geräusche von Motor, Getriebe, Auspuff? Patschen des Vergasers?
- Trennt die Kupplung ganz, rupft sie oder rutscht sie durch?
- Arbeitet die Synchronisation im Getriebe einwandfrei und geräuschlos?
- Nach scharfer Fahrt anhalten und sofort die Zündung ausschalten: Läuft der Motor weiter (Nachdieseln)? Springt der Motor in heißem Zustand leicht wieder an?

Auf solche Punkte sollte man gelegentlich bewußt achten. Denn im routinemäßigen Fahrbereich gewöhnt man sich leicht an Untugenden des Wagens. Zu jedem Punkt, der hier angeschnitten wurde, finden Sie in den entsprechenden Kapiteln ausführliche Ergänzungen.

Dichtheit prüfen

Pflegearbeiten
Nr. 11, 12, 14

Dabei handelt es sich um einfache Sichtkontrollen auf Dichtigkeit gegenüber Öl, Wasser und Kraftstoff, die Störungen im Fahrbetrieb vorbeugen sollen. Aber

Zwei Auflagepunkte an jeder Wagenseite gibt es für den Wagenheber: an der Quertraverse hinter dem Vorderrad und an der Quertraverse vor dem Hinterrad. Vor dem Anheben immer den Wagen durch Anziehen der Handbremse oder Unterlegen der Räder gegen Abrollen sichern. Übrigens sollte man den Wagenheber hin und wieder aus dem Motorraum nehmen und ölen, damit er gängig ist, wenn er gebraucht wird.

wie Sie an den genannten Stichworten erkennen können, sind Sie damit schon mitten in die Wartung Ihres Peugeot hineingestiegen.
Ölfeuchte Stellen am Triebwerksblock und innen an den Antriebswellen deuten auf Leckstellen. Unbedingt nach der Undichtigkeitsstelle forschen! Das kann manchmal schwierig sein, denn typische Schwächen oder eine Neigung zu Undichtigkeiten zeigen die Peugeot-Aggregate nicht. Es muß also irgendwo ein Verschleiß oder ein Montagefehler (Schrauben zu schwach oder zu stark angezogen, defekte, verzogene oder falsch montierte Dichtung etc.) vorliegen. Oft verteilt der Fahrtwind das austretende Öl, so daß man die Leckstelle nicht ohne weiteres lokalisieren kann. Das beste ist, Sie säubern den Motor und die Achsen und schauen in kürzeren Abständen nach, woher das Öl kommt. Näheren Aufschluß erhält man unter Umständen, wenn man die austretende Flüssigkeit prüft, indem man sie zwischen den Fingern verreibt: Bremsflüssigkeit läßt sich leicht wie Wasser zwischen den Fingern verreiben. Wie schmierig Motoröl ist, weiß wohl jeder, der einmal Öl mit dem Finger vom Meßstab abgewischt hat.
Besonders schwierig ist es, Leckstellen im Kraftstoffsystem, etwa am Vergaser oder am Tank zu finden, denn Kraftstoff verdunstet schnell. Aber auch hier gibt es Anzeichen, und zwar hinterlassen die Kraftstoffzusätze, besonders die Einfärbungen der Markenkraftstoffe im Laufe der Zeit Niederschläge, die bei der Suche helfen können. Ebenso ist es mit der Kühlflüssigkeit. Auch hier wird man nach längerem Austreten Niederschläge finden. Man muß nur die Schläuche, Schlauchanschlüsse, Manschetten an Kühler, Motor und Heizung, aber auch die Aggregate selbst genau ansehen. Den ersten Anstoß zum Verdacht auf Flüssigkeitsverlust bekommt man normalerweise, wenn der Kühlmittelstand im Kühler oder Druckbehälter unter die zulässige Minimummarke absinkt.

Kraftstoff-Verbrauch

Etwa 42 Liter Kraftstoff faßt der Tank. Diese Kraftstoffmenge reicht natürlich für eine unterschiedliche Anzahl von Kilometern, je nachdem, ob Sie einen Peugeot 204 oder 304 fahren. Auch die Betriebsart (Kurzstrecke, Langstrecke etc.) ist für den Kraftstoffverbrauch ausschlaggebend. Man sollte aber wissen, wie weit die Tankfüllung reicht, um rechtzeitig tanken zu können. Denn an manchen Autobahnen und in abgelegenen Landstrichen sind diese Oasen der Kraftfahrer recht dünn gesät, und wegen Kraftstoffmangel auf der Autobahn oder einer Bundesstraße liegenzubleiben ist strafbar. Auf den Dieselkraftstoff sind wir auf Seite 85 eingegangen.
In den technischen Daten haben wir die von uns ermittelten Testverbräuche für die verschiedenen Peugeot-Versionen und die unterschiedlichen Betriebsverhältnisse festgehalten. Diese können natürlich nur Anhaltswerte sein, weshalb es gut ist, wenn Sie den Verbrauch für Ihren eigenen Wagen und Ihre Betriebsverhältnisse selbst messen. Damit können Sie dann die Reichweite einer Tankfüllung selbst ausrechnen. Nehmen wir einmal als Beispiel den (hohen) Kurzstreckenverbrauch, den wir bei einem Peugeot 304 gemessen haben: Tankinhalt mal 100, geteilt durch den Verbrauch (12,5 Liter/100 km) = 42 x 100 = 4200 : 12,5 = 336 km. Oder bei einem Langstreckenverbrauch in zügiger Fahrweise von 8,2 Liter/100 km: 42 x 100 = 4200 : 8,2 = 512 km.
Natürlich ist in beiden Fällen bereits die Reservemenge des Tanks mit eingeschlossen, so daß es angebracht ist, im ersten Fall spätestens nach etwa 280 km, im zweiten Fall erst nach spätestens 430 km nach einer Zapfsäule Ausschau zu halten, wenn man keinen Reservekanister dabei hat.

Verbrauch messen

Wieviel braucht denn nun Ihr Peugeot im Durchschnitt? Über den Daumen gepeilte Mutmaßungen nutzen da gar nichts. Auch einzelne Nachtank-Messungen (geteilt durch die gefahrene Strecke) bringen allenfalls das Ergebnis der an diesem Tage gefahrenen speziellen Fahrweise, das einen außerordentlich weiten Spielraum haben kann und außerdem (wegen etwas geneigter Fahrbahn an der Tankstelle oder wegen Luftblasen im Tank) ziemlich ungenau ist. Drei Liter pro 100 km mehr oder weniger hat man da schnell. Nach solch einer Messung über wenige hundert Kilometer besteht weder Anlaß, sich über sein sparsames Auto zu freuen, noch, im andern Falle, Grund zur Sorge, das eigene Auto sei ein versoffenes Luder und müsse eilends in die Werkstatt.

Verbrauchsmessung mit Fahrtenbuch

Die wirklich richtige Aussage über die Gesundheit des Motors und des Fahrgestells bringt nach unseren Erfahrungen nur ein über mindestens 1000 und mehr Kilometer sorgsam verbuchter Verbrauch. In solch einer Langstrecke über mehrere Tage oder Wochen mischen sich in der Regel alle Fahrweisen, so daß man einen echten Durchschnitts-Verbrauch erhält. Für diese laufende Verbrauchsbeobachtung eignet sich am besten ein ordentlich geführtes Fahrtenbuch (erhält man kostenlos an seiner Stamm-Tankstelle). Die Verbrauchsrechnung geht dann so:

- Alle Tankungen mengenmäßig eintragen.
- Alle paar tausend Kilometer gelegentlich des Volltankens genauen Kilometerstand eintragen.
- Alle Nachfüllmengen zwischen zwei km-Eintragungen und die letzte Volltankung bei der km-Eintragung zusammenzählen (also ohne die Volltankung bei der ersten km-Eintragung! Denn sie ist ja Ausgangsbasis).
- Gesamtverbrauch durch gefahrene Kilometer (mindestens 1000 km!) teilen und mit 100 multiplizieren = Liter-Verbrauch pro 100 km.

Beispiel: Letzte km-Notierung mit Volltankung 36 784, vorletzte Notierung km-Stand 35 434, ergibt 1350 km Meßstrecke. Getankt wurden nach km-Stand 35 434 (ohne die damalige Volltankung!) bis einschließlich km-Stand 36 784 insgesamt 140,3 Liter. 140,3 : 1350 = 0,104 (das ist der Liter-Verbrauch pro 1 Kilometer). 0,104 x 100 = 10,4 Liter Verbrauch pro 100 km.

Zu hoher Verbrauch

Der heutige dichte Verkehr läßt es – zumal im Stadtgebiet – meist nicht mehr zu, ausgesprochen sparsam zu fahren. Lassen Sie sich auch nicht durch die angeblich sagenhaft niedrigen Verbrauchszahlen anderer Peugeot-Fahrer beeinflussen. Diese beruhen nur selten auf gemessenen Tatsachen. Man sollte aber auch nicht kleinlich sein. Ein halber Liter Mehrverbrauch auf 100 km spielt keine ausschlaggebende Rolle. Außerdem: Motoren, die ständig niedertourig und lahm gefahren werden, erreichen besonders auf Ultrakurzstrecken kaum die günstigste Betriebstemperatur und unterliegen so – trotz scheinbar schonender Fahrweise – einem höheren Verschleiß, und auch die Gefahr von Ablagerungen im Motor ist größer.
Und vergessen Sie nie: Für die Verbrauchshöhe gibt meistens der Fahrer den Ausschlag.

Fahrerursachen

- Gaspedal wird ständig durchgetreten, obwohl oft ein leichtes Zurückgehen des Gasfußes kaum Geschwindigkeitseinbuße, aber viel Benzinersparnis bringt.
- Gänge werden beim Beschleunigen bis in hohe Drehzahlen ausgefahren, der günstigste Verbrauch liegt knapp über dem Bereich der höchsten Durchzugskraft (= günstiges Drehmoment, beste Zylinderfüllung). Die wirtschaftlichsten Schaltstufen und Fahrgeschwindigkeiten in den einzelnen Gängen können Sie dementsprechend in den Drehzahl/Geschwindigkeits-Diagrammen im Kapitel »Motor« ablesen (Seite 54).

Ungünstige Fahrbedingungen

■ Überwiegender Stadtverkehr läßt den Motor zuviel im Leerlauf drehen. Er wird nicht richtig warm, das Benzin vergast schlecht. Plötzliches Beschleunigen an Kreuzungen und Ampeln treibt den Verbrauch in die Höhe. Außerdem braucht man länger Starthilfe.

■ Kalte Witterung. Es dauert länger, bis die günstigste Betriebstemperatur des Motors erreicht wird. Länger Starthilfe nötig. Und die Schmierstoffe für Motor, Getriebe und Radlager bleiben länger steif und leisten höheren Widerstand.

■ Schnee und Matsch erhöhen den Rollwiderstand der Reifen, der mit etwas tiefer durchgetretenem Gaspedal überwunden werden muß.

■ Kurvenreiche und gebirgige Strecken: vieles Bremsen, Schalten und Beschleunigen kosten Kraftstoff.

Wagenursachen

■ Hohe Belastung des Wagens. Deshalb braucht man bei der Urlaubsreise mit viel Gepäck mehr Benzin; pro 100 kg Zuladung etwa 0,5 bis 1 Liter mehr.

■ Vorwiegend Pflaster- und Schotterstraßen.

■ Zu niedriger Reifendruck erhöht den Rollwiderstand.

■ Schwergängige Räder, zu knappes Radlagerspiel oder schleifende Bremsbeläge, evtl. hervorgerufen durch schlecht eingestellte oder nicht voll gelöste Handbremse.

■ Radeinstellung (Vorspur) stimmt nicht.

■ Reifen-Art: Nicht alle Fabrikate weisen gleiche Rollwiderstände auf, selbst bei Normalreifen können Unterschiede bis zu 10 Prozent vorkommen. M+S-Reifen führen zu höherem Verbrauch.

Motorursachen

■ Parken in praller Sonne: Benzin verdunstet über Vergaser- und Tankentlüftung.

■ Man braucht doch etwa 4000 bis 8000 km, bis alle Lagerstellen von Motor und Fahrwerk richtig »frei« sind und die günstigsten Verbrauchswerte erzielt werden, was auch für Austauschmotoren und überholte Motoren zutrifft.

■ Großserienmotoren, auch die der Peugeot, streuen in Leistung und Verbrauch bis zu 5 Prozent vom Katalogwert nach oben und unten.

■ Zündung nicht in Ordnung: Zundzeitpunkt verstellt, Zündkerzen verschmutzt oder abgenützt, verschmorte Unterbrecherkontakte.

■ Störungen am Vergaser: Düsen verschmutzt, Vergaser falsch eingestellt (insbesondere die Leerlaufgemisch-Regulierschraube), Vergaserdichtungen defekt, Schwimmer beschädigt oder klemmt.

■ Motorverschleiß stark fortgeschritten: Ventile schließen nicht dicht, Kolbenringe dichten nicht mehr genügend.

Klingeln oder Klopfen

Das sind zwei Namen für Erscheinungen, die mit der Kraftstoffverarbeitung im Motor zusammenhängen. Besondere Aktualität hat das Klingeln oder Klopfen seit der Herabsetzung des Bleigehalts im Kraftstoff auf 0,15 Gramm pro Liter bekommen. Diese Vorschrift hat übrigens bewirkt, daß in der Bundesrepublik keineswegs mehr Kraftstoffe mit Spitzenoktanwerten geboten werden, wie man es bisher in Europa gewohnt war. Das heißt, daß die Peugeot-Motoren mit dem ausländischen Super inzwischen oft besser versorgt sind als mit inländischem, so daß man sich bezüglich des Kraftstoffs bei Auslandsreisen kaum mehr Gedanken machen muß: Wenn der Motor mit inländischem Benzin klaglos läuft, tut er das auch im Ausland. Lediglich in einigen Ostblockländern ist das Benzin schlechter. Wenn die Reise dorthin gehen soll, fragt man am besten vorher die Werkstatt wegen der entsprechenden Motoreinstellung.

Allerdings wird in der Alltagssprache unter den Begriffen Klingeln und Klopfen einiges durcheinandergeworfen, was wegen der unterschiedlichen Abhilfemaßnahmen getrennt werden sollte. Oft wird es mit der Selbst- oder Eigenzündung bzw. Glühzündung verwechselt, die ohne oder vor dem Zündfunken entsteht – siehe auch Absatz Nachlaufen. Das Klopfen dagegen geschieht stets nach dem Zündfunken, durch dessen Flammenfront Teile des Kraftstoff/Gemischs in einer Ecke des Brennraums zusammengedrängt werden und sich schon entzünden, bevor die Zündkerzen-Flammenfront sie erreichen.

Das Klingeln oder Klopfen sollte man keinesfalls leicht nehmen. Denn es signalisiert örtliche Überhitzungsherde und Druckwellen, die den Motor bis in seine Kurbelwellen- und Pleuellager erschüttern. Fünf Kilometer Strecke, die unter Klingelerscheinungen zurückgelegt werden, können den Motor mehr verschleißen als etwa 150 km normaler Fahrstrecke. Wenn Sie sicher sind, daß es sich um keine anderen Geräusche handelt, sollten Sie die Kühlanlage und die Zündzeitpunkt-Einstellung kontrollieren lassen.

Man unterscheidet das

- Beschleunigungsklopfen und das
- Hochdrehzahlklopfen.

Das Beschleunigungsklopfen tritt, wie der Name sagt, vor allem beim Beschleunigen auf, wenn man also im 3. oder 4. Gang aus 30 bis 40 km/h heraus scharf beschleunigt, oder wenn man an einer Steigung zu schaltfaul fährt und den Motor in niedrigen Drehzahlen mit voll durchgetretenem Gaspedal quält. Dem Beschleunigungsklingeln braucht man allerdings nicht allzuviel Bedeutung beizumessen, wenn man nicht ständig motorquälend fährt. Denn es tritt ja nur kurzzeitig auf und kann so nicht viel Schaden anrichten. Zum Beschleunigungsklopfen neigen besonders Normalkraftstoffmotoren, Supermotoren wie die Peugeot nur, wenn statt Super Normalkraftstoff gefahren wird, der OZ-Unterschied zwischen Motorbedarf und Benzinqualität also groß ist. Das Beschleunigungsklopfen ist besser hörbar, wenn man den zu prüfenden Wagen an sich vorbeifahren läßt als vom Fahrersitz aus. Verantwortlich ist mangelnde ROZ. Abhilfe: Besseren Kraftstoff wählen.

Das Gefährliche am Hochdrehzahlklopfen (falsch: Hochgeschwindigkeitsklopfen, denn es tritt auch bei langsamer Fahrt in den unteren Gängen auf) ist, daß man es nicht hört und sich oft als Dauerzustand über längere Entfernungen erstreckt, besonders wenn man längere Strecken auf der Autobahn mit Spitzengeschwindigkeit fährt, was ja auch Spitzendrehzahlen bedeutet. In den unteren Gängen, etwa zum Überholen oder an Steigungen, währt dieser Zustand dagegen meistens nur kurz. Zum Hochdrehzahlklopfen ist mangelnde MOZ verantwortlich. Es ist fast nur feststellbar durch steigende Kühlwassertemperatur. Nicht üblich sind dadurch Kolbenklemmer, dagegen aber durchgeschweißte Kolbenböden (Spitzentemperaturen bis 1500° C). Das Hochdrehzahlklopfen tritt zunehmend bei älteren Motoren auf, bei denen durch ungünstige Betriebsart im Lauf der Zeit der Brennraum verkokt, dadurch der Brennraum verkleinert und damit die Verdichtung erhöht wird.

Abhilfe bringt zunächst eine entsprechende Veränderung der Vorzündung in der Werkstatt. Wenn dies nicht mehr hilft, was jedoch selten ist, sollte der Motor einer Reinigungskur mit Mitteln wie Desolite oder Motor Quick unterzogen werden. Bei Wagen, die dauernd ungünstig betrieben werden (Stadt- und Kürzeststreckenbetrieb) empfiehlt sich ständiger Zusatz zum Kraftstoff (Desolite), um Ablagerungen vorzubeugen.

ROZ und MOZ

Um einem oft anzutreffenden Irrtum zu begegnen: Oktan ist kein Kraftstoffzusatz, sondern in Form der Oktanzahl nur ein Vergleichsfaktor für den Grad der Klopffestigkeit eines Kraftstoffs. Die Oktanzahl ist international genormt und wird ermittelt, indem man den Kraftstoff mit einem »Modellkraftstoff« vergleicht. Letzterer enthält eine besonders klopffeste chemische Verbindung (Iso-Oktan). Der Gehalt der Vergleichsmischung an Iso-Oktan (in Volumen-Prozent) ergibt die Oktanzahl.

Neuerdings unterscheidet man zwei Oktanzahlen: Die Research-Oktanzahl (ROZ), die der normalen Oktanzahl entspricht und die man manchmal an Tankstellen angegeben findet, und die Motor-Oktanzahl (MOZ), die den Beanspruchungen im Alltagsbetrieb näher kommt. Die MOZ wird gegenüber der ROZ unter verschärften Bedingungen ermittelt.

Nachlaufen

Vom Nachlaufen oder Nachdieseln, das gelegentlich bei verkokten Motoren vorkommt, spricht man, wenn die Zündung abgestellt wird und der Motor trotzdem einige Takte weiterläuft. Als »Zündkerze« wirken dabei nachglühende Rückstände im Brennraum, die sich bilden, wenn der Motor vorwiegend unter ungünstigen Betriebsbedingungen gefahren wird und dabei häufig nicht seine beste Betriebstemperatur erreicht. Nachlaufen wirkt genauso schädlich wie Klingeln. Das billigste Mittel: Zwischendurch immer wieder mal eine längere Fahrt auf der Autobahn. Dabei werden Rückstände verbrannt, und der Kraftstoff im Öl verdunstet. Wem dies nicht möglich ist, kann bei reinem Kurzstreckenbetrieb dem Kraftstoff hin und wieder das rückstandlösende Autol-Desolite zusetzen.

Höchstgeschwindigkeit und Tachoanzeige

Man soll sich von der Tachometeranzeige nicht täuschen lassen. Die Tachometer eilen mehr oder weniger vor, d. h. sie zeigen eine höhere Geschwindigkeit an, als der Wagen tatsächlich fährt. Das dürfen sie sogar nach den gesetzlichen Vorschriften, nur dürfen sie nicht zu wenig anzeigen. Die Toleranz darf in den beiden oberen Dritteln des Anzeigebereichs bis zu 7 Prozent vom Endwert der Tachoskala nach oben betragen. Beim bis 180 km/h reichenden Tachometer des 304 S sind das 12 bis 13 km/h ab etwa 50 km/h der Skala.

Wer genau wissen will, wie schnell er tatsächlich fährt, kann seinen Tachometer »eichen«. Dazu braucht man eine Stoppuhr, einen Beifahrer, 1 km mäßig befahrene Autobahnstrecke (500 m genügen auch, man muß dann die gestoppte Zeit verdoppeln). Die Meßstrecke wird mit jeweils genau eingehaltenen 40, 50, 80 oder 100 Tacho-km/h durchfahren. Am Schluß der Messungen wird dann der Mittelwert genommen und in km/h umgerechnet.

Vor Beginn jeder Messung muß man einen langen Anlauf nehmen, bis sich die Tachonadel ruhig auf die nachzuprüfende Tachomarke eingependelt hat und sich während der Meßfahrt die Geschwindigkeit nicht mehr verändert. Der Beifahrer visiert über den vorderen Türholm die blauen Kilometertafeln am Autobahnrand an und drückt am Anfang und Ende der Meßstrecke auf die Stoppuhr, wenn die blauen Kilometertafeln über die Blickrichtung des Türpfostens nach hinten verschwinden.

Vor allem die 50 km/h-Marke sollte man genau vermessen, um zu wissen, wie schnell man innerorts nach Tacho fahren kann. Die gestoppten Werte läßt man vom Beifahrer gleich in eine vorbereitete Tabelle eintragen. Hat man beispielsweise bei genauer Fahrt nach der 50 km/h-Marke für den Kilometer durchschnittlich 77 Sekunden gebraucht, dann teilt man 1 Stunde (= 3600 Sekunden) durch diese 77 Sekunden. Das sind 3600 : 77 = 47,4 km/h. Der Peugeot fährt also 47,4 km/h, während der Tachometer 50 km/h anzeigt.

Wenn Sie sich die Meßergebnisse bei der 50-, der 80- und der 100 km/h-An-

zeige genau merken, wissen Sie zukünftig, was die Tachonadel anzeigen darf, wenn Sie auf geschwindigkeitsbegrenzten Strecken fahren, ohne daß ein Radarwagen Anstoß nehmen kann. Lassen Sie sich dann nicht von unbeherrschten (vogelzeigenden) Autofahrern verwirren.
Die Spitzengeschwindigkeit wird in gleicher Weise gemessen. Nur braucht man dazu ein topfebenes Autobahnstück. Dieses mit Vollgas durchfahren, nachdem schon vor Beginn der Meßstrecke die Höchstgeschwindigkeit mit einigen Kilometern Anlauf erreicht ist. Mehrmals messen, auch in Gegenrichtung, um Windeinflüsse und leichte Gefälle auszugleichen.

Prüfen vor der TÜV-Kontrolle?

Wenn der Termin herangekommen ist, auf den die Jahreszahl der TÜV-Plakette auf dem hinteren Nummernschild und der senkrecht nach oben zeigende Strich hinweisen, befällt fast jeden Autofahrer mehr oder weniger großes Unbehagen.
Bekanntlich muß man nach § 29 der Straßenverkehrs-Zulassungsordnung alle zwei Jahre bei einem Technischen Überwachungsverein (TÜV) vorfahren, um den Wagen auf Verkehrssicherheit untersuchen zu lassen. Immer dann erhebt sich die Frage, wie man am billigsten und besten durch die Prüfungsrunde kommt. Anhand dieses Buches wird man selbst schon vorher eine ganze Reihe von Funktionen durchprüfen können, um die Zahl der Beanstandungen zu begrenzen. Dennoch ist es nicht ausgeschlossen, daß der Prüfer etwas Negatives findet, etwa falsch eingestellte Scheinwerfer, unzureichende oder einseitige Bremsverzögerung, allzu stark verrostete Bremsleitungen, Spurstangen oder Bleche, zu großes Lenkungsspiel.
Um dem vorzubeugen ist es nicht immer empfehlenswert, vorher eine Werkstatt aufzusuchen und dort zu sagen: »Ich muß zum TÜV, schaut doch mal nach, ob alles in Ordnung ist.« Damit hat man nämlich der Werkstatt einen Blankoauftrag gegeben, der unter Umständen großzügig ausgenutzt wird. Man darf sich nicht wundern, wenn man eine hohe Rechnung präsentiert bekommt, denn irgendwas kann man am Auto immer finden.
Wir meinen, es ist besser, es getrost darauf ankommen zu lassen, daß der Prüfer etwas beanstandet. Das streicht er auf seinem Prüfbefund an, und nur diese Fehler läßt man beheben. Dann fährt man eben zum zweitenmal zum TÜV und zahlt für die Nachprüfung. In der Regel wird man mit dieser Methode etwas billiger wegkommen. Unter Umständen kann man dem Prüfer gleich sagen, daß man vorher nicht zur Werkstatt gegangen ist. Das wird besonders bei relativ neuen Wagen kaum auf Unverständnis stoßen.
Vorteilhaft ist eine Wagen-, Unterboden- und Motorwäsche vor der Durchsicht. Das macht einen günstigeren Eindruck auf den Prüfer, als wenn ihm ein vergammeltes Auto vorgestellt wird, wo er bei jedem Griff eine schwarze Hand aus dem Motorraum zieht – der Prüfer ist auch nur ein Mensch!
Übrigens ist die TÜV-Kontrolle nicht an den Wohn- bzw. Zulassungsort gebunden. Man kann sich die Prüfstelle aussuchen, bei der man Entgegenkommen erwarten kann. Bei einigen Prüfstellen kann ein Vorführungstermin vereinbart werden. Auch muß man als Wagenbesitzer nicht selbst vorfahren, sondern kann eine andere Person beauftragen. Besonders ungünstige Zeiten für den TÜV-Besuch sind das Frühjahr, Tage vor Feiertagen und vor Ferien.

Lustgewinn

In den sechziger Jahren schrumpfte das Bordwerkzeug, wurde immer hinfälliger und starb schließlich bis auf Wagenheber und Kurbel aus. Wir meinen: Man sollte diesen Zeiten nicht nachtrauern. Besser gar kein Werkzeug als schlechtes. Immerhin kann man unter diesen Umständen unbeschwert seine Werkzeugausrüstung von Grund auf neu zusammenstellen. Dazu gleich am Anfang des Kapitels ein Tip: Nur mit gutem Werkzeug kann man richtig, präzise und mit Lust arbeiten. Der kluge Mann kauft lieber ein Stück weniger oder später, als an der Qualität zu sparen. Lassen Sie sich auch durch noch so appetitliche Werkzeugauslagen nicht zu unbesonnenen Käufen hinreißen. Man sollte gezielt kaufen. Aus diesem Grund scheinen uns auch fertig sortierte Werkzeugsätze »für den Autofahrer« nicht immer empfehlenswert, wenngleich sich da in den letzten Jahren einiges gebessert hat. Oft ist ihre Zusammenstellung aber zu allgemein: Nicht selten braucht man am Peugeot manches Stück nie. Und schlechtes Werkzeug verschleißt schneller als gutes, außerdem ruiniert es Schraubenschlitze, Muttern usw.

Empfehlenswerte Grundausrüstung

Zum Einstellen des Ventilspiels, zum Messen des Unterbrecherkontaktabstands und des Elektrodenabstands der Zündkerzen braucht man eine Fühlerblattlehre. Und wer den Ölwechsel selbst ausführen will, muß einen 8-mm-Vierkant für die Ölablaßstopfen mit Innenvierkant haben.

Hier gesammelt die Werkzeuge, die wir als Grundausrüstung für erforderlich halten:

Doppelgabelschlüssel der Größen 6 x 7, 8 x 9, 10 x 11, 12 x 13, 17 x 19
Ring- oder Ring/Gabelschlüssel der Größen 10 x 11, 12 x 13, 17 x 19 oder
Steckschlüssel der Größen 8, 9, 10, 11, 12, 13, 17, 19.
3 verschiedene Flachschraubenzieher, Größen 3, 5, 7
1 Vergaserschraubenzieher mit kurzem Schaft
2 Kreuzschlitzschraubenzieher (klein und mittel)
1 Vierkantschlüssel 8 mm für die Ölablaßstopfen
1 Zündkerzenschlüssel SW 21
1 Rohrzange 240 mm lang mit Nutengewerbe (besonders gute Stabilität)
1 Schlosserhammer 250 bis 300 Gramm
1 Fühlerblattlehre, darin Blätter von 0,05 bis 1 mm Stärke
1 Seitenschneider
2 Dorne verschiedener Länge und Stärke
1 Körner

Notwendiges Werkzeug

Für Arbeiten an der Bordelektrik, an Karosserie und im Innenraum sind passende Schraubenzieher besonders wichtig. Für die Querschlitzschraubenköpfe braucht man Flachschraubenzieher (im Fachjargon Schraubendreher genannt). Und zwar kann man davon in großer, mittlerer und kleiner Klingenbreite gar nicht genug haben, möglichst für jede Schlitzgröße die richtige Klinge. Eine zu große Klinge paßt nicht in kleine Schrauben, mit zu kleinen Klingen »vermurkst« man große Schlitze. Für manche Karosseriearbeiten braucht man sogenannte TACL-Schraubendreher.

»Bits« sparen Platz

Bei der Gelegenheit wollen wir Sie gleich vor Fehleinkäufen bewahren. Sie brauchen nämlich nicht unbedingt einzelne Schraubenzieher zu kaufen. Auch keinesfalls sogenannte Wechselschraubenzieher, bei denen das eine Klingenende flach, das andere gekreuzt ist und die einfach im Griff umgesteckt werden. Auf die Dauer sind sie ungenügend. Vielmehr wollen wir Sie auf die sogenannten Bits hinweisen. Das sind kleine Sechskantstückchen, etwa SW 8, die mit diesem Sechskant in den Schraubenziehergriff gesteckt und entweder magnetisch oder mit einem Drahtsprengring gehalten werden. Am anderen Ende tragen diese Bits die verschiedensten Werkzeugformen, also Kreuzschlitz oder Flachschlitz, auch mit kleineren Sechskanten für Innensechskantschrauben sind sie käuflich. Der Handgriff kann auch als Ratsche ausgebildet sein.
Mit drei bis vier Flachschlitz-Bits und zwei Kreuzschlitz-Bits (klein und mittel) kommt man am Peugeot aus. Damit wird man nicht mehr in den Zwang geraten, mit nicht passenden Schraubenzieherklingen die Schraubenschlitze zu verderben. Das ganze Sortiment kann man auf kleinstem Raum unterbringen.
Die Bits sind nicht gerade billig, ca. 2,50 DM muß man pro Stück mindestens rechnen, dafür bieten sie aber außer den bereits genannten genügend Vorteile für diesen Preis. So kann man z. B. eine widerspenstige Schraube durch einen kräftigen Hammerschlag entspannen, ohne wie bisher bei Schraubenziehern befürchten zu müssen, daß die Klinge durch den Griff hindurchgeschlagen wird. Man schlägt eben direkt auf das Bit und geht den Ärgernissen aus dem Weg. Und braucht man einmal mehr Drehkraft, dann setzt man an das Bit einen SW 8-Schlüssel an, drückt die Klinge mit der anderen Hand kräftig in den Schraubenschlitz und wird mit großer Sicherheit die Schraube überwinden.
Ein Nachteil wird aber erkennbar: der Schraubendrehergriff für diese Bits pflegt allgemein recht lang zu sein. Man braucht gelegentlich noch einen zusätzlichen Schraubenzieher für enge Stellen, etwa für das Schlossern am Vergaser. Man kann sich jedoch helfen, indem man das Bit mit einem kleinen Rohrsteckschlüssel betätigt, nötigenfalls mit Drehdorn. Empfohlen sei aber dringend, diesen Rohrsteckschlüssel nicht von der einfacheren Sorte zu wählen, sondern ein gutes geschmiedetes Stück zu kaufen. Ein geschmiedeter Rohrsteckschlüs-

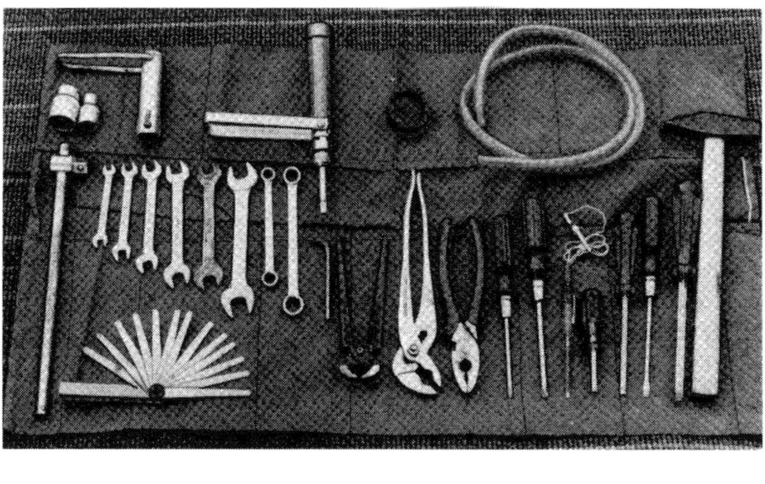

Wie im Motorraumbild zu sehen, besteht das Bordwerkzeug nur aus Wagenheber und Kurbel. Mit dem hier abgebildeten Werkzeug kann man schon etwas am Peugeot ausrichten. In der oberen Reihe von links zwei Steckschlüsseleinsätze, daneben ein kurzschäftiger Zündkerzenschlüssel, dann eine Ratsche für Steckeinsätze, Isolierband und ein Schlauch zum Benzinabzapfen. In der Reihe darunter ein Halter für Steckeinsätze, Gabel- und Ringschlüssel, ein gebogener Schlüssel für Innensechskantschrauben, verschiedene Zangen, Kreuzschlitz- und Flachschraubenzieher, einer davon mit Prüflampe nebst Kabel und Krokodilklemme sowie Hammer. Links unten ein Fühlerblattsatz mit verschieden dicken Blättern zum Einstellen des Ventilspiels, des Unterbrecherkontaktabstands und der Zündkerzen. Die untergelegte Wickeltasche ist aus starkem Leinen selbstgeschneidert.

Flachschraubenzieher dürfen nicht spitz angeschliffen werden, sondern sollen vorn abgestumpft sein. Spitze Klingen rutschen leicht ab, ruinieren so den Schlitz und brechen auch leicht aus.

sel ist nämlich nicht durchgehend hohl, das Bit liegt im Grund des Sechskants auf, und man kann auch hier kurze Hammerschläge zum Lösen der Schrauben einsetzen.
Ein Satz Bits schließt natürlich den Kauf von speziellen Schraubenziehern nicht ganz aus. Einen kleinen Elektrikschraubenzieher mit Prüflampe und kurzem Massekabel mit Kleinkrokodilklemme kann man immer brauchen, ebenso einen kurzen Vergaserschraubenzieher.
Für die Zündkerzen braucht man einen Kerzenschlüssel SW 21. Er sollte einen Gummi- oder Federeinsatz haben, mit dem die herausgeschraubte Kerze festgehalten wird. Man kommt allerdings auch mit kurzen billigen Rohsteckschlüsseln zurecht, die Zündkerzen sind einigermaßen gut zugänglich, wenn man das Luftfilter abgenommen hat.

Die Schlüsselfrage

An Gabel- oder Ringschlüsseln kann man nie genug haben. Bei den häufigsten Schlüsselweiten lohnt sich sogar doppelte Anschaffung, um mit dem zweiten Schlüssel gegenhalten zu können, wenn eine Mutter auf dem Schraubengewinde festsitzt und sich mitdreht. Ob man sich im Einzelfall Gabel- oder Ringschlüssel kauft, hängt von der Zugänglichkeit der Schraubenköpfe ab. Die Ringschlüssel haben Innenzwölfkant; auf begrenztem Raum kann man also durch häufigeres Umsetzen des Schlüssels schneller arbeiten, und der Ringschlüssel gleitet nicht so schnell vom Schraubensechskant ab wie ein Gabelschlüssel. Außerdem schont der Zwölfkant Schrauben und Köpfe, weil er an allen Flanken anliegt.
Wo Schrauben sehr eng am Blech oder gar in Vertiefungen sitzen, arbeitet man mit hochgebogenen (gekröpften) Ringschlüsseln meistens leichter und muß weniger Angst haben, daß man die Haut abschürft.
Sehr gut bewährt haben sich Ring/Gabelschlüssel. Das sind Schlüssel, die an einem Ende einen Ringschlüssel, am andern einen Gabelschlüssel aufweisen. Aber auch hier nicht draufloskaufen. Da man oft viel Kraft aufwenden muß, um eine festgerostete Mutter zu lösen, sucht man sich Ring/Gabelschlüssel in einer möglichst langen Ausführung zusammen, die günstigere Hebelwirkung bieten.
Aus diesen Ausführungen folgt, daß es falsch wäre, komplette Schlüsselsätze zu kaufen. Erstens sind diese Schlüsselsätze keineswegs komplett, zweitens arbeiten Sie mit gezielt zusammengekauften Schlüsseln leichter und besser. Schon aus diesem Grund sollten Sie kein Werkzeug im Kaufhaus kaufen, wo es fast nur ganze Schlüsselsätze gibt.

Steckschlüssel

Aber da muß gleich die Überlegung einsetzen, ob man nicht gleich jetzt den

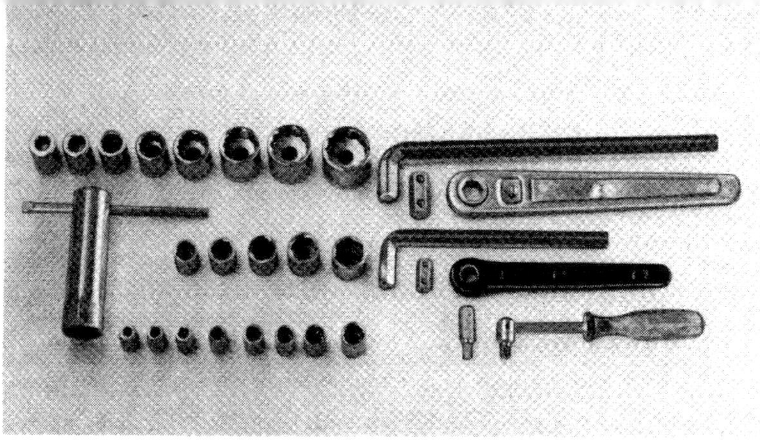

Ein Steckschlüsselsatz aus dem Kaufhaus. Allerdings nicht beste Qualität, was man besonders an den Blechratschen rechts und an mangelnder Paßgenauigkeit der Einsätze auf ihren Haltern merkt. Wer ernsthaft an seinem Peugeot basteln will, sollte von Anfang an bessere Qualität einkaufen. Das erspart Ärger.

Grundstock für eine spätere Sammlung von Steckeinsätzen legen soll. Wir halten sehr viel davon. Im Gegensatz zu den Bits nennt man die größeren Steckschlüsseleinsätze Nüsse. Die Nüsse gibt es in zwei Ausführungen, mit Sechs- und mit Zwölfkant. Werkstattmonteure lieben eher die Sechskantnüsse, weil sie angeblich länger halten. Mit Zwölfkantnüssen arbeitet man auch hier leichter, weil man gerade in verwinkelten Ecken den Betätigungsgriff in kleineren Winkelgraden bewegen kann.

Nüsse kauft man am besten mit $\frac{1}{2}$"-Vierkantantrieb (etwa 12,7 mm Vierkantnuß), die nächst kleinere Ausführung mit $\frac{3}{8}$ Zoll wäre zwar günstiger, doch ist sie seltener in Werkzeuggeschäften vollständig am Lager. Und auf Bestellung verläßt man sich hier besser nicht, denn Werkzeughersteller haben unglaublich lange Lieferfristen. Zunächst kauft man nur den Handgriff und die wichtigsten Einsätze, evtl. noch ein oder zwei Distanzstücke. Nach Bedarf wird dann mit jeweils wenig Geld erweitert.

Etwas Geldaufwand erfordert nur der Grundstock mit Halter und Ratsche. Aber der Zwanzigmarkschein für die Ratsche ist bestimmt kein weggeworfenes Geld; man kann sie sich auch schenken lassen. Unterschiede der einzelnen Fabrikate bestehen bei den Knarren hauptsächlich in zwei Punkten: Einmal ist die Anzahl der Mitnehmerzähne entweder 12 oder 24 (für die Knarre mit 24 Zähnen spricht das gleiche Argument, das auch für die Wahl der Zwölfkanteinsätze gilt), zum zweiten sehen die Handgriffe der Ratschen unterschiedlich aus. Auch darauf sollte man achten, denn es hat sich herausgestellt, daß ein flacher Griff (rechteckiger Querschnitt, wie z. B. bei Hazet) Vorteile hat: Man kann die Nuß sicherer führen, sie verkantet nicht und kann deshalb kaum vom Sechskant abrutschen.

Spezialzangen lohnen

Der weniger versierte Bastler begnügt sich – zumindest am Anfang – mit einer Kombizange, evtl. mit isoliertem Griff zum Schutz vor elektrischen Schlägen. Nach unseren Vorstellungen ist die Kombizange jedoch keineswegs ideal, denn sie kann alle Arbeiten, für die sie gekauft wurde, nur unter Schwierigkeiten verrichten. Zum Durchkneifen von Draht ist z. B. ein Seitenschneider besser, der etwa 15 DM kostet. Zum Festhalten von Blechteilen und Schrauben vieler Dimensionen kommt man mit einer Rohrzange besser zurecht, die durch ihr verstellbares Gelenk für verschieden große Maulöffnungen nutzbar ist. Aber darauf achten, daß die Zange ein sogenanntes »Nutengewerbe« besitzt, das den Gelenkbolzen entlastet und so der Zange zu langem Leben verhilft. Für alle Fälle, in denen es auf kräftiges Festhalten eines Werkstücks ankommt, beschafft man sich eine der modernen – allerdings teuren – Grip-Zangen, die so-

Zwei Sorten Muttern sind hier gezeigt: Links eine selbstsichernde Nylstopmutter, die nach jedem Abschrauben möglichst durch eine neue ersetzt werden muß, da hierdurch ihre selbstsichernde Wirkung weitgehend verlorengeht. Die Sicherung geschieht durch die Nyloneinlage, in die sich der Bolzen selbst sein Gewinde schneidet. Rechts eine Kastenmutter, die ebenfalls eine gewisse selbstsichernde Wirkung hat. Sie wird hauptsächlich zum Befestigen von Karosserieteilen verwendet.

viel Kraftanwendung gestattet, daß sogar eine festgefressene Schraube ohne Abrutschgefahr gelöst werden kann.

Was die Größenangaben bedeuten

Bei der Nennung der Schraubenschlüssel ist verschiedentlich von SW 10 oder 16 x 17 die Rede, eine Bezeichnung, die wir das ganze Buch hindurch der Kürze halber beibehalten. Was SW bedeutet, ist schnell erklärt: Bei Schraubenmuttern mißt man den Abstand der einander gegenüberliegenden Flanken einer Mutter oder eines Sechskantschraubenkopfes, womit man die entsprechende Schlüsselweite (SW) ermittelt hat. Ein Doppelgabelschlüssel – man nennt Gabelschlüssel auch Maulschlüssel – mit der Bezeichnung 16 x 17 hat also auf der einen Seite ein Maul für einen 16 mm und auf der anderen ein Maul für einen 17 mm breiten Vier- oder Sechskant.

Die Schlüsselweite mißt man in Deutschland und Frankreich in Millimeter. Im Handel ist jedoch auch das englische und amerikanische Maßsystem, bei dem die Größen in Zoll angegeben werden. Das Zeichen für Zoll ist ein hinter der Zahl stehendes Gänsefüßchen ("). Ein Zoll (1") entspricht 25,4 mm. Schraubenschlüssel mit Zoll-Angabe brauchen Sie jedoch an Ihrem Peugeot nicht. Sie sollen Sie selbst dann nicht an Millimeterschrauben benutzen, wenn Sie sie geschenkt bekommen haben, denn sie passen um Bruchteile von Millimetern nicht, so daß man die Flanken von Schrauben und Muttern damit beschädigen kann.

Schraubengrößen des metrischen Systems

Wenn man mal eine fehlende Schraube nachkaufen muß, dann bestellt man nicht eine Schraube z. B. mit SW 13, sondern sagt dem Verkäufer, daß man eine Schraube M 8 haben möchte. Das M besagt nichts anderes, als daß es sich um eine Schraube des metrischen Systems handelt, gemessen also in mm. Die 8 sagt, daß der Schraubenbolzendurchmesser 8 mm beträgt. Aber wie das meiste in der Technik ist auch hier genormt, welche M-Größe heute zu welcher SW gehört, z. B.

SW 4	zu M 2	SW 8	zu M 5
SW 4,5	zu M 2,3	SW 10	zu M 6
SW 5	zu M 2,6	SW 11	zu M 7
SW 6	zu M 3,5	SW 13	zu M 8
SW 7	zu M 4	SW 15	zu M 10 usw.

Wie bei Außensechskantschrauben ist auch bei Innensechskantschrauben die Paarung mit den M-Größen genormt. Da man aber außen genügend Material haben muß, damit der Schraubenkopf beim Drehen nicht ausbricht, ist hier die Schlüsselgröße kleiner als der Bolzendurchmesser. So gehört z. B.

SW 3	zu M 4	SW 12	zu M 14

SW 4	zu M 5	SW 14	zu M 16
SW 8	zu M 10	usw.	

Schraubenzieher

Auf den Schraubenziehern ist oft ein Maß wie z. B. 100 x 6 angegeben. Die Zahl 100 gibt dabei die Länge der Klinge in mm an, die zweite Zahl, die 6, weist auf die Klingenbreite hin.

Schraubengröße und Anzugsdrehmoment

Gute Schraubenschlüssel verführen natürlich dazu, Schrauben mit Gewalt anzuziehen oder beim Losbrechen verrosteter Schrauben ein unzulässig hohes Drehmoment auszuüben. Das darf aber nicht sein. Für jede Schraube gibt es ein maximales Drehmoment, bei Überlastung kann der Bolzen abscheren. Die Prüfdrehmomente, die die Schraubenhersteller angeben, sind Mindest-Garantiewerte, die nach DIN für bestimmte Schraubengrößen und Material-Güteklassen erreicht werden müssen. Bei den Anzugsdrehmomenten, die die Automobilwerke fürs Festziehen bestimmter Schrauben am Wagen angeben, wird außer auf die Schrauben, die verwendet werden, auch auf die Materialien Rücksicht genommen, die befestigt werden sollen. Deshalb muß man sich an die Werks-Anzugsdrehmomente halten. Wo keine Drehmomente angegeben sind, z. B. bei kleinen Schräubchen, muß man eben Gefühl walten lassen. Und wenn eine kleine Schraube mit sanfter Gewalt nicht herausgedreht werden kann, hilft meistens die Chemie weiter; mit Rostlöser das Gewinde zu lockern versuchen. Spezielle Anzugsdrehmomente finden Sie in den betreffenden Arbeitshinweisen.

Hilfsmittel für Wartung und Pflege

Zur Grundausrüstung gehören natürlich noch einige Hilfsgeräte, deren Zahl man für wenig Geld beliebig erweitern kann. Wir nennen davon:
1 Ölspritzkanne
1 Reifendruckprüfer
1 Prüflampe
1 Benzin-Waschpinsel ohne Metallfassung für Motorwäsche
1 Waschbürste mit Stiel
1 Autoschwamm oder Waschhandschuh
1 Fensterleder, erste Qualität

Wie diese Hilfsgeräte benutzt werden, ist in den betreffenden Kapiteln beschrieben. Vielleicht vermissen Sie in unserer Aufzählung eine Zündkerzenbürste. Einfach deshalb, weil wir nichts davon halten. Auch die Kontaktfeile für die Unterbrecherkontakte ist von gestern. Dagegen kann man statt des Fensterleders auch das billigere Vileda-Autotuch nehmen. Wir haben damit gute Erfahrungen gemacht. Die Vileda-Tücher gibt es in verschiedenen Ausführungen in Haushalts- und Zubehörgeschäften.

Ergänzungen

Wer seine Werkzeugausrüstung weiter ergänzen will, sollte sich in erster Linie weitere Ringschlüssel und auch Steckschlüssel mit Zwölfkant-Einsätzen anschaffen. Gelegentlich wird man bei Bekannten oder in einer Werkstatt weiteres Werkzeug sehen, das man sich auch kaufen möchte. Überhaupt hat ein eifriger Heimwerker mit der Zeit Lieblingswerkzeug, mit dem er besonders gerne arbeitet und bis zur Anschaffung eines Drehmomentschlüssels ab ca. 80,– DM, einer Bohrmaschine, eines Gewindeschneiders, einem Gerät zum Lackspritzen und einem ausgestatteten Werkzeugschrank, der einen Werkstattbesitzer vor Neid erblassen läßt, sind da keine Grenzen gesetzt.
Wir wollen in dieser Richtung keine Vorschläge machen, denn solch ein Hobby entwickelt sich individuell. Nur vor einer Werkzeugsorte wollen wir warnen: vor sogenanntem Universalwerkzeug, mit dem man beispielsweise – wir über-

treiben nur wenig – zugleich Schrauben anziehen, Draht abkneifen, die Gartenhecke scheren, Nägel einklopfen und vielleicht noch Butterbrot schmieren können soll. Für solches Werkzeug sollte Ihnen Ihr Peugeot zu schade sein.

Umgang mit dem Werkzeug

Wenn Sie es zusammenrechnen, kostet ordentliches Werkzeug eine hübsche Stange Geld. Dieses Kapital sollten Sie zweckdienlich ausnutzen und sorgsam pflegen. Das bedeutet, daß grundsätzlich das Werkzeug nur zu jenem Zweck verwendet wird, für den es entwickelt wurde. Einen Schraubenzieher als Meißel zu benutzen, ist genauso schädlich, wie etwa das Lösen oder Anziehen einer Schraubenmutter mit der Zange. Eine Zange hat an einer Schraube grundsätzlich nichts zu suchen, denn ihre scharfen Zähne oder ihre Riffelung beschädigen die Ecken und Flanken einer Mutter rücksichtslos, so daß später jeder Schraubenschlüssel abgleiten muß. Eine Zange ist nur ein Haltewerkzeug, und mit der Rohrzange darf, wie ihr Name sagt, nur an Rohren und Wellen herumgedreht werden, aber nicht an Schrauben. Und wenn man sie schon benutzt, weil kein passender Schlüssel zur Hand ist, muß man höllisch aufpassen, daß die Zange nicht abrutscht.

An den Schraubenziehern soll die Klingenspitze immer sauber gerade geschliffen sein, aber sie darf keine scharfe Schneide bilden, sondern muß flach wie ein Messerrücken sein. Eine scharf zugeschliffene Klingenspitze dreht sich nämlich leicht aus dem Schraubenschlitz, da ihre Flanken schräg sind. Oder sie bricht bei Gewaltanwendung aus, weil sie zu dünn ist.

Wohin mit dem Werkzeug?

Zum Schluß noch ein paar Bemerkungen zur Aufbewahrung des Bordwerkzeugs. Man sieht überall in Kaufhäusern vornehme Werkzeugkoffer; Blechernes kommt wegen der Geräusche ja sowieso nicht in Frage, man überlegt dann aber, wie denn innerhalb dieses Koffers die einzelnen Werkzeuge gestapelt werden sollten. Hier empfiehlt sich tatsächlich die gute alte Segeltuchtasche, in der man für jedes Werkzeug ein einzelnes Fach abteilt, so daß man nach einer Bastelei auch sicher sein kann, alles wieder eingepackt zu haben. Außerdem verhindert eine solche Tasche, daß sich die Werkzeuge gegenseitig ständig die Chromschichten zerschlagen, sie hat also rundherum nur Vorzüge. Allerdings: man muß sie selbst anfertigen, denn was man an Werkzeugtaschen kaufen kann, ist immer auf allgemeinen Gebrauch abgestimmt, da ist also bestimmt kein Fach für Bits vorgesehen. Den Koffer benutzt man schließlich nur noch zum Wegräumen der in Segeltuch verpackten Werkzeuge und der kleinen Unterwegshilfsmittel. Man kann die Wickeltasche allein oder mit dem Koffer unter den Vordersitz packen oder im Gepäckraum festzurren. Braucht man das Werkzeug vorwiegend zu Hause, kann man sich einen Werkzeugkasten aus Blech kaufen, wobei der fünfteilige mit Tragegriff, wie ihn die Schlosser haben, besonders praktisch zum schnellen Greifen der einzelnen Werkzeuge ist (ab 33,– DM).

Flüssige Hilfen

Im Regal an der Garagenwand sollten neben dem Werkzeug auch einige chemische Hilfsmittel stehen. Ihre Anwendung ist nicht nur zeitgemäß, sondern in vielen Fällen wirklich kräftesparend und materialschonend. Bezugsquellen sind der Zubehörhandel, Tankstellen und Werkstätten.

Als Lösemittel für starken Rost und festsitzende Schrauben haben sich beispielsweise »Caramba Expreß« oder »Caramba 3 Super« und »Ferex Rapid« sehr bewährt. Man muß nur ein wenig Geduld haben und die Flüssigkeiten lange genug einwirken lassen (inzwischen Brotzeit machen), bevor man den Schraubenschlüssel ansetzt. Damit die so gelockerten Schrauben nicht wieder anrosten, entweder vom Bleistift Graphit auf das Gewinde schaben (Graphit ist Festschmierstoff) oder mit graphitiertem Öl, z. B. von Teroson, Pingo, Aral, Shell, BP, einsprühen.

Als Schutz gegen Rost überzieht man die betroffenen Teile mit dem Wachsschutz »Tectyl" von Valvoline oder Aral-Unterbodenschutz. Diese wachsartigen Rostschutzmittel gibt es ebenfalls in Sprühdosen. Man kann auch reine Vaseline nehmen, aber keinesfalls Altöl, denn es enthält rostfördernde Säuren.

Gute Erfahrungen bei der Rostbekämpfung haben wir mit Rostumwandlern und Rostprimern gemacht. Die Rostumwandler sind Flüssigkeiten auf Phosphorsäurebasis, die den Rost in Eisenphosphat umwandeln und weiteres Rosten verhindern (z. B. Bostik Antirost, Ferro-Bet von Dupli-Color, Aral Rostentferner usw.).

Die Rostumwandler müssen satt auf die Roststellen aufgepinselt werden, nachdem man den gröbsten Rost mit Drahtbürste oder Schmirgelleinen entfernt hat. Dann dauert es je nach Temperatur und Verrostung Stunden oder Tage, bis aller Rost in lichtgraues Eisenphosphat umgewandelt ist. Nach dem Austrocknen übersprüht man die behandelten Stellen mit Lackfarbe oder Unterbodenschutz. Dieses Verfahren hat sich besonders bei Roststellen im Gepäckraum und unter den Bodenmatten bewährt. Weniger brauchbar ist es auf der lackierten Außenhaut des Wagens, weil auch die noch nicht sichtbaren Lackunterrostungen umgewandelt werden und sich dann der Lack rund um die Roststelle abhebt. Anders ist es jedoch, wenn anschließend die Schadenstelle lackiert werden soll. Dann bildet der Rostumwandler einen rostsicheren Untergrund.

Sollen fettverschmierte Motorteile, die Innenseiten der Felgen oder der ganze Motorraum gereinigt werden, dann gibt es hierfür, ebenfalls in Sprühdosen, besondere Motorreiniger, z. B. von Teroson, Caramba und zahlreichen Mineralölfirmen. Damit wird das betreffende Teil eingesprüht und meist nach 10 bis 15 Minuten mit Wasser abgespritzt oder mit dem Pinsel abgewaschen. Selbst die dicksten Fettkrusten kann man damit lösen, dazu bekommen die Teile neuen Glanz. Fahrbenzin ist zur Reinigung ungeeignet. Nicht nur, weil die Teile nach dem Trocknen unansehnlich sind, sondern vor allem, weil das Fahrbenzin giftige Bleiverbindungen enthält und feuergefährlich ist.

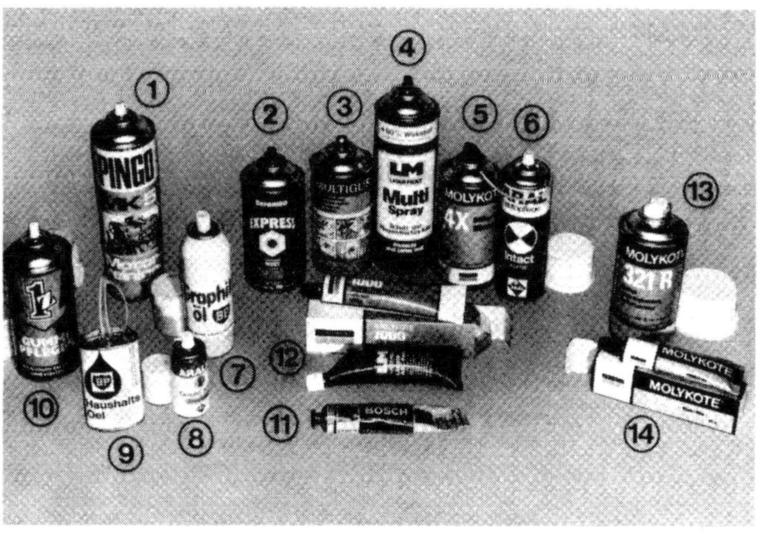

Flüssige und fette Spezialisten für die Fahrzeugpflege:
1 – Motorreiniger zum Anlösen fettiger Schmutzkrusten
2 – besonders intensiver Spezial-Rostlöser;
3, 4, 5 – Mehrzweck-Sprays zum Rostlösen, Schmieren und mit weiteren Anwendungsmöglichkeiten;
6 – Isolierspray, speziell feuchtigkeitsverdrängend;
7 – Graphitöl mit meterweitem nadelfeinem Sprühstrahl für versteckte Schmierstellen;
8 – Graphitpuder als Trockenschmierstoff (verklebt nicht mit Staub);
9 – vielseitig verwendbares Haushaltsöl;
10 – Spezialspray zur Gummipflege;
11 – Batterie-Polschutzfett Bosch Ft 40 v 1;
12 – Heißschrauben-Compound von Liqui Moly und Molykote, verhindert Festrosten von Schrauben;
13 – Gleitlack, ohne Schmierfilm;
14 – Festschmierstoff-Montagepaste (auch als Spray), wichtig bei Motor- und Getriebemontagen.

Die zahlreichen Lackpflegemittel, Scheibenwaschwasserzusätze, Chromschutzmittel, Plastikreiniger, Klebe- und Dichtungsmittel gehören eigentlich auch zu den flüssigen Hilfen. Ihnen sind jedoch die Kapitel »Lackpflege« und »Winterschutz« sowie Absätze in den Kapiteln »Karosserie« und »Werterhaltung« gewidmet. An dieser Stelle sind jedoch wegen des besonderen Effekts »Intact« von Aral, »Teroson mo« und »MoS_2« von Pingo zu nennen, denn diese Mittel haben die Eigenschaft, Feuchtigkeit auf Metall zu unterwandern. Sie bewirken bei Zündstörungen durch Feuchtigkeit (nach Motorwäsche, längerer Fahrt bei Regenwetter oder bei hoher Luftfeuchtigkeit) wieder willige Funktion des damit eingesprühten Zündverteilers oder schlecht isolierter Kabel.

Hilfen für unterwegs

Es ist gar nicht nötig, daß man im Alltagsbetrieb aus Furcht vor Pannen ein halbes Ersatzteillager mit sich herumfährt. Wer ein wenig geschickt ist und improvisieren kann, wenn Not am Mann ist, der kommt mit den nachstehend aufgezählten Hilfsmitteln aus, auch um anderen hilflosen Autofahrern helfen zu können:

- Reservekanister
- Abschleppseil
- Ersatzlampen
- Sicherungen
- Zündkerzen
- 2 m Zündkabel
- 1 bis 2 m benzinfester Schlauch
- Rolle Draht
- Klebeband, Tesafilm, Isolierband
- Alleskleber (Uhu-Plus)
- Brettchen als Wagenheber-Unterlage
- Keilriemen
- Starthilfekabel
- Handlampe

Ersatzteile für Auslandsreisen

Falls eine Reise in Länder geplant ist, in denen das Peugeot-Zeichen seltener an Werkstatt-Toren leuchtet, beruhigt es sicher, wenn im Kofferraum, in Lappen eingewickelt, einige Ersatzteile mitreisen, die man vielleicht gebrauchen könnte. Wie meistens, braucht man sie dann doch nicht, aber schon das Bewußtsein der Vorsorge beruhigt.

Wir denken da neben einer gezielten Auswahl des Werkzeugs, das normalerweise daheim bleibt, an folgende Ersatzteile, die Sie je nach Fahrtziel variieren können:

- Schlauchstücke für Kühlanlage
- Schlauchbinder
- Membrane für Benzinpumpe
- Unterbrecherkontaktsatz
- Verteilerdeckel
- Verteilerläufer
- Kondensator
- Zündspule
- Ersatzlampen
- Zündkerzen
- Zylinderkopfdichtung
- Reifenflickzeug
- Reserveschlauch
- Ventileinsatz dazu
- kräftige Fußpumpe
- Reifenmontierhebel
- einige Muttern, Schrauben und Sicherungsringe gängiger Größen

Außerdem kann man in Verlegenheit kommen und zusätzlich gebrauchen:

- Motoröl, Menge je nach geplanter Fahrtstrecke
- Flasche mit destilliertem Wasser (Ostblockländer)
- Ölfilterpatrone und Luftfiltereinsatz

Blick unter die Haube

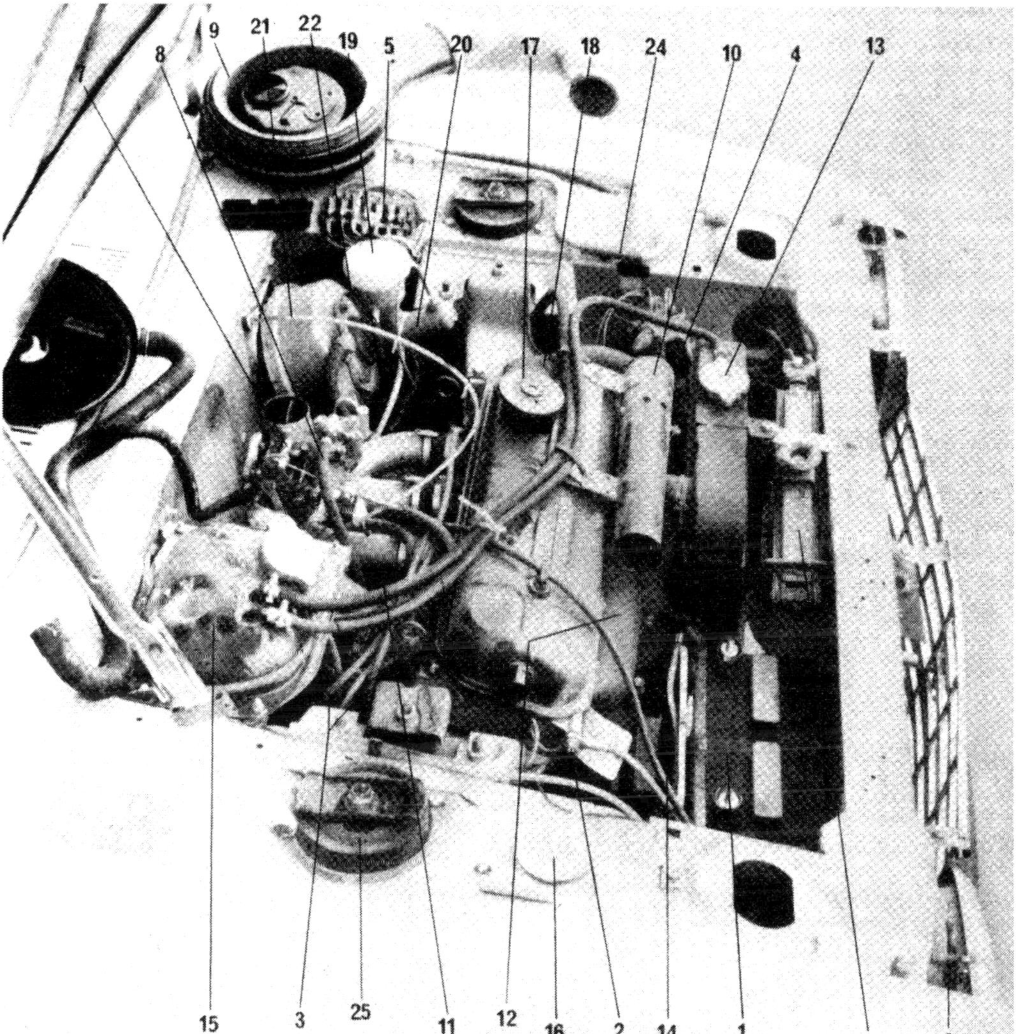

Für Wartungsarbeiten, für den Pannenfall oder einfach, damit Sie sehen, was Sie alles gekauft haben und mitreden können, ein Blick unter die Motorhaube eines 204. Beim 304 sieht's ähnlich aus.

Die Zahlen bedeuten:

1 – Batterie, Kabel abgenommen
2 – Massekabel der Batterie am Motor
3 – Zündkabel zum Verteiler
4 – Lichtmaschinenregler
5 – Sicherungskasten
6 – Scheinwerfer-Höhenverstellung
7 – Vergaser, Luftfilter abgebaut
8 – Kraftstoffschlauch zur Benzinpumpe
9 – Luftfilter mit Einsatz
10 – Luftfilterstutzen mit Sommer/Winter-Verstellhebel
11 – Ansaugkrümmer
12 – Auspuffkrümmer
13 – Kühler
14 – Kühlerventilator
15 – Entgasungsbehälter
16 – Deckel des Scheibenwascherbehälters
17 – Öleinfüllstutzen
18 – Zylinderkopfdeckel
19 – Bremsflüssigkeitsbehälter
20 – Hauptbremszylinder
21 – Bremskraftverstärker
22 – Schlauchanschluß für Kupplungshydraulik
23 – Wagenheber
24 – Wagenheberkurbel
25 – Obere Lagerung des Federbeins

Ganz fahrplanmäßig

Wer fahren will muß zahlen. Das ist bei der Eisenbahn so, im Flugverkehr – und leider auch beim Auto. Wir denken weniger an die reinen Betriebsmittel wie Kraftstoff, Öl oder Bremsbeläge, sondern an Pflege und Wartung. Wer wenig Zeit und keine Lust zur Autopflege hat, muß das Geld eben auf die Theke der Werkstatt oder der Tankstelle blättern.

Billiger fährt jener, der selbst was tut, denn die Freizeit ist schließlich die billigste Arbeitszeit. Warum da nicht noch etwas hinzuverdienen, indem man sich mit seinem eigenen Auto beschäftigt? Denn man muß den Tatsachen ins Auge sehen: Wenn Sie die Annehmlichkeiten Ihres Peugeot möglichst lange genießen wollen, müssen Sie etwas dafür tun. Doch das alles klingt schlimmer als es in Wirklichkeit ist. Nehmen wir uns zum Beweis den Fahrplan vor, den Peugeot für die Fahrsicherheit und Werterhaltung des 204 und 304 aufgestellt hat. Dieser Pflegeplan klärt darüber auf, was wann und wo gepflegt, gewartet oder kontrolliert werden soll. Alle Arbeiten finden Sie nachfolgend aufgeführt und dazu vermerkt, auf welcher Seite des Handbuchs genauer beschrieben ist, wie die einzelnen Arbeiten ausgeführt werden sollen.

Was kann man selbst machen?

Peugeot unterscheidet im Kundendienst-Scheckheft bei jedem Wartungsdienst, welche Arbeiten an der Service-Station und welche Arbeiten unbedingt bei der Werkstatt ausgeführt werden sollen. Wir haben eine weitere Unterteilung vorgenommen und die Arbeiten, die man auch selbst vornehmen kann, im Wartungsplan durch ein S gekennzeichnet.

S = Selbstmachen: das sind Arbeiten, die man ohne Fachkenntnisse und ohne besonderes Werkzeug selbst ausführen kann, wenn man den entsprechenden Absatz dieses Buches durchgelesen hat.

S T = Selbstmachen oder Tankstelle: Auch hier sind keine besonderen Fachkenntnisse notwendig, aber vielleicht fehlt Ihnen das Gerät zur Durchführung dieser Arbeit und die Tankstelle besitzt es, oder Ihnen mangelt es an der Zeit.

S W = Selbstmachen oder Werkstatt: Dabei sind neben einigen Kenntnissen, die Ihnen ebenfalls dieses Buch vermittelt, etwas Geschick, Einfühlungsvermögen, und zusätzliches, aber kein aufwendiges Werkzeug erforderlich. Das wird es sowieso meist nur bei Reparaturen.

T = Tankstelle: Auch der sparsame Mann überläßt diese Pflegemaßnahmen am besten einer verläßlichen Tankstelle, wenn er sie auch selbst ausführen könnte. Er spart dabei Zeit und Mühe, denn meist wird nur der Warenpreis – in der Regel das Öl – von der Tankstelle berechnet, aber oft kein zusätzlicher Arbeitslohn.

Wo im Wartungsplan mehrere Buchstaben nebeneinander stehen, haben Sie also dann die Wahl, wer die Arbeit ausführen soll. Natürlich könnte bei jedem

Punkt ein »W« allein stehen, denn der Werkstatt-Fachmann ist ja damit vertraut. Wir schlagen Ihnen aber die Reihenfolge Selbstmachen – Tankstelle – Werkstatt vor. Bei einer Tankstelle kommen Sie nämlich schneller zum Zuge als bei einer Werkstatt. Außerdem kann man, wenn nicht gerade Wochenende ist, häufig darauf warten, bis der Tankwart mit dem Wagen fertig ist – und, nicht zu unterschätzen für das Sammeln von Erfahrungen, man kann zusehen.

Was muß wann und wo gemacht werden?

Pflegearbeit Nr.			Nähere Hinweise Seite
		Alle 1000 km	
1.	ST	Ölstandkontrolle im Triebwerksblock	37
2.	ST	Niveaukontrolle der Hydraulikanlage	175
		Alle 7500 km	
		Ölwechsel im Triebwerksblock	38
4.	ST	Luftfiltereinsatz reinigen	99
5.	ST	Säurestand der Batterie prüfen	105
6.	ST	Kühlwasserstand prüfen	67
7.	ST	Wasserstand im Scheibenwascherbehälter prüfen	154
8.	ST	Bremsflüssigkeitsstand kontrollieren	175
9.	STW	Mechanische Organe schmieren	45, 46
10.	STW	Gelenke, Scharniere und Gleitschienen schmieren	46
11.	S	Gehäuse auf Dichtheit prüfen	15
12.	S	Brems- und Kupplungssystem auf Dichtheit prüfen	15
13.	S W	Zustand der Gummimanschetten an Gelenkwellen und am Lenkgetriebe kontrollieren	165, 173
14.	S W	Dichtheit der Kraftstoffanlage prüfen (mit Tank)	15
15.	STW	Zustand der Reifen (Druck und Profil) prüfen	188, 191
16.	S W	Stärke der vorderen Bremsbeläge prüfen	179
17.	S W	Probefahrt mit Kontrollen	15
		Zusätzlich alle 15 000 km	
		Ölfilterpatrone austauschen	40
		Unterbrecherkontakte und Zündzeitpunkt prüfen bzw. einstellen	131, 132
20.	S W	Zustand der Zündkerzen	135
21.	W	Leerlauf prüfen und einstellen	94
22.	S W	Auskuppelbarer Ventilator (Funktion und Ankerabstand)	72
23.	S W	Ventilatorriemenspannung prüfen bzw. nachstellen	74, 115
24.	S W	Kupplungspedalspiel einstellen	159
25.	S W	Hintere Bremszylinder prüfen	181
26.	S W	Hintere Bremstrommeln und Beläge entstauben	181
27.	S W	Bremsbeläge einstellen	181
28.	S W	Nachziehen der Sicherheitsorgane und Türschließkeile	225
29.	S W	Ventilspiel prüfen bzw. einstellen	57
		Zusätzlich alle 2 Jahre oder 45 000 km	
30.	S W	Luftfiltereinsatz wechseln	100
31.	STW	Flüssigkeit im hydraulischen System erneuern	177
32.	S W	Vergaser und Filter an der Benzinpumpe reinigen	83, 96
		Spezialarbeiten für 204 Diesel (Typ XLD)	
		Alle 1000 km	
33.	S W	Kontrolle des Kraftstoffilters mit Ablaßvorrichtung	84
		Alle 2500 km	
34.	ST	Ölwechsel Triebwerksblock	38
		Alle 5000 km	
35.	STW	Wasser aus dem Kraftstoffilter ablassen	84
36.	STW	Ölfiltereinsatz austauschen	40
		Alle 10 000 km	
37.	S W	Schrauben und Muttern der Einspritz- und Förderanlage auf festen Sitz prüfen bzw. nachziehen	85
		Alle 20 000 km	
38.	S W	Kraftstoffiltereinsatz austauschen	84
39.	S W	Zylinderkopfschrauben nachziehen	59
		Alle 50 000 km	
40.	STW	Ölstandkontrolle der Vakuumpumpe	47

Diese Aufstellung wurde nach den Peugeot-Wartungsintervallen und unseren Erfahrungen zusammengestellt. Ursprünglich mußten die Peugeot-Modelle alle 5000 km bzw. 10 000 km in die Werkstatt, doch diese Intervalle wurden, um die Wartungskosten zu senken, auf 7500 km bzw. 15 000 km verlängert.

Die runden Kilometerzahlen zeigen jedoch, daß der Wartungsplan auf durchschnittliche Betriebsart und Betriebsbelastung angelegt, also etwas über den Daumen gepeilt ist. Wenn Ihr Wagen unter Bedingungen gefahren wird, die von der Norm abweichen, sollten Sie die vorgeschriebenen Intervalle entsprechend variieren. Wir kommen an den betreffenden Stellen im Buch noch darauf zu sprechen. So zählen zu den ungünstigen Betriebsbedingungen besonders der vorwiegende Stadt- und Kurzstreckenbetrieb (verstärkt noch im Winter). Hier ist die Motorbelastung sehr hoch, obwohl relativ wenige Kilometer zusammenkommen. Da sollte man schon einige Wartungspunkte ernster nehmen als der Plan und einige Intervalle verkürzen. Wir denken da besonders an regelmäßige Kontrolle des Motorölstandes, die Peugeot überhaupt nicht erwähnt und wohl als selbstverständlich ansieht. Darüber hinaus sollte man die Ölwechselabstände enger einplanen, und auch bei der Prüfung des Batteriesäurestands, des Kühlwasserstands und des Reifendrucks sollte man sich dann nicht an Kilometerabständen orientieren, sondern diese Kontrollen etwa jeden Monat vornehmen.

Den Wartungsplan hat Peugeot mit solchen – in die individuellen Verhältnisse gehenden – Überlegungen doch praxisnah zusammengestellt. Der 7500 km-Dienst besteht neben dem Ölwechsel im wesentlichen aus leichten Kontrollarbeiten, die man entweder selbst machen oder bei der Tankstelle ausführen lassen kann. So muß man mit dem Peugeot nur alle 15 000 km in die Werkstatt.

Der abwechselnde Tankstellen- und Werkstattbesuch spart Zeit und Geld, denn eine Tankstelle ist gewöhnlich leichter erreichbar und kann in der Terminvereinbarung oft kurzfristiger entgegenkommen, obwohl auch die Werkstätten nicht mehr so überlastet sind. Sie brauchen auch keine Scheu zu haben, einzelne Inspektionsarbeiten gesondert in Auftrag zu geben. Das ist billiger als ein kompletter Wartungsdienst und geht schneller. Oft kann man solche Arbeiten auch aufschieben, bis man ohnehin in die Werkstatt muß, zum Beispiel anläßlich der jährlichen Überprüfung nach § 29 der Straßen-Verkehrs- und Zulassungsordnung. Sie selbst müssen dann allerdings die Verantwortung dafür übernehmen, daß die Arbeiten, die Sie der Werkstatt vorenthalten, durch Sie oder die Tankstelle auch ordnungsgemäß und regelmäßig ausgeführt werden.

Eine Warnung müssen wir allerdings anbringen: Wer weniger als 15 000 km im Jahr fährt, sollte seinen Peugeot wenigstens einmal im Jahr zur Gesamtüberprüfung und -einstellung in die Werkstatt bringen!

Diesel muß öfter in die Werkstatt

Für den Diesel sind häufigere Werkstattaufenthalte vorgesehen, siehe Wartungsplan. Wir raten jedoch beim noch neuen Wagen einmal die Intervalle so zu ändern, daß die beiden 5000 km-Intervalle und die beiden 20 000 km-Intervalle auf runde 5000- bzw. 10 000 km-Zahlen fallen, so daß man auch hier nur alle 10 000 km in die Werkstatt muß.

Die Wartungs- und Pflegearbeiten, die im Kundendienst-Scheckheft bei der kostenlosen Inspektion bei 1000 bis 1200 km aufgeführt sind, haben wir in unserem Plan nicht berücksichtigt, auch nicht das Nachziehen der Zylinderkopfschrauben des Diesel bei 10 000 km, weil in dieser Jugendzeit des Autos der Peugeot-Besitzer brav seine Vertragswerkstatt aufsuchen sollte, um die Garantieansprüche zu erhalten und eventuell vorhandene Mängel auf dem Garantiewege beheben zu lassen.

Fingerzeige: *Wer seine Betriebsanleitung verloren oder in einem gebraucht gekauften Peugeot keine vorgefunden hat, kann sich über den Peugeot-Händler eine neue besorgen, was allerdings meist einige Zeit dauert.*
Auch das Scheckheft kann beim Peugeot-Händler nachgefordert werden, wenn es bei 50 000 km aufgebraucht ist. Neuere Wartungshefte reichen bis 100 000 km. Im Scheckheft liegt ein Zettel mit den festgelegten Arbeitszeiten für jeden Wartungs- und Kontrolldienst, natürlich ohne zusätzliche Nebenarbeiten. Der Preis für die Arbeitsstunde schwankt jedoch entsprechend dem jeweiligen Ortstarif oder der Werkstattkalkulation.
Was über die Wartungs- und Schmierarbeiten hinaus vor und nach jedem Winter – die Jahreszeit, welche die härteste Beanspruchung des Autos bringt – am Peugeot getan werden sollte, steht im Kapitel »Winterschutz«.

Der Pflegeplatz

Er muß nicht mit dem Waschplatz identisch sein. Im Gegenteil. Unter Umständen bekommt man Schwierigkeiten mit der Polizei, wenn man auf öffentlicher Straße sein Auto wäscht. Gegen einen montierenden oder schmierenden Besitzer hat dort kaum jemand etwas, wenn er nicht gerade seine Beine unter dem Wagen hervor auf die Straße streckt. Auf jeden Fall muß man sich einen geeigneten Platz suchen, denn die wenigsten Garagen sind so geräumig und gut ausgeleuchtet, daß man dort ungezwungen arbeiten kann.
Am besten ist eine harte Standfläche mit einer glatten Betondecke. Dort findet man herabfallende Kleinteile und Schrauben eher wieder als im Gras einer Wiese oder auf einem gekiesten Platz. Eine Asphaltdecke ist weniger geeignet, denn im Hochsommer wird sie weich, außerdem ist Asphalt empfindlich gegen Öl und Kraftstoff.

Wagen aufbocken und sichern

Keinesfalls dürfen Sie unter den Wagen kriechen, wenn er vom Wagenheber nur einseitig angehoben ist und die Räder nicht gegen Abrollen gesichert sind. Beim Rütteln am Wagen oder Losbrechen von festgerosteten Schrauben kann der Heber kippen. Ihr Peugeot knallt Ihnen unweigerlich auf einen edlen Körperteil, falls nicht noch Schlimmeres passiert, denn der Wagen federt beim Aufprall auf den Boden durch.
Viel sicherer ist das Hochbocken. Im Zubehör- und Kaufhaushandel gibt es da-

Solche Auffahrrampen sind sehr praktisch, wenn man an der Wagenunterseite arbeiten will. Wagen aber unbedingt gegen Abrollen sichern, denn die Handbremse allein hält den Wagen nicht immer sicher genug. Will man an den Rädern oder Bremsen arbeiten, muß der Wagen hochgebockt werden, damit die Räder frei hängen.

für preiswerte Unterstellböcke und Auffahrrampen, letztere sind allerdings nicht für alle Arbeiten zu gebrauchen; denn beim Ölwechsel zum Beispiel muß der Wagen eben stehen und bei manchen Arbeiten am Fahrwerk müssen die Räder und Achsen frei hängen. Aus Brettern und Steinen selbstgestellte Rampen sind jedoch meist zu unsicher und wacklig, man kann in dieser Hinsicht nicht vorsichtig genug sein.

Die Ansetzpunkte

Wo der Peugeot unterbockt bzw. hochgehoben wird, zeigt die Betriebsanleitung. Falls diese verlorengegangen ist: Es sind vier Punkte, an jeder Wagenseite zwei. Und zwar am Unterholm hinter dem Vorderrad und vor dem Hinterrad befindet sich die jeweilige Wagenheberaufnahme. Dort kann man den Wagen auch unterbocken oder die Hebebühnearme ansetzen.

Fingerzeig: *Nicht bei laufendem Motor unter den Wagen liegen. Die Abgase enthalten im Leerlauf besonders giftige Anteile, die schwerer als Luft sind und zu Boden sinken. Das gilt besonders für Arbeiten in der Garage und bei Windstille! Solch unbesonnenes Verhalten kann tödlich enden!*

Eingesalbt

Alles was an den Peugeot in regelmäßigen Abständen geschmiert werden muß, ist in diesem Kapitel *zusammengetragen*. Glücklicherweise ist es dank der modern konstruierten Wagen nicht viel. Doch schmieren muß sein, wenn es manchem auch nicht recht einleuchtet und er meint, man verstecke sich hinter technischen Argumenten, um dem Autofahrer noch mehr Geld aus der Tasche zu ziehen.
Der Schmierfilm zwischen aufeinander gleitenden Teilen schiebt den Verschleiß hinaus. Außerdem erfüllen Schmierstellen an manchen Punkten besondere Aufgaben wie Kühlung heißwerdender Teile im Motor, Abdichtung gegen Gase, Wasser oder Schmutz, Abtransport von Abrieb- und Verbrennungsrückständen und anderes. Diese vielseitigen Anforderungen kann unmöglich eine einzige Schmierstoffsorte erfüllen. Deshalb die speziellen Schmiersortenempfehlungen.
Die von der Mineralölindustrie und dem Werk empfohlenen Schmierintervalle sind allerdings nicht immer die höchstmöglichen Abstände, vielfach ist noch »Luft« drin. Wir merken das an den betreffenden Stellen an. Nicht ernst nehmen muß man die in der Betriebsanleitung gedruckte Empfehlung zu Esso-Schmiermitteln: Wenn die Sorte stimmt, erfüllen die Schmiermittel der anderen Mineralölfirmen den Zweck genauso gut.

Motorölstand prüfen

Pflegearbeit Nr. 1

Diesen wichtigen Handgriff schreibt Peugeot für alle Modelle einschließlich dem 204 Diesel nur alle 1000 km vor. Das zeugt von einem gesunden Vertrauen in die Konstruktion, und in der Tat sind die Peugeot-Motoren auch keine besonderen Ölverbraucher. Deshalb kann man es auf Langstrecke ohne weiteres bei dem 1000 km-Abstand der Ölkontrolle belassen. Bei vorwiegendem Kurz- und Mittelstreckenbetrieb ist es jedoch sicherer, man kontrolliert etwa bei jedem zweiten Tanken, denn bei häufigem Schalten und Ausdrehen des Motors in den Gängen wird unter Umständen doch etwas mehr Öl verbraucht. So geht man durch kleinere Kontrollintervalle kein Risiko ein.

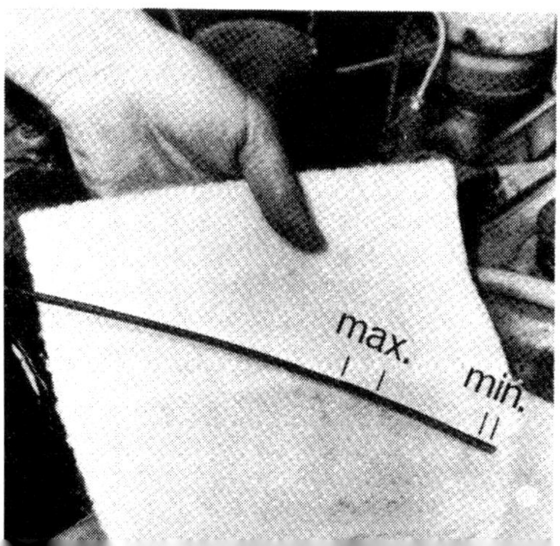

Zwei Markierungen weist der Ölpeilstab auf. Die breite obere zeigt den maximalen Ölinhalt von 4 Litern an. Unter die untere Markierung darf der Ölstand niemals absinken, sonst sind Motorschäden zu befürchten. Die Differenzmenge zwischen MIN und MAX beträgt beim 204 und 204 D 1,5 Liter, beim 304 nur 1 Liter.
Wichtig: nur auf ebenem Boden kann man den Ölstand richtig messen.

Den Ölstand kann man nur auf ebenem Boden genau messen, auf einer schiefen Ebene wird das Ergebnis verfälscht. Der dünne Peilstab mit seinem zur Öse gebogenen Ende steckt zwischen Ansaugkrümmer und Bremszylinder, knapp vor der Spritzwand in einem Röhrchen. Zur Ölstandmessung den Motor abstellen, 1 bis 2 Minuten warten, bis das Öl unten in der Wanne zusammengelaufen ist, Stab herausziehen und mit nichtfaserndem sauberen Lappen (möglichst keine Putzwolle) abwischen, nochmals bis zum Anschlag hineinstecken und wieder herausziehen. Jetzt kann man den Ölstand ablesen.

Der Stab, der übrigens zwischendurch geändert wurde, hat zwei Markierungen; bei den neueren Peugeot sind es eine obere breite und eine untere schmale Abflachung. Die obere Marke zeigt die Maximalfüllmenge von 4,5 Litern an, die untere die Mindestfüllmenge von 3 Litern, die keinesfalls unterschritten werden darf, sonst kann es zu schweren Schäden kommen. Über der oberen Marke soll das Öl aber auch nicht stehen, das wäre Öl- und Geldverschwendung. Bei zu hohem Ölstand kann es nämlich im Kurbelgehäuse zu Schaumbildung kommen, dadurch eventuell zu Schmiermangel. Es bilden sich stärkere Öldämpfe, die über die Entlüftung in den Brennraum gelangen und dort für zusätzliche Ölkohlenbildung sorgen, außerdem verrußen die Zündkerzen stärker.

Am gesündesten für Motor und Geldbeutel fährt man, wenn der Ölstand an der unteren Grenze der breiten oberen Abflachung gehalten wird.

Öl nachfüllen

Muß Öl nachgefüllt werden, nimmt man den runden Deckel von der Zylinderkopfhaube (vor dem Luftfilter) ab und gießt dort das Öl hinein. Über die verwendbaren Ölsorten gibt der entsprechende Absatz in diesem Kapitel Auskunft.

Fingerzeige: *Sehen Sie ruhig den Tankwarten bei der Messung zu. Nicht alle gehen sorgfältig genug vor. Außerdem können Sie entscheiden, ob schon ein halber Liter nachgefüllt werden soll oder nicht, wenn Sie das Meßergebnis selbst sehen.*

Schwarzes Motoröl auf dem Peilstab ist kein Zeichen dafür, daß das Öl verbraucht ist und gewechselt werden muß, wie manche gewinnorientierten Tankwarte weismachen wollen. Selbst frisches Öl färbt sich nach kurzer Betriebszeit dunkel.

Morgens oder nach längerer Standzeit ist der Ölstand am besten zu peilen, denn dann ist garantiert alles Öl in der Wanne.

Bei vorwiegendem Kurzstreckenbetrieb, wobei der Motor seine Betriebstemperatur nicht oder spät erreicht, kommt es vor, daß der Ölstand wegen Verdünnung durch nichtverbrannten Kraftstoff über die obere Marke steigt. Dem kann man durch Heißfahren abhelfen. Kommt es öfter vor, sollte man durch Einbau eines anderen Kühlwasserthermostats oder Motorabdeckung für schnellere Erwärmung des Motors sorgen, wenn dies vom Fahrbetrieb her nicht möglich ist. Andernfalls müssen die Ölwechselintervalle verkürzt werden, denn verdünntes Öl schmiert schlecht.

Motoröl wechseln

Pflegearbeiten
Nr. 3 und 34

Zwei Nummern sind eigentlich nur deshalb genannt, weil im Pflegeplan der Übersicht wegen die Arbeiten an Benzin- und Dieselmotor gesondert aufgeführt sind. Der Arbeitsablauf ist aber derselbe, lediglich bei den verwendbaren Ölsorten, bei der Ölmenge und bei der Wechselhäufigkeit gibt es Unterschiede. Während bei den Benzinmotoren das Öl alle 7500 km gewechselt werden muß, verlangt der 204 Diesel schon alle 2500 km nach neuem Öl.

Übrigens gehört es zu den Eigenarten der 204/304-Konstruktion, daß Motor,

Getriebe und Achsantrieb die gleiche Ölfüllung haben, deshalb spricht Peugeot auch vom Triebwerksblock. Dadurch braucht man zwar mehr Motoröl als bei anderen Motoren vergleichbarer Größe, muß aber nicht an das Getriebeöl denken.

Den Ölwechsel kann man in der Peugeot-Werkstatt, an einer Tankstelle oder zu Hause machen. Im allgemeinen ziehen wir die Tankstelle wegen besonderer Überlegungen vor:

1. Das Motoröl soll warm gewechselt werden, damit es mit allem Schmutz gut abläuft. In Werkstätten muß der Wagen oft lange warten und inzwischen wird der Motor wieder kalt. An Tankstellen hat man meist schon nach wenigen Minuten Zeit für diese Arbeit.

2. Wenn Sie Motoröl nicht von irgendwo her billiger beziehen können, sondern es bei der Tankstelle kaufen, kostet es meist den gleichen Preis, ob der Ölwechsel zu Hause oder von der Tankstelle gemacht wird. Der eigentliche Ölwechsel ist im Verkaufspreis schon enthalten. Ausnahme: »Öl zum Mitnehmen«.

3. Beim Ölwechsel fällt Altöl an. Wohin damit? In die Kanalisation schütten oder im Garten vergraben darf man es nicht. Bei der Tankstelle ist es dagegen besser aufgehoben. Viele Städte haben jedoch auch Altölsammelstellen, deren Adressen man vom ADAC, der Gemeindeverwaltung oder der örtlichen Polizei erfährt.

Wer trotzdem den Ehrgeiz hat, selbst Öl zu wechseln, braucht:

- 8 mm-Vierkantschlüssel zum Öffnen und Schließen der Stopfen an Ölwanne und Achsantrieb.
- Motoröl (verwendbare Sorten siehe weiter unten), bei den Benzinmotoren 4 Liter, beim Diesel 5 Liter.
- Entsprechend großes Gefäß zum Auffangen des Altöls.

Die Arbeit geht dann so vor sich: Wagen über die Grube stellen, oder den Wagen allseitig gleich hoch aufbocken – es sei denn, Sie haben ein großes flaches Auffanggefäß, das unter den normal stehenden Wagen paßt und Sie kriechen unter das Auto. Dann wird das Gefäß unter die Ablauföffnungen geschoben. Den Motor-Vierkantstopfen sehen Sie von vorn gleich in der abgeflachten schrägen Ölwannenmitte. Der Stopfen des Achsantriebs befindet sich rechts davon, direkt neben dem Auspuffrohr, Ablaßschrauben herausdrehen (Vorsicht bei heißem Öl!) und Öl ganz ablaufen lassen. Danach die Ablaßschrauben reinigen und wieder hineindrehen, aber nicht zu fest »anknallen«.

Nun wird das frische Motoröl oben in den Einfüllstutzen im Zylinderkopfdeckel eingefüllt. Zum Schluß nach einigen Minuten Wartezeit den Ölstand am Ölpeilstab kontrollieren, denn sicher ist sicher.

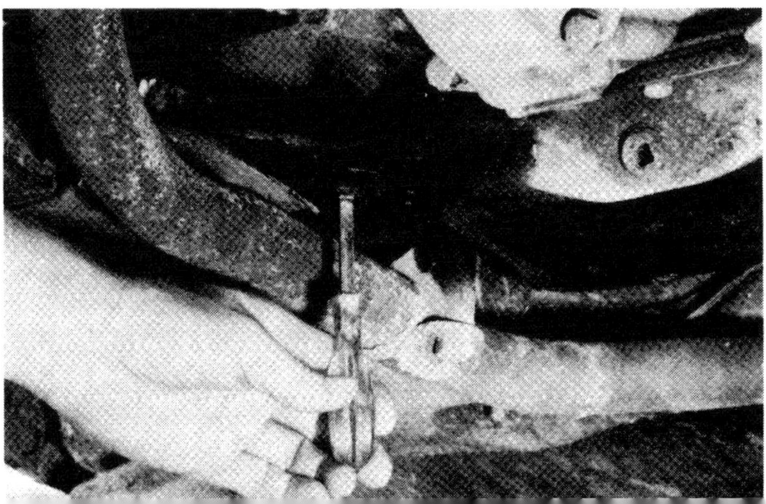

Das Foto zeigt die beiden Ölablaßschrauben am Triebwerksblock. Links der Ablaßstopfen des Differentials, an dem der Schlüssel im Vierkantstopfen angesetzt ist, rechts davon der Vierkant-Ablaßstopfen der Ölwanne.

Fingerzeige: *Die vorstehend genannten Ölmengen beziehen sich auf den normalen Ölwechsel ohne Filterwechsel. Mit Filterwechsel braucht man etwa 0,25 Liter mehr Öl. Doch solch kleine Mengen gibt es lose nicht zu kaufen. Deshalb kann man ruhig bei den vorher angegebenen Mengen bleiben, zumal das Öl sowieso bis zur unteren Peilstabmarke abgesunken sein darf, bevor Öl nachgefüllt werden muß, siehe Abschnitt »Ölstand prüfen«.*

Beim Ölwechsel bleibt im Motor etwa 0,2 bis 0,3 Liter Altöl zurück. Bei trockenem Motor, also etwa nach einer Zerlegung, muß man entsprechend mehr Öl einfüllen, bei den Benzinmotoren 4,5 Liter, bei Diesel 5,5 Liter.

Viele Tankstellen werben für den Ölwechsel zur Selbstbedienung mit einem Ölabsauggerät und bieten dazu preiswertes »Öl zum Mitnehmen« an; einen schnellen und preisgünstigen Ölwechsel versprechen sie damit. Doch Peugeot erteilt der Ölabsaugmethode bei den Modellen 204/304 nicht den Werkssegen. Grund: die Ölwannenform gewährleistet nicht das zuverlässige Mitabsaugen aller Rückstände. Der Besitzer eines kleinen Peugeot kann also nur von dem Absaugangebot Gebrauch machen, wenn er zu viel Öl eingefüllt hat oder bei winterlicher Ölverdünnung einen Ölwechsel zwischen den Intervallen durchführt.

Welche Ölwechselabstände?

Zwar stecken in den heutigen HD-Motorenölen durchweg gute Reserven für höhere Leistungen, als sie von den Motoren gefordert werden. Doch verbrauchen die Peugeot-Motoren im allgemeinen wenig Öl (ca. 0,3 bis 0,5 Liter auf 1000 km ist normal, wird ein Liter oder mehr verbraucht, sollte man der Werkstatt Bescheid sagen), weshalb man zwischen den Ölwechselintervallen selten nachfüllen muß. Dadurch entfällt aber auch die Verbesserung des Altöls durch neues, nachgefülltes Öl. Um so wichtiger ist der regelmäßige Wechsel alle 7500 km. Das schließt natürlich nicht aus, daß man bei vorwiegendem Langstreckenbetrieb im Sommer die 7500 km mal um einige hundert Kilometer überziehen kann. Oder man verkürzt das Wechselintervall, wenn kurz vor dem vorgeschriebenen Ölwechsel Öl nachgefüllt werden muß, denn es wäre schade, dieses Öl nach kurzer Zeit wieder ablaufen zu lassen. Hier ist der vorgezogene Ölwechsel wirtschaftlicher.

Kritischer ist es für den Motor, wenn er ständig unter erschwerten Betriebsbedingungen arbeiten muß. Solche Bedingungen liegen im Winter vor, zumal wenn der Peugeot vorwiegend im Stadt- und Kurzstreckenbetrieb bewegt wird. Ohnehin bekommt das Auto im Stadtbetrieb mehr »Motorkilometer« zusammen als »Fahrkilometer«, denn es gibt bei der großen Verkehrsdichte viele Strecken, die in den kleinen Gängen gefahren werden müssen, dazu viele Aufenthalte mit laufendem Motor (Warten vor Ampeln, Verkehrsstockungen). Bleibt dabei der Motor – bei Kälte meistens der Fall – unter seiner Betriebstemperatur, sammelt sich Verbrennungsschmutz und Schlamm im Motor an. Um alle Rückstände sicher zu entfernen, ist der verkürzte Ölwechselabstand das beste. Auch wenn Sie viel auf staubigen Landstraßen fahren, verschmutzt das Öl schneller.

Wenn Sie weniger als 15 000 km im Jahr fahren, sollten Sie vom km-Intervall abgehen und wenigstens zweimal im Jahr das Triebwerköl wechseln.

Ölfilterpatrone austauschen

Pflegearbeiten
Nr. 18 und 36

Auch hier ist wieder der Arbeitsvorgang bei allen 204/304-Versionen der gleiche, doch muß die Patrone bei den Benzinmotoren alle 15 000 km, beim 204 Diesel jedoch schon alle 5000 km ausgewechselt werden, also ebenfalls bei jedem zweiten Ölwechsel.

Bei den Benzinmotoren wird auch der gleiche Filterpatronentyp verwendet: Purflux LS 152 A oder Lockheed DBA-FC 109, beim Diesel Purflux LS 127/10. Wenn man den Filter nicht in der Peugeot-Werkstatt sondern an der Tankstelle

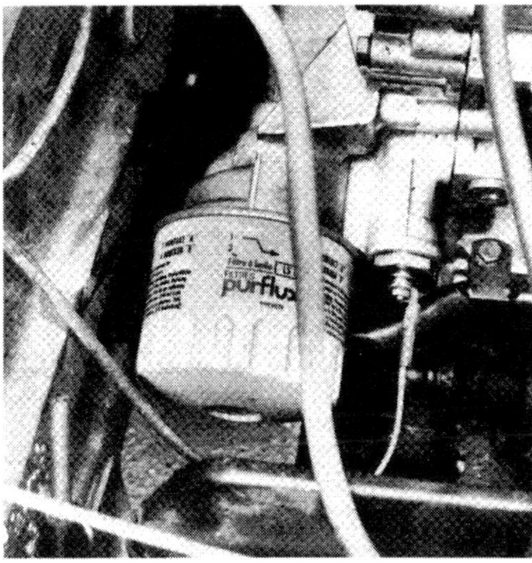

Die Ölwechselpatrone liegt gut zugänglich rechts im Motorraum gleich hinter der Batterie. Sie muß regelmäßig gewechselt werden, siehe Wartungsplan. Wenn die Patrone auch nach längerer Zeit kalt bleibt, zeigt dies, daß sie verstopft ist und kein heißes Öl hindurchfließt.

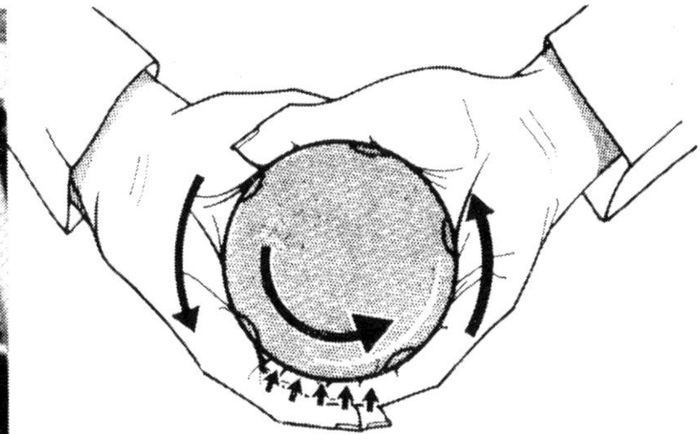

Die Ölfilterpatrone kann man bei einigen Ausführungen mit der Hand losdrehen. Man legt einen Streifen Schmirgelleinen mit der Schmirgelseite gegen das Blech um die Patrone und packt diese in der abgebildeten Weise.

wechseln läßt, kann man unter den dort vorrätigen Filtern anderer Fabrikate auswählen, die für den Peugeot vorgesehen sind, z. B. von Mann, Knecht, Fram usw.

Bei den Peugeot ist die Patrone leicht auszuwechseln, sie sitzt schön zugänglich vorn am Motor, gleich hinter dem Batteriestandplatz. Allerdings kann man eine alte Patrone selten mit Handkraft losdrehen. Hilfsmittel kann ein Streifen Schmirgelpapier sein, den man mit der Schmirgelseite um die Patrone legt, dann packt man mit beiden Händen kräftig zu (Daumen an Daumen, ineinandergelegte Finger) und dreht nach links. Man kann auch einen alten Keilriemen oder einen Ledergurt um das Filtergehäuse schlingen, die Enden mit der Rohrzange festdrehen und mit der Zange als Handgriff die Patrone lösen. Die Werkstatt macht es ähnlich mit einem speziellen Bandschlüssel.

Bei der neuen Patrone muß der Dichtring vor dem Ansetzen leicht mit Abschmierfett eingestrichen werden. Man kann auch Öl nehmen, aber bei der anschließenden Sichtprüfung bei laufendem Motor, ob die Patrone wirklich dicht sitzt, kann abtropfendes Öl fälschlicherweise als austretendes Öl angesehen werden, und man zieht die Patrone noch fester an. Sie darf aber beim Andrehen nur mit der Hand festgedreht werden. Jedes Festziehen mit einem Werkzeug ist verboten und kann dazu führen, daß sich die Patrone das nächste Mal nicht mehr lösen läßt.

Fingerzeig: *Die Handprobe am Ölfilter bei betriebswarmen Motor zeigt, ob das Öl, wie es sein soll, auch durch diese Patrone zirkuliert. Sie muß so warm wie der Motorblock sein. Ein verschmutztes oder verstopftes Filter wird sich kühler anfassen, weil der Ölstrom über das Kurzschlußventil fließt. Dann wird der Motor mit ungefiltertem Öl versorgt: schleunigst das Filter wechseln!*

Welches Öl ist richtig?

Bei Peugeot gibt es da gar keine Diskussion: das beste ist gerade gut genug. Für die Benzinmotoren wird deshalb ganzjährig die HD-Mehrbereichsölsorte SAE 10 W 50 empfohlen; im Sommerbetrieb schadet auch 20 W 50 nicht. Die frühere Empfehlung zu HD-Einbereichsölen je nach Jahreszeit SAE 10 W, 20 W 20, 30, 40 ist damit überholt. Die Empfehlung zu Mehrbereichsöl ist praxisnäher, besonders dann, wenn im Jahr wenig Kilometer auf den Tacho kommen, siehe dazu auch die nachstehenden Absätze.

Die Benutzung von Einbereichsöl wäre höchstens für Vielfahrer interessant, die mindestens 5000 Kilometer im Vierteljahr zusammenbringen, und deshalb drei bis vier Ölwechsel pro Jahr machen müssen. Dann gilt auch das unter Dieselöl Gesagte, denn das ist auch für Benzinmotoren geeignet, dabei billiger. Doch fürs Nachfüllen zwischen den Ölwechseln kann auch derjenige, der Mehrbereichsöl eingefüllt hat, getrost zu der Einbereichsölviskosität greifen, die für die jeweilige Jahreszeit und Außentemperatur angebracht ist. Das ist wirtschaftlicher.

Doch damit Sie wissen, was es mit dem Saft auf sich hat, den Sie in den Motor kippen, zunächst einige grundsätzliche Erläuterungen:

Ölviskosität

Sie wird in der Ölbezeichnung in Zahlen und Buchstaben ausgedrückt und gibt die Zähflüssigkeit des Öls an. Sie ergibt sich aus der Fähigkeit des jeweiligen Öls, schneller oder langsamer aus einem Röhrchen gleichen Durchmessers zu fließen, und wurde von der amerikanischen **S**ociety of **A**utomotive **E**ngineers genormt. Die Anfangsbuchstaben dieser Organisation werden von Ölbezeichnungen vorangestellt: SAE. Je kleiner die Zahl dahinter, um so dünnflüssiger ist das betreffende Öl, z. B. SAE 5 W, SAE 10 W.

Das »W« bedeutet zusätzlich »Winter". Es gibt aber auch etwas dickflüssigeres Öl, das sich bei manchen Motoren im Winter und bei anderen im Sommer eignet und deshalb die gemischte Bezeichnung 20 W 20 trägt. SAE 30 und SAE 40 sind Sommeröle, die allenfalls bei extremen Temperaturen besondere Anforderungen erfüllen.

Soviel über Einbereichsöle. Mehrbereichsöle, wie sie Peugeot für die 204/304-Motoren fordert, sind ebenfalls HD-Öle, die aber weiterentwickelt wurden, um über einen großen Temperaturbereich im Motor verbleiben zu können. Ein solches Öl kann üblicherweise immer dann verwendet werden, wenn Einbereichsöle von SAE 10 W bis SAE 50 nötig wären.

Genaugenommen handelt es sich bei den Mehrbereichsölen um dünnflüssige Öle der Klasse 10 W, denen spezielle chemische Zusätze beigegeben werden. So hat man im Winter beim Kaltstart ein dünnflüssiges Öl, das dem Anlasser wenig Widerstand entgegensetzt; bei hohen Temperaturen »quellen« die Zusätze auf und halten das Öl schmierfähig.

Etwas anders aufgebaut ist das teilsynthetische Mehrbereichsöl »sint 2000« von Agip (gelobt wegen der inneren Sauberhaltung des Motors), bei welchem das Grundöl dicker ist und durch synthetische Anteile bei Kälte dünnflüssig gehalten wird. Und ganz aus der Art schlägt der vollsynthetische Motorschmierstoff »SHC« der Mobil Oil, der gar kein Mineralöl mehr enthält, sondern alle notwendigen Eigenschaften durch künstliche Kohlenwasserstoffe besitzt. Das ist zwar ein zukunftsweisender Weg, doch heute ist der Schmierstoff noch rund doppelt so teuer wie das teuerste Mehrbereichsöl.

Ölklassifikation

Unter diesem Oberbegriff sind Angaben zu sehen, die Auskunft über das Leistungsvermögen eines Öls geben. Allerdings gab es in den letzten Jahrzehnten auf diesem Gebiet einige Veränderungen, die den Laien schon verwirren können. Deshalb ein kurzer Rückblick.

Bis 1945 wurden Motoröle lediglich nach Viskositätsmerkmalen eingeteilt, andere ein Öl bezeichnende Eigenschaften nicht berücksichtigt. Die erste API (American Petroleum Institute)-Klassifikation sah dann drei Leistungsklassen vor:

Regular-Type = unlegierte Motorenöle für leichte Betriebsbedingungen

Premium-Type = mildlegierte Motoröle für erschwerte Betriebsbedingungen

HD (Heavy Duty)-Type = höher legierte Motoröle für besonders schwere Betriebsbedingungen.

Diese Kennzeichnung blieb – mit einigen Überarbeitungen – bis etwa 1955. Geblieben sind die Bezeichnung Regular für unlegierte Öle, die aber heutzutage höchstens für die Schmierölkanne taugen, und HD für legierte Öle.

Doch mit den zunehmenden Ansprüchen ans Öl wurde der Begriff HD zu ungenau. Deshalb verabschiedete API 1952 eine neue Klassifikation mit Überarbeitungen 1955 und 1960:

ML = Low = leichter Betrieb

MM = Moderate Duty = gemäßigter Betrieb

MS = Severe Duty = schwerer Betrieb.

Daß es Festlegungen nach Einsatzbedingungen und nicht nach Leistungskriterien waren, gefiel den Motorherstellern gar nicht und so entwickelten sie mit der Mineralölindustrie gemeinsam Motortests nach Kriterien wie Verschleiß, Kolbenringstecken, Oxydation, Rost, Riefenbildung, Schlammablagerungen usw. So gibt es u. a. spezielle Werkspezifikationen von Daimler-Benz, General Motors (Opel), Ford, aber auch vom USA-Militär.

Seit Sommer 1970 gibt es nun ein neues API-System, in dem durch Buchstabenpaare bestimmte Motorölqualitäten gekennzeichnet und den unterschiedlichen Betriebsbedingungen von Motoren zugeordnet werden. Die neue API-Rangfolge arbeitet mit zwei Buchstabenreihen:

Die S-Reihe: SA – SB – SC – SD – SE.

Die C-Reihe: CA – CB CC – CD.

S bedeutet Service, womit zum Ausdruck gebracht ist, daß diese Öle hauptsächlich über Tankstellen vertrieben werden. Es sind Öle für Benzinmotoren. C steht für Commercial — Handel, es sind Öle für Benzinmotoren und Dieselmotoren. Eine Ausnahme bildet hier die Klasse CD: nur für Dieselmotoren.

Das Motoröl höchster Qualität ist die Klasse SE, weil es die entsprechenden Bedingungen der C-Reihe mit erfüllt, tragen diese Öle meistens die Buchstaben SE/CC. SE-Öle sind Öle für Benzinmotoren, die den hohen Anforderungen der Spezifikation Ford SSM-2C 9001-AA und der GM-Spezifikation GM-6136 M entsprechen, die US-Militärspezifikation MIL-L-46152 erfüllt bzw. übertrifft die SE-Anforderungen noch, ebenso MIL-L-2104 C die Leistungsanforderungen gemäß CD und SC. Wenn Ihnen eine Ölbüchse mit solcher Kennzeichnung in die Hände gerät, z. B. in einem Kaufhaus, können Sie sie ruhig für Ihren Peugeot verwenden – wenn die Viskosität stimmt.

Öl für den 204 Diesel

Aus dem vorher Gesagten ist zu entnehmen, daß die Ölklasse CD zwar nur für Dieselmotoren geeignet ist, daß aber auch die besten Öle der S-Reihe die CC-Klassifikation besitzen, die Peugeot für den 204 Diesel fordert. Deshalb könnte man das Mehrbereichsöl 10 W 50 ohne weiteres auch im Diesel fahren. Doch das verlangt der kleine Peugeot-Diesel gar nicht. Er begnügt sich mit Einbereichsöl, und das ist wesentlich billiger, besonders wenn es aus dem großen Faß an der Tankstelle abgezapft wird. Peugeot empfiehlt SAE 30 bei normalen Umgebungstemperaturen, SAE 20 bei anhaltendem Frost bis –10° C, SAE 10 bei Temperaturen unter –10° C. Das gleiche gilt auch fürs Nachfüllen.

Ölverbrauch

Dünnflüssiges Öl wird stärker verbraucht, weil es durch seine Leichtflüssigkeit stärker in den Brennraum eindringt und verbrennt, und es enthält außerdem mehr leichtsiedende Anteile, die bei hohen Temperaturen durch die Kurbel-

gehäuseentlüftung verschwinden. Daraus ergibt sich der Minder- oder Mehrverbrauch durch Mehrbereichsöle im Vergleich zum klimamäßig vorgeschriebenen Einbereichsöl. Die von Mineralölherstellern verkündeten Minderverbräuche gelten nämlich nur für ganz spezielle Fahrzustände.
So sinkt der Ölverbrauch durch Mehrbereichsöl, wenn Sie Ihren Peugeot hauptsächlich auf Langstrecken und scharf fahren, wobei der Motor meist seine optimale Betriebstemperatur hat. Dann verhält sich Mehrbereichsöl wie das dickste Öl seiner Klassifizierung – der Ölverbrauch ist geringer.
Der Ölverbrauch ist gleich oder steigt sogar mit Mehrbereichsöl beim Start, bei Kurzstreckenbetrieb und trödeliger Fahrweise, bei der der Motor nicht richtig warm wird. Auch steigt der Verbrauch bei Mehrbereichsöl, wenn man es zu lange im Motor läßt, denn nicht alle Mehrbereichsöle sind scherstabil; sie werden mit der Zeit dünnflüssiger mit entsprechend steigendem Ölverbrauch. Das bringt ein Ölwechsel wieder in Ordnung.

Zusätze zum Motoröl

Von etlichen Firmen werden Zusatzmittel zum Motoröl angeboten. Sie kosten Geld und bringen nichts ein. Die heutigen Öle sind so konstruiert, daß sie alle Ansprüche erfüllen können. Sie sind außerdem so fein abgestimmt, daß eine Beimischung fremder Stoffe ihr eigenes Gleichgewicht stören kann. Behauptungen, solche Zusätze erhöhten die Spitzengeschwindigkeit, sparten eine Menge Benzin und Reparaturkosten, hat uns noch niemand beweisen können.
Anders ist es mit den unlöslichen Zusätzen, dem Festschmierstoff Molybdändisulfid (Liqui Moly und Molykote). Das fein pulverisierte MoS_2 kann die Ölzusammensetzung nicht stören, legt aber einen Feststoffschmierfilm an besonders kritische Schmierstellen des Motors und senkt nach unseren Erfahrungen auch den Ölverbrauch.
Allerdings können wir uns für das eigene Beimischen des Konzentrats höchstens in Ausnahmefällen erwärmen, sondern es sollte dann ein bereits werksseitig gemischtes Moly-Öl sein, wie z. B. Liqui Moly Super Motoroil MoS_2 oder Molykote Super Motor Oil. Beides sind anerkannte Motoröle und haben beispielsweise von Ford die Freigabe nach der Ford-Spezifikation SSM-2C 9001 AA.

Die Ölpreise

Die in Frage kommenden Mehrbereichsöle großer Temperaturspannweite entsprechen bei allen Herstellern und Verkäufern der höchsten Ölqualität. Um so wichtiger ist für Sie der Preis. Es lohnt sich deshalb, den Ölpreis bei der Auswahl der Tankstellen, die den Ölwechsel ausführen sollen, zu berücksichtigen. Denn der Preis für den Liter Mehrbereichsöl schwankt gegenwärtig zwischen 6,50 und 8,– DM. Allerdings ist darin der Zuschlag für die Altöl-Ausgleichsabgabe gleich inbegriffen. Konkurrenzlos billig, dabei qualitativ gleichwertig, ist das Öl bei Kaufhäusern und Versandhäusern, Supermärkten und Discountläden. Das ist günstig für Selbstwechsler, die dann nur zusehen müssen, wie sie das Altöl billig loswerden.
Die Bezeichnung auf den Öldosen kann unterschiedlich sein, HD genügt wie bereits gesagt nicht. Finden Sie jedoch auf den Öldosen oder dem Ölkanister eine der genannten früheren oder neuen API-Klassifizierungen, MIL-Bezeichnungen oder der Behälter trägt die Aufschrift »Von Ford freigegeben« oder »Entspricht den Ford-Vorschriften« oder kann Ihnen der Verkäufer beweisen, daß sein Motoröl in der Freigabeliste von Daimler-Benz steht, dann können Sie auch als Peugeot-Fahrer ruhig zugreifen. Daß Ölhersteller minderwertige Öle mit guten Qualitäts-Klassifizierungen verkaufen, haben wir noch nicht gehört – die Konkurrenz überwacht sich gegenseitig zu sorgfältig.
Und zuletzt: In der Bundesrepublik, so meinen die Ölfirmen, haben die Auto-

Wenn man den Verteilerdeckel und den Läufer abnimmt, sieht man in der Verteilerwelle den Filzpfropfen. Drei, vier Tropfen Motoröl alle 5000 km beugt dem Verschleiß vor. Nicht zuviel Öl einträufeln, das Unterteil braucht nicht im Öl zu schwimmen. Hinter das Kunststoffklötzchen in der Mitte des Unterbrecherhammers (Pfeil) gibt man ein kleines Klümpchen Fett, damit die Nockenbahn der Verteilerwelle laufend geschmiert wird.

fahrer mehr Geld. Nur so ist es zu erklären, daß das genau gleiche Motoröl außerhalb der Bundesgrenzen in der Regel eine halbe, ganze oder gar zwei D-Mark pro Liter billiger ist. Nutzen Sie darum bei Auslandsfahrten diese Sparmöglichkeit zum Einkauf Ihres Motoröls.

Zündverteiler schmieren

Teil der Pflegearbeit Nr. 9

Am Zündverteiler gibt es zwei Stellen, die zu schmieren sind. Man muß aber die vorgeschriebenen 7500 km-Intervalle nicht unbedingt einhalten, sie stehen auf der Liste dort nur, damit die Schmierstellen nicht ganz vergessen werden. Am besten schmiert man, wenn man ohnehin am Motor zu tun hat.

Der Verteiler sitzt – in Fahrtrichtung gesehen – in der rechten hinteren Motorraumecke, nur wenig vor der Spritzwand. Von ihm führen die dicken roten Hochspannungszündkabel zu den Zündkerzen. Ursprünglich war der Verteiler sehr bequem zu erreichen. Seit aber über ihm der Entgasungsbehälter angebracht ist, muß man sich richtiggehend verkünsteln, um an ihn zu gelangen.

Um jetzt an den Verteiler zu gelangen, muß man sowohl von oben wie von der Seite arbeiten: Im Radkasten ist seitlich ein Ausschnitt, durch den man in den Motorraum greifen kann. Besser geht es, wenn man das rechte Vorderrad abnimmt.

Zum Schmieren muß der Verteilerdeckel herunter. Dazu die beiden seitlichen Federklammern mit den Fingern oder einem breiten Schraubenzieher abdrükken, den Deckel anheben und beiseitehängen. Dann zieht man den Verteilerläufer kräftig nach oben ab, der auf der Verteiler-Mittelachse sitzt. In dieser Welle ist der erste Schmierpunkt. Das Filzstück darin wird mit ein paar Tropfen Motoröl getränkt, evtl. vom Ölpeilstab. Aber nicht zuviel, das Verteilerinnere darf nicht schwimmen.

Die zweite Schmierstelle ist die Nockenbahn, auf welcher der Unterbrecherarm läuft. Die Laufbahn fettet man nur leicht mit dem Bosch-Spezialfett Ft 1 V 4 wovon eine kleine Tube etwa 60 Pfennig kostet. Ein kleines Klümpchen Fett kann man für die Dauerschmierung auch hinter das Fiberstück des Arms geben. Wenn man den Verteiler gerade ausgebaut und zerlegt hat, fettet man die gleitenden Teile der Fliehgewichte mit etwas Kugellagerfett.

Fingerzeig: *Es ist eigentlich widersinnig, Wasser und Elektrik so nahe zusammenzubringen. Achten Sie deshalb stets darauf, daß der Entgasungsbehälter auch wirklich dicht ist. Feuchtigkeits- und Rostspuren verraten das! Einen undichten Behälter bald löten oder auswechseln lassen, sonst gibt es über kurz oder lang elektrischen Ärger am Verteiler!*

Der Schraubenzieher weist hier auf den Schmiernippel des Achsschenkels, der regelmäßig sein Fett braucht. An Vorderachse, Lenkung und Spurstangenköpfen sind es insgesamt 5 Nippel.

Mechanische Organe

Teil der Pflegearbeit Nr. 9

Die Peugeot gehören zu den wenigen Wagen, die noch Schmiernippel an Fahrwerk und Lenkung haben. Es sind fünf Nippel, die alle 7500 km mit Fett versorgt werden müssen. Wer diese Empfehlung nicht ernst nimmt, muß vorzeitig mit ausgeschlagenen Kugelbolzen an den vorderen Federbeinen sowie mit zunehmendem Spiel und Verschleiß im Lenkgetriebe rechnen. Am besten läßt man das bei einer Tankstelle machen, denn es lohnt sich kaum, deswegen Fett zu kaufen. Wer selbst schmieren will, braucht eine Fettpresse, sehr wirksam sind Handhebelpressen, die etwa 40 DM kosten, aber eine einfache Stoßpresse tut es auch. Als Schmiermittel nimmt man Mehrzweckfett. Es ist wirksamer als einfaches Abschmierfett.

Der erste Schmiernippel liegt am Druckstück der Zahnstange, erreichbar an der Wagenunterseite zwischen hinterem Ölwannenabschluß und Quertraverse.

Die zwei nächsten Nippel liegen außen an den Vorderrädern links und rechts an den Kugelgelenken, die die Spurstangen mit den Lenkhebeln verbinden. Die Nippel sind seitlich in die Kugelgelenke eingesetzt und meist verschmutzt.

Leichter zugänglich, nämlich an den Vorderrädern jeder Wagenseite unten im Querlenkerauge, sind die Nippel der Achsschenkel-Kugelgelenke.

Zum Abschmieren hebt man den Vorderwagen an. Man kann ihn auf eine Rampe fahren, besser aber ist Hochbocken, weil dann die Gelenke an den Rädern entlastet sind. Mit einem Lappen werden die Nippel vor dem Schmieren sorgfältig gesäubert, damit keine anhaftenden Staubkörnchen in die Gelenke eingedrückt werden. Dann drückt man das Fett mit der Presse solange in den Nippel, bis an den Trennfugen neues Fett austritt. Das ist ein Zeichen dafür, daß das alte Fett aus dem Gelenk hinausgedrückt ist. Zum Schluß muß man den Nippel nicht mehr abwischen, im Gegenteil, ein Klümpchen Fett auf dem Nippel hält Schmutz und Wasser ab.

Wenn ein Schmiernippel kein neues Fett aufnehmen kann, also verstopft ist, muß er möglichst bald herausgeschraubt, die Ursache der Verstopfung ermittelt, und eventuell ein neuer Nippel eingesetzt werden. Nippel sind Pfennigartikel, Nachlässigkeit wäre teurer und kostete leicht ein neues Gelenk.

Gelenke, Scharniere und Gleitschienen schmieren

Pflegearbeit Nr. 10

Geschmiert werden sollen alle Teile am Peugeot, wo sich etwas bewegt: Motorhauben-Arretierung, Scharniere und -verschlüsse an Motor- und Gepäckraumhaube, Motorhaubenstütze, Türscharniere und -halter, Verschluß und Scharniere des Reserveradkorbes, Gleitschienen des Schiebedachs, Türschlösser und Schließzylinder, aber auch Vergasergestänge, Pedallagerungen, Gleitschienen

der Vordersitze und Verstellmechanismus der Frontscheinwerfer, um nur einige Punkte zu erwähnen.
Diese Punkte müssen keineswegs alle 7500 km geschmiert werden, wie Peugeot es verlangt, sie sind hier nur gesammelt aufgeführt, damit sie nicht ganz vergessen werden. In der Praxis wird man dann schmieren oder ölen, wenn man ohnehin damit zu tun hat, etwa bei der Wagenwäsche oder bei einer Einstellung. Man sollte sich an die Regel halten, daß die beweglichen Teile, die am häufigsten bewegt werden, auch am häufigsten geschmiert werden, denn wie eingangs gesagt: Metallreibung erzeugt Verschleiß!
Während Peugeot für die meisten Schmierpunkte ganz normales Öl aus dem Kännchen empfiehlt, haben wir die Erfahrung gemacht, daß zum Beispiel an Blechteilen wie Gleitschienen, Türscharnieren usw. Spezialfett wie Antiquietschpaste von Liqui Moly oder Langzeitfett von Molykote länger anhaltende Wirkung bringt.
Für Scharniere, in die Fett schlecht eingebracht werden kann, z. B. an den Türen oben, Motorhaube etc. nimmt man eines der Superschmiermittel wie Molykote Super Gliss, Teroson mo, Sonax MoS_2-Oil. Es gibt sie auch in der Sprühdose, Teroson mo beispielsweise mit dünnem Sprühschlauch, so daß man gezielt sprühen kann. Jedenfalls halten diese Schmiermittel länger vor als Mutters Nähmaschinenöl.
Die Türschlösser und Schließzylinder schmiert man mit Glyzerin aus der Drogerie. Die Schließzylinder an der Heckklappe des Break neigen durch den Sog des Wagenhecks besonders zum Verschmutzen und gehen dann fest. Dann hilft keine Gewalt, sondern nur der Ausbau des Schließzylinders (siehe Kapitel »Arbeiten im Innenraum«) und Baden bzw. Spülen in einem Rostlöser, z. B. Caramba, Teroson mo oder ähnlichem, um den Zylinder wieder gängig zu machen.
Die oben genannten Schmiermittel verwendet man auch, wenn ein Türschließzylinder schwergängig geworden ist: Schlüssel nur mit der Spitze einstecken, um den Vorhang des Zylinders zu öffnen und gezielt in den Schlitz sprühen. Man kann auch den Schlüssel stark einsprühen und diesen schnell – bevor das Mittel abläuft – in den Zylinder stecken. Mehrmals wiederholen, bis die Zylinderzuhaltungen wieder leichtgängig sind. Auch schwergängige, korrodierte Außentürdrücker bekommt man damit wieder beweglich.
Für die Gleitflächen der Türfallen und Schließkeile dagegen nimmt man Fett oder die oben erwähnten Pasten. Aber nur dünn einstreichen, damit beim Einsteigen die Kleidung nicht beschmutzt wird.

Ölstandkontrolle der Vakuumpumpe

Pflegearbeit Nr. 40

Sie betrifft ausschließlich den 204 Diesel und muß nur alle 50 000 km, bzw. bei häufigem Betrieb im Stadtverkehr alle 20 000 km vorgenommen werden.
Die Vakuumpumpe gehört zur Bremsanlage. Ihr Topf, der über der Batterie im Motorraum montiert ist, hat eine Ölfüllung; zur Kontrolle die Flügelschraube herausdrehen und den Deckel abnehmen. Wenn das Öl unter die Markierung abgesunken ist, wird Motoröl nachgefüllt: SAE 10 W 20 oder 10 W 30.

Hintere Radlager schmieren

Diese Pflegearbeit ist nicht im Peugeot-Pflegeplan enthalten. Man verläßt sich darauf, daß die Fettfüllung anläßlich einer Reparatur, etwa dem Neubelegen der Bremsen, vorgenommen wird, denn das neue Fett wird sowieso nur bei hohem Kilometerstand nötig. Für die Fettfüllung nimmt man Mehrzweckfett. Für den Fall, daß Sie einmal das Fett selbst erneuern müssen, finden Sie für Aus- und Einbau nähere Hinweise im Kapitel »Vorder-, Hinterachse und Lenkung«.

Leichtathlet

Wer mit seinem Peugeot wirklich auf Du und Du stehen will, muß über sein Herzstück, den Motor, wenigstens oberflächlich Bescheid wissen. Auch wenn er nur autofahren und nicht selbst Hand anlegen möchte, wozu das Gedränge im Motorraum allerdings auch wenig einlädt. Das liegt übrigens durchaus in der Absicht von Peugeot, wo man meint, daß der Fahrer von der Technik möglichst wenig behelligt werden sollte. Man hat aber bei den wichtigsten Nebenaggregaten auf die nötige gute Zugänglichkeit geachtet.
Welche Motoren im 204/304-Programm gebaut werden und wurden, können Sie in den Kapiteln »Technische Daten« und »Entwicklungsjahre« nachsehen.

Die Motor-Grundkonstruktion aller 204/304-Typen ist die gleiche. Wenn man sie heute betrachtet, mag man kaum glauben, daß der erste 204 bereits 1965 vorgestellt wurde – so fortschrittlich und modern ist die Konzeption noch heute: Motor, Getriebe und Achsantrieb in einem Triebwerksblock aus Leichtmetall vereinigt, quer in den Motorraum eingebaut, Antrieb auf die Vorderräder. Die obenliegende Nockenwelle erlaubt auch bei hohen Drehzahlen präzise Ventilsteuerung, da die hin- und hergehenden Massen von Stößeln und Stößelstangen wegfallen. Ebenso auf hohe Drehzahlen und lange Lebensdauer ist die fünffach gelagerte Kurbelwelle ausgelegt.
Weitere moderne Merkmale sind das unterquadratische Hub/Bohrungs-Verhältnis (im Gegensatz zum Langhuber ist hier die Zylinderbohrung größer als der Kolbenhub) für geringere Kolbengeschwindigkeit und verminderten Verschleiß, und das Querstromprinzip, wie es bei echten Sport- und Rennmotoren

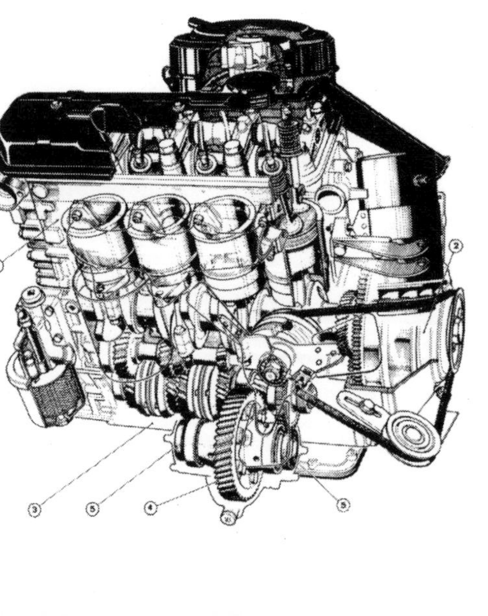

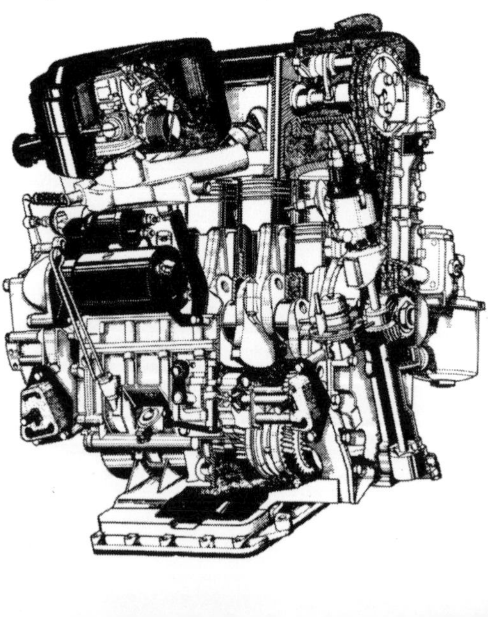

Links: Der 204-Motor (der Motor des 304 ist im Prinzip gleich) von der Frontseite her gesehen. Deutlich erkennbar der Zusammenbau von Motor und Getriebe zu einem Triebwerksblock, die im Zylinderkopf obenliegende Nockenwelle und der um viele Ecken gelenkte Keilriemen. Die Ölfilterpatrone links ist hier hängend angeordnet. Die Zahlen bedeuten: 1 = Motor, 2 = Kupplungsgehäuse, 3 = Getriebe, 4 = Differential, 5 = Anschlußpunkte der Antriebswellen für die Vorderräder.

Rechts: Die Motoransicht von hinten. Oben der im Luftfilter verborgene Vergaser, darunter der Anlasser, davor der Ölpeilstab. An der rechten Motorseite vorn der durch eine senkrechte Welle angetriebene Zündverteiler; die Welle betätigt in der Mitte auch die Benzinpumpe und unten die Ölpumpe.

üblich ist. Querstrom bedeutet, daß das Frischgas auf der einen Seite in den Brennraum strömt und – wenn es verbrannt ist – auf der anderen Seite ohne Umwege wieder hinaus. Das Gas wird also im Brennraum nicht umgeleitet, sondern fließt auf kürzestem Weg wieder hinaus. Dementsprechend sind Ansaug- und Auspuffkrümmer auf verschiedenen Seiten des Zylinderkopfs angeschraubt.

Der Triebwerksblock besteht – wie bereits gesagt – aus Leichtmetall, sowohl Motorgehäuse wie Zylinderkopf. Anfangs waren die 204-Motoren mit einem zweiteiligen Zylinderblock ausgerüstet, der nach der Zusammenstellung des oberen mit dem unteren Teil bearbeitet wurde. Und zwar ab Serienbeginn bis zu folgenden Seriennummern bei den Einzelmodellen:

204 Luxe	– 6 065 100	204 C	– 6 405 072
204 GL	– 6 290 045	204 Co	– 6 453 755
204 B	– 6 683 681	204 U4	– 6 500 718

Mit einteiligem Zylinderblock sind ausgerüstet: In der 1. Vorserie von Nr. 6 000 001 bis Nr. 6 000 400, von Nr. 6 002 921 bis Nr. 6 003 175, in der 2. Vorserie von Nr. 6 252 501 bis Nr. 6 252 400 und ab den Seriennummern

204 Luxe	– 6 065 101	204 C	– 6 405 101
204 GL	– 6 290 301	204 Co	– 6 453 801
204 B	– 6 683 801	204 U4	– 6 500 801

Der einteilige Motorblock der 1. Vorserie weicht vom Motorblock der späteren 204 ab, der Zylinderkopf wird bei der 1. einteiligen Vorserie durch zwei Zentrierstifte wie beim Motor mit zweiteiligem Motorblock zentriert. Der Zylinderkopf der 2. Vorserie und der laufenden Serie wird dagegen mit einem Zentrierstift auf der Steuergehäuseseite zentriert.

Die 1. Vorserie hat eine Zylinderkopfdichtung CURTY, Teile-Nr. 0203.28, Büchsenüberstand 0,045 bis 0,120 mm, spätere 204 haben eine Zylinderkopfdichtung REINZ, Teile-Nr. 0203.34, Büchsenüberstand 0,19 bis 0,26 mm. Die beiden Zylinderkopfdichtungen sind nicht untereinander austauschbar und dürfen auch nicht für einen Motor mit zweiteiligem Zylinderblock verwendet werden.

Der quer in den Motorraum eingesetzte Triebwerksblock war anfangs mit 3 Gummilagern dort befestigt, seit Herbst 1968 haben 204 und 304 Motoraufhängung an 4 Gummilagern. Das bedeutet Unterschiede sowohl beim Motor- als auch beim Zylinderkopfausbau.

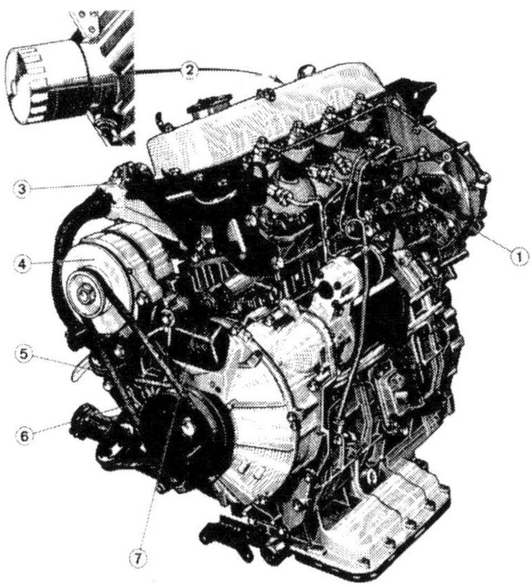

So sieht der Diesel-Motor des Peugeot 204, seit August 1976 im 304, aus. Seine Bezeichnung: XL4D. Die Punkte, in denen er sich von den Benzinern unterscheidet, sind mit Zahlen bezeichnet. Sie bedeuten: 1 = Einspritzpumpe, 2 = Öldruckschalter-Verstopfungsanzeige, 3 = andere Kühlwasserführung, 4 = leistungsstärkere Drehstrom-Lichtmaschine, 5 und 6 = stärkere Keilriemen für Wasserpumpe und Lichtmaschine, 7 = Kupplung mit konstantem Druck. Daneben sieht man am Zylinderkopf statt des Vergasers die Einspritzdüsen mit Kraftstoffleitungen, statt der Zünd- die Glühkerzen.

Links der frühere 204-Motor mit 3-Punkt-Lagerung; rechts die vier Lagerpunkte am 204 seit September 1968 und an allen 304.

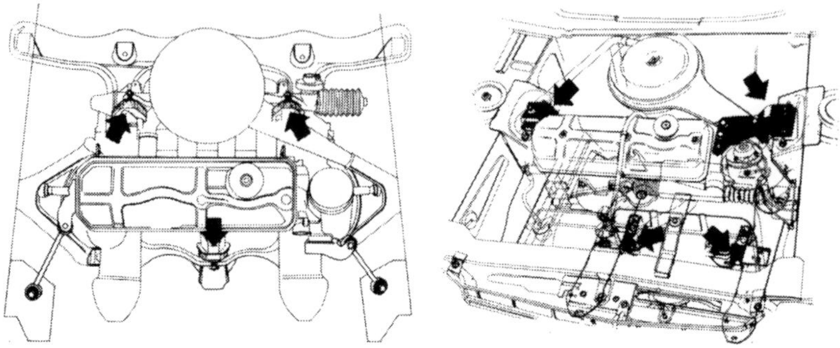

Die Peugeot-Motoren haben übrigens eine Konstruktionsbesonderheit, die man an deutschen Motoren nicht findet: die auswechselbaren Laufbüchsen. Sie gestatten eine Teilüberholung des Motors, besonders billig dann, wenn die übrigen Motorteile noch nicht verschlissen sind.

Der Kurbeltrieb

Die Kurbelwelle stützt sich auf fünf Lagern ab, das heißt, daß zwischen jedem Pleuel ein Lager sitzt. Diese grundsolide Anordnung hat gute Lebensdauerreserven auch bei hohen Drehzahlen. Die Pleuel laufen allerdings nicht direkt auf der Kurbelwelle, dazwischen gelegt sind jeweils zwei halbrunde Lagerschalen, wir kommen noch auf sie zu sprechen.

Die Pleuelstangen tragen auf ihrem oberen Ende die Kolben, die wiederum durch Kolbenbolzen und Sprengringe im Pleuelauge beweglich befestigt sind. Die Kolben besitzen je drei Kolbenringe. Diese sind in umlaufenden Aussparungen, den Nuten, im oberen Drittel des Kolbens elastisch eingebettet und drücken federnd gegen die Zylinderwand. Die beiden oberen Verdichtungs- oder Kompressionsringe (der oberste ist verchromt) verhindern, daß das zusammengepreßte Gasgemisch aus dem Verbrennungsraum am Kolben vorbei nach unten zischt, und der untere Ölabstreifring hindert das Schmieröl daran, aus dem Kurbelgehäuse nach oben in den Brennraum zu steigen. Dieser Ring ist eigentlich dreiteilig und besteht aus zwei dehnbaren Ringen und einem Expanderring. Die Stöße dieser Ringe müssen 2 bis 5 cm zueinander versetzt sein, damit die Ölabstreifkombination ihre Abdichtaufgabe erfüllen kann. Auch wird von ihr erwartet, daß sie sich zwar federstramm, aber völlig klemmfrei in ihrer Nut bewegen läßt, was besonders nach längerem ungünstigem Fahrbetrieb nicht immer gewährleistet ist, wenn die Kolbenringnuten durch Ablagerungen verkokt sind.

Immerhin sind die kurzhubigen Peugeot-Motoren, deren Kolbenhub kleiner als der Zylinderdurchmesser ist, langhubigen Motoren insofern überlegen, als sie den kürzeren Kolbenweg haben. Denn: Wenn von zwei Kolben der eine in der gleichen Zeit einen kürzeren Weg zurücklegen muß, so braucht er dazu nicht so schnell zu laufen. Und er muß im oberen und unteren Totpunkt – die Punkte der Laufrichtungsumkehr – nicht so scharf abgebremst und beschleunigt werden. Daraus ergibt sich geringere Lagerbelastung, weniger Zylinderverschleiß und im Zusammenhang mit der fünffach gelagerten Kurbelwelle geschmeidiger Motorlauf.

Fingerzeig: *Entsprechend ihrer unterschiedlichen Motordaten haben die verschiedenen 204/304-Motorversionen auch unterschiedliche Ausführungen von Kurbelwellen, Kolben usw. Um Verwechslungen zu vermeiden, ist in jedem Fall die Zugehörigkeit der Teile laut Ersatzteilkatalog zu überprüfen. Es ist also sehr riskant, Teile, die Sie billig bekommen können, aufs Geratewohl einzubauen.*

Lagerschäden

Sie können durch Ölmangel, Überbeanspruchung und bei hohem Motoralter entstehen. Lagerschäden sind Beschädigungen der Gleitflächen zwischen Pleuel und Kurbelwelle und Motorgehäuse, also der Hauptlager.
Primäre Ursachen mit schleichender Wirkung sind schaltfaules Fahren, lang anhaltende Vollgasfahrten oder ständiges scharfes Ausfahren der Gänge. Nicht beachteter Ölmangel dagegen führt zu plötzlich auftretenden Lagerschäden. Weitere mögliche Ursache: Mit Frostschutzmittel vermischtes Kühlwasser gerät über defekte Dichtungen in den Schmierkreislauf.

Wenn man in der Lage ist, solche sich anbahnenden Defekte früh zu erkennen, spart man viel Geld. Lagerschäden kündigen sich mit wärmer werdendem Motor (Öl wird flüssiger) durch Klopfen an, das sich allmählich oder schnell zum lauten Hämmern und Klacken steigert. Ob überhaupt ein Lager (meistens Pleuellager) schadhaft ist und um welches es sich handelt, ist folgendermaßen festzustellen: Bei Leerlauf nacheinander die Kabel von den Zündkerzen abziehen und wieder aufstecken. Läßt das Klopfen bei einem der abgezogenen Kabel nach, ist der betreffende Zylinder gefunden. Ein anderer Test besteht darin, mit langem Schraubenzieher oder Metallstab auf den Zylinderkopf nahe der Zündkerzen drücken und ein Ohr ans andere Ende des Werkzeugs zu legen. Auf diese Weise kann man das Resonanzgeräusch des schadhaften Lagers lokalisieren.

Bei sehr schonender Fahrweise kann man mit einem solchen ausgelaufenen Lager noch die rettende Werkstatt, ja sogar noch den Heimatort über Hunderte von Kilometern anlaufen. Dazu die Zündkerze des betreffenden Zylinders herausschrauben, damit die Arbeit und weitere Beanspruchung durch Kompression an diesem Zylinder entfällt. Falls sich Wasser im Motoröl befindet (milchiges Aussehen): Öl wechseln. Die Leistung der drei noch arbeitenden Zylinder darf während der Fahrt keinesfalls ausgenützt werden. Im 4. Gang wird man kaum über 60 km/h gehen. Aus dem offenen Kerzenloch entweicht dabei pfeifendes Knallen, das von den Kompressionsbemühungen des mitlaufenden Kolbens herrührt, in diesem Fall aber nicht zur Kenntnis genommen werden muß. Bei einem solchen Notbetrieb müssen aber Stand und Temperatur von Kühlmittel und Öl laufend überwacht werden!

Der Ventilantrieb

Seine Aufgabe ist es, die Ein- und Auslaßöffnungen im Zylinderkopf zwecks »Weichenstellung« für das Frisch- und Auspuffgas zum genau richtigen Zeitpunkt zu öffnen und zu schließen. Der Ventilantrieb besteht bei den Peugeot aus erfreulich wenigen Teilen: Nockenwelle, Kipphebeln, Ventilen und Ventilfedern. Die Kurbelwelle treibt über eine doppelte Rollenkette die im Zylinderkopf (oben-)liegende Nockenwelle an. Auf der Nockenwelle (Sie können sie nach Abnehmen des Ventildeckels unter der Kipphebelwelle sehen) sind ovale Erhebungen, die Nocken. Auf ihren Bahnen laufen die abwärts gerichteten Enden der Kipphebel. Dementsprechend müssen die Kipphebel die Bewegungen mitmachen, die von den Nockenerhebungen vorgeschrieben werden. Die drehende Bewegung der Nockenwelle wird also durch die Nocken in auf- und abgehende Bewegung umgewandelt, die sich über das andere Kipphebelende den Ventilen mitteilt, die gegen den Druck der Ventilfedern in den Brennraum hineingedrückt werden: öffnen, und beim Anheben der Kipphebel von den Federn wieder zurückgezogen werden: schließen. Dabei ist für die Öffnungszeit der Ventile nicht nur die Nockenspitze ausschlaggebend, sondern auch die Form, in welcher die Nockenbahn ansteigt und abfällt, sowie die Breite der Nockenspitze. Daraus erklärt sich die Wichtigkeit der Nockenform für optimale Brennraumfüllung und Leistung, gerade bei den kurzhubigen Peugeot-Motoren.

Und entsprechend den unterschiedlichen Leistungsdaten werden für die verschiedenen Motorversionen auch unterschiedliche Nockenwellenausführungen geliefert, die nicht verwechselt werden dürfen.

Steuergehäuse abbauen

Die doppelte Rollenkette für den Ventilantrieb befindet sich in einem angeschraubten Gehäuse an der rechten Motorschmalseite (in Fahrtrichtung gesehen). Für den spielfreien Sitz der Rollenkette sorgt ein Kettenspanner, der gegen den Motorblock geschraubt ist; er trägt einen abriebfesten Gummigleitschuh, der gegen die Rollenkette drückt.
Zum Nachspannen der Kette, zum Auswechseln von Kette und Steuerrädern muß jedoch der Motor nicht ausgebaut werden. Man kann den Steuergehäusedeckel abschrauben, wenn man sich rechts im Motorraum etwas Arbeitsraum geschaffen hat. So geht man vor: Batterie abklemmen und ausbauen, ebenso den Luftfilter. Motoröl ablassen, Zylinderkopfdeckel, Zündspule und Zündverteiler abbauen, den Öldruckschalter und die Benzinleitungen an der Kraftstoffpumpe abnehmen. Dann wird an Wagen mit dreifacher Motoraufhängung die rechte Reaktionsstange ausgebaut, bei Wagen mit 4 Gummilagern legt man eine Stahlplatte (10 x 25 x 75 mm) zwischen Wechselgetriebegehäuse und unteres Motorlager und baut das obere rechte Gummilager aus (SW 17).
Als nächstes nimmt man das Massekabel ab und dreht die Steuergehäuseschrauben (SW 11) heraus, worauf man den Gehäusedeckel abnehmen kann.
Nun liegt das Steuerwerk offen zutage und man kann die Kette nachspannen oder austauschen. Wenn letzteres notwendig ist, werden meistens auch die beiden Steuerräder ausgewechselt werden müssen. Wir schildern den ganzen Arbeitsgang, da an seinem Ende ohnehin das Spannen der Kette steht.
Das obere Steuerkettenrad nach rechts drehen, bis die Kerbe unterhalb des Zahnkreuzes waagrecht steht. Jetzt wird die Kette entspannt: Verschlußschraube am Kettenspannergehäuse (entgegengesetzt dem Gleitschuh) herausdrehen, einen 3 mm-Innensechskantschlüssel in den Kolben einführen, den Schlüssel nach rechts drehen, um den Gleitschuh von der Federspannung zu entlasten. Ist dies geschehen, kann man die Befestigungsschrauben am Nockenwellenrand herausdrehen und Kettenrad, Steuerkette und den Kettenspanner mit Filter ausbauen.

Fingerzeig: *Beim Ausbau des Ölpumpenrads und des Steuerkettenrads unten an der Stirnseite der Kurbelwelle wird die Kurbelwellenriemenscheibe mit einem Klauenschlüssel gehalten, um zu verhindern, daß die Kolben in Kontakt mit den Ventilen kommen.*

Beim Einbau von Steuerkettenrad oben und Ölpumpenantriebsrad unten auf die Kurbelwelle müssen neue Sicherungsscheiben verwendet werden. Die Muttern mit 9 mkg anziehen und sichern. Jetzt wird die Nockenwelle so weit gedreht, daß die beiden näher zusammenstehenden Gewindebohrungen des oberen Steuerkettenträgers leicht schräg nach oben hinten stehen, so daß der Mittelpunkt zwischen beiden Bohrungen über die untere Bohrung mit dem Mittelpunkt der Ölkanalbohrung in halber Höhe des Motorblocks vorn (vor dem Kettenspanner) fluchtet. Das sind etwa 15° Abweichung von der senkrechten Motorachslinie.
Dann wird der Kettenspanner zusammengebaut: Zuerst Gummigleitschuh, die Feder und den Kolben mit einem 3 mm-Innensechskantschlüssel zusammensetzen (Rechtsdrehung), dann Spannergehäuse, Gehäusedichtung, Druckplatte, Druckplattendichtung und Filter zusammenbauen, in dieser Reihenfolge. Den

kompletten Kettenspanner mit den beiden Schrauben am Motorblock befestigen, Schrauben mit 0,75 mkg anziehen, dann den Gummigleitschuh in seine Bohrung einsetzen und darauf achten, daß er sich frei bewegt.
Die Steuerkette so auf das Nockenwellenrad legen, daß die beiden verkupferten Kettenglieder zu beiden Seiten der Kettenradmarkierung stehen, die ebenfalls in der vorher geschilderten Fluchtlinie liegt. Die Steuerkette und das Nockenwellenrad halten und die Kette gleichzeitig so auf das Kurbelwellenrad bringen, daß das dritte verkupferte Kettenglied auf die waagrecht stehende Kurbelwellenradmarkierung zu stehen kommt. Jetzt das Nockenwellenrad befestigen, mit einer neuen Sicherungsscheibe versehen und mit 2 mkg anziehen, die Schrauben sichern. Den Kettenspanner mit dem 3 mm-Innensechskantschlüssel spannen und die Verschlußschraube des Kettenspanners festdrehen.
Die abschließenden Arbeiten betreffen das Verschließen des Steuergehäuses und den Anbau der vorher weggebauten Teile. Diese müssen sorgfältig gereinigt werden. Auch die Dichtungsfläche des Steuergehäuses muß peinlich genau gesäubert werden. Dabei darf man keinesfalls scharfkantige Werkzeuge oder Schmirgelleinen verwenden.
Durch Drehen der Kurbelwelle wird zunächst der Kolben 4 auf den oberen Totpunkt gebraucht (Auslaß schließt, Einlaß öffnet), um korrekte Zündverteilung zu erhalten. Dann eine neue trockene Dichtung auf den Motorblock auflegen und einen neuen eingetalgten Gummiring auf die Ölkanalbohrung (im Motorblock vor dem Kettenspanner).
Nun wird die Antriebswelle des Zündverteilers eingestellt. Die Quernute in ihrer Stirnfläche ist leicht außermittig. Die kleinere Stirnflächenhälfte muß zur größeren Dichtfläche mit der Bohrung weisen, wobei die Nute quer zu dieser Dichtfläche steht. Jetzt wird der Steuergehäusedeckel wieder am Zylinderblock angebracht. Aufgrund der Schrägverzahnung der Zahnräder ist der Antrieb des Zündverteilers um einen Zahn im Uhrzeigersinn versetzt. Nun die Befestigungsschrauben des Gehäusedeckels – es sind 17 – eindrehen und rundum gleichmäßig mit 1,5 mkg anziehen.
Zum Abschluß die oben überstehende Dichtung abschneiden, das Massekabel anschließen, ebenso die Zündspule einbauen, anschließen, die Benzinleitungen aufsetzen und den Öldruckschalter einschrauben. Bei Motoren mit 3 Gummilagern wird jetzt die Reaktionsstange eingebaut, wobei eine neue Nylstopmutter verwendet werden muß, diese mit 1,75 mkg anziehen. Den Zündverteiler einbauen und einstellen, indem der Motor mit dem Klauenschlüssel entsprechend gedreht wird (andere Möglichkeit: siehe Kapitel Zündung). Den Zylinderkopfdeckel mit neuen Dichtungen aufsetzen und die drei Befestigungsschrauben mit 0,75 mkg anziehen. Bei Motoren mit 4 Gummilagern wird jetzt das obere rechte Gummilager eingebaut. Den Halter des Gummilagers an der Kotflügelwand mit 2 mkg festziehen, die Mutter des Gummilagers mit 3,25 mkg. Dann den Stahlkeil unten herausnehmen. Luftfilter einbauen, Motoröl wieder einfüllen.

Überdrehzahlen

Jeder Motortyp ist auf eine bestimmte Nenndrehzahl abgestimmt, siehe die Drehzahl/Geschwindigkeits-Diagramme in diesem Kapitel und im Kapitel »Technische Daten«. Seine höchste Leistung bringt der Motor bei dieser Nenndrehzahl. Darüber hinauszugehen, etwa in den unteren Gängen, bringt nichts ein, weil die Leistungskurve oberhalb der Nenndrehzahl wieder abfällt. Lediglich der Schwung, den ein Wagen während der Beschleunigung erhält, kann mit höheren Drehzahlen kurzzeitig ausgenutzt und somit in eine noch leicht höhere Geschwindigkeit umgewandelt werden.

Diese Schnittmuster sind gar nicht so kompliziert, wie sie auf den ersten Blick aussehen. Es handelt sich um sogenannte Drehzahl/Geschwindigkeits-Diagramme, die Aufschluß darüber geben, welche Umdrehungen der Motor Ihres Peugeot bei bestimmten Geschwindigkeiten in den Gängen leisten muß. Wenn man von einem Punkt der schrägen Ganglinien nach links geht, kann man am linken Zeichnungsrand die Geschwindigkeit in km/h ablesen, und wenn man vom gleichen Punkt auf der schrägen Linie nach unten geht, findet man am unteren Zeichnungsrand die dazugehörige Drehzahl in dem betreffenden

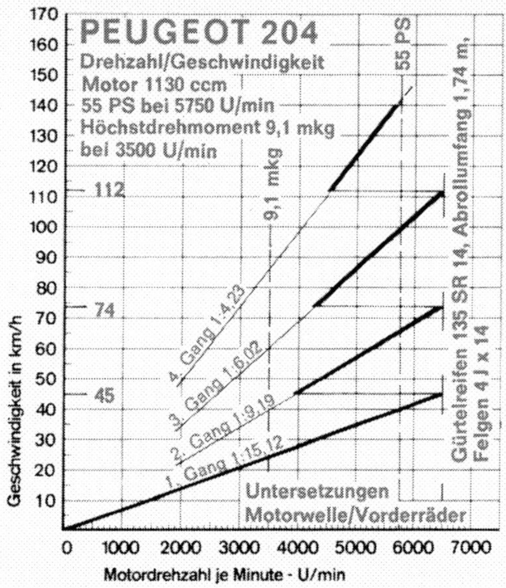

Auf ebener Strecke und im 4. Gang kann der Motor eines Peugeot praktisch nicht überdreht werden. Dies ist aber in den unteren Gängen ohne weiteres möglich, im 4. Gang auch am Gefälle. Als optisches Warngerät gibt es dafür den Drehzahlmesser. Doch auch wenn Ihr Peugeot kein solches Instrument besitzt: es gibt akustische Anzeichen. Überdrehzahlen machen sich mit dem unüberhörbaren Brummen des Motors und dem Ventilschnattern bemerkbar. Was da so vernehmlich rasselt, sind die in unkontrollierte Schwingungen geratenen Teile der Ventilsteuerung, vor allem die Ventilfedern. Sie verkraften zwar auch Überdrehzahlen, wenigstens kurzzeitige, aber wer die Warnung längere Zeit überhört, muß doch im ungünstigsten Fall damit rechnen, daß eine Ventilfeder einmal bricht. Das ist besonders peinlich, weil dann sich meistens das Ventil aus seiner Befestigung befreit und auf den Kolben fällt, was zu argen Beschädigungen im Motor führt.

Bricht nur ein Kipphebel, hat man Glück gehabt. Zwar wird das betreffende Ventil nicht mehr bewegt und der dazugehörige Zylinder hat keine Leistung mehr, aber man kann die Fahrt oft mit gemäßigter Leistung und Geschwindigkeit fortsetzen, wenn man zuvor die Trümmer unter dem Zylinderkopfdeckel zusammensucht und entfernt. Doch eine Werkstatt sollte möglichst rasch aufgesucht werden.

Der Zylinderkopf

Er ist das obere Teilstück des Triebwerksblocks und mit 10 Zylinderkopfschrauben auf dem Motorblock befestigt. Was nach Abnahme des Zylinderkopfdeckels auf der Oberseite des Zylinderkopfs zu sehen ist, haben wir bereits im Absatz über den Ventilantrieb geschildert: Unter anderem die obenliegende Nockenwelle, die Kipphebelwelle, die Kipphebel, die Ventilschäfte und die Ventilfedern. Der Zylinderkopf trägt an der Unterseite aber auch die Zündkerzenbohrungen und die Öffnungen für die Aus- und Einlaßventile. Deshalb sind außen am Zylinderkopf auch die Aus- und Einlaßkrümmer festgeschraubt. Daraus geht hervor, daß der Zylinderkopf ein besonders beanspruchtes Teil des Motors ist und dementsprechend sorgfältige Behandlung bei Einstellung und Reparatur erforderlich ist.

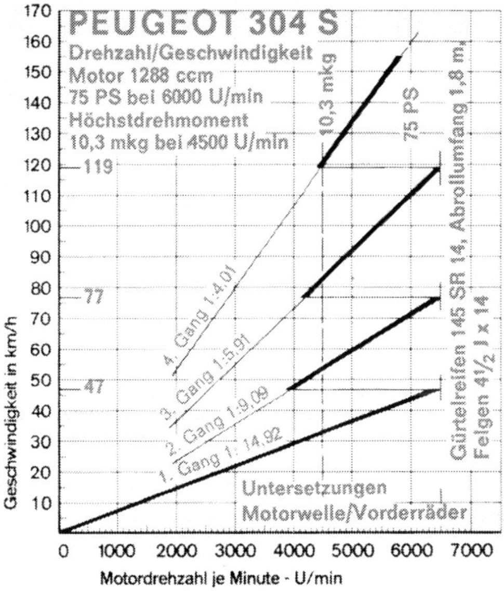

Gang. Die senkrecht gestrichelt eingezeichnete PS-Linie zeigt an, wo der jeweilige Peugeot-Motor seine katalogmäßige Höchstleistung von 55 oder 75 PS zeigt (das Diagramm des 65 PS-Motors ist mit dem des 75 PS-Motors identisch). Man kann den Motor jedoch ohne weiteres höher drehen, in Notfällen und beim Überholen sogar bis zum Ende der dick ausgezogenen Ganglinien, was 6500 U/min entspricht. Am wirtschaftlichsten und benzinsparendsten fährt man jedoch etwas oberhalb der Drehzahl, in der der Motor sein höchstes Drehmoment entwickelt (zweite gestrichelte senkrechte Linie).

Zylinderkopf aus- und einbauen

Gerade weil der Zylinderkopf ein so wichtiges und empfindliches Motorteil ist, sollte man Arbeiten daran möglichst der Werkstatt überlassen. Aber für den Notfall wollen wir die wichtigsten Handgriffe schildern, wenngleich darüberhinaus für die richtige Ausführung einiges Spezialwerkzeug vonnöten und ein gewisses Maß an Fingerspitzengefühl erwünscht ist.
Vorweg: Um eine Deformation des Zylinderkopfes zu vermelden, darf der Ausbau nur bei kaltem Motor vorgenommen werden.
Es ist eine ganze Latte von Vorarbeiten nötig: Wagenheber ausbauen (bei 304 und 204 mit Halterung am Maskenblech), Motoröl und Kühlmittel ablassen, Batterie ausbauen, Anlasserkabel abnehmen, Zylinderkopfdeckel und Luftfilter abnehmen, Massekabel, Zündkabel und Zündverteilerkopf abbauen, ebenso Zündspule, Zündverteiler, Lichtmaschine, Temperatur- und Ölschalter, Kraftstoffleitungen an der Benzinpumpe, Vorwärmleitung am Zylinderkopf, Ansaugrohr, Vergaser, Starter- und Gaskabelzüge. Obere Befestigung des Kühlers lösen, oberen Wasserschlauch abnehmen, Auspuffkrümmer und Vortopf ausbauen.
Bei 204 mit 3 Gummilagern müssen die rechte und linkte Reaktionsstange aus ihren Halterungen am Zylinderkopf und am Steuergehäuse ausgehängt werden.
Bei 204 mit 4 Gummilagern müssen zwei Stahlplatten (10 x 25 x 75 mm) zwischen dem Triebwerkblockrahmen und dem Zylinderblock angebracht werden. Dazu die beiden oberen Gummilager und das linke Zwischenlager ausbauen.
Dann geht es weiter bei beiden Aufhängungsversionen mit dem Ausbau des Vergasers, des Ansaugrohrs, der Lichtmaschine und des Steuergehäuses. Alle abgebauten Teile müssen sorgfältig gereinigt werden, wobei brutale Mittel wie Schmirgelpapier oder harte Gegenstände keinesfalls angewendet werden dürfen.
Dann den Kettenspanner entspannen, siehe betreffenden Absatz, Nockenwellenrad und Steuerkette ausbauen. Zylinderkopfschrauben mit ihren Muttern herausdrehen. Dabei müssen Sie die Muttern der Schrauben 4 und 8 mit der Hand halten, damit sie nicht unter die Wasserpumpe fallen. Kipphebelwelle und schließlich den Zylinderkopf mit seiner Dichtung abnehmen.

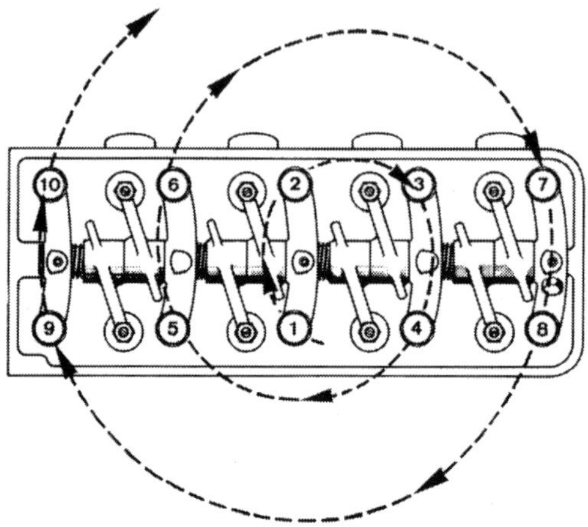

In der Reihenfolge der Zahlen müssen die Schrauben des Zylinderkopfs angezogen werden, um ein Verziehen des Leichtmetallkopfes zu vermeiden. In der Zeichnung ist anschaulich gezeigt, daß die Anzugsreihenfolge in einer gedachten Spirale erfolgen muß. Für den Zylinderkopf des Dieselmotors gilt das gleiche Schema.

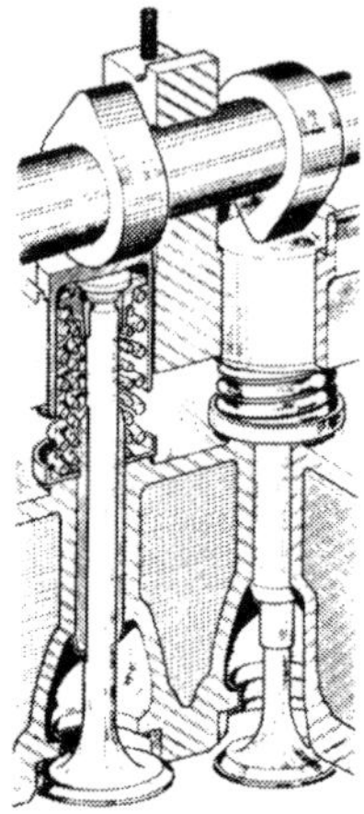

Rechts: Im Gegensatz zu den Benzinmotoren hat der Peugeot-Diesel eine obenliegende Nockenwelle. Sie bewegt im Zylinderkopf die Ventile direkt. Das Ventilspiel, das bei kaltem Motor (mindestens 6 Stunden Standzeit) gemessen werden muß, beträgt bei den Einlaßventilen 0,15 mm, an den Auslaßventilen 0,30 mm. Das Ventilspiel macht am Diesel allerdings kaum Sorgen. Regelmäßige Kontrollen sind nicht nötig, denn dieses wichtige Spiel wird starr eingestellt, durch Zwischenfügen einer kalibrierten Distanzscheibe zwischen Ventilschaft und Stößel, der über den Schaft gestülpt ist. Selbst nach Anziehen der Zylinderkopfschrauben ist Neueinstellen nicht nötig.

Wichtig: Bei 204-Motoren mit einteiligem Zylinderblock der 2. Vorserie und der laufenden Serie (siehe Kapitelanfang) sowie 304-Motoren ist unbedingt zu beachten, daß der Zylinderkopf um den Zentrierstift an der Steuergehäuseseite geschwenkt wird, um ein Anheben der Zylinderlaufbüchsen zu vermeiden. Diese Schwenkung geschieht, ohne den Motor an der Kupplungsseite anzuheben.

Die Zylinderlaufbüchsen werden mit den Flanschen des Spezialwerkzeugs 8018 C gehalten.

Zum Einbau des Zylinderkopfs wird wie beim Einbau der Steuerkette die Einstellmarke am Kurbelwellenrad in die Waagrechte gebracht, um eine Berührung von Kolben und Ventilen zu verhindern. Die Dichtflächen zwischen Zylinderkopf und Motorblock müssen peinlich gesäubert werden. Und zwar ohne Gewalt, da sich die Nockenwelle im Kopf befindet. Die Spannflansche werden von den Zylinderlaufbüchsen abgenommen.

Bei 204 mit zweiteiligem Motorblock geht man zunächst folgendermaßen vor: Die beiden Seiten der Zylinderkopfdichtung (Teile-Nr. 0203.30) mit gekochtem Leinöl einstreichen und diese mit der Dichtungsmasse nach vorn rechts ausgerichtet auf den Motorblock auflegen. Den mit eingeschraubten Zündkerzen (mit 2,5 mkg angezogen) versehenen Kopf auf den Motorblock setzen und dabei die Führungsstifte des Blocks in die entsprechenden Bohrungen des Zylinderkopfs einführen. Befestigungsschrauben des Kopfs eintalgen und einsetzen. Dann die Zylinderkopfschrauben in der vorgeschriebenen Reihenfolge (siehe Zeichnung oben) anziehen, zunächst mit 4 mkg, endgültig mit 6 mkg.

Etwas anders geht man bei 204/304 mit einteiligem Motorblock vor: Eine genau passende Spindel in die vordere linke (in Fahrtrichtung gesehen) Bohrung des Motorblocks einsetzen. Dann die Zylinderkopfdichtung Curty mit einer dünnen Schicht gekochten Leinöls an beiden Seiten der Ringflächen versehen. Bei 204 der 2. Vorserie und der laufenden Serie sowie bei 304 wird die Reinz-Dichtung trocken aufgelegt.

Den Zylinderkopf mit den Zündkerzen (mit 2,5 mkg anziehen) und der Kipphebelwelle bestücken und die Zentrierstifte der Endlagerböcke in die Zylinderkopfbohrungen einführen. Jetzt wird der Steuergehäusedeckel ohne Dichtung vorläufig mit zwei Schrauben am Motorblock befestigt, um den Einbau der Zylinderkopfdichtung zu erleichtern. Die Befestigungsschrauben des Zylinderkopfs eintalgen und anbringen; vorerst mit 4 mkg anziehen, und zwar in der Reihenfolge, wie sie in der Abbildung oben numeriert sind.

Das Steuergehäuse wieder abnehmen, den Befestigungsbolzen links vorn aus

dem Motorblock entfernen und die entsprechende Zylinderkopfschraube einsetzen. Jetzt werden die Zylinderkopfschrauben in der gleichen Reihenfolge wie vorher mit 5,5 mkg angezogen.
Nun die Ventilsteuerung einstellen, wie im entsprechenden Absatz beschrieben, Steuergehäuse mit Dichtung einbauen, Reaktionsstangen (bei Motoren mit 3 Gummilagern) oder linkes oberes Zwischenlager und obere Gummilager (Motoren mit 4 Gummilagern) einbauen und festziehen. Stahlkeile und den Holzkeil herausnehmen.
Die abschließenden Arbeiten für beide Typen in Stichworten in der Arbeitsreihenfolge: Ventile einstellen, Zylinderkopfdeckel aufsetzen, Lichtmaschine anbauen, alle elektrischen Leitungen anschließen, Keilriemen spannen, Batterie und Zündverteiler (einstellen) einbauen, Ansaugkrümmer mit Vergaser, Starter- und Gaszüge, Heizschläuche, Wagenheber, Zeituhr einstellen, Motoröl einfüllen.

Fingerzeig: *Achten Sie peinlich genau auf den richtigen Sitz des Ventildeckels und seiner Dichtung. Sonst verliert der Motor Öl. Nach Montieren am Ventildeckel zumindest für einige Zeit die Öldruckkontrollampe im Auge behalten. Sie zeigt den Ölmangel durch Aufleuchten an. Man kann dann meist noch bis zur nächsten Werkstatt fahren. Aber der Ursache des Aufleuchtens unbedingt nachforschen lassen.*

Ventilspiel prüfen bzw. einstellen

Pflegearbeit Nr. 29

Gebraucht werden: Fühlerlehre 0,10 und 0,25 mm, Schraubenzieher, Gabelschlüssel verschiedener Schlüsselweiten.
Die Kontrolle bzw. Einstellung sollte alle 15 000 km vorgenommen werden, außer der Reihe natürlich bei entsprechenden Reparaturen. Wer weniger Kilometer im Jahr fährt, sollte die Arbeit wenigstens einmal pro Jahr vornehmen. Eingestellt wird bei kaltem Motor, und zwar die Einlaßventile auf 0,10 mm, die Auslaßventile auf 0,25 mm. Man braucht etwas Raum auf dem Standplatz, denn der Wagen muß mit eingelegtem 4. Gang hin- und hergeschoben werden, um die Ventile zu bewegen, wenn man den Motor nicht mit der Hand oder einem Spezialwerkzeug durchdrehen will. Zunächst einmal den Zylinderkopfdeckel zugängig machen: Luftfilter abbauen, Zündkabel, Schläuche usw., Zylinderkopfdeckel abschrauben (SW 11). Eingestellt wird nach folgendem Schema:

Das Einstellen der Ventile soll bei kaltem Motor geschehen. Mit dem Schlüssel wird die Sechskantkontermutter gelockert, mit dem Schraubenzieher wird der Abstand eingestellt. Die Fühlerblattlehre (hier einfach zur Demonstration zwischengeschoben) soll satt zwischen Kipphebel und Ventilschaftende hindurchgleiten.

In dieser Reihenfolge liegen die Ventile an den Peugeot-Motoren. Zylinder 1 Fahrtrichtung links. A bedeutet Auslaßventil, E = Einlaßventil. Wichtig zu wissen für die Ventileinstellungs-Reihenfolge, siehe dazu die entsprechende Tabelle in diesem Kapitel und im Kapitel »Technische Daten«.

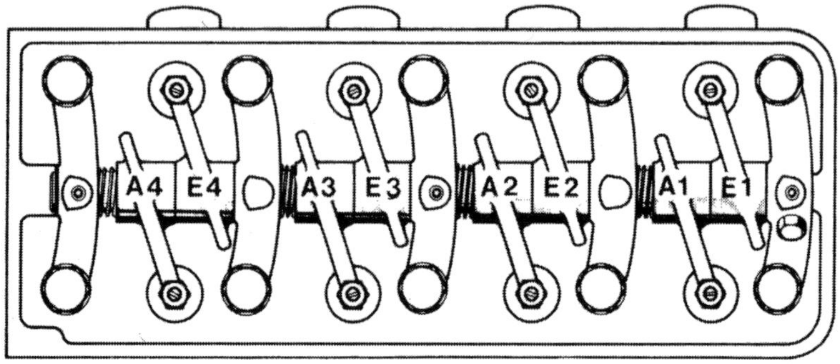

vorn

Ventil ganz öffnen	Ventile einstellen
A 1	E 3 + A 4
A 3	E 4 + A 2
A 4	E 2 + A 1
A 2	E 1 + A 3

Der Zylinder 1 des Peugeot-Quermotors liegt links außen, in Fahrtrichtung gesehen. Die Ventilbezeichnungen finden Sie in der betreffenden Zeichnung in diesem Kapitel. Die Reihenfolge der Ein- und Auslaßventile, vom 1. Zylinder gerechnet, sieht so aus (E = Einlaß, A = Auslaß): E – A – E – A – E – A – E – A. Ein Ventil ist ganz geöffnet, wenn das Kipphebelende, das auf dem Ventilschaft aufliegt, in seinem tiefsten Punkt verharrt, das Ventil also so weit wie möglich in den Brennraum ragt, ehe es sich wieder zu erheben beginnt. Den Motor bzw. den Wagen so lange bewegen, bis man sich darin sicher ist. Dann kann man, entsprechend dem oben angegebenen Schema das Ventilspiel an den beiden vorgeschriebenen Ventilen messen. Dabei muß die Fühllehre satt, ohne zu klemmen, zwischen Kipphebel und Ventilschaftende hindurchgleiten. Geht das nicht oder zu leicht, weil das Spiel zu groß ist, dann muß nachgestellt werden. Dazu lockert man am entgegengesetzten Kipphebelende die Konter- und die Einstellmutter und dreht mit dem Schraubenzieher den Gewindebolzen heraus oder hinein, bis der gewünschte Abstand erreicht wird. Dann hält man den Bolzen mit dem Schraubenzieher fest, während man mit dem Gabelschlüssel die Einstellmutter anzieht, danach die Kontermutter. Jetzt erneut das Spiel messen, weil, besonders wenn man Neuling ist, beim Anziehen der Einstell- und Kontermutter evtl. das Spiel verändert wurde.
Ist das Spiel bei allen acht Ventilen korrekt, kann man den Zylinderkopfdeckel wieder aufschrauben und die weggebauten Teile wieder anbringen. Sehr wichtig: Wenn kein Notfall vorliegt jedesmal neue Deckeldichtungen verwenden. Deckelschrauben nicht anknallen, damit sich der Deckel nicht verbiegt; Anzugsdrehmoment nur 0,75 mkg.

Warum Ventilspiel?

Dieses »Spiel« ist für den Motor wichtig. Es gleicht die unterschiedlichen Wärmedehnungen von Zylinderblock, Zylinder, Zylinderkopf und Ventilschaft aus. Das Prüfen oder Einstellen des vorgeschriebenen Spiels ist deshalb eine wichtige Wartungsmaßnahme am Motor.
Man darf sich nicht auf sein Ohr verlassen, um etwa zu großes Ventilspiel an den lauteren Tick-Geräuschen zu erkennen. Was man nicht hört, und was

kritischer ist: zu kleines Ventilspiel! Das vorgeschriebene Ventilspiel – oder auch Kipphebelspiel – ist an den Auslaßventilen aus Gründen der Kühlung etwas größer als bei den Einlaßventilen. Es bedeutet:
Zu großes Ventilspiel: Schlechtere Zylinderfüllung, also geringere Leistung, Veränderung der Steuerzeiten, ungleichmäßiger Lauf, höherer Verschleiß, lauteres Geräusch.
Zu kleines Ventilspiel: Gefahr, daß Ventile und Ventilsitze verbrennen (Ventile liegen nicht satt auf dem Ventilsitz auf, dadurch Ventil-Kühlung ungenügend), Verziehen der Ventile, schlechte Motorleistung durch verringerte Kompression, veränderte Steuerzeiten. Und schlimm kann es werden, wenn ein Ventilteller ausbricht und die Bruchstücke in den Zylinder fallen, wodurch Kolben und Zylinderbahnen deformiert werden können. Das wird dann teuer.

Ventilfedern austauschen

Ventilfederbrüche sind im Gegensatz zu früher eine Seltenheit. Sollte eine einzelne Ventilfeder gebrochen oder aus einem sonstigen Grund austauschreif sein, braucht man nicht den ganzen Zylinderkopf abzubauen. Die Werkstatt bedient sich zu diesem Zweck eines speziellen Geräts, mit dessen Hilfe die Sache schnell und einfach geht: Ein Adapterstück für den Preßluftschlauch wird anstatt der Zündkerze eingeschraubt und so Druckluft in den Brennraum geleitet. Der Druck wirkt auch auf den Ventilteller des Ventils mit der defekten Feder und hält dieses oben, also in Schließstellung. Jetzt kann die Feder ausgetauscht werden, ohne daß die Gefahr besteht, daß das Ventil in den Brennraum fällt. Überlassen Sie diese Arbeit lieber der Werkstatt. Hier lohnt sich Eigeninitiative nicht.

Fingerzeig: *Beim 204 Diesel (Einlaß 0,15 mm, Auslaß 0,30 mm bei kalter Maschine), bei dem das Ventilspiel durch Zwischenfügen einer Distanzscheibe zwischen Ventilschaft und Stößel eingestellt wird, ist die Ventilspielkontrolle in regelmäßigen Intervallen, selbst nach einem Nachziehen des Zylinderkopfs, überflüssig, da das Ventilspiel nicht variiert.*

Zylinderkopfschrauben nachziehen

Pflegearbeit Nr. 39

Während sie bei den Benzinmotoren praktisch nur bei Reparaturarbeiten neu angezogen werden, schreibt Peugeot beim mit viel stärkeren Vibrationen laufenden 204 Diesel das Nachziehen der Zylinderkopfschrauben bei 10 000, 20 000 und danach alle 20 000 km vor. Seit Herbst 1977 entfällt es auch beim Diesel.
Zum Nachziehen braucht man einen Drehmomentschlüssel. Zunächst den Zylinderkopfdeckel abbauen, damit man an die Schrauben herankommen kann. Dann die Schrauben mit 7 mkg anziehen. Genau einzuhalten ist dabei wegen der dünnen Zylinderkopfdichtung die genaue Reihenfolge, in der die Schrauben angezogen werden müssen, siehe Numerierung in der betreffenden Zeichnung in diesem Kapitel.
Wird der Zylinderkopf beim Diesel ausgebaut, so müssen bei der Wiedermontage die Zylinderkopfschrauben zuerst mit 3 mkg, danach endgültig mit 7 mkg angezogen werden, beide Male in der angegebenen Reihenfolge.

Kompressionsdruck prüfen

Gebraucht werden: Kerzenschlüssel, Druckprüfer und ein Helfer. Bei dieser Prüfung wird ermittelt, ob die Kolben und Ventile den Zylinder noch gut abdichten. Diese Kontrolle empfiehlt sich besonders dann, wenn Verdacht auf verringerte Motorleistung besteht oder wenn man einen gebrauchten Wagen kauft. Voraussetzung für exakte Meßergebnisse ist richtiges Ventilspiel.
Die Werkstatt verwendet Kompressionsdruckschreiber, in die ein gewachstes Kärtchen eingelegt wird. Ein Metallstift ritzt die Ergebnisse ein, so hat man

die Werte rot auf weiß. Es gibt jedoch auch billigere Druckmesser mit einfachen Skalen, sie sind jedoch gegen Erschütterungen anfälliger und nicht immer ganz genau.
Der Motor sollte zur Prüfung betriebswarm sein, denn dann hat er die beste Verdichtung. Doch in der Werkstattpraxis ist der Motor meistens kalt, bis es zur Prüfung kommt: Kerzen herausschrauben, Gummikonus des Druckmessers völlig abdichtend auf den Kerzensitz drücken. Ein zweiter Mann drückt das Gaspedal ganz durch, damit die Zylinder voll ansaugen können. Dann Motor mit dem Anlasser durchdrehen, bis der Schreibstift oder die Skalenanzeige nicht mehr weiter in die Höhe ruckt. Dieser höchste Punkt ist das Ergebnis.
Wichtig für den gesunden Motor ist weniger die absolute Höhe des Drucks als vielmehr die Gleichmäßigkeit der Druckwerte auf allen vier Zylindern. Denn die Voraussetzungen sind von Messung zu Messung verschieden; sowohl die Außen- wie die jeweilige Motortemperatur beeinflußt das Meßergebnis ebenso wie vielleicht ein anderes Meßgerät. Druckunterschiede bei der jeweiligen Messung zwischen den einzelnen Zylindern bis 0,5 kg/cm^2 sind unerheblich, sie sollen aber 1 kg/cm^2 nicht überschreiten. Ungefähre Werte für das Gesamtbild: über 8 kg/cm^2 = gute Kompression, unter 5 kg/cm^2 = schlechter Motorzustand.
Zu niedriger Druck kann bedeuten: Schäden an den Ventilen, z. B. durch verbranntes Auslaßventil, oder klebendes Ventil durch zuviel Rückstände am Ventilschaft und in dessen Führung, undichter Ventilsitz durch zuviel Ablagerungen, ferner Kolben- und Kolbenringverschleiß, unrunde oder riefige Zylinder, Folgeerscheinungen von Kolbenklemmern. In den meisten Fällen liegt jedoch mangelnder Kompressionsdruck an undichten Ventilen vor. Kontrolle: Öl ins Kerzenloch träufeln, ist Kompressionsdruck noch ungenügend, sind es undichte Ventile (das Öl dichtet Kolben und Zylinderwand besser ab, der Wert müßte also ansteigen).
Das Einschleifen von Ventilen bzw. deren Befreien von Rückständen bringt Abhilfe, wenn sich nicht wegen zu hoher Kilometerleistung ein Austauschmotor oder eine Motorüberholung empfiehlt. Lassen Sie sich aber auf jeden Fall nach dem Inspektionsdienst das Meßkärtchen geben, wenn es nicht schon der Rechnung beigefügt wurde. Schreiben Sie Datum und Kilometerstand darauf. Das erleichtert Vergleiche und ist ein guter Qualitätsnachweis beim Verkauf des Wagens.

Fingerzeig: *Fällt der Kompressionsdruck der ganzen Zylinderreihe von Messung zu Messung stark ab oder steigt steil an, besteht die Möglichkeit, daß der messende Monteur geschludert hat. Oder mit einem anderen Gerät oder unter anderen Bedingungen gemessen hat. Bei Verdacht nachmessen lassen. Aber: Es kommt im Grunde mehr auf ein gleichmäßiges Druckbild an.*

Die Auspuffanlage

Welch ein Glück, daß der Motor die Auspuffanlage bei weitem überdauert. Sie ist nämlich frühem Verschleiß ausgesetzt. Schon nach 10 000 Kurzbetriebskilometern oder 2 bis 3 Jahren, unabhängig von der Kilometerleistung, kann der Ersatz fällig werden. Aber das ist bei allen Wagen so. Bei vorwiegendem Kurzstreckenbetrieb bewirkt nämlich Rost durch Spritz- und Salzwasser (vom Streusalz im Winter) noch nicht einmal den Hauptteil des Verschleißes. Korrosion von innen durch Kondenswasser und saure Verbrennungsprodukte wirkt sich stärker aus. Deshalb ist äußerlicher Anstrich nutzlos, von gewisser Schutzwirkung höchstens bei vorwiegendem Langstreckenbetrieb, weil dann die Korrosion von

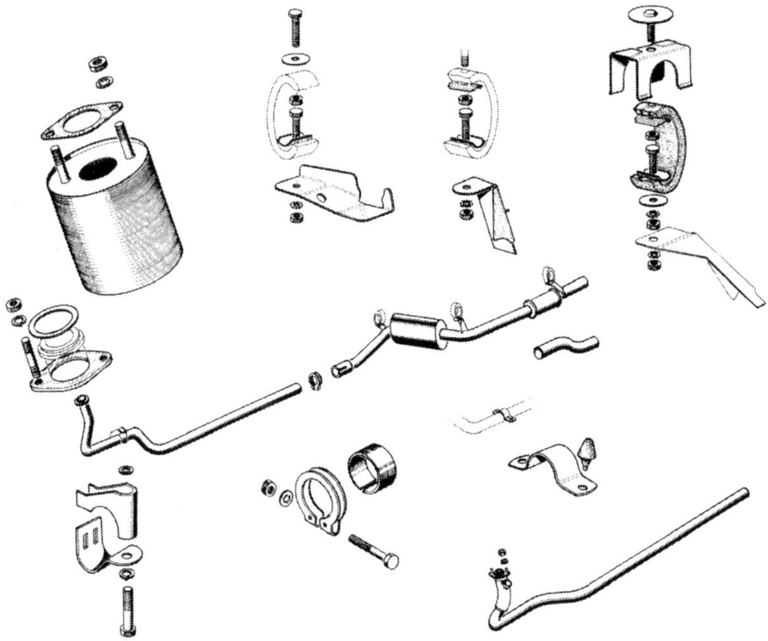

An dieser Explosionszeichnung können Sie sehen, aus wieviel Teilen sich die Auspuffanlage zusammensetzt. Allerdings gibt es bei den 204 verschiedene Ausführungen, auch die 304-Anlage weicht geringfügig ab. Beim Ersatzteilkauf muß man daher Typ, Fabrikationsnummer und Baujahr angeben.

außen überwiegt, denn die Rückstände innen werden verbrannt und ausgestoßen.

Ein undichter Auspufftopf macht sich durch Knallen bei schiebendem Wagen (Gaswegnehmen bei schneller Fahrt) bemerkbar, wenn also Luft zu nicht verbrannten Auspuffgasen kommt und diese wieder zünden, und durch knatterndes Auspuffgeräusch.

Besonders früh durchgerostet sind der hintere Topf und die Anschlußstellen der Rohre. Vorbeugung und Abhilfe ist eigentlich nur durch längere Fahrten an Wochenenden möglich, wobei die Rückstände aus dem Auspuff geblasen und der Topf ausgetrocknet wird.

Aus der Farbe der Auspuffgase lassen sich einige Rückschlüsse auf den Zustand des Motors und die Einstellung ziehen:

- Schwärzliche Gase: Unvollständige Verbrennung des Kraftstoff/Luft-Gemischs durch Luftmangel oder Kraftstoff-Überschuß. Oder Leerlauf zu fett eingestellt. Schwarz gefärbtes Auspuffendstück deutet die gleichen Tatsachen an. Nach Langstreckenfahrten sollte das Auspuffendstück innen hellbraun oder hellgrau sein.
- Bläuliche Gase: Verbranntes Öl durch schlechte Kolbenringabdichtung (zu sehr verschlissene, verklebte oder falsch eingesetzte Ringe). Öl kann auch durch ausgeschlagene Ventilführungen in den Brennraum gelangen.

Aber Gasfarbe nicht verwechseln mit

- Weißen Gasen: Das ist Wasserdampf als chemisches Verbrennungsprodukt, der bei Kälte kondensiert. Normale Erscheinung beim Kaltstart.
- Gase, die man nicht sieht: Gift in geschlossenen Räumen.

Auspuffanlage austauschen

Wir schildern hier, aus welchen Teilen sich die Auspuffanlage zusammensetzt und wie die Teile verbunden sind. Daraus ergeben sich die Maßnahmen zum Austausch der Einzelteile oder der gesamten Anlage.

Da ist zunächst das Abgas-Sammelrohr (Auspuffkrümmer), das am Zylinderkopf festgeschraubt ist. Zwischen Kopf und Krümmer liegen vier Einzeldichtungen aus Metallasbest. Übrigens sollte man hin und wieder die Krümmerschrauben auf festen Sitz überprüfen und gegebenenfalls nachziehen, damit dort keine Undichtigkeiten auftreten. An den Krümmer angeschraubt ist der nach unten hängende Vortopf, ebenfalls mit einer zwischenliegenden Metallasbestdichtung. An ihn über einen Flansch angeschraubt ist das vordere Auspuffrohr, dann folgt die hintere Auspuffleitung mit dem zweiten Schalldämpfer, mit dem vorderen Teil durch eine Rohrschelle verbunden. Für Ersatzzwecke kann man im Peugeot-Ersatzteillager auch den hinteren Schalldämpfer mit Anschlußstück nach vorn separat ohne Auspuffendleitung kaufen, was die Auspuffreparatur verbilligt.

Die Auspuffleitung ist an fünf Punkten befestigt: Einmal über den Vortopf am Krümmer, nach dem ersten Leitungsknick mit einem Rohrhalter, vor dem hinteren Schalldämpfer mit dem vorderen Lager, dahinter mit dem Zwischenlager und ganz hinten mit dem hinteren Lager.

Die Demontage sieht in der Praxis allerdings oftmals düster aus, besonders wenn nur Teile der Auspuffanlage erneuert werden sollen. Die Verbindungen und Schrauben sind fast immer stark verbrannt und ineinandergerostet. Man arbeitet leichter, wenn man Schnellrostlöser zu Hilfe nimmt, um erst einmal die dicken Rostschichten an den Rohrverbindungen und -anschlüssen aufzuweichen. Das braucht natürlich seine Zeit, weshalb man nach der Behandlung erstmal eine ausgiebige Vesperpause vor die weiteren Handlungen legt. Denn unter Umständen muß man mechanisch nachhelfen: abwechselnd Rostlösemittel sprühen und mit Schraubenzieher (breitseits an die Rohrränder anlegen) und Hammer die Rohre auseinanderzutreiben versuchen.

Damit Sie bei der nächsten Auspuffmontage nicht wieder denselben Ärger mit festgerosteten Schrauben haben, sollten Sie die Schraubengewinde mit einer hitzebeständigen Spezialpaste (»ASC-Paste« von Liqui-Moly, »Molykote 1000« oder »HSC-Paste« von Molykote) bestreichen.

Fingerzeige: *Den Austausch der Auspuffleitung kann man hinausschieben, indem man die zuerst noch kleinen Durchbrüche im Metall mit dem Auspuffdichtungsmittel Gun Gum (Zubehörhandel) abdichtet. Man hat die Auswahl zwischen Dichtmasse und Asbestbinden. Früher oder später muß man aber doch an den Austausch denken.*

Eine neue Auspuffanlage läßt sich für eine ganze Reihe von Jahren dauerhaft schützen. Dazu werden die Einzelteile (also vor dem Anbau) mit einer flammgespritzten Reinaluminiumschicht versehen und mit aluminisiertem Silikonharz versiegelt. Diese Arbeit führt die Firma Leuze, Stuttgart-Weilimdorf, Korntaler Landstraße 68, aus, wofür man etwa 80 bis 100 DM zu bezahlen hat.

Tritt nach Arbeiten am Auspuff Dröhnen auf, kann es an verspanntem Auspuff liegen. Auspuff an den Befestigungen lockern und neu befestigen.

Das Schmiersystem

Was hieran für den Autofahrer zu tun ist, haben wir bereits im Kapitel übers Schmieren behandelt. Das übrige für das Wohlbefinden des Motors hat Peugeot selbst getan: Den gezielten Transport der wichtigen Flüssigkeit an die richtigen Stellen im Triebwerk. Zum besseren Verständnis hier in Stichworten der Kreislauf, den das Öl im Motor nimmt. Aus dem Sammelbecken, der Ölwanne, am tiefsten Punkt des Motors saugt die Ölpumpe, eine Rotorpumpe, das Öl an und drückt es durch den Hauptstromölfilter. Das ist die Patrone, die regelmäßig ausgewechselt werden muß. Von dort gelangt das Öl über ein ausgeklügeltes System von Bohrungen und Kanälen an alle schmierölbedürftigen Stellen im Motor, bis hinauf in den Zylinderkopf. Durch herablaufendes Spritzöl werden weitere Schmierstellen versorgt. Dann läuft das Öl wieder in der Ölwanne

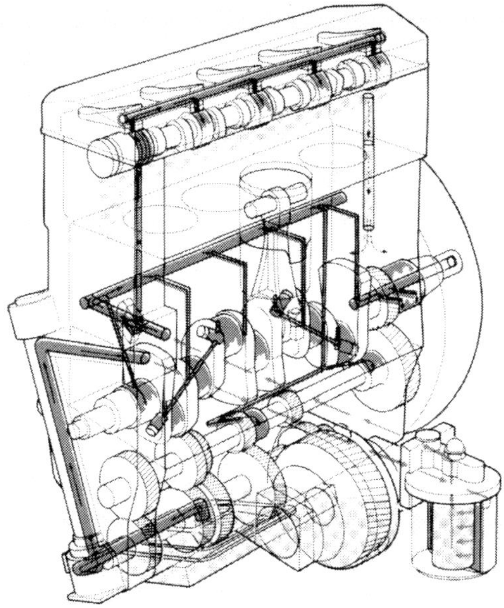

Im Schema ist hier gezeigt, wie das Öl durch den Motor zirkuliert: Die Ölpumpe links unten saugt das Öl aus der Ölwanne, treibt es zur Reinigung durch das Ölfilter rechts, von dort gelangt das Öl an die Kurbelwellenlager und in den Zylinderkopf oben.

zusammen, wo es gekühlt wird, ehe der Kreislauf von neuem beginnt. Und je schneller ein Motor gedreht wird, um so schneller wird das Öl durch den Motor geschickt.

Die Ölpumpe

Weil die Ölpumpe sich selbst schmiert, ist sie wartungsfrei. Sie sitzt bei den Peugeot übrigens nicht wie von anderen Autos gewohnt direkt in der Ölwanne, sondern in eigenem Gehäuse unten im Steuergehäuse. Falls dort Ölverlust auftreten sollte, die Dichtung und Befestigung prüfen. Die Antriebswelle trägt in etwa halber Höhe ein schrägverzahntes Rad, das vom Ölpumpenrad vorn auf der Kurbelwelle angetrieben wird. Am oberen Ende der Ölpumpenwelle sitzt übrigens der Zündverteiler, der von ihr auch angetrieben wird. Falls also mit der Ölpumpe mal etwas nicht in Ordnung sein sollte, muß das Steuergehäuse abgebaut werden, siehe die betreffenden Absätze in diesem Kapitel.

Die Ölwanne

Die Ölwanne ist unten an den Motor angeflanscht. An ihrer Vorderseite ist die Ölablaßschraube eingedreht, die für den Ölwechsel herausgeschraubt werden muß. Für den Ausbau der Ölwanne besteht daher außer bei Motorschäden (Werkstattsache) kein Anlaß. Aber vielleicht muß einmal nach dem Filtersieb in der Ölwanne gesehen werden, wenn die Ölversorgung Anlaß zu Bedenken gibt und sonst keine Ursache befunden wird. Dann genügt es, den Ölwannendeckel abzuschrauben. Vorher alles Öl ablassen. Beim Wiederanbau neue Dichtung verwenden, die Schrauben nicht zu sehr festziehen, sonst wird der Deckel verzogen und das Öl tröpfelt weg.

Der Öldruckschalter

Dieses Kontrollinstrument meldet ans Armaturenbrett, wenn der Öldruck im Schmiersystem absinkt, also keine optimale Schmierung mehr gewährleistet wird. Dann ist unverzüglich anzuhalten, sonst sind schwerste Motorschäden zu befürchten. Meistens ist die Warnanzeige auf Ölverlust zurückzuführen, in seltenen Fällen ist aber auch der Öldruckschalter selber defekt.
Der Schalter sitzt bei Wagen, die mit Ölfilter mit Wechseleinsatz ausgerüstet sind, direkt im Filterdeckel, bei Wagen mit Wechselpatrone neben dem Filter-

körper in den Motorblock eingeschraubt. In beiden Fällen kann der Schalter herausgeschraubt werden. Prüfung ist allerdings Sache der Werkstatt. Sie macht das mit einem Manometer, das anstelle des Schalters angeschlossen wird. Druckwerte siehe Kapitel »Technische Daten«.

Das Einfahren

Die Zeiten, da Motor und Fahrwerk eines Autos langwierig das Laufen beigebracht werden mußte, sind längst dahin. Moderne Herstellungsverfahren bieten die Gewähr dafür, daß die Teile in Motor und Fahrwerk, die sich gegeneinander und aufeinander bewegen, von Anfang an ausreichend zueinander passen. Dauerhaftere Materialien und Material-Paarungen sowie chemische Zusätze in Ölen bieten auch für die Einlaufzeit größere Sicherheitsreserven als früher.
Dennoch schlägt Peugeot für die ersten 1000 Kilometer schonende Fahrweise vor. Dieser Hinweis gilt übrigens nicht nur fürs neue Auto, sondern auch für einen ausgewechselten oder teilüberholten Motor, weshalb dieser Hinweis hier durchaus auch dann angebracht ist, wenn Sie das Buch nicht zum neuen Auto geschenkt bekommen oder gekauft haben.
Schonend ist ein dehnbarer Begriff. Der Einfachheit halber hat Peugeot Fahrgeschwindigkeiten mit den Gängen gekoppelt:

Im 1. Gang nicht über	25 km/h
im 2. Gang nicht über	50 km/h
im 3. Gang nicht über	75 km/h
im 4. Gang nicht über	100 km/h.

Das ist für die Landstraßenfahrt durchaus brauchbar. Wenn Sie aber die kritischen ersten 1000 km auf der Autobahn abspulen wollen, um schneller in den Genuß des Motortemperaments Ihres Peugeot zu kommen, sollten Sie sich etwas anders verhalten. Sie müssen den Motor gemächlich warm fahren. Wann er seine Betriebstemperatur erreicht hat, merken Sie daran, daß die Nadel des Kühlmittelthermometers konstant ihre Stellung hält. Nun wäre es aber falsch, pausenlos mit Tempo 100 und gleicher Gaspedalstellung zu fahren, vielmehr muß der Motor immer wieder unterschiedlich be- und entlastet werden. Ein altes Einfahrer-Rezept besagt, daß man an jeder Brücke, Ausfahrt und Parkbucht einmal kurz vom Gas gehen sollte – dies als Anhaltspunkt. An Steigungen entlastet man den Motor, indem man herunterschaltet und durch Zurücknehmen des Gaspedals das Tempo drosselt, denn es gilt, den Motor möglichst in mittleren Drehzahlen zu halten. Das ist übrigens auch ein gutes Rezept, wenn man mal schlechtere Benzinqualität getankt hat und der Motor zu klingeln beginnt!
Nach den ersten 1000 km dürfen Sie nun nicht etwa glauben, Sie könnten den Motor dauernd voll belasten und ihm die katalogmäßig zugesicherte Spitzengeschwindigkeit abverlangen. Vielmehr sollten Sie nur gelegentlich voll belasten, und dies nicht für längere Strecke. Ganz frei wird der Motor erst im Lauf der Zeit, und seine Höchstleistung gewinnt der Peugeot-Motor oft erst jenseits von 4000 bis 6000 Kilometer. Auf jeden Fall stimmt der Geheimtip nicht, wonach ein Motor um so schneller wird, je brutaler er eingefahren wird. Vielmehr dankt er es Ihnen mit langer Lebensdauer, wenn Sie ihn vernünftig an sein Leistungsoptimum heranführen, was wiederum nicht heißt, daß Sie ihn auf den ersten paar tausend Kilometern zu zaghaft fahren sollen – auch das ist nachteilig.
Wie Sie den betreffenden Peugeot-Motor nach der Einfahrzeit fahren wollen oder können, hängt von Ihrer Betriebsart und Ihrem Temperament ab. Welchen Belastungen der Motor dabei ausgesetzt ist, können Sie an den Diagrammen auf Seite 54/55 ablesen, wobei darauf hingewiesen werden muß, daß zu scharfe Fahrweise sich lebensverkürzend und verbrauchsfördernd auswirkt.

Fingerzeige: *Keinerlei Zusätze dem Motoröl beimischen. Zusätze, die für bessere Gleitschicht sorgen, verlängern die Einfahrzeit.*
Für Austauschmotoren wie für generalüberholte Maschinen gelten die Einfahrvorschriften natürlich genauso. Überholte Triebwerke sind sogar meist empfindlicher als neue.

Gleich noch einige Ratschläge für motorschonende Fahrweise, die nicht nur während der Einfahrzeit, sondern für den Fahrbetrieb allgemein gelten:

■ Bei noch kaltem Motor sollte man den Motor in den Gängen nicht voll ausdrehen und auch nicht die erreichbare Spitzengeschwindigkeit fahren. Das ergibt vorzeitigen Verschleiß. Erst wenn das Öl warm ist und das Kühlwasserthermometer im Armaturenbrett das Erreichen der Betriebstemperatur anzeigt, kann man den Motor voll ausfahren.

■ Nach vorwiegendem Stadt- und Kurzstreckenbetrieb den Motor bei einer Langstreckenfahrt nicht von Anfang an durch Vollgasfahren belasten. Den Motor auf den ersten 50 bis 100 Kilometern allmählich warmfahren. Ansonsten kann es zu Kolbenklemmern und sonstigen Motorschäden kommen. Der Motor muß sich langsam von den abgelagerten Verbrennungsrückständen des ungünstigen Kurzstreckenbetriebs freibrennen.

■ Nach längerer Fahrt über die Autobahn oder über einen Gebirgspaß den Motor nicht sofort abstellen, sondern eine Weile im Leerlauf weiterlaufen lassen. So entschärft man den Hitzestau durch Nachheizen des heißen Motors.

Bar, Liter und Celsius

Die Überschrift dieses Kapitels ist keiner Mundart entlehnt, vielmehr sind hier die drei technischen Begriffe vorangestellt, die beim Kühlkreislauf die größte Rolle spielen: bar (klein geschrieben) gibt neuerdings statt der altvertrauten atü oder kp/cm^2 den Druck an; 1 bar = 1,02 atü oder kp/cm^2. Liter steht für den Inhalt der Kühlanlage; wenn die vorgeschriebene Füllmenge zirkuliert, kann der Motor das optimale Betriebsklima aufbauen, wobei wir bei der Temperatur, den Celsiusgraden wären.
Wie wichtig die gut funktionierende Wasserwirtschaft für den Peugeot-Motor ist, zeigt schon die Tatsache, daß ihr im Pflegeplan nicht weniger als drei Wartungsarbeiten und eine Saisonmaßnahme gelten.

Die Kühlanlage

Moderne Motoren, so auch die Peugeot-Motoren, besitzen sogenannte Überdruckkühlsysteme, die bei Betriebstemperatur Überdruck erreichen. Dadurch sind kleinere Kühler möglich und der Siedepunkt des Kühlmittels wird auf ca. 115° C heraufgesetzt. Sie werden es deshalb nur in ungünstigen Fällen einmal erleben, daß der Kühler überkocht. Für die Praxis bedeutet die höhere Betriebstemperatur bessere Ausnutzung des Kraftstoffs. Dabei muß man wissen, daß nicht die höhere Betriebswärme, sondern niedrige Temperaturen unter 70° C für den Motor schädlich sind und den Verschleiß fördern.
Wichtige Teile des Kühlsystems sind deshalb der Thermostat, der nach dem Kaltstart möglichst schnell für die richtige Betriebstemperatur zu sorgen hat, und der Verschlußdeckel für Kühler oder Entgasungsbehälter. Man kann nämlich nicht irgendeinen Deckel nehmen, auch wenn er paßt. Der Deckel muß auf den richtigen Druck ausgelegt sein, was auf dem Deckel vermerkt ist, z. B. steht auf dem Entgasungsbehälter oder Kühlerdeckel des 204 280 mbars (Millibar).
Zur Kühlanlage gehören:

- Die Wasserpumpe, die vorn unten im Motorblock sitzt und über die gleiche Riemenscheibe wie der Ventilator vom Keilriemen angetrieben wird. Die Pumpe hat zwei Anschlußstutzen für Kühlwasserschläuche.
- Der Kühler, der im Fahrtwind gleich hinter dem Frontgrill liegt.
- Der Thermostat, der entsprechend der Kühlmittelerwärmung die Durchflußmenge zum Kühler steuert.
- Die Kühlwasserschläuche von der Wasserpumpe zum Kühler, zum Motorblock, vom Termostat zum Kühler. Natürlich auch die Vorwärmleitungen für Ansaugsammelrohr und Vergaser sowie die Heizschläuche von und zum Heizungs-Wärmetauscher.
- Der Entgasungsbehälter im Motorraum, der als Reservebehälter für das Kühlmittel dient.
- Der elektromagnetisch gesteuerte Kühlerventilator.
- Der Thermogeber, der die Kühlwassertemperatur zum Instrument im Armaturenbrett meldet.

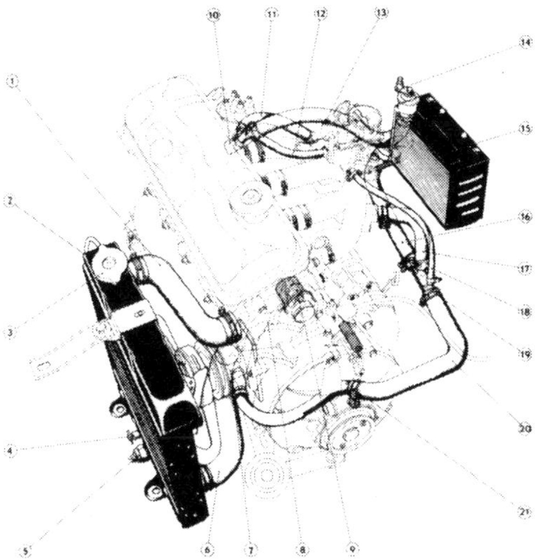

Die Kühl- und Heizanlage in den Peugeot, hier die erste Motorausführung des 204, später geringfügig geändert, z. B. ist der Entgasungsbehälter hier nicht vorhanden. Die Bedeutung der wichtigsten Teile: 1 = Schlauch zum Thermostatgehäuse, bei außenliegendem Thermostat führt er in größerem Bogen direkt zum Thermostat, 2 = Kühler, 3 = Kühlerdeckel, 4 = Kühlwasserablaßhahn, 5 = Wärmekontaktschalter für den Ventilator, 6 = Schlauch, 7 = Wasserpumpe, hinter dem Ventilator liegend, 8 = Thermostatgehäuse, 9 = Thermostat, 10–12 = Vergaservorwärmschläuche, 13 = Schlauch zur Heizung, 14 = Heizregulierung, 15 = Heizung

Kühlwasserstand prüfen

Pflegearbeit Nr. 6

Gebraucht wird: Ein scharfes Auge oder ein Pappstreifen, bei heißem Motor ein Lappen und Vorsicht.

Der Kühlmittelstand soll alle 7500 km geprüft werden. Auf Langstreckenfahrt im Hochsommer, womöglich noch mit voller Last und Besetzung mit vier Personen, kann die Prüfung bei jedem Tankaufenthalt empfehlenswert sein. Sie sehen ja am Kühlwasserthermometer, ob der Motor heißläuft, oder es macht Sie ein freundlicher Zöllner beim Grenzstau darauf aufmerksam, daß es unter Ihrem Wagen munter plätschert, wir kommen noch auf die Eigenheiten der Motorkühlung zu sprechen.

Bei Peugeot bis Mitte 1973 wird der Kühlwasserstand im Kühler direkt gemessen: Das Kühlwasser darf nicht höher als bis 6 cm unterhalb der Einfüllstutzen-Oberkante stehen. Wenn Sie den Abstand nicht exakt zu schätzen vermögen, nehmen Sie einen zurechtgeschnittenen Pappstreifen zu Hilfe, mit dem Sie den Abstand genau messen können. Füllt man nämlich höher auf, was manche Tankwarte aus Übereifer gerne tun, dann verliert man, einem physikalischen Ge-

Blick in die Einfüllöffnung des Entgasungsbehälters. An der abgestuften Blechzunge im Innern kontrolliert man den Wasserstand. Das Wasser muß die unterste Zungenstufe überdecken. Der auf dem Behälter liegende Deckel ist übrigens wie der Kühlerdeckel kein so einfaches Teil wie man denkt, sondern er ist genau auf die Druckverhältnisse in der Kühlanlage abgestimmt. Deshalb ist der Druckwert eingeprägt, und man muß beim Ersatz wieder den gleichen Deckel nehmen.

setz zufolge, viel mehr Kühlmittel, als eigentlich zuviel eingefüllt wurde: der Überlauf hört überhaupt nicht mehr zu rinnen auf. Das hängt damit zusammen, daß sich die Kühlflüssigkeit bei Erhitzung stark ausdehnt. Der Flüssigkeitsspiegel im Kühler steigt also. Deshalb ist es auch müßig, bei heißgefahrenem Motor die Kühlflüssigkeit messen zu wollen.

Wenn Sie schon Kühlflüssigkeit verloren haben und nicht warten können, bis der Motor abgekühlt ist, was im Sommer mehrere Stunden dauern kann, so füllen Sie Wasser nur bis 6 oder 7 cm unter dem Einfüllstutzen nach. Lieber nehmen Sie einen Wasservorrat mit und kontrollieren kurze Zeit später noch einmal.

Mit Peugeot ab Mitte 1973 hat man solche Sorgen weniger. Hier wurde nämlich in der rechten hinteren Motorraumecke ein sogenannter Entgasungsbehälter installiert, mit dem Kühler und Thermostatgehäuse durch je einen dünnen Schlauch verbunden. Dieser Überdruckbehälter wirkt gewissermaßen als Puffer. Denn Überdruckdampf wird dorthin abgeblasen, kondensiert und schlägt sich nieder, bei Abkühlung der Kühlanlage läuft das benötigte Quantum Wasser aus dem Entgasungsbehälter in die Kühlanlage zurück. Trotzdem kann aus dem Entgasungsbehälter bei sehr heißem Motor Wasser über einen dünnen Schlauch ins Freie ablaufen.

Der Kühlwasserstand wird bei diesen Peugeot am Entgasungsbehälter kontrolliert. Schraubt man dort den Deckel ab, erblickt man im Behälter eine dreistufige Blechzunge. Das Kühlwasser soll die unterste Stufe dieser Zunge gerade bedecken. Fehlendes Kühlwasser wird hier ebenfalls über den Entgasungsbehälter nachgefüllt, bei einem Peugeot ohne den Behälter natürlich direkt in den Kühler.

Fingerzeige: *Zeigen sich auf dem Blechrand des aus zwei Teilen gepreßten Entgasungsbehälters Rostspuren, besteht der Verdacht, daß der Behälter undicht ist. Möglichst bald löten lassen, sonst kann das austretende Wasser zu Störungen an der Elektrik führen, denn unter dem Entgasungsbehälter liegt der Zündverteiler, der Wasser gar nicht mag!*

Müssen Sie bei heißem Motor nach dem Kühlmittel schauen, dann umwickeln Sie Ihre Hand mit einem Lappen und drehen den Kühlerdeckel nur bis zur ersten Raste auf. In dieser Stellung läßt man den Überdruck entweichen, ehe man den Kühlerdeckel vollends abschraubt.

Wasserverlust

Läßt Wasserverlust auf Leckstellen in der Kühlanlage schließen, so sollte man es nicht beim Nachfüllen bewenden lassen. Nachschauen, wo Wasser entweicht. Das läßt sich schnell erledigen, denn erstens ist alles im Motorraum gut einzusehen, und zum andern sieht man auf sauberem Boden schnell die Wasserspuren. In der Regel genügt ein prüfender Blick auf die Schlauchanschlüsse, ob Feuchtigkeitsspuren vorhanden sind. Dabei die Schläuche zum Heizkörper und zum Vergaser nicht vergessen. Weitere Möglichkeiten sind ein undichter Kühler, die Wasserpumpe, der schon erwähnte Entgasungsbehälter, oder aber – seltener – der Motor selbst (z. B. Zylinderkopfdichtung).

Muß aus irgendeinem Grund eine größere Menge Wasser nachgefüllt werden: Heizung auf »Warm« stellen, damit auch der Heizkörper berücksichtigt wird. Nach dem Einfüllen muß der Motor warm laufen, damit sich der Thermostat öffnet. Hiernach Wasserstand erneut kontrollieren.

Das Kühlmittel

Peugeot gehört zu den wenigen Autowerken, die den Wechsel der Kühlerfüllung entsprechend der Saison empfehlen: Im späten Frühjahr Wechsel auf Wasser, im Herbst Wechsel auf Frostschutzmischung. Zwar schadet es eigentlich nicht, wenn man wie bei anderen Fabrikaten ganzjährig die Frostschutzmischung fährt und nur im Herbst die noch vorhandene Frostsicherheit der Mischung ausspindeln und gegebenenfalls berichtigen läßt, doch ist im Hochsommer die Kühlung mit reinem Wasser besser, was besonders bei der Sommerfahrt in den Süden mehr Sicherheit für den Motor bedeutet. Außerdem wird durch die Wechsel zweimal im Jahr die Kühlanlage gereinigt – auch ein Aspekt der Lebensdauervorsorge.

Sommerfüllung

Reines Wasser aus der Wasserleitung genügt, ein Korrosionsschutzmittel wäre nur bei Verwendung von entsalztem oder destilliertem Wasser notwendig. Doch sollten Sie die Frostschutzmischung, wenn Sie sie im Frühjahr ablassen, in einem Behälter auffangen (auch bei Reparaturen) und bis zum nächsten Herbst aufbewahren. Dann müssen Sie für die erforderliche Frostsicherheit nur eine geringe Menge neues Frostschutzmittel dazukaufen. Das spart gutes Geld. Wenn die Flüssigkeit längere Zeit aufbewahrt werden muß, sollte der Behälter verschließbar sein, so ist die Flüssigkeit vor Verschmutzung sicher, außerdem altert die Mischung an der frischen Luft schneller. Vor dem Wiedereinfüllen erst unsaubere Fremdstoffe absetzen lassen und beim Einfüllen darauf achten, daß die Rückstände auf dem Boden des Behälters bleiben, andernfalls die Flüssigkeit durch ein sauberes Tuch filtern. Vorteilhaft ist es, wenn man nach Ablassen der Winterfüllung die Kühlanlage durchspült. Dazu Wasser, evtl. mit einem Kühlerreinigungszusatz, auffüllen, einige Kilometer oder ein bis zwei Tage fahren, dann die Mischung ablassen und mit neuem Wasser wieder auffüllen.

Winterfüllung

Wenn im Spätherbst, etwa Ende Oktober/Anfang November, in unseren Breiten die ersten Fröste zu erwarten sind, muß, wenn man die Frostschutzmischung in der Kühlanlage gelassen hat, die Mischung auf Frostsicherheit geprüft werden, oder die Sommerfüllung ablassen und Frostschutzmischung einfüllen. Ein Spülvorgang ist dabei nicht unbedingt nötig.
Peugeot empfiehlt zwar Esso Frostschutz, doch kann man unbesorgt auch die Marken-Frostschutzmittel Glysantin, Genantin oder Glycoshell nehmen. Alle diese Frostschutzmittel bestehen nämlich aus über 90 Prozent Glycol und einigen Prozenten Antikorrosions- und Entkalkungsmittel. Weil jedoch die Zusätze für die Qualität der einzelnen Frostschutzmittel mit ausschlaggebend sind, sollte man beim Kauf von billigen, markenfreien Frostschutzmitteln Vorsicht walten lassen.
Die Frostsicherheit kann man an jeder Tankstelle mit der Meßspindel prüfen lassen; wer ein eigenes Gerät mit ausreichend großem Meßbereich besitzen will, muß schon etwa 10 bis 15 DM dafür bezahlen, z. B. Glysantester mit Meßzeigern.
Wer jedoch ganz neue Frostschutzmischung ansetzt, arbeitet besser mit Anteilmengen. Auch diese Mischungstabellen führt jede Tankstelle, doch der Vollständigkeit halber sei hier aufgeführt, welcher prozentuale Frostschutzmittelanteil an der Kühlanlagen-Füllmenge welche Frostsicherheit ergibt:

Frostschutzmittelanteil	Frostsicherheit bis
20 %	-5° C
30 %	-11° C
35 %	-16° C
40 %	-21° C
45 %	-25° C
50 %	-30° C

Diese Zahlen sind zugunsten der Frostsicherheit etwas hoch angesetzt. Die Prozentanteile anders ausgedrückt: Für eine Frostsicherheit bis –15° C, wie für unsere Winter erforderlich, reicht ein Frostschutzmittelanteil von 2 bis 2,5 Litern aus.

Die Kühlflüssigkeit kann man sowohl in kaltem wie in warmem Zustand messen. Genauer ist das Ergebnis bei warmer Flüssigkeit. Also Motor warm fahren, Kühler- oder Entgasungsbehälterdeckel abschrauben und Meßspindel zu $^2/_3$ bis $^3/_4$ vollsaugen. An Schwimmer, Zeiger oder Skalen kann man dann die Meßwerte ablesen.

Wenn man nicht im Frühjahr von Frostschutz auf Wasser wechselt:

Die Frostschutzmischung kann natürlich nicht ewig im Kühlsystem bleiben. Die Zusätze altern im Lauf der Zeit und verlieren an Wirksamkeit. Deshalb der Rat, in jedem Spätherbst die Frostsicherheit kontrollieren zu lassen. Aus den gleichen Gründen ist der Rat nicht weniger wichtig, das Kühlmittel alle 2 Jahre oder alle 30 0000 km zu wechseln. Dabei muß die Kühlanlage gereinigt werden. Für die Reinigung benutzt man eine spezielle Flüssigkeit, man kann allerdings auch reines Wasser mit Reinigerzusätzen einfüllen. Damit 100 bis 200 km fahren, bevor man die Reinigerfüllung wieder abläßt und die neue Dauermischung einfüllt.

Wenn sich bei der Kontrolle im Spätherbst herausstellt, daß die Frostsicherheit der Mischung nicht mehr ausreicht, um –15 bis –20° C zu überstehen, sollte eigentlich die Frostschutzmischung erneuert werden. Aber wenn die Differenz zur vorgeschriebenen Frostsicherheit nicht zu groß ist, was bei einer nur ein Jahr alten Frostschutzmischung auch nicht zu erwarten ist, genügt es, nur einen Teil des alten Kühlmittels abzulassen und eine verstärkte Mischung nachzufüllen. Reines Frostschutzmittel darf man nicht nachfüllen, es vermischt sich unter Umständen schlecht mit der vorhandenen Mischung. Man muß das Frostschutzmittel mit Wasser vormischen, bevor man es in den Kühler gießt. Dasselbe gilt übrigens auch für neu angesetzte Frostschutzmischung.

Fingerzeige: *Zwischen den beiden mittleren Auspuffkrümmerflanschen an der Motorvorderseite ist ein kreisrundes Stück in den Zylinderkopf eingestemmt. Dies wird meist zuerst herausgedrückt, wenn der Motor überhitzt wird, etwa weil aus Mangel an Frostschutzmittel die Kühlflüssigkeit in der kalten Nacht gefror. Dieser Stirndeckel ist sozusagen eine Sollbruchstelle. Ist im Peugeot-Ersatzteilager kein Stirndeckel auf Lager, kann man auch ein Mercedes-Teil verwenden.*

Gefrierschutzmittel und spezielle Kühlerreinigungs- oder Korrosionsschutzmittel vertragen sich nicht zu gleicher Zeit im Kühlwasser. Markenfrostschutzmittel enthalten ja bereits Zusätze gegen Rost und Kesselsteinbildung.

Heißes Wasser kann unbedenklich in den kalten Motor gefüllt werden (alter Trick für besseres Anspringen bei extremer Kälte). Jedoch kaltes Wasser nie in einen heißen Motor schütten, sonst besteht die Gefahr der Rißbildung im Motor. Motor vorher abkühlen lassen, Wasser bei laufendem Motor nachfüllen.

Kühlflüssigkeit wechseln

Für den Fall, daß Sie die Frostschutzmischung einmal selbst erneuern oder anläßlich einer Motorreparatur die Kühlflüssigkeit ablassen müssen, werden wir den einfachen Vorgang schildern. Zum Entleeren des Kühlsystems die Heizung einschalten, um den Kreislauf der Heizungsanlage zu öffnen. Dann den Kühlerdeckel abdrehen, bei Wagen mit Entgasungsbehälter nur dessen Deckel. Wenn man jetzt zwischen Frontgrill und Kühler hinabgreift und dort unten am Kühler den Ablaßhahn öffnet, läuft alles Kühlwasser ab. Will man

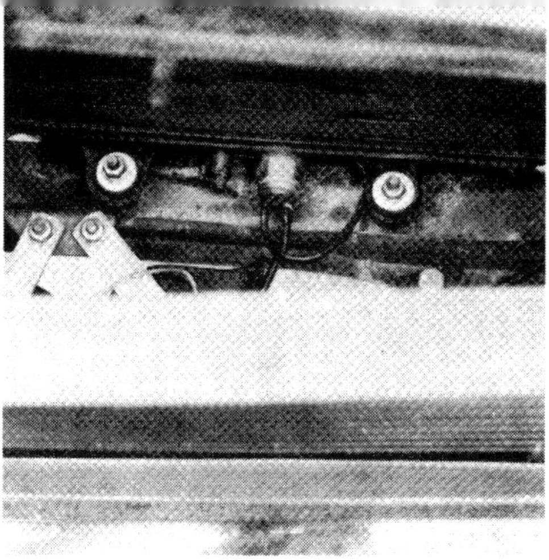

Zwischen den beiden unteren Kühlerbefestigungsschrauben (Blick hinter dem Kühlergrill hinab) liegt links der Kühlwasserablaßhahn, rechts davon der Wärmekontaktschalter, der den Kühlventilator je nach Temperatur zu- oder abschaltet.

Frostschutzmischung auffangen, dann vorher entsprechend großen Behälter unterstellen.

Fingerzeig: *Der Ablaßhahn liegt ziemlich exponiert und verschmutzt leicht. Man sollte ihn öfter säubern und mit einer Fettschutzschicht versehen. Wenn er mit Preßluft gereinigt werden muß, dann von der Motorseite her.*

Eingefüllt wird das Kühlwasser oder die Frostschutzmischung (vorher im Eimer vormischen) in den Kühler direkt, bei Wagen mit Entgasungsbehälter in dessen Stutzen. Vor dem Einfüllen den Ablaßhahn am Kühler schließen. Einfüllhöhe siehe Absatz »Kühlwasserstand prüfen« am Anfang des Kapitels. Nach dem Einfüllen den Motor bei eingeschalteter Heizung (Hebel auf roten Punkt) im Leerlauf drehen lassen. Tut man das nicht, kann sich in der Heizung ein Luftsack bilden, und man erntet eine schlechte Heizleistung. Zum Schluß nochmals den Kühlwasserstand kontrollieren und gegebenenfalls durch Nachfüllen korrigieren, ehe man den Deckel aufsetzt.

Der Kühler

Im Kühler liegen Feinlamellen, um eine größere Oberfläche zu schaffen, an der das Kühlwasser schneller abkühlt. Vorn unten im Kühler ist der Wärmefühler eingeschraubt, der das Zu- und Abschalten des Kühlventilators steuert. Außer der Reinigung beim Wechsel der Kühlflüssigkeit braucht der Kühler praktisch keine Pflege. Im Lauf der Zeit kann es notwendig werden, ihn auch äußerlich zu säubern, wenn Schmutz, tote Insekten usw., die durch den Frontgrill hindurchgeflogen sind, die Kühlervorderseite langsam zusetzen. Diese Reinigung geschieht mit Preßluft oder mit scharfem Wasserstrahl aus dem Gartenschlauch, und zwar von der Motorraumseite her. Von vorn hilft man höchstens mit einer harten Bürste nach.

Kühler ausbauen

Dazu besteht höchstens dann Anlaß, wenn der Kühler undicht ist und gelötet werden muß. Der Ausbau ist einfach, denn der Kühler ist lediglich unten mit zwei, oben mit einer Schraube (SW 13) gesichert. Wenn man das Wasser abgelassen, die Wasserschläuche und den Wärmefühler entfernt und die drei Schrauben herausgedreht hat, kann man den Kühler nach oben herausheben. Beim Wiedereinbau auf dichten und festen Sitz der Kühlwasserschläuche achten.

Auskuppelbarer Ventilator

Hinter dem Kühler dreht sich der Ventilator. Er sitzt auf der gleichen Keilriemenscheibe, die auch die Wasserpumpe antreibt. Der sechsflügelige Ventilator läuft

Die Teile des abschaltbaren Kühlerventilators; hinter dem dünn gezeichneten Gehäuse rechts oben liegt die Wasserpumpe.

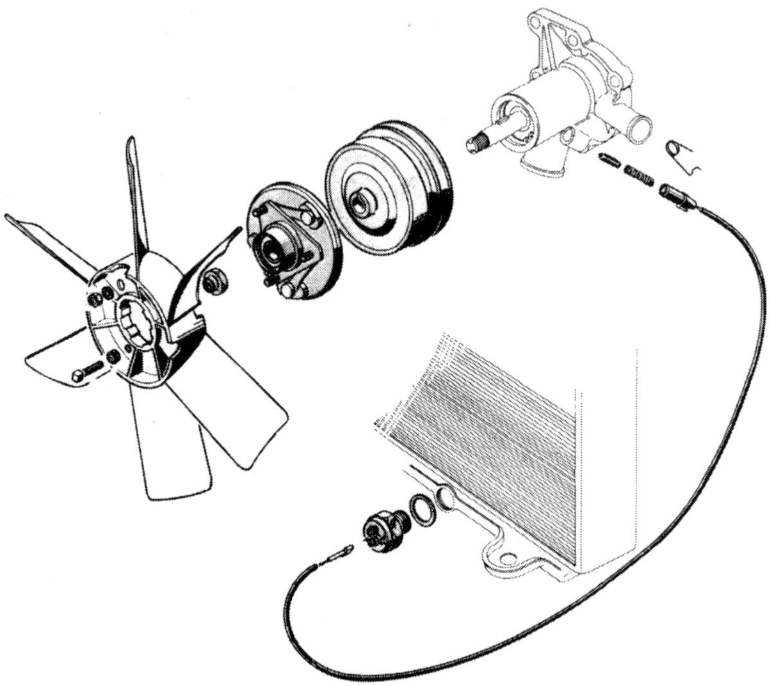

zwar bei laufendem Motor wegen der Lagerreibung immer mit, aber ohne eigenen Antrieb; man kann ihn praktisch mit der geschützten Hand anhalten. Wenn der Motor jedoch so heiß geworden ist, daß der Ventilatormotor einschaltet, dann wird der Kühlluftstrom noch schneller durch die Kühlerlamellen gerissen, was die Kühlwirkung verstärkt. Diese Steuerung des Ein- und Ausschaltens besorgt der Wärmefühler, der vorn unten in den Kühler eingeschraubt ist und mit dem Ventilator über ein elektrisches Kabel in Verbindung steht. Dieser Fühler schlägt Alarm, wenn das Kühlwasser etwa 87° C erreicht hat und gibt Entwarnung nach Herunterkühlen auf die günstigste Betriebstemperatur, die bei etwa 79° C liegt.

Ventilator prüfen und einstellen

Pflegearbeit Nr. 22

Gebraucht wird: Fühllehrblatt 0,30 mm, Gabelschlüssel SW 5, evtl. Taschenlampe.

Die Kontrolle soll alle 15 000 km erfolgen. Der Abstand zwischen der Ventilatorträgerplatte und dem Keilriementeil, der auch den Kollektor und den Elektromagneten trägt, soll 0,30 mm betragen. Gemessen wird bei stehendem Motor, indem man das Fühllehrblatt zwischen den sich drehenden Ventilatorteil und den feststehenden Keilriementeil schiebt und den Ventilator mit der Hand langsam weiterdreht. Mindestens muß aber an 3 Punkten gemessen werden: Jeweils hinter den Ventilator-Befestigungsschrauben. So kann man feststellen, ob der Abstand am ganzen Kreisumfang gleich ist oder schwankt, oder ob der Abstand zu weit oder zu eng ist. Zum Einstellen sind an der Ventilator-Vorderseite neben den Befestigungsschrauben drei kleine Vierkant-Einstellschrauben (SW 5), mit denen man den richtigen Abstand einstellen und Schwankungen ausgleichen kann. Wenn der Abstand stimmt, die Kontermuttern anziehen. Bei falschem Lüfterspiel sind Kühlschwierigkeiten zu erwarten, nicht selten hat überlaufender Kühler hier die Ursache.

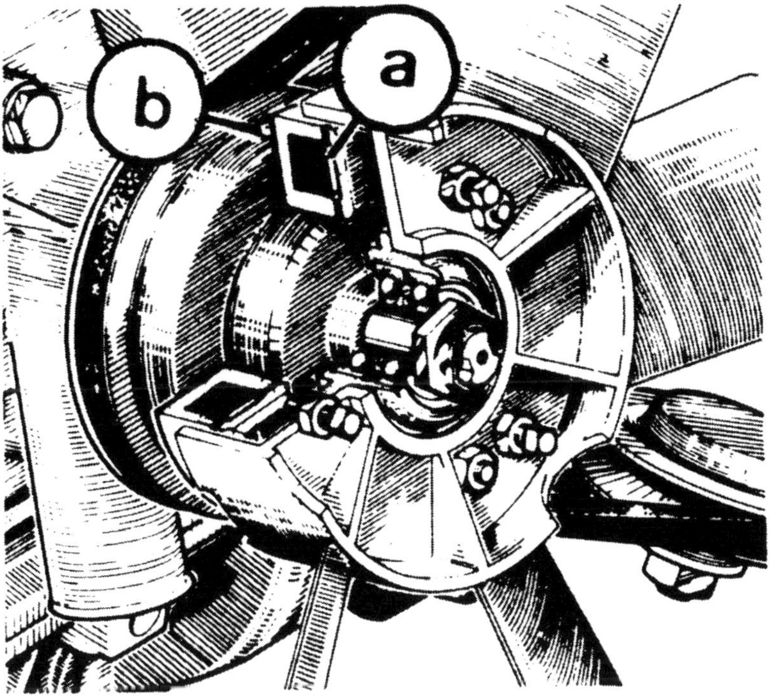

Das Spiel zwischen dem Anker (a) und dem Elektromagnet (b) muß bei ausgeschalteter Zündung ringsum 0,3 mm betragen.

Wenn der Ventilator nicht einkuppelt

Der Ventilator sollte einkuppeln, wenn die Kühlflüssigkeit auf 87° ±3° C erwärmt ist, und er muß wieder auskuppeln, wenn die Kühlflüssigkeit auf 79° ±3° C heruntergekühlt worden ist. Tut er das nicht, muß man sich auf Fehlersuche begeben.

Zunächst die Zündung einschalten (ohne den Anlasser zu betätigen) und die beiden Kabel (57 und 58) vom Wärmefühler unten an der Kühlervorderseite abziehen. Die beiden Kabel durch ein kurzes Leitungsstück miteinander verbinden. In diesem Augenblick muß das Auskupplungsgeräusch des Ventilators vernehmbar sein.

Wenn der Ventilator stumm bleibt, sind nacheinander zu kontrollieren:

- Die Sicherung 3
- Der Verlauf der Kabel 57 und 58
- Die Kohle des Kohlenhalters im Ventilator
- Der Elektromagnet des Ventilators. (Wird dieser Arbeitsgang am Wagen ausgeführt, ist darauf zu achten, daß keine Kurzschlüsse und keine Kratzer auf dem Schleifring verursacht werden!)

Während man die ersteren Kontrollen leicht selbst ausführen kann, sollte man das Prüfen des Elektromagneten der Werkstatt überlassen, der man ja sagen kann, was bereits geprüft wurde, um ihr die Arbeit zu verkürzen. Nur soviel: Bei einer Betriebsspannung von 12 Volt muß zwischen dem Schleifring und der Riemenscheibe ein Strom von 0,7 bis 0,9 Ampere fließen.

Das Prüfen des Wärmekontaktschalters, der unten im Kühler sitzt, ist nur dann in Eigenarbeit vorzunehmen, wenn man ein Thermometer besitzt, das mindestens bis 90° C reicht. Man läßt den Motor laufen, steckt das Thermometer entweder in den Kühlerstutzen oder – wo vorhanden – in den Stutzen des Entgasungsbehälters. Dann muß der Ventilator bei den vorstehend erwähnten Celsiusgraden ein- und auskuppeln.

Kühlerventilator ausbauen

Dazu ist zunächst der Kühler auszubauen, um Raum zu gewinnen. Der Ventilator ist mit 3 Sechskantmuttern auf den Gewindebolzen der Ventilatornabe befestigt. Dreht man sie ab, kann der Ventilator abgenommen werden. Ist der Kollektor oder der Elektromagnet reparaturbedürftig, muß weiter abgebaut werden. Das ergibt sich von selbst: Sowohl Ventilator-Nabenscheibe wie der Keilriementeil mit Kollektor und Elektromagnet sind auf der Wasserpumpenwelle befestigt und durch eine Sechskantmutter gesichert. Nach Abbau dieser Teile kann übrigens die Wasserpumpe vom Motorblock abgeschraubt werden.

Die Wasserpumpe

Wo die Wasserpumpe sitzt, ergibt sich aus den vorstehenden Absätzen. In ihrem Leichtmetallgehäuse steckt ein Flügelrad, das das Kühlwasser durch das Kühlsystem treibt. Die Wasserpumpe ist wartungsfrei. Defekte kündigen sich durch pfeifende und zwitschernde Geräusche und durch Undichtigkeiten an. Aus dem undichten Wasserpumpendeckel tropft es heraus (Wasserflecke auf dem Boden). An einer Serie 304-Motoren löste sich gern das Flügelrad, was übermäßige Motorerhitzung zur Folge hatte. Abhilfe brachte nur der Austausch der Wasserpumpe. Der Ausbau des Wasserpumpendeckels, der Wasserpumpe und der Keilriemenscheibe ist einfach, jedoch sollte man Zerlegen und Reparatur der Pumpe der Werkstatt überlassen. Eigenarbeit lohnt kaum. Nach jeder Abnahme des Wasserpumpendeckels ist auf jeden Fall die zwischenliegende Papierdichtung zu erneuern.

Ventilator-riemenspannung prüfen und einstellen

Pflegearbeit Nr. 23

Diese Pflegearbeit, die alle 15 000 km vorgenommen werden soll, haben wir im Kapitel »Lichtmaschine und Anlasser« ausführlich geschildert, da der Keilriemen auch die Lichtmaschine antreibt. Ein zu lockerer Keilriemen rutscht auf den Riemenscheiben durch, so daß die Wasserpumpe nicht mit voller Leistung arbeiten kann. Dadurch kann es zu Überhitzungen des Motors kommen, weil das Kühlmittel nicht schnell genug zirkuliert und sich so zu stark aufheizt. Außerdem verschleißt ein lockerer Keilriemen schneller. Nachspannen! Ist der Keilriemen gerissen und man hat keinen Ersatzriemen dabei, kann man sich evtl. mit einer starken, straff gespannten Schnur ein kurzes Stück weiterhelfen. Aber zuviel Haltbarkeit darf man keinesfalls erwarten, man kommt nicht weit, bzw. muß manchmal anhalten: Wurde ein neuer Keilriemen aufgelegt, muß dieser nach etwa 500 km nachgespannt werden; neue Keilriemen dehnen sich.

Der Thermostat

Der Thermostat, gewissermaßen die Hauptkreuzung im Peugeot-Kühlsystem, steckt an der linken (in Fahrtrichtung gesehen) Schmalseite des Motors unter einem Leichtmetalldeckel. Anhaltspunkt: In den gleichen Deckel mündet auch der dicke Kühlwasserschlauch, der vom Kühler kommt.

Die Aufgabe des Thermostats ist es, den Durchfluß der Kühlmittelmenge durch das Kühlsystem zu steuern. Er soll den Wasserkreislauf so regeln, daß das Wasser nicht durch den Kühler fließt, solange die Temperatur niedriger als 80 bis 85° C liegt. Wird das Wasser wärmer, öffnet er den Zugang zum Kühler. Und zwar nicht sofort voll, sondern er läßt die Wassermenge abhängig von der herrschenden Kühlwassertemperatur durch. Auf diese Weise bleibt der Motor innerhalb der günstigsten Betriebstemperatur, was seiner Lebensdauer (sonst chemische Kaltkorrosion) und der Schmierfähigkeit des Motoröls (geringere Ölschlammbildung) zuträglicher ist.

Übrigens kann man den Kühlwasserkreis noch erweitern, z. B. wenn der Peugeot im Hochsommer schweres Urlaubsgepäck über die Pässe nach dem Süden schleppen soll und dabei zu heiß wird. Man schaltet die Heizung und dazu noch das Heizgebläse ein. Über den Wärmetauscher der Heizung kann so zusätzlich

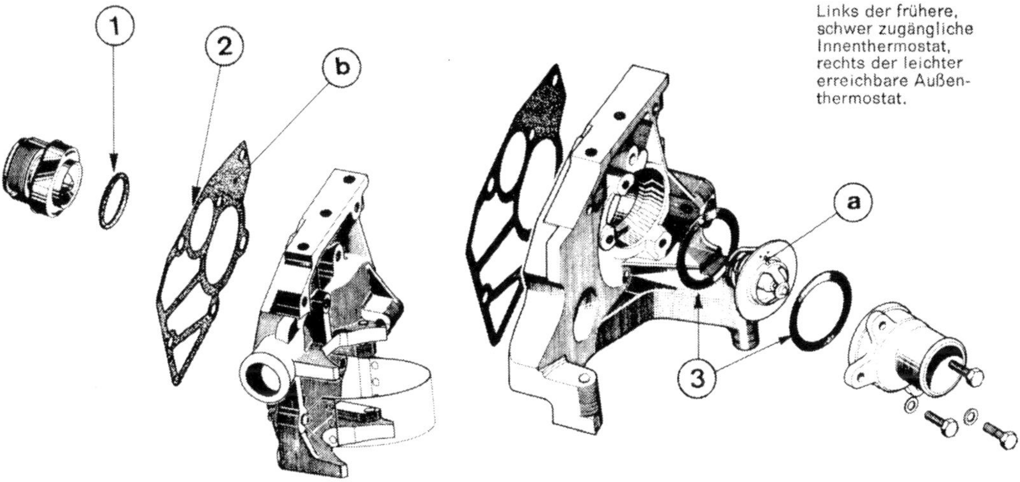

Links der frühere, schwer zugängliche Innenthermostat, rechts der leichter erreichbare Außenthermostat.

Wärme abgeführt werden, z. B. wenn man in der Kolonne am Paß hängt und der elektromagnetische Ventilator mit der Kühlung nicht mehr fertig wird. Allerdings gerät man dabei ziemlich ins Schwitzen.

Fingerzeig: *Für Fahrten im Hochsommer in den heißen Süden kann man den Thermostat ausbauen und ohne diesen Regler fahren, wenn man Bedenken hat, ob die Kühlung ausreicht. Nur sollte man nach der Rückkehr nicht zu lange mit dem Wiedereinbau warten, denn in unseren Breiten garantiert der Thermostat schnelles Erreichen der günstigsten Betriebstemperatur.*

Winterthermostat ratsam?

Mit normalen Betriebszuständen und den dabei anfallenden Temperaturen wird der Serien-Thermostat ohne weiteres fertig. Aber es gibt Ausnahmen. Wenn zum Beispiel ein Peugeot im Winter fast ausschließlich auf Kurzstrecke und in der Stadt bewegt wird, wo noch viele Haltepausen dazukommen, dann besteht die Möglichkeit, daß der Motor seine günstigste Betriebstemperatur nicht oder erst nach viel zu langer Fahrt erreicht. Unter solch widrigen Umständen sollte man sich mit der Werkstatt ins Benehmen setzen und einen Winterthermostat einbauen lassen. Solche Thermostate gibt es entweder im Ersatzteillager oder im Fachhandel. Ein Winterthermostat ist praktisch dasselbe wie ein Serienthermostat, jedoch öffnet er erst bei höherer Kühlwassertemperatur als dieser – in der Regel 5 bis 8° C später –, so daß der große Kreislauf durch den Kühler später dazugeschaltet wird als üblich. Neben schnellerer Motorerwärmung wirkt sich das auch günstig auf die Heizleistung aus. Aber wie gesagt, wird der Winterthermostat höchstens bei den geschilderten Extrembedingungen nötig.

Thermostat ausbauen

Diese Arbeit ist bei Peugeot vor September 1970 umständlicher als bei späteren Modellen, da noch zusätzlich die Lichtmaschine ausgebaut werden muß: Zuerst – wie bei allen Arbeiten im Motorraum – die Batteriekabel lösen, dann den Riemenspanner mit der Spannrolle (am tiefsten Punkt der Keilriemenumlenkung) lösen und den Keilriemen abnehmen. Jetzt werden die elektrischen Kabel an der Lichtmaschine abgenommen und das Spannband, das die Lichtmaschine am Zylinderkopf hält, ausgebaut. Dazu ist die Mutter abzuschrauben und der Haltestift herauszuziehen.
Zum eigentlichen Ausbau des Thermostats entleert man die Kühlung, siehe

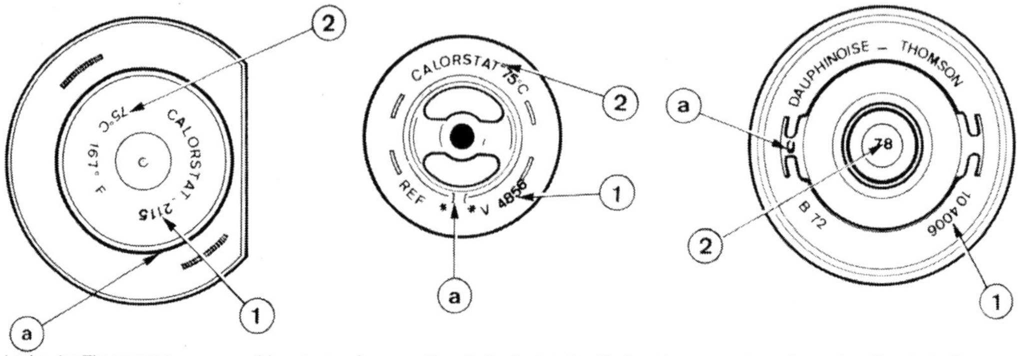

Links der Thermostat mit thermostatischem Balg, die beiden rechten Zeichnungen zeigen verschiedene Thermostat-Ausführungen mit Dehnstoffelementen. Bei Ersatz muß jeweils wieder der gleiche Thermostat eingesetzt werden, der vorher eingebaut war.

Absatz in diesem Kapitel, dreht die Befestigungsschrauben des Deckels heraus und nimmt den Deckel (bei Peugeot Lichtmaschinenhalter genannt) ab, unter dem der Thermostat sitzt. Einbau umgekehrt, jedoch neue Dichtungen verwenden, Innendichtung eintalgen.

Bei Modellen ab September 1970 wurde der Thermostatausbau wesentlich erleichtert. Zuerst das Kühlwasser ablassen, dann Schlauchbinder am Luftfilteransaugschlauch aufdrehen und Schlauch abziehen. Kühlwasserschlauch oben an der linken Motorschmalseite mit dem Schraubenzieher lockern und abziehen; er sitzt auf dem Stutzen, unter dem sich der Thermostat verbirgt. Den Stutzen, der mit 3 Schrauben (SW 10) am Motor befestigt ist, abbauen. Unter dem Gehäuse liegt der Thermostat waagrecht im Zylinderkopf, und man kann ihn mit dem Stutzen einfach abnehmen.

Bevor Sie den Thermostat herausnehmen, sollten Sie aber seine Einbaulage genau ansehen oder anzeichnen, damit Sie beim Einbau keinen Fehler machen. Die Wasserdurchlaßöffnung muß senkrecht nach oben stehen. Vor dem Einbau des neuen oder alten Thermostats müssen die Anlageflächen des Deckels am Zylinderkopf und der Sitz des Thermostats gründlich gereinigt werden. Außerdem braucht man bei jeder Neumontage eine neue Dichtung für den Deckel und den Termostat. Der Thermostat-Dichtring wird eingetalgt, bevor er in den Deckel eingesetzt wird. Die Dichtung des Deckels auf dem Zylinderkopf wird mit Dichtmasse (Hermetic) bestrichen. Dann die 3 bzw. 5 Schrauben mit dem vorgeschriebenen Drehmoment von 1,25–1,75 mkg anziehen. Wie beim Peugeot bis September 1970 die Lichtmaschine wieder angebaut wird, können Sie im Kapitel »Lichtmaschine und Anlasser« nachlesen, das Auffüllen der Kühlanlage in diesem Kapitel. Die übrigen Arbeiten geschehen in umgekehrter Reihenfolge des Ausbaus.

Thermostat prüfen

Den Thermostat wird man nur dann ausbauen, wenn Verdacht auf einen Defekt besteht. Man sollte ihn z. B. prüfen lassen, wenn die günstigste Kühlwassertemperatur nicht oder nur selten erreicht wird. Vielleicht steckt auch ein Thermostat im Gehäuse, der eigentlich für wärmere Länder gedacht ist. Aber die Selbstprüfung ist unrentabel, denn man müßte dazu ein Thermometer kaufen, dessen Skala bis ca. 100° C reicht und das man ins kochende Wasser steckt, in dem man den Thermostat aufheizt, um seinen Öffnungsbeginn und die volle Öffnung zu kontrollieren.

Kühlmittel-Temperaturanzeige

Die Skala ist durch ein Thermometersymbol gekennzeichnet, bei 204 vor September 1969 links vom Tachometer, bei den späteren 204 und 304 im Kombiinstrument in Armaturenbrettmitte.

Diese Anzeige ist nicht zur Verzierung da, vielmehr können Sie an der Skala

ablesen, was sich vorn im Motorraum abspielt. Dazu sitzt im Zylinderkopf zwischen den beiden linken Ansaugkrümmerflanschen ein Wärmefühler, der die jeweilige Motortemperatur zum Anzeigeinstrument signalisiert.
Normale Verhältnisse herrschen, wenn der Zeiger einige Zeit nach dem Kaltstart aus dem weißen Feld ins schwarze Mittelfeld steigt und dort verbleibt. Bleibt der Zeiger im weißen Feld, heißt das, daß der Motor seine Betriebstemperatur nicht erreicht, was an der Betriebsart (Winterthermostat erwägen) oder an einem defekten Thermostat (prüfen lassen, evtl. austauschen) liegen kann. Kritisch wird es, wenn der Zeiger ins rote Feld der Skala wandert und dort verharrt. Das tut er erst, wenn es dem Motor zu heiß wird. Dann muß man unbedingt anhalten und nachsehen, wo die Ursache liegt. Die Überhitzung kann durch Wassermangel, Motorölmangel, Überlastung durch zu schnelle Fahrt, lockeren oder gerissenen Keilriemen oder durch einen Thermostat, der nicht mehr öffnet, hervorgerufen sein. Erste Maßnahmen sollten in solchem Fall stets die Kontrolle des Kühlmittelstandes im Kühler oder Entgasungsbehälter und des Motorölstandes am Peilstab sein.
Ausnahme: Wenn man nach schneller Autobahnfahrt unvermutet in einen Verkehrsstau gerät, kann es sein, daß durch den Wärmestau beim Halten oder Schleichen durch mangelnde Kühlung der Zeiger ins rote Feld wandert. Dann muß sich auf jeden Fall der Ventilator einschalten. Am besten ist es, man fährt dann an den Straßenrand und läßt den Motor einige Zeit abkühlen.

Fingerzeig: *Bei älteren 204 kann es vorkommen, daß infolge des Hitzestaus das Kühlwasser aus dem Überlaufschlauch auf die Straße plätschert. Das Wasser hört dann nicht mehr so schnell auf zu rinnen. Mit einer Klammer oder durch Zusammendrücken des Schlauchs das Rinnsal zu stoppen versuchen, bis der Motor etwas abgekühlt ist. Vor der Weiterfahrt Wasser nachfüllen. Aber es sollte kein eiskaltes Wasser sein, denn dies könnte zu Spannungsrissen im Motor führen.*

Die Heizung

Hier ihre wesentlichen Teile kurz aufgeführt:

- Der Wärmetauscher unter dem Armaturenbrett, die über zwei Heizschläuche mit dem Kühlsystem verbunden ist.
- Der Heizventilator, der durch die Lamellen des kühlerähnlichen Wärmetauschers Frischluft schickt, wobei diese erwärmt wird.
- Die Austrittsöffnungen für Frontscheibenentfrostung und Fußraumbeheizung.
- Die Bedienungshebel und Schalter.

Ihre Arbeitsweise: Schiebt man den Heizungshebel zum roten Punkt hin, öffnet man damit den Heizungshahn, und das warme Kühlwasser kann den Wärmetauscher der Heizung durchfließen und ihn aufheizen. Die vorbeistreichende Frischluft erwärmt sich am Wärmetauscher und strömt in den Innenraum, entsprechend verteilt, je nachdem, wie Sie Kopf- und Fußraumbeheizung gewählt haben. Auch die Heizungsstärke können Sie wählen, je nachdem, indem Sie den Heizungshebel mehr oder weniger weit zum roten Punkt hin verschieben. Je näher der Hebel zum roten Punkt steht, um so mehr heißes Wasser fließt durch den Wärmetauscher. Weitere Verstärkung der Heizwirkung erreichen Sie durch Einschalten des Gebläseschalters, der zwei Stellungen für halbe und volle Kraft hat. Durch das Gebläse verstärkt man den Luftdurchsatz durch den Heizungswärmetauscher, es wird also mehr warme Luft in den Innenraum geblasen; ist der Motor noch nicht ganz warm, kann es allerdings sein, daß durch die beschleunigte Luft die Luftwärme nachläßt. Im Stand und bei langsamer Fahrt muß man zur Aufheizung des Innenraums ebenfalls das Gebläse einschalten, da ja die Frischluftzufuhr nachläßt. Allerdings werden dadurch auch mehr Auspuffgase in den Innenraum geblasen, und Auspuffgas enthält bei langsamer Fahrt besonders viele schädliche Anteile.

Heizung ausbauen

Arbeiten an der Heizung können nötig werden, wenn zum Beispiel die Regulierungshebel nicht mehr die nötige Feindosierung ermöglichen, das thermostatische Regulierventil defekt, wenn der Wärmetauscher undicht wurde oder der Gebläsemotor seinen Dienst versagt.
Dabei genügt es, von Fall zu Fall nur die betreffenden Teile der Heizung, die allesamt vom vorderen Fußraum aus zugänglich sind, auszubauen; Komplettausbau wird kaum einmal nötig werden (bezüglich der Arbeiten am 304 siehe auch Kapitel »Arbeiten im Innenraum«).
An den Teilen der Heizanlage kann man problemlos arbeiten, wenn man vorher das Kühlwasser abgelassen hat. Bei Arbeiten an der Regulierhebelei ist noch nicht einmal das nötig. Die Regulierhebeleinheit ist in Armaturenbrettmitte von unten angeschraubt, man braucht zum Ausbau Gabelschlüssel und Kreuzschlitzschraubendreher. Nach Abnahme der Einheit werden die Hebellagerungen und Bowdenzugaufhängungen zugänglich. Der Warm/Kalt-Regulierhebel wirkt auf das thermostatische Regulierventil, das im vorderen Fußraum rechts mit Schlauch und Schlauchbinder mit der Heizung verbunden ist. Das können Sie leicht sehen, wenn Sie sich hinabbeugen und dabei den Hebel hin- und herbewegen. Bei der Gelegenheit kann man auch mal die beweglichen Teile schmieren. Wenn die Heizung ungenügend oder gar nicht wirkt, ist es das erste, daß man dieses Ventil ausbaut und prüfen läßt, gegebenenfalls austauschen. Die mangelnde Heizwirkung kann allerdings auch am losen oder gebrochenen Bowdenzug liegen, was allerdings seltener vorkommt.

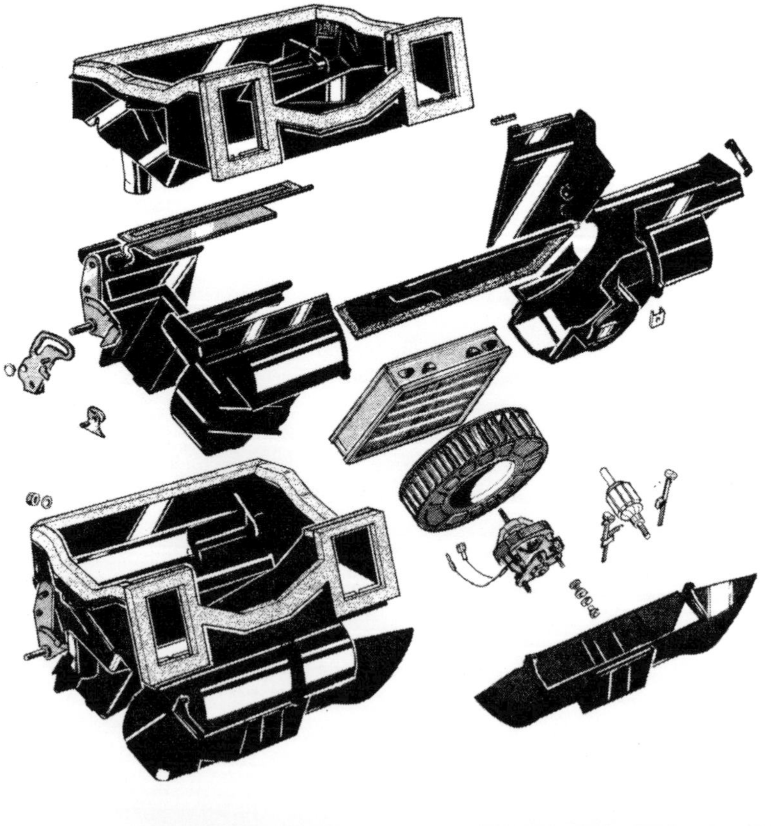

Um Ihnen den Einbau und Ausbau der Heizung zu erleichtern hier als Beispiel das Heizgehäuse der jetzigen 204-Ausführung. Der Heizungskasten ist vom vorderen Fußraum aus zugänglich.

Das Heizgehäuse selbst, unter dem sich Wärmetauscher, Heizventilator und Luftführungen verbergen, ist mit verschiedenen Schrauben befestigt. Man schraubt wenn nötig einfach alles ab, passieren kann dabei nichts, vor Arbeiten an der Elektrik müssen allerdings die Batteriekabel abgenommen werden.
Bis Herbst 1969 bestand das Heizungsgehäuse aus drei Teilen, die aufeinandergeschraubt waren. Ab Herbst 1969 sind es mehr Teile, denn das Mittelstück ist zweiteilig, oben und unten zusammengehalten durch Federklammern, die man beim Ausbau mit dem Schraubenzieher abdrückt.

Störungsbeistand

Kühlung und Heizung

Die Störung	– ihre Ursache	– ihre Abhilfe
Warnlampe leuchtet auf bzw. Thermometer wandert ins rote Feld	1 Zuwenig Wasser, oder zuwenig Öl im Motor (bei Warnlampe)	Wasser- bzw. Ölstand nachprüfen, nach Undichtigkeit suchen, beheben
	2 Thermostat öffnet nicht	Thermostat prüfen, evtl. austauschen
	3 Keilriemen rutscht durch oder ist gerissen	Keilriemenspannung prüfen bzw. neuen Keilriemen auflegen
	4 Nur nach längerer Fahrt: Kühler stark verschmutzt, Lamellen verklebt	Kühler reinigen
	5 Ventilator schaltet nicht ein, weil Ventilatormotor, Relais oder Temperaturfühler defekt	Die Teile prüfen, reparieren, gegebenenfalls ersetzen
	6 Kühlmittel eingefroren, weil kein oder zu geringer Frostschutz	Sofort anhalten, nicht weiterfahren. Nachprüfen, ob Wasserverlust durch Risse im Kühlmantel des Motorblocks oder im Kühlsystem, oder ob Stirndeckel im Zylinderkopf herausgedrückt ist, austauschen und neu verstemmen
Bei Thermometer: Zeiger wandert ins rote Feld, kehrt aber bei Normalfahrt zurück	Hitzestau bei Kolonnenfahrt	Keine Störung, normale Erscheinung
Thermometer zeigt ständig Untertemperatur	Thermostat defekt, schließt nicht	Thermostat prüfen, evtl. ersetzen
Heizwirkung mangelhaft	1 Heizanlage schlecht entlüftet	Kühlsystem bei eingeschalteter Heizung entlüften
	2 Heizungsregulierventil festgegangen oder defekt	Heizungsventil ausbauen und reinigen oder austauschen, oder Kühlsystem reinigen
Heizwirkung setzt spät ein	Thermostat defekt, schließt nicht	Thermostat prüfen, evtl. ersetzen
Keine Temperaturanzeige (bei Warnlampe nicht nachprüfbar)	Temperaturfühler oder Anzeige-Instrument defekt, Kabel lose	Reparieren oder ersetzen
Heizwirkung nicht fein dosierbar	Regulierhebel lose oder verstellt	Hebel neu einstellen

Pipeline

Die Kraftstoffversorgung der Peugeot funktioniert so reibungslos, daß man in der Regel keinen Gedanken an sie verschwendet. Jedenfalls weniger als zur Zeit an den Saft, der in dieser Pipeline zum Motor befördert wird. Seit dieser Super-Saft, den die Peugeot-Motoren verlangen, so enorm verteuert wurde, lohnt es sich, unsere Benzinspartips zu beherzigen und die einzige Pflegearbeit an dieser Anlage, die Prüfung auf Dichtheit, die wir im Kapitel »Prüfen ohne Werkzeug« erwähnt haben, besonders zu berücksichtigen, damit möglichst wenig der teueren Tropfen ungenutzt verschwendet werden. Auf Pflegemaßnahmen am Dieselmotor sind wir am Ende dieses Kapitels eingegangen, den Störungsbeistand Diesel-Einspritzanlage finden Sie im Kapitel »Vergaser-Praxis«!

Der Tank

Er liegt unter dem Gepäckraum neben dem rechten Hinterrad. Kluge Fahrer halten den Tank möglichst immer gefüllt, wenn sie den Wagen einmal für längere Zeit abstellen. Dann kann sich im Tank kein Kondenswasser (Schwitzwasser) bilden. Wasser im Tank ist aus zweierlei Gründen schlecht: Erstens rostet der Tank, wodurch der Kraftstoff verschmutzen kann, und zweitens verträgt der Zinkspritzguß des Vergasers das Wasser schlecht. Er korrodiert und es gibt Absonderungen, die Düsen und Bohrungen verstopfen können.

Das ist übrigens auch ein Hinweis für Wenigfahrer. Sie sollten den Tank nicht immer bis zur Neige leer fahren und dann erst tanken, sondern gleich volltanken, wenn sie zehn oder zwanzig Liter verbraucht haben. Im Geldaufwand läuft es auf dasselbe hinaus, aber man beugt Verschmutzungen vor, die sich aus der Innenkorrosion eines leeren Tanks ergeben können.

Wenn man den Kraftstoffbehälter ausbauen muß, sollte man immer an die Explosionsgefahr denken. Den Wagen und den Tank durch eine blanke Leitung erden. Man schraubt zuerst die Ablaßschraube (SW 13) unten am Tank heraus

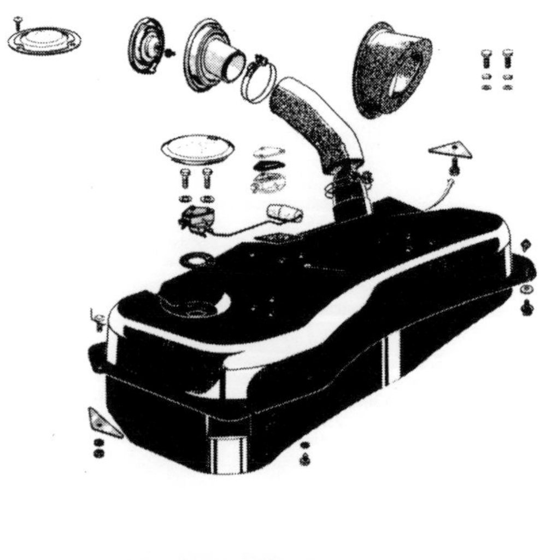

Der Tank des 204, der vom 304 weicht nur geringfügig ab. In der Öffnung vorn links, die vom Gepäckraum aus unter einer Abdeckkappe zugänglich ist, steckt der Benzinstandgeber, der in der Zeichnung etwas darüber schwebt.

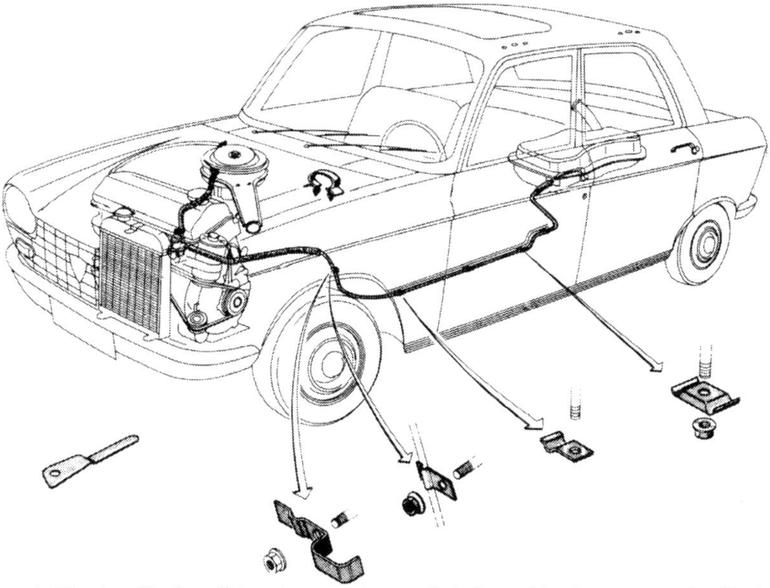

So verlaufen in den Peugeot die Kraftstoffleitungen vom Tank bis zum Motor. Wo die Leitung vorn unterbrochen ist, ist die Benzinpumpe dazwischengeschaltet. Ebenfalls sichtbar die Befestigungsteile.

und läßt den Kraftstoff in einen sauberen Behälter ablaufen; wenn der Tank vorher nahezu leer gefahren wurde, braucht der Behälter nicht so groß zu sein. Dann zieht man den Geberanschluß ab, zugänglich unter einem Deckel im Gepäckraum, den man abheben kann. Jetzt im rechten Radkasten ganz hinten den Einfüllschlauch abbürsten, reinigen und den Schlauchbinder lockern, damit man den Schlauch vom Stutzen am Tank abziehen oder abdrücken kann.
Wenn Sie nun den Schlauchbinder der Kraftstoffleitung vorn am Tank lockern, die Leitung abziehen, und die vier Befestigungsschrauben (SW 10 und 13) des Tanks herausdrehen, können Sie den Tank nach unten abnehmen. Tank nicht fallen lassen, damit keine Funken schlagen!
Verstauen Sie den Tank so, daß niemand, besonders kein Raucher, darankommen kann, oder versehen Sie den Tank mit einem Schild, auf dem z. B. »Vorsicht Explosionsgefahr« stehen kann.
Der Wiedereinbau geschieht in der umgekehrten Reihenfolge: Erst Tank festschrauben, dann Schläuche und Leitung anbauen.

Fingerzeige: *Um zu verhindern, daß der kostbare Treibstoff nach dem Volltanken aus dem Tankdeckel oder über die Entlüftungsleitung ins Freie fließt, sollte man den vollgetankten Wagen nicht gleich danach in die pralle Sonne stellen. Der Kraftstoff ist im unterirdischen Behälter der Tankstelle kühl gelagert. Er dehnt sich bei Sommertemperaturen aus und entweicht.*
Will man freundlicherweise Benzin an einen anderen Kraftfahrer abgeben, benötigt man einen dünnen Schlauch von etwa 1 bis 1,5 Meter Länge. Er wird soweit wie möglich in den Tank gesteckt. Dann verschließt man das herausschauende Ende mit dem Zeigefinger, zieht den Schlauch heraus, bis sein Ende noch unter den Kraftstoffspiegel reicht, und leitet den abfließenden Kraftstoff in ein tieferstehendes Gefäß. Man kann natürlich auch die Schraube im Tankboden herausdrehen und Benzin in ein Gefäß ablassen, aus dem man dann den Tank des Notleidenden versorgt.
Einen Reservekanister sollte jeder Autofahrer besitzen. Praktisch sind Kanister mit Auslauftülle. Kunststoffkanister müssen als zugelassen bezeichnet sein. Sie klappern nicht. Doch nicht alle sind benzinfest und gegen elektrostatische Aufladung sicher – Explosionsgefahr!

Übergelaufener Kraftstoff kann die Lackierung angreifen. Zwar reagieren Lacke sehr verschieden, aber achten Sie darauf, daß der Tankwart, wenn ihm mal der Zapfhahn ausrutscht oder er zuviel einfüllt, den Kraftstoff gleich wieder vom Lack abwäscht. Sonst gibt es Flecken im Lack.

Tank reinigen

Dazu füllt man etwas Kraftstoff in den ausgebauten Tank ein und schwenkt ihn hin und her. Der Tankinhalt wird danach durch ein feines Sieb oder ein nichtfaserndes sauberes Tuch in einen anderen Behälter gefiltert. Dieser Vorgang ist so lange zu wiederholen, bis im Sieb oder Tuch keine Schmutzreste mehr zurückbleiben.

Die Tankentlüftung

Wenn die Kraftstoffpumpe bei laufendem Motor den Kraftstoff ständig aus dem Tank saugt, würde bald oberhalb des Kraftstoffspiegels Unterdruck entstehen, der nach einiger Zeit die Saugkraft der Pumpe aufheben und den Benzinfluß hemmen würde. Deshalb braucht man eine Tankentlüftung. Diese Tankentlüftung wird über den Tankdeckel bewerkstelligt. Deshalb kann man nicht jeden x-beliebigen Tankdeckel aufsetzen der paßt, wenn der Originaldeckel abhanden gekommen ist, vielmehr muß man sich aus dem Peugeot-Ersatzteillager wieder den richtigen besorgen, wenn die Benzinversorgung nicht durcheinandergeraten soll. Zwischendurch war eine Zeitlang diese Entlüftungsbohrung zu knapp bemessen, so daß Schwierigkeiten beim Benzinnachschub auftreten konnten, besonders im Winter durch Einfrieren. Dann starb nach einiger Fahrzeit der Motor ab.

Geber für die Kraftstoffanzeige ausbauen

Dazu muß der Tank nicht ausgebaut werden, jedoch sollte man an die Explosionsgefahr denken, evtl. den Kraftstoff ganz oder teilweise ablassen.
Den Geberanschluß finden Sie, wenn Sie im Gepäckraum vorn rechts die Hartgummiabdeckung mit einem breiten Schraubenzieher abdrücken (dazu hat die Abdeckung einen Schlitz) und herausnehmen. Durch den Ausschnitt im Gepäckraumboden wird der Geber im Tank zugänglich. Batteriekabel abnehmen, Kabel am Geber abziehen und beiseitehängen. Die Geberplatte ist mit – meist verdreckten und verrosteten – Minisechskantschrauben am Tank befestigt. Geberplatte und Schrauben reinigen, für die Schrauben Rostlöser verwenden, wenn nötig, damit man sie bei Herausdrehen nicht abreißt. Dann kann man den Geber herausnehmen, möglichst vorsichtig, damit er nirgends die Tanköffnung berührt oder verbogen wird.
Die Prüfung des Gebers sollte man jedoch der Werkstatt überlassen. Eigenarbeit hat höchstens dort Sinn, wo man eine Verklemmung beseitigen kann.

Die Kraftstoffleitung

Sie wird vom Tank etwa in Wagenmitte nach vorn in den Motorraum geführt, und zwar ist sie mit den gleichen Schlauchschellen an der Wagenunterseite geführt, die auch die Bremsleitung halten. Verbindungsstück zwischen Kraftstoffleitung und Tank ist eine kurze Gummimuffe, die am Tankstutzen mit einer Schlauchschelle festgeklemmt ist. Vorn an der 3,5 Meter langen Leitung ist ebenfalls ein Schlauchstück aufgesteckt, das die Verbindung zur Kraftstoffpumpe herstellt. Vom Kraftstoffpumpenausgang führt ebenfalls ein Schlauchstück zum Vergaser, dort ebenfalls mit einer Schlauchschelle befestigt. Im Peugeot-Ersatzteillager werden die Kraftstoffleitungen in laufenden Metern vorrätig gehalten und müssen entsprechend abgeschnitten werden.

Die Kraftstoffpumpe

Dieses Aggregat, das den Kraftstoff aus dem Tank zum Vergaser und damit zum Motor fördert, sitzt an der Motorrückseite rechts (in Fahrtrichtung gesehen) und

Falls Sie die Benzinpumpe einmal zerlegen müssen (es gibt allerdings auch nicht zerlegbare Exemplare an den Peugeot) sollen Ihnen diese Zeichnungen beim Zusammenbau beistehen. Links das Fabrikat AC, rechts die Ausführung von SEV-Marchal, die es mit und ohne Handhebel gibt. Das dritte Fabrikat, Guiot, das auch in die Peugeot eingebaut wird, ist wieder etwas anders gebaut.
Der Aus- und Einbau geschieht jedoch bei allen praktisch auf die gleiche Weise. Wie bei allen Arbeiten im Motorraum zuerst die Batteriekabel abnehmen, dann die Kraftstoffleitungen von den Pumpenstutzen abziehen. Wenn die Leitungsschläuche sehr fest auf den Stutzen sitzen, kann man einen Flachschraubenzieher zur Hilfe nehmen: Mit der flachen Klingenbreitseite hilft man vorsichtig nach. Falls etwas Benzin fließt, die Schläuche mit einer Klemme oder einer kleinen Schraubzwinge abklemmen. Dann die beiden Schrauben, mit denen die Pumpe am Motorblock befestigt ist, herausdrehen und die Pumpe abnehmen.
Mit dem Zerlegen beginnt man beim Deckel: Befestigungsschraube herausdrehen, Deckel, Filtersieb und Dichtung abnehmen und auf sauberer Arbeitsplatte ablegen. Bevor man nun mit dem Schraubenzieher die Schlitzschrauben herausdreht, die das Pumpenoberteil auf dem Unterteil halten, sollte man außen einen Kratzer oder Farbstrich anbringen; damit findet man später zuverlässig den ursprünglichen Sitz für den Zusammenbau. Auch den Sitz der weiteren Innenteile einschließlich der Membrane sollte man auf diese Weise kennzeichnen. Der Membranzapfen ist im Pumpenunterteil in die Bügel des Pumpenantriebshebels eingehängt. Membrane in der Mitte gegen den Federdruck nach unten drücken, Achse des Antriebshebels seitlich aus dem Gehäuse drücken, Hebel herausziehen, Membrane herausheben. Beim Zusammenbau auf die vorher angebrachten Markierungen achten und möglichst neue Dichtungen verwenden, diese sind in den Reparatursätzen enthalten, die es im Peugeot-Ersatzteillager gibt.

ist unter dem Zündverteiler an das Steuergehäuse angeflanscht, zugänglich von oben oder vom Ausschnitt im rechten vorderen Radkasten. Der Stößelstift, der aus der Benzinpumpe ragt, läuft auf einer Nockenbahn der Verteiler/Ölpumpenwelle und wird von dieser Nockenbahn gesteuert. Gesteuert heißt hier, daß der Stoßel in bestimmtem Rhythmus hin und her bewegt wird. Im gleichen Rhythmus bewegt sich in der Pumpe die Gummimembran hin und her, wodurch mittels eines Ventilsystems im Pumpenoberteil Kraftstoff aus der Tankleitung angesaugt und in den Vergaser weitergedrückt wird.
Ist die Pumpenmembran porös oder hat einen Riß, ist die Kraftstoffzufuhr ungenügend oder sie bleibt ganz aus. Dann muß die Membran ausgewechselt werden, wozu man die Pumpe ausbauen muß. Versagen die Ventile im Pumpenoberteil ihren Dienst, muß das ganze Pumpenoberteil ausgewechselt werden, da eine Reparatur der Ventilzungen kaum möglich ist.

Fingerzeig: *Sitzt der Kraftstoffpumpendeckel nicht mehr fest, wird falsche Luft angesaugt und es gibt wegen Druckabfall Motorlauf- und Startschwierigkeiten. Schraube des Deckels (SW 8 oder Schlitzschraube) festziehen.*

Benzinpumpenfilter reinigen

Pflegearbeit Nr. 32

Gebraucht wird: Gabelschlüssel SW 8 oder Schraubenzieher, etwas Benzin oder kräftige Puste und Gefühl.
Diese Arbeit wird nur ca. alle 30 000 km fällig, denn normalerweise befindet sich nicht viel Schmutz im Kraftstoff. Das Pumpenfilter, je nach Bauart der Pumpe aus Plastik oder dünnem Drahtgeflecht, liegt direkt unter dem Benzinpumpendeckel, herausnehmbar, nachdem man die Deckelschraube entfernt und den Deckel abgehoben hat. Die Kraftstoffleitung muß dazu nicht abgenommen oder abgeklemmt werden. Merken Sie sich die Lage und Oberseite des Filtersiebs genau, bevor Sie es mit den Fingern oder einem Schraubenzieher vorsichtig herausheben. Das Filter wird in Benzin ausgewaschen oder man pustet es mit dem Atem sauber. Filter wieder einsetzen und Deckel mit Dichtung richtig aufsetzen, Schraube festdrehen.

Kraftstoffpumpe zerlegen und ausbauen

An den Peugeot werden Kraftstoffpumpen verschiedener Fabrikate (AC, SEV-Marchal und Guiot) eingebaut. Beim Austausch kann eine Pumpe anderen Fabrikats eingebaut werden, als ursprünglich im Wagen war, doch können Einzelteile von der einen auf die andere Pumpe wegen kleiner Bauartunterschiede nicht übernommen werden. Der Aus- und Einbau ist im Bildtext auf Seite 83 geschildert.

Pflegemaßnahmen beim 204 Diesel

Der 204 Diesel hat bekanntlich keinen Vergaser, sondern eine Einspritzanlage. Die Einspritzanlage fordert jedoch für die richtige Funktion einige regelmäßige Pflegemaßnahmen.

Kraftstoffilter überprüfen
Pflegearbeit Nr. 33

Bei jeder Motorölstandkontrolle, spätestens aber nach 1000 km, ist nachzusehen, ob sich Wasser am Filterboden befindet, was sich in dem durchsichtigen Behälter leicht feststellen läßt. Ist Wasser vorhanden, empfiehlt es sich, das Wasser aus dem Filter sowie aus den Kraftstoffleitungen und dem Kraftstofftank abzulassen, denn er würde bei zu großer Wasseransammlung wirkungslos.

Wasser aus Kraftstoffilter ablassen
Pflegearbeit Nr. 35

Peugeot hat diese Arbeit zu einer einfachen Angelegenheit gemacht, die alle 5000 km ausgeführt werden muß, wenn die Umstände nicht zu früherem Eingreifen zwingen, siehe vorige Pflegearbeit. Zuerst den Sechskantkopf des Nadelventils (kleinerer Sechskant) losschrauben, dann den Handhebel der Handpumpe betätigen, worauf das Wasser über die dünne Leitung abfließt. Das Nadelventil wird wieder hineingedreht, wenn das Wasser ganz ausgeflossen ist. Das Pumpen wird eingestellt, wenn sich an der Handpumpe ein Widerstand bemerkbar macht.

Filtereinsatz austauschen
Pflegearbeit Nr. 38

Die Arbeit wird normalerweise alle 20 000 km fällig, jedoch kann der Filtereinsatz früher verschmutzen, wenn minderwertiger Dieselkraftstoff verwendet wird. Dann muß man das Austauschintervall entsprechend verkürzen. Die Verschmutzung des Filtereinsatzes erkennt man an nachlassender Leistung und Geschwindigkeit des Wagens. Außerdem qualmt dann der Auspuff ziemlich stark. Das Kraftstoffilter sitzt in dem durchsichtigen Behälter, der unter der Einspritzpumpe hängt. Zum Filtertausch wird die Schraube unten im Körper herausgedreht, so daß man diesen und den Filtereinsatz abnehmen kann. Der Purflux C 112-Filtereinsatz hat die Peugeot-Ersatzteilnummer 1906-02. Vor dem Einbau die Dichtung kontrollieren und ersetzen, falls nötig, denn eine lädierte Dichtung kann zu Motorlaufschwierigkeiten führen.

Schrauben und Muttern der Einspritzanlage prüfen
Pflegearbeit Nr. 37

Eigentlich braucht diese Arbeit nur von Zeit zu Zeit vorgenommen zu werden. Wir haben sie ins 10 000 km-Intervall genommen, damit sie bestimmt nicht vergessen wird. Es gilt, die Schrauben und Muttern der ganzen Einspritz- und Förderanlage, einschließlich der Anschlüsse von Zu- und Rücklaufleitungen nachzuziehen. Denn gibt es in ihrem Verlauf Leckstellen, oder wird falsche Luft angesaugt, steigt der Kraftstoffverbrauch oder es gibt Betriebsstörungen.

Kraftstoffanlage entlüften

Wenn Luft in die Kraftstoffanlage geraten ist, etwa durch lose Leitungsanschlüsse, wenn der Wagen längere Zeit stillgelegt war, oder nach einer Reparatur, müssen die Kraftstoff- und Einspritzleitungen sowie die Einspritzpumpe selbst gründlich entlüftet werden. Dazu ist kein Spezialwerkzeug nötig.
Zuerst die Entlüftungsschraube an der Kraftstoffilter-Oberseite (unter dem Pumphebel) um einige Umdrehungen herausdrehen, dann den Hebel betätigen, bis der Kraftstoff am Entlüftungsrohr austritt und völlig blasenfrei ist. Jetzt die

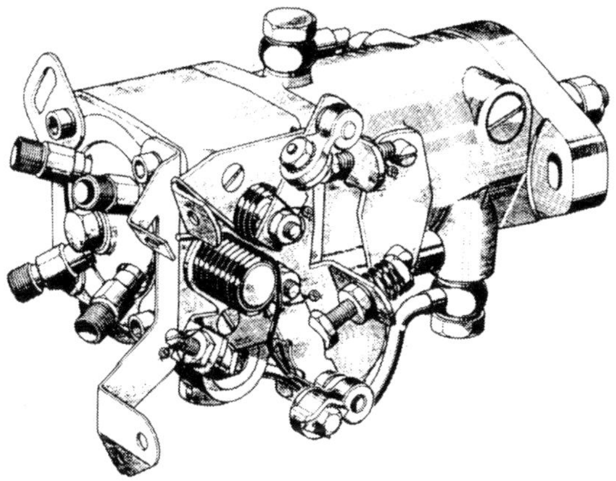

Links: Das Kraftstoffilter am Diesel, dem besondere Aufmerksamkeit gewidmet werden muß (siehe Wartungsplan), denn im unteren Glasbehälter sammelt sich Wasser an, das regelmäßig entfernt werden muß. Über dem Glas der Filtereinsatz, oben der Deckel mit Handpumpe. Rechts die Einspritzpumpe des Diesel-Motors. Die Schrauben für die Fördermengen-Einstellung sind plombiert, die Plomben dürfen auf keinen Fall erbrochen werden. Jede Einstellungsänderung von unberufener Hand kann schnell schwere Motorschäden verursachen und führt zum Verlust der Garantie. Seit Herbst 1977 (Baujahr 1978) wird übrigens ein elektronischer Kraftstoff-Fördergeber eingebaut, welcher der Werkstatt die Einstellung der Einspritzpumpe erleichtert. Eingestellt werden darf eigentlich nur der Leerlauf. Darüber mehr im Kapitel »Vergaser-Praxis«.

Entlüftungsschraube wieder anziehen. Darauf die Entlüftungsschraube am Einspritzpumpengehäuse (seitlich) mit langem Steckschlüsseleinsatz um einige Umdrehungen losschrauben, weiter pumpen, bis auch hier der Kraftstoff blasenfrei austritt, Schraube festziehen. Zum Schluß den Motor zur Probe laufen lassen.

Der Saft, der sommers aus den Diesel-Zapfhähnen strömt, ist anders als der, der winters verzapft wird. Deshalb spricht man auch von Sommer- und Winter-Diesel. Dieselöl hat nämlich die unangenehme Eigenschaft, mit abnehmender Temperatur zunehmend Paraffin (auskristallisierte Kohlenwasserstoffe) in Form kleiner, fester Nädelchen auszuscheiden, die spätestens am Kraftstoff-Filter hängenbleiben und eine Verstopfung verursachen können. Wenn der Diesel-Motor aus diesem Grund dann stehenbleibt, hilft nur noch, den Wagen abzuschleppen und in einem geheizten Raum aufzutauen.
Bei welcher Temperatur dieser Zustand eintritt, hängt von der Sorte des Diesel-Treibstoffs ab. Das Sommer-Dieselöl, das von April bis September ausgeschenkt wird, gerät schon bei Temperaturen um den Gefrierpunkt in diesen kritischen Bereich. Deshalb sollte man im Zeitraum der Kraftstoffumstellungen bei einer stark frequentierten Tankstelle tanken; so ist gewährleistet, immer den richtigen Treibstoff in den Tank zu bekommen (auch in den Reservekanister).
Wesentlich bessere Kältebeständigkeit zeichnet das Winter-Dieselöl aus, das erst bei Temperaturen unter minus 15 Grad Celsius in seinem Fließvermögen beeinträchtigt wird. Werden sehr tiefe Temperaturen vorausgesagt, tun Diesel-Fahrer dennoch gut daran, auch dem Winter-Kraftstoff rechtzeitig Zusätze beizumischen, wobei – der leichteren Beschaffenheit wegen – zu Normalbenzin gegriffen werden sollte. Bis minus 20 Grad reicht ein Anteil von 30 Prozent Normalbenzin gut aus; sinkt die Temperatur noch tiefer, sollte Petroleum als Zusatz zugemischt werden, jedoch nicht mehr als maximal 50 Prozent. Für die Benzin/Diesel-Mischung gilt das Verhältnis 30/70 als Maximum.
Zusätze zum Dieselöl, wie sie im Zubehörhandel angeboten werden, sind normalerweise nicht nötig, Vorteile für Fahrbetrieb und Kosten konnten bislang allenfalls auf dem Nutzfahrzeugsektor herausgerechnet werden. Die Zusätze, zum Beispiel Autol Desolite D-W, können jedoch manchmal bei erschwerten Betriebsbedingungen wie täglicher Kurzstreckenbetrieb oder in den Übergangsmonaten das Fahrer-Leben erleichtern.

Mixgerät

Aus viel Luft und etwas Kraftstoff mischt der Vergaser einen gasförmigen Nebel, der brennbar ist. Je nach Belastung, Drehzahl und Betriebstemperatur des Motors muß dieses Gemisch nach Menge und Zusammensetzung verschieden sein. Auch diese Regelung übernimmt der Vergaser. Und die seit Oktober 1971 geltenden Abgasbestimmungen tragen ebenfalls nicht dazu bei, die Einstellung des Vergasers zu vereinfachen, so daß man schon etwas Theorie zu sich nehmen muß, bevor man an den Vergasereinstellschrauben dreht.

In die Peugeot-Modelle 204 und 304 sind von Beginn an Fallstromvergaser der Solex-Baureihe PBISA eingebaut, so daß wir uns auf deren Beschreibung beschränken können. Davon profitiert auch der Besitzer eines 304 S-Coupés oder Cabrios, wo der aufwendiger konstruierte Solex-Doppelvergaser 35/35 EEISA eingebaut ist.

Die PBISA-Vergaser wurden allerdings im Lauf der Baujahre verschiedentlich geändert; das geht aus den Typbezeichnungen hervor, siehe technische Daten, sie blieben aber im Prinzip gleich.

In der Typbezeichnung findet man zunächst den Namen des Herstellers: Solex. Die darauffolgende Zahl bedeutet einer internationalen Gepflogenheit entsprechend die Weite des Saugrohres, auf dem der Vergaser angeflanscht ist, in Millimeter (also Saugrohr-Durchmesser). Die dann folgenden Buchstaben bezeichnen firmenintern die einzelnen Vergaser-Typen. Die Zahl dahinter, z. B. 3 oder 4, besagt, daß der Vergaser drei oder vier Mal abgeändert wurde, zum Teil aber nur minimal.

Weitere wichtige Vergaserbegriffe:

Lufttrichter: Er sitzt im Saugkanal des Vergasers und beeinflußt durch seine genau festgelegte Einschnürung im Zusammenhang mit der Motordrehzahl die Luftgeschwindigkeit und gleichzeitige Luftmenge, die zur Bildung des Gasgemischs notwendig wird.

Hauptdüse: Sie regelt mit genau bemessener Bohrung den Kraftstoffzufluß aus dem Schwimmergehäuse vor der Gemischbildung. Eingeschlagene Nummern geben die Düsengröße an.

Leerlaufdüse: Sie liefert dem Leerlaufsystem eine stets gleichbleibende Kraftstoffmenge zur Aufbereitung des Leerlaufgemisches.

Luftkorrekturdüse: Der von der Hauptdüse einströmende Kraftstoff wird hier mit einer bestimmten Menge Luft vorgemischt.

Mischrohr: Es vermischt Luft und Kraftstoff und führt dieses Gemisch in das Austrittsrohr im Saugkanal.

Beschleunigungspumpe: Für höhere Beschleunigung wird der Anteil des Kraftstoffs am Gemisch erhöht. Das geschieht mit einer kleinen Membranpumpe am Vergaser beim Durchtreten des Gaspedals. Ohne die Pumpe würde beim plötzlichen Gasgeben das trägere Benzin nicht schnell genug abgesaugt und der Luftanteil würde sich ungünstig erhöhen.

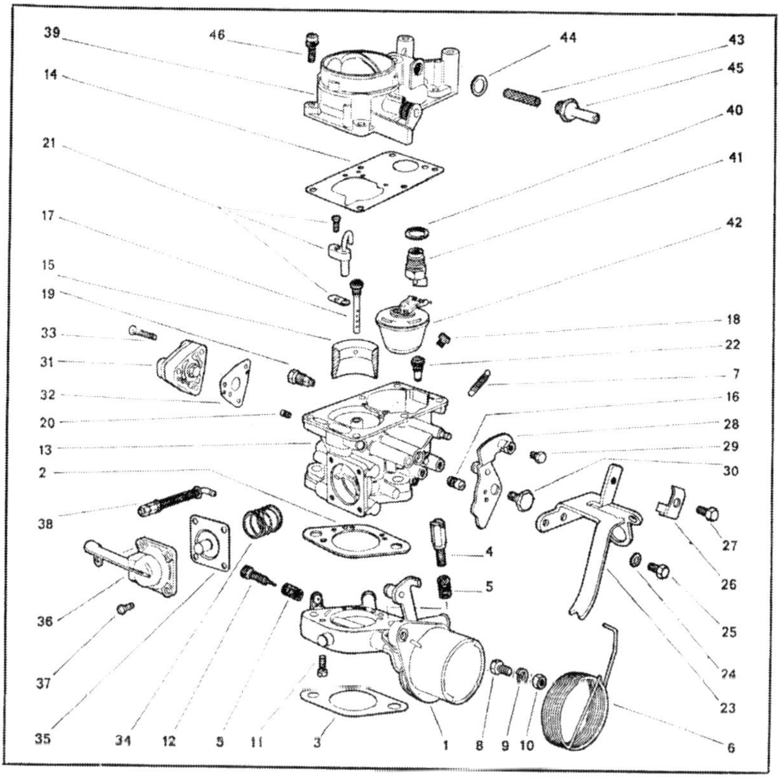

Hier der 304-Vergaser 34 PBISA 4. Die wichtigsten Teile: 39 = Vergaserdeckel mit Filtersieb (43) und Stutzen (45), 14 = Dichtung, 21 = Einspritzrohr, 17 = Mischrohr, 42 = Schwimmer, 15 = Lufttrichter, 19 = Leerlaufdüse, 13 = Vergaserunterteil mit Schwimmerkammer, 11 = Drosselklappenteil, 12 = Leerlaufgemischregulierschraube, 36 = Einspritzpumpe.

Vergaser Solex PBISA

Die Peugeot 204 waren bis Juni 1969 mit den Vergasern 32 PBISA ausgerüstet, ab Juli 1969 wie die 304 mit den Vergasern 34 PBISA 3 und 4. Alle PBISA-Vergaser haben handbetätigte Starteinrichtung (Choke), dazu Vergaservorwärmung über Schlauchanschlüsse von der Kühlanlage zur Erleichterung des Kaltstarts und Vermeidung von Vergaservereisung.

Der Vergaser besteht aus drei Grundteilen:

- Dem Vergaserunterteil (durch eine Abzweigung des Kühlwassers vorgewärmt), das direkt mit dem Ansaugkrümmer verschraubt ist.
- Dem Schwimmergehäuse, das neben verschiedenen Einstellelementen den Schwimmer, Beschleunigungspumpe, Mischrohr und Lufttrichter trägt.
- Dem Schwimmergehäusedeckel, auf dem der Kraftstoffeintritt von der Benzinpumpe mündet, und der das Schwimmernadelventil, die Starterklappe und den Ausgang des Einspritzrohrs aufweist.

Der Kraftstoffzufluß

Wie im vorigen Kapitel geschildert, wird der Kraftstoff von der Benzinpumpe zum Vergaseroberteil gepumpt. Von dort nimmt er über ein Filtersieb seinen Weg zum Schwimmergehäuse. Aber er kann nicht ungehindert in jeder Menge dorthin fließen. Der Zufluß wird durch einen Schwimmer und ein Schwimmernadelventil reguliert. Der Schwimmer ist über Bügel und Achse an der Schwimmergehäusewand beweglich gelagert. Auf diesem Bügel ruht das untere Ende der Nadel des Schwimmernadelventils. Mit dem Kraftstoffstand im Schwimmergehäuse steigt der Schwimmer und drückt die Schwimmernadel je nach Kraftstoffstand hinauf in den Zuflußkanal, den das spitze Ende der Schwimmernadel dann ganz oder teilweise verschließt.

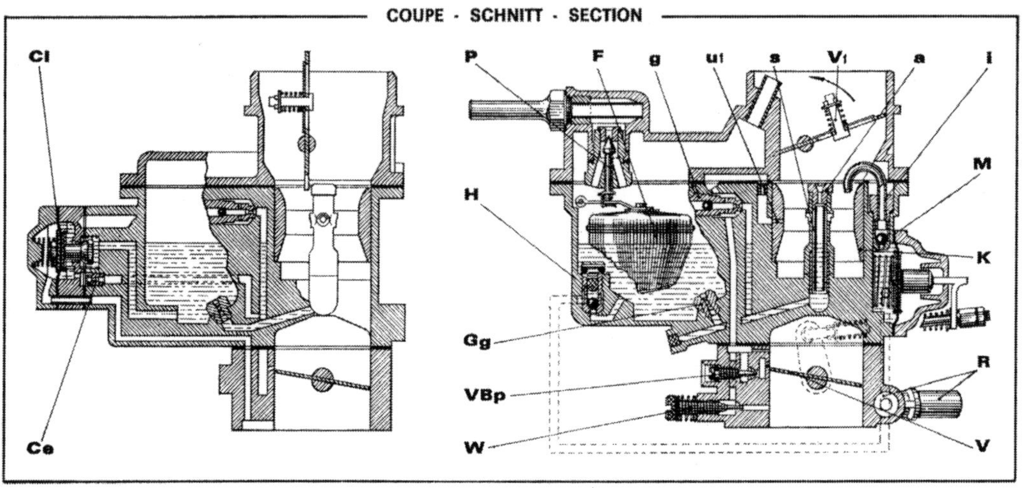

Der Vergaser 34 PBISA 4 im Schnitt, an dem man den Verlauf der in natura unsichtbaren Kraftstoffkanäle im Vergaser sehen kann. Die Buchstaben bedeuten: a = Luftkorrekturdüse, Ce = Anreicherungsdüse, Cl = Luftventil, F = Schwimmer, g = Leerlaufdüse, Gg = Hauptdüse, H = Kugelventil, M = Pumpenmembrane, i = Einspritzrohr, K = Lufttrichter, P = Schwimmernadelventil, R = Anschlußstück für das Wassersystem, s = Mischrohr, u¹ = Leerlaufluftbohrung, V = Drosselklappe, V1 = Starterklappe, VBp = By-pass-Regulierschraube, W = Leerlaufgemischregulierschraube.

Bei ausreichendem Kraftstoffstand sperrt so das Schwimmernadelventil den Zufluß ab, so daß es im Vergaser nie ein Überlaufen geben kann, wenn diese Teile in Ordnung sind. Die Zuflußregulierung funktioniert praktisch nach dem gleichen Prinzip wie im Wasserkasten eines Spül-WC.

Der große runde Schacht neben dem Schwimmergehäuse ist der Luftansaugkanal. Durch diesen wird Luft angesaugt – oben drauf sitzt das Luftfilter, das den Staub fernhält und die Geräusche dämpft – und mit Benzin vermischt (Fallstrom-Prinzip). Etwa in halber Höhe verengt sich der Schacht, das ist der sogenannte Lufttrichter. In ihm strömt die Luft schneller und reißt durch Unterdruckwirkung Kraftstoff mit. Ganz unten im Schacht sitzt, auf einer Querachse beweglich, die Drosselklappe, die Sie mit der Bewegung des Gaspedals öffnen und schließen. Der Doppelvergaser des 304 S hat zwei solcher Lufttrichter, ebenso ist natürlich auch die Drosselklappe doppelt vorhanden.

Der Start

Sie ziehen den Choke-Seilzug am Armaturenbrett und bewirken damit, daß sich die Starterklappe im Vergaseroberteil schließt (Sie können sie oben im Ansaugtrichter sehen, wenn Sie das Luftfilter abgenommen haben), gleichzeitig wird über ein Gestänge die Drosselklappe im Vergaserunterteil in ganz geöffneter Stellung arretiert. Damit haben Sie die Voraussetzungen für den Kaltstart geschaffen.

Wenn Sie nun den Zündschlüssel drehen und den Motor zu den ersten Umdrehungen veranlassen, entsteht durch die ansaugenden Kolben im Motor ein Unterdruck im Vergaser. Dieser Unterdruck wirkt wegen der ganz geöffneten Drosselklappe bis hinauf unter die (geschlossene) Starterklappe; die Sogwirkung reicht aus, um aus dem Hauptdüsensystem und dem Leerlaufsystem eine genau bemessene Kraftstoff/Luft-Emulsion abzusaugen. Das ist das kraftstoffreiche, aber luftarme »fette« Startgemisch. Schon nach den ersten Zündungstakten des Motors wird aber mehr Luft im Gemisch benötigt. Diese Zusatzluft wird besorgt, indem der jetzt stärkere Motorsog die federbelastete Starterklappe leicht öffnet.

Soweit die – sozusagen automatische – Startgemischaufbereitung. Nun müssen Sie selbst nachhelfen. Je nach Außentemperatur und Motorerwärmung müssen Sie den Choke in mehr oder weniger Stufen hineinschieben, jeweils soweit, daß der Motor satt und nicht blubbernd läuft. Sie tun damit nichts anderes, als die Starterklappe Zug um Zug mehr öffnen, so daß das Kraft-

stoff/Luft-Gemisch mehr und mehr mit Luft angereichert wird. Denn mit zunehmender Erwärmung kommt der Motor mit einem immer »magereren«, also kraftstoffärmeren Gemisch aus. Über das vorher erwähnte Gestänge wird natürlich durch die Chokestellung die Drosselklappenstellung beeinflußt.
Wenn der Motor nun warm genug und der Choke ganz hineingeschoben ist, steht die Starterklappe in ganz geöffneter und die Drosselklappe in normaler Leerlaufstellung. Damit ist die Starteinrichtung außer Betrieb. Das ist natürlich Theorie. In Wirklichkeit sind Sie schon losgefahren und haben auch das Gaspedal betätigt. In der Fahrpraxis geht also der Startvorgang nahtlos in die anderen Vergaser-Funktionszustände über.

Der Leerlauf

In Leerlaufstellung ist die Drosselklappe ganz geschlossen. Das ist dann der Fall, wenn Sie das Gaspedal nicht berühren. Aus dem Mischrohr wird kein Kraftstoff mehr abgesaugt, weil ja durch die geschlossene Drosselklappe kein Unterdruck mehr im Saugkanal herrscht. Der Motor würde wegen Kraftstoffmangel absterben, wenn der Vergaser kein Leerlaufsystem hätte. Da oberhalb der Drosselklappe keine Sogwirkung ausgeübt wird, muß die Leerlaufversorgung logischerweise unterhalb der Drosselklappe geschehen. Unter der Drosselklappe mündet denn auch die Auslauföffnung für das Leerlaufgemisch.
Der Kraftstoff fließt über die Hauptdüse durch einen Kanal zur Leerlaufdüse. Diese bezieht über eine kalibrierte Öffnung außerdem Luft. Die Luft und der Kraftstoff vermischen sich und das Leerlaufgemisch wird durch den Unterdruck unter der Drosselklappe abgesaugt. Kurz vor der Austrittsöffnung ragt in den Leerlaufgemischkanal mit ihrem spitzen Ende die Leerlaufgemisch-Regulierschraube. Je mehr man die Schraube hineindreht, um so enger wird die Durchflußöffnung und um so weniger Leerlaufgemisch bekommt der Motor. Mehr über die Einstellung im nächsten Kapitel »Vergaserpraxis«.

Normalbetrieb

Tritt der Fahrer auf das Gaspedal, so öffnet sich die Drosselklappe entsprechend der Gaspedalstellung und dementsprechend wird im Lufttrichter der Unterdruck der ansaugenden Kolben wirksam. Der im Normalbetrieb erforderliche Kraftstoff wird von der Hauptdüse geliefert, welche im Unterteil des Schwimmergehäuses schräg eingeschraubt ist. Die Hauptluft kommt vom Lufttrichter. Die Mischung von Kraftstoff und Luft wird automatisch durch den Eintritt von Luft ins Mischrohr erreicht.

Beschleunigung

Selbstverständlich reicht das Versorgungssystem für den Normalbetrieb nicht für alle Betriebsverhältnisse aus. Wenn zum Beispiel der Motor kurzfristig mehr Kraftstoff braucht, wird das Beschleunigungssystem des Vergasers wirksam. Die Beschleunigungspumpe liegt in einem Pumpengehäuse, das an das Schwimmergehäue angegossen ist. In Leerlaufstellung und bei geschlossener Drosselklappe wird die Membrane unter der Wirkung einer Feder nach außen geschoben. Dadurch wird der Pumpenraum gefüllt.
Wenn Sie nun das Gaspedal treten, wird die Drosselklappe geöffnet, gleichzeitig aber auch die Pumpenmembrane verschoben, da sie durch ein Gestänge mit der Drosselklappe verbunden ist. Die Membrane spritzt durch die Verschiebung den angesammelten Kraftstoff durch ein Kugelventil und eine kalibrierte Düse in den Lufttrichter, wobei die Geschwindigkeit der Einspritzung durch die Kalibrierung der Düse geregelt wird. Das allerdings birgt wiederum die Gefahr in sich, daß Sie durch einen unruhigen Gasfuß für einen hohen Kraftstoffverbrauch verantwortlich sind, denn bei jeder Gaspedalbewegung wird praktisch bis zu einem Fingerhut voll Kraftstoff eingespritzt.

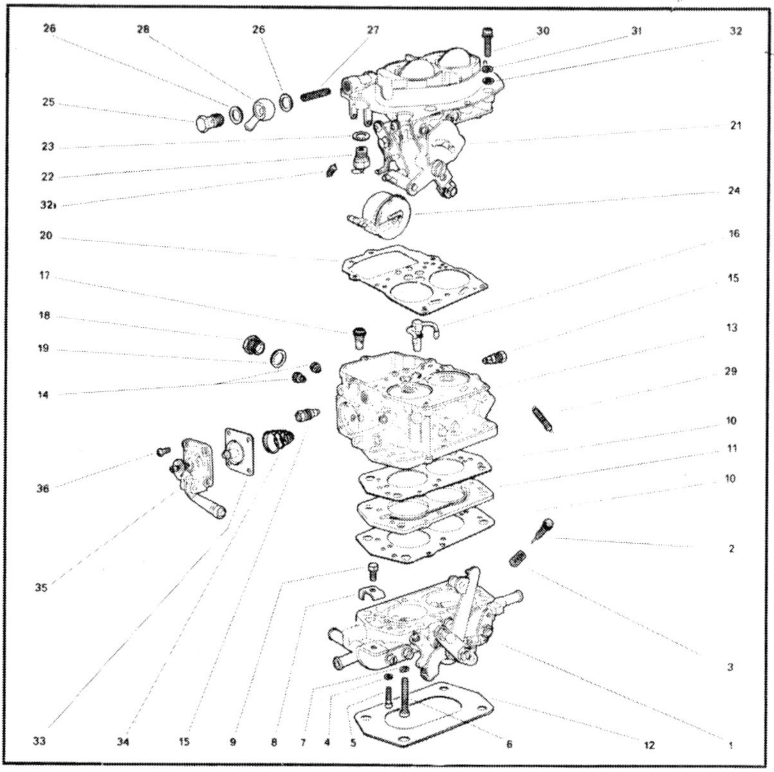

Die Einzelteile des Solex-Doppelvergasers 35 EEISA, wie er im 75 PS-Motor des 304 S eingebaut ist. Die wichtigsten Teile: 21 = Vergaserdeckel mit zwei Lufttrichtern und Starterklappen, 27 = Filtersieb mit Anschlußstutzen (28), 24 = Schwimmer, 20 = Dichtung, 15 = Leerlaufdüse, 1 = Drosselklappenteil mit zwei Drosselklappen, 2 = Leerlaufgemisch-Regulierschraube.

Unbeherrschte Gaspedalbewegungen zahlen sich demnach nie aus. Die Automatik kann ja zwischen Gut und Böse nicht unterscheiden. Das können nur Sie selbst!

Vollastbetrieb

Das ist die letzte Stufe der Kraftstoffanreicherung, wenn Sie dem Peugeot das Letzte abverlangen. Dann kommt ein weiteres System im Vergaser zur Wirkung. Es hat keine beweglichen Teile. Vielmehr ist es ein Einspritzrohr, welches unmittelbar vom Schwimmergehäuse her mit Kraftstoff versorgt wird und in den Ansaugkanal oberhalb des Lufttrichters mündet. Das Röhrchen liefert zusätzlichen Kraftstoff, wenn der Unterdruck vom Motor so groß ist, um aus dem Einspritzrohr Kraftstoff abzusaugen.

Das Einspritzrohr ist die Möglichkeit, auch bei hohen Drehzahlen ein normales Mischungsverhältnis beizubehalten, und dabei dem Motor unter Vollast und auch bei niedriger Drehzahl eine ausreichend fette Mischung zuzuführen. Sein Einsatz drückt sich in einer Kraftstoffeinsparung, in erster Linie im Stadtverkehr beim Beschleunigen aus, wenn man die Höchstleistung des Motors bei niedrigen Drehzahlen ausnutzt.

Doppelvergaser Solex 35 EEISA und 32/35 TCICA

Eine ganz andere Sorte Vergaser sorgt im 75 PS-Motor des 304 für die Zubereitung der Kraftstoff/Luft-Mischung. Die größere Leistung des 75 PS-Motors erforderte auch eine kompliziertere Stufungsmöglichkeit der Gemischzufuhr und eine bessere Füllung der Brennräume – eben für die höhere Leistungsausbeute. Die Funktion des Doppelvergasers ist im Prinzip die gleiche wie beim einfachen Vergaser, auch wenn der Kraftstoff etwas andere Wege

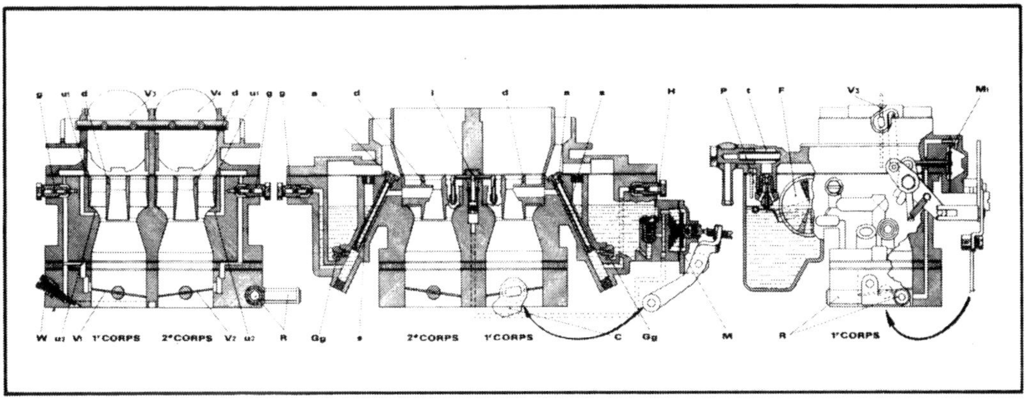

Der Doppelvergaser 35 EEISA im Schnitt. Die Buchstaben bedeuten: a = Luftkorrekturdüsen, C = Pumpennocken, d = Vorzerstäuber, F = Schwimmer, g = Leerlaufdüsen, Gg = Hauptdüsen, H = Kugelventil, i = Einspritzrohre, M/M1 = Membranen, P = Schwimmernadelventil, R = Anschlußstück für das Wassersystem, s = Mischrohre, t = Brennstofffilter, u¹/u² = Leerlaufluftbohrungen, V1/V2 = Drosselklappen, V3/V4 = Starterklappen, W = Leerlautgemisch-Regulierschraube.

nimmt, zum Teil bedingt dadurch, daß zwei Lufttrichter gleichzeitig versorgt werden müssen. Zum Verständnis reicht es deshalb aus, die Funktion des Einfachvergasers zu kennen, die unsere Zeichnungen vom Doppelvergaser ergänzen.

Jedes der beiden Systeme des Doppelvergasers enthält übrigens je einen kompletten Düsensatz, die Aufzählung der Vergaserbestückung finden Sie im Kapitel »Technische Daten«. Die geforderte sorgfältige Grundeinstellung verlangt indessen Spezialwerkzeug und Erfahrung, so daß man dies unbedingt der Werkstatt überlassen sollte.

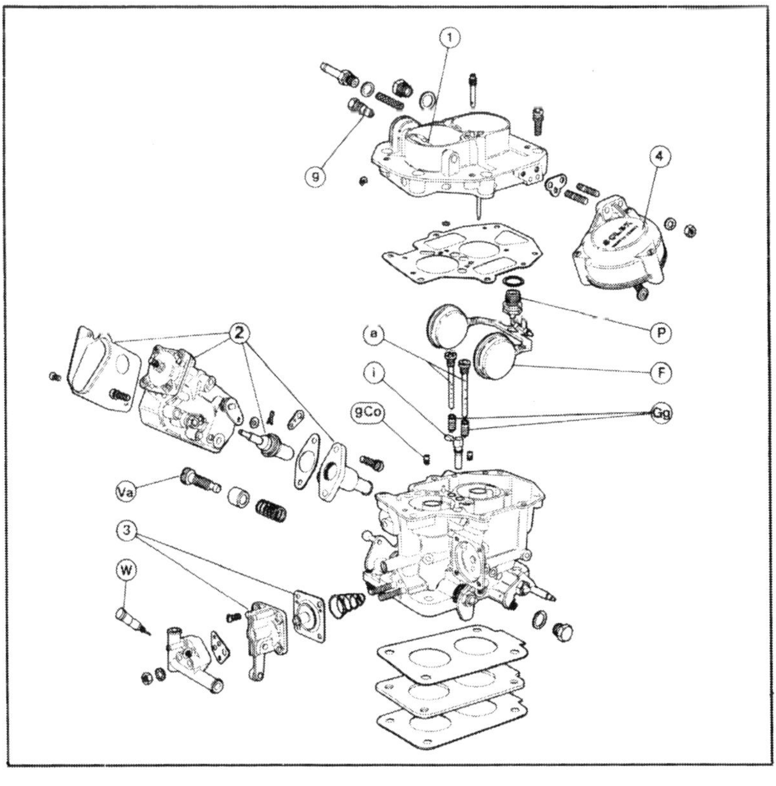

Wenn Sie diese Zeichnung des Solex-Doppelvergasers 32/35 TCICA mit der des Solex 35 EEISA auf Seite 90 vergleichen, fallen Ihnen die Unterschiede schnell ins Auge. Der TCICA hat unter anderem eine Startautomatik und zwei Schwimmer. Die Buchstaben und Zahlen bedeuten: g = Leerlaufdüse, a = Luftkorrekturdüsen 1. und 2. Stufe, Hauptdüsen 1. und 2. Stufe, i = Einspritzrohr, VA = Luftschraube, W = Gemischregulierschraube, F = Schwimmer, P = Nadelventil, GCo = Düse für konstanten CO-Gehalt, 1 = Starterklappe, 2 = Gehäuse und Teile der Startautomatik mit Wachsdehnstoffelement, 3 = Beschleunigerpumpe, 4 = Betätigungslunge für 2. Stufe.

Der richtige Dreh in der Gasfabrik

Das vorangegangene Kapitel hat Ihnen hoffentlich so viel Selbstvertrauen gegeben, daß Sie es wagen, dem Vergaser etwas näherzutreten. Nehmen Sie in einer müßigen Stunde das Luftfilter ab und schauen den Vergaser mal genauer an. Im Motorraum sieht man den Vergaser besser als auf jedem Foto. Gleich mal ein Ermutigungshandgriff: Sehen Sie sich den Drosselklappenhebel an. Es ist der Hebel, der sich bewegt, wenn Sie das Gaspedal treten. Wenn Sie noch unsicher sind, bitten Sie jemanden, im Wagen auf das Gaspedal zu treten. Sehen Sie sich dabei an, was sich am Vergaser bewegt. Das gleiche tun Sie nun mit der Hand bei laufendem Motor. Der Motor nimmt Gas an und dreht schneller – Sie haben mit der Hand Gas gegeben. Eine Rückzugfeder holt die Drosselklappen wieder in geschlossene Stellung zurück, wenn Sie den Drosselklappenhebel loslassen. Bei Störungen kann man auf diese Weise den Motorlauf prüfen. Aber den Motor im Stand weder mit der Hand noch mit dem Fuß am Pedal zu stark hochjagen.

Der Einfachheit halber – und weil es gewissermaßen zum Vergaser gehört – behandeln wir in diesem Kapitel auch den Luftfilter und seine Pflege. Die Prüfung der Kraftstoffanlage auf Dichtheit und die Probleme des Kraftstoffverbrauchs haben wir im Kapitel »Prüfen ohne Werkzeug« behandelt, die Pflegearbeiten an der Einspritzanlage des 204 Diesel im Kapitel »Vom Tank zur Kraftstoffpumpe«, eine Anleitung zur Fehlersuche an Diesel-Einspritzanlagen finden Sie am Ende dieses Kapitels.

Richtiges Starten

Das Startgemisch muß kraftstoffreich sein, weil bei kaltem Motor nicht soviel Kraftstoff vergast und deswegen beim Start »fetteres« Gemisch verlangt wird als bei warmem Motor. Deshalb muß der Fahrer zum Starten den Starterzug, auch Choke genannt, ziehen. Es ist jedoch falsch, gleichzeitig mit dem Ziehen der Starthilfe auch mit dem Gaspedal zu »pumpen«, besonders auch beim 304 S-Motor. Dadurch öffnet man nämlich die Drosselklappe und die richtige Dosierung des Gemischs wird gestört.

Bald nach dem Anspringen kann man den Starterzug etwa bis zur Hälfte hineinschieben, aber man spart darüberhinaus noch Benzin, wenn man danach die Starthilfe in mehreren Schüben immer weiter hineinschiebt, immer gerade soweit, daß der Motor eben noch »rund« läuft.

Wie lange die Starthilfe gezogen bleiben muß, hängt ganz von der Außentemperatur und der Betriebswärme des Motors ab. Bei den besonders sparsam eingestellten Peugeot-Motoren dauert es noch länger als von anderen Automarken gewohnt. Außerdem erfordert die Dosierung der Starthilfe eine gewisse Übung. Im winterlichen Kurzstreckenbetrieb wird man die Starthilfe länger brauchen als wenn man nach dem Kaltstart auf die Autobahn geht.

Beim Starten mit warmem Motor kann – entgegen üblichen Gepflogenheiten – ebenfalls der Starterzug gezogen werden. Aber der Motor reagiert empfindlicher auf die Starterzugstellung. Man braucht den Zug nicht immer ganz zu ziehen. Und wenn der Motor angesprungen ist, gleich den Zug wieder hineindrücken. Wenn der heiße Motor durch gezogenen Starterzug beim Start »ersoffen« ist: Choke ganz hineinschieben, Gaspedal ganz durchtreten und Anlasser einige Male betätigen. Durch die ganz geöffnete Drosselklappe wird wegen geringen Unterdrucks wenig Kraftstoff angesaugt, dafür aber Luft, welche die Zylinder reinigend durchbläst.

Das Durchtreten des Gaspedals ist wichtig, wenn man einen warm- oder heißgefahrenen Motor wieder anlassen will. Aber nicht mit dem Gaspedal beim Anlaßvorgang pumpen. Sonst ertränkt man den Motor und die nassen Zündkerzen liefern nicht mehr den zündenden Funken. Wenn der Motor auch nach beharrlichem Durchtreten des Gaspedals nicht mehr startet, muß man wohl oder übel die Kerzen herausschrauben und trocknen.

Anlaßschwierigkeiten sind nämlich häufiger auf zu fettes Gemisch (gezogene Starthilfe bei warmem Motor) als auf Kraftstoffmangel zurückzuführen. Aber die Peugeot brauchen meistens auch bei hohen Außentemperaturen die Starthilfe, wenigstens zum Anspringen. Jedoch: Sparsamer Gebrauch des Choke hilft Benzin sparen und Ölverdünnung durch unverbrannten Kraftstoff vermeiden.

Richtiges Starten beim Diesel

Der kleine Peugeot-Diesel, seit August 1976 nur noch im 304 zu haben, bekam im August 1977 eine neue Bosch-Einspritzpumpe und Vorglüh-Automatik, die den Start des Motors wesentlich erleichtert: Zündschlüssel auf Glühzündung drehen, warten bis das gelbe Kontrollicht erlischt und dann starten. Der Kraftstoffzufluß wird über ein elektromagnetisches Ventil gesteuert. Und darüber, daß hier alles – auch die Öltemperatur – in Ordnung ist, wacht das Kontrolllämpchen ebenfalls. Wenn etwas nicht stimmt, leuchtet es sofort auf. Übrigens gibt es auch noch ein Kontrolle dieser Kontrolle: Rechts von der Armatureneinheit sitzt eine Drucktaste; drückt man sie und die dazugehörige Kontrolllampe leuchtet rot, ist die Kontrolle in Ordnung.

Der alte Diesel-Startvorgang war erheblich umständlicher: Rändelknopf rechts vom Lenkrad, der für beschleunigten Leerlauf sorgt, ziehen, dabei das Gaspedal etwas betätigen, Zündschlüssel bis Stellung M drehen, worauf der hochgebogene Hebel des Stopschalters in Leerlaufstellung zurückkehrt und die rote Öldruck-Kontrollampe aufleuchten muß. Dann den Knopf in der linken Armaturenbrettecke eine Raste herausziehen und festhalten, bis die danebenliegende Glühspirale rot wird, was nach etwa 40 bis 70 Sekunden der Fall sein sollte (je nach Außentemperatur), danach den Knopf ganz herausziehen, um den Anlasser zu betätigen. Sobald der Motor angesprungen ist, den Knopf loslassen, worauf auch die Glühspirale verlöschen muß. Vor dem Anfahren den Motor etwas warmlaufen lassen, während der ersten Fahrminuten den gerändelten Leerlaufknopf langsam hineinschieben. Den Anlasser möglichst nie länger als 10 bis 15 Sekunden betätigen.

Bei warmem Motor muß meistens nicht vorgeglüht werden.

Zum Abstellen drückt man bei älteren Dieseln den Stopschalter ganz hinein, womit die Einspritzung unterbrochen wird, der Kontaktschlüssel automatisch ausschaltet und der Stopzug blockiert wird. Bei der Automatik ab August 1977 wird nur der Zündschlüssel in seine Ausgangsstellung zurückgedreht.

Richtiges Abstellen

Es gibt Fahrer, die noch einmal kurz und kräftig Gas geben, bevor sie die Zündung abstellen. Sie meinen, das wäre besser für das spätere Wiederstarten. Es steht jedoch immer nur ein Zylinder auf Verdichtung, außerdem ist diese Methode schädlich. Das auf solche Art noch im letzten Moment von

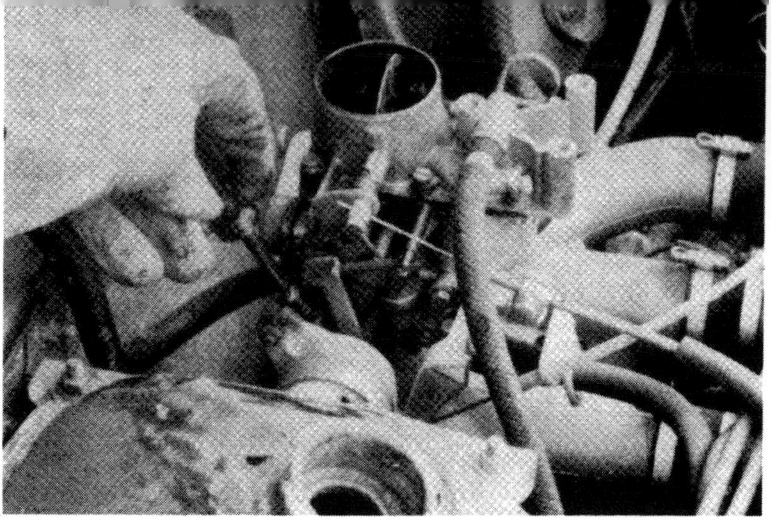

Der kurze Vergaserschraubenzieher ist hier an der Leerlaufeinstellschraube des 204-Vergasers angesetzt.

den Zylinder eingeatmete Kraftstoff/Luft-Gemisch verbrennt nicht mehr, denn die Zündung war ja ausgeschaltet worden. Der Benzinnebel verdünnt nun den Ölfilm an den Zylinderwänden. Beim nächsten Kaltstart würde eine gute Ölschicht sehr nützlich für die Anfangsschmierung und deshalb verschleißmindernd sein.
Ferner: Benzin kann in die Kurbelwanne sickern und dort das Öl verdünnen. Und: Bei vorwiegendem Kurzstreckenbetrieb, wobei der Motor oft nicht genügend warm wird, bilden sich leichter saure Verbrennungsrückstände (schweflige Säuren). Diese greifen dann die ungeschützten Zylinderwände leichter an. Das ist Verschleiß über Nacht – Abnutzung im Stillen.

Leerlauf prüfen und einstellen

Pflegearbeit Nr. 21

Selbst wenn der Leerlauf richtig eingestellt wurde, wird mit der Zeit eine Nachregulierung notwendig. Deshalb hat Peugeot diese Maßnahme alle 15 000 km auf den Wartungsplan gesetzt. Die Gaspedal-Rückholfeder kann etwas erlahmen. Auch die Luftbeschaffenheit, auf die der Vergaser anspricht (Außentemperatur, Luftfeuchtigkeit), ist zu jeder Jahreszeit verschieden. Durch spezielle Wintereinstellung (etwas fetter) kann man eventuell die Startfreudigkeit erhöhen. Die nachfolgenden Regulierungstips gelten jedoch nur für die Einfachvergaser PBISA, der Doppelvergaser des 304 S muß unbedingt von der Werkstatt eingestellt werden, weil dazu Synchrotestgerät und Motortester gebraucht werden.
Der Leerlauf ist nicht nur für den Standlauf, sondern wegen seines Einflusses auf den Verbrauch bis zu mittleren Drehzahlen von Bedeutung. Stimmt der Leerlauf nicht, so kann sich daraus ein Mehrverbrauch von 0,5 bis 1 Liter je 100 km ergeben. Zu hoher Leerlauf ist auch deswegen von Nachteil: Wenn Sie während des Fahrens Gas wegnehmen, bremst der Motor nicht so stark, da er noch zuviel Kraftstoff zur Verbrennung erhält. Der Unterschied zu richtig eingestelltem Leerlauf ist beträchtlich.

Was und wie reguliert wird

Erforderlich sind ein Schraubenzieher und ein scharfes Gehör, wenn man keinen Drehzahlmesser hat.
Die Leerlaufeinstellung ist auch für Laien kein Problem. Allerdings müssen wir anmerken, daß hundertprozentige Feinabstimmung in Zusammenwirken mit der Zündung nur mit einem elektronischen Testgerät möglich ist. Und die geforderten Abgaswerte erreicht man auch nur mit diesem Gerät oder einem Drehzahlmesser zusammen mit einem Abgas-Meßgerät. Deshalb sollte die Werk-

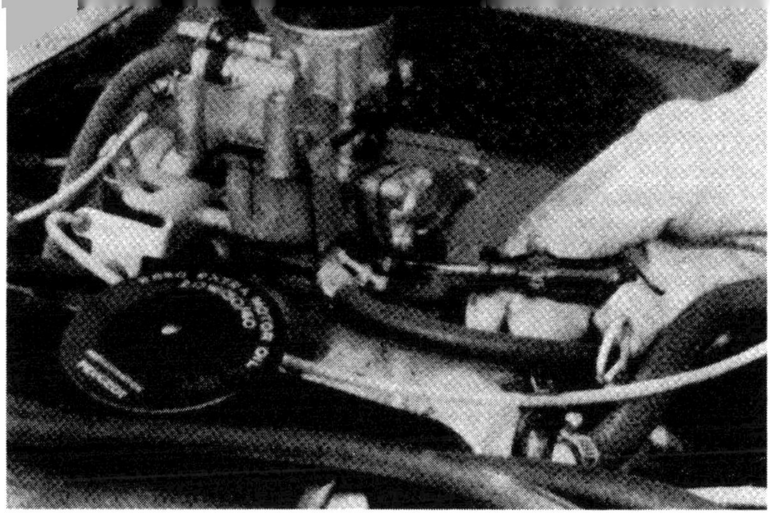

Hier ist der Schraubenzieher an der Leerlaufgemischregulierschraube angesetzt. Zur Leerlaufeinstellung siehe Hinweise im Text.

statteinstellung nicht ohne Not verändert werden, auch wenn Peugeot die Einstellschrauben nicht plombiert hat. Die Eigeneinstellung soll also möglichst nur im Notfall weiterhelfen.

Bei der Leerlaufeinstellung wird die Drehzahl des Motors im Leerlauf reguliert und die Menge der Kraftstoff-Zuteilung beim Leerlauf (abmagern bzw. fetter einstellen).

■ Die Drehzahl des Motors wird durch Verstellen der Leerlauf-Anschlagschraube dosiert, geringfügiges Öffnen und Schließen der Drosselklappe.

■ Die Gemischmenge wird durch Hineln- oder Herausdrehen der Leerlaufgemisch-Regulierschraube dosiert. (Die Schraube darf nicht ganz hineingedreht werden, zumindest nicht mit Gewalt, weil sonst ihre Spitze oder die Kanalöffnung im Vergaser beschädigt wird).

Bevor man an die Arbeit geht: Der Motor muß betriebswarm sein. Deshalb vorher warmfahren oder nach einer Fahrt einstellen. Denn vom Standlauf wird der Motor nicht so warm wie nötig. Der Motor muß ohne Starthilfe im Leerlauf drehen. Das Luftfilter soll man nicht abnehmen, auch wenn die Zugänglichkeit unter dem breiten Luftfilter nicht die beste ist, weil sonst unter anderen Bedingungen eingestellt wird, als sie der Motor nach Anbau des Luftfilters hat.

Weiterhin muß die Zündanlage einwandfrei eingestellt und das Erregerkabel der Drehstrom-Lichtmaschine abgeklemmt sein. Falls es bei der Einstellung Schwierigkeiten gibt, nachprüfen, ob keine falsche Luft durch die Vergaserdichtungen und -flansche eintritt.

Wir schildern die Leerlaufeinstellung zweimal, einmal für Drehzahlmesserbesitzer (das ist genauer), und einmal die herkömmliche Einstellmethode. Eingestellt wird immer bei laufendem Motor.

Mit Drehzahlmesser

1. Handgriff: Durch Drehen der Leerlauf-Anschlagschraube die Motordrehzahl auf ca. 820/min einstellen.

2. Handgriff: Durch Drehen der Leerlaufgemisch-Regulierschraube die für diese Drosselklappenstellung höchsterreichbare Drehzahl einstellen.

3. Handgriff: Durch nochmaliges Drehen an der Leerlauf-Einstellschraube die Motordrehzahl auf 820/min herunterdrosseln.

4. Handgriff: Diesen Vorgang so lange wiederholen, bis die Motordrehzahl genau 820/min entspricht.

5. Handgriff: Das Einstellen wird durch Hineindrehen (nach rechts drehen) der

Leerlaufgemisch-Regulierschraube beendet. Und zwar wird sie hineingedreht, bis der Drehzahlmesser 800/min anzeigt, jedoch muß der Motor dabei gleichmäßig weiterlaufen.

Die Normalmethode

1. Handgriff: Motor im Stand laufen lassen, Leerlauf-Einstellschraube mit dem Schraubenzieher so weit herausdrehen (Drosselklappe schließen), bis der Motor gerade noch rund läuft.
2. Handgriff: Durch Drehen der Leerlaufgemisch-Regulierschraube etwas nach links oder rechts eine Dosierung von Kraftstoff und Luft finden, die für diese Drosselklappenstellung den schnellsten und gleichmäßigsten Leerlauf ergibt.
3. Handgriff: Leerlauf-Einstellschraube, wenn möglich, noch etwas herausdrehen, und zwar bis zur niedrigsten gleichmäßigen Leerlaufdrehzahl. Wenn der Leerlauf vorher sehr hoch eingestellt war, kann jetzt noch einmal Nachregulieren an der Leerlaufgemisch-Regulierschraube und zum Schluß an der Leerlauf-Einstellschraube nötig sein.
Die hier geschilderte Einstellmethode weicht, wie Praktiker wissen, etwas von der sonst üblichen ab, bei welcher zunächst die Leerlaufdrehzahl etwas erhöht wird. Doch mit dieser Methode wird geringster Kraftstoffverbrauch erreicht. Es kann sein, daß das Verdrehen der Leerlaufgemisch-Regulierschraube ohne Einfluß auf die Leerlaufdrehzahl bleibt. Ursache: Das Leerlaufsystem ist verstopft. Wenn der Leerlauf zu fett ist, treten schwärzliche Auspuffgase aus dem Auspuff aus. Bleibt der Motor im Leerlauf stehen: die federbelastende Gemischschraube kann verlorengegangen sein oder der Leerlauf ist hoffnungslos verstellt. Eine andere Möglichkeit: Die Leerlaufdüse ist verstopft. Ein paar Mal kräftig Gas geben oder die Düse reinigen.

Fingerzeig: *Eine falsch eingestellte Leerlaufgemisch-Regulierschraube kann den Stadtverbrauch stark erhöhen.*

Filter am Vergaser reinigen

Pflegearbeit Nr. 32

Diese Reinigungsarbeit sollte etwa alle 30 000 km vorgenommen werden. Muß man das Filter öfter reinigen, sollte man nachforschen, wo der Schmutz herrührt, und die Ursache beseitigen.
Das Filter sitzt im Vergaseroberteil über der Schwimmerkammer. Auf dem davorliegenden Stutzen endet der Kraftstoffschlauch von der Benzinpumpe. Schlauchschelle und Schlauch abnehmen, dann die Messing-Sechskantschraube herausdrehen, worauf man das feinmaschige Filterröhrchen herausnehmen kann. Es wird in Benzin ausgewaschen und man pustet es mit trockenem Atem sauber. Vorsicht, das dünne Sieb nicht deformieren! Filter wieder einbauen.

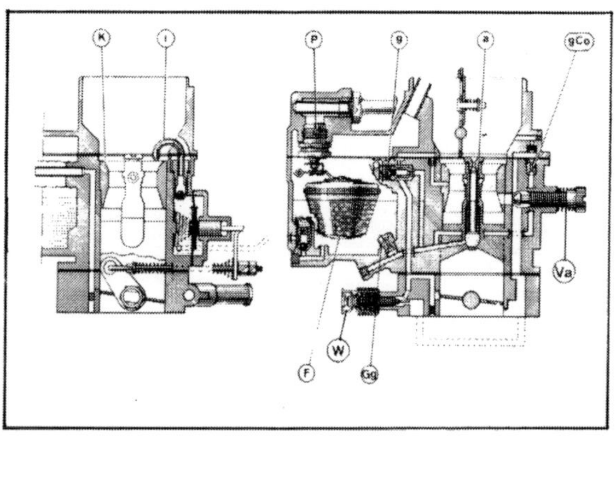

Schemazeichnung des 304-Vergasers Solex 34 PBISA 5, der aus dem PBISA 4 weiterentwickelt wurde. Die Buchstaben bedeuten: K = Lufttrichter, i = Einspritzrohr, P = Schwimmernadelventil, g = Leerlaufdüse, a = Luftkorrekturdüse, gCO = Düse für konstanten CO-Gehalt, F = Schwimmer, Gg = Hauptdüse, W = Gemischregulierschraube (durch Rechtsdrehung [Hineindrehen] wird die Drehzahl gesenkt, durch Herausdrehen erhöht, Va = Luftschraube.

Dichtung aufsetzen, Stutzen eindrehen und den Kraftstoffschlauch wieder befestigen.

Ändern der Vergasereinstellung

Die vom Werk festgelegte Vergaser-Abstimmung ist in bezug auf Düsenbestückung, Lufttrichter und Funktion seiner verschiedenen Systeme im Zusammenwirken mit dem Vergaser-Produzenten erst nach langwieriger Feinarbeit gefunden worden. Das ist bei jedem Vergaser so, denn es gilt, den besten Kompromiß zwischen höchster Leistung und geringstem Verbrauch zu finden. Deswegen rät man offiziell von jeder Änderung der Einstellung ab. Mit gutem Grund. Man wird nämlich kaum einen besseren Kompromiß finden. Außerdem wird man durch einseitige Maßnahmen nicht auf die geforderten Abgaswerte kommen, und das gibt spätestens bei der nächsten TÜV-Überprüfung Ärger, denn dabei wird auch der CO-Anteil im Auspuffgas gemessen.

Abgasmessung beim TÜV

Während anfangs nur die seit Juli 1969 gebauten Fahrzeuge zur Abgasmessung herangezogen wurden, müssen seit 1976 auch ältere Modelle zu dieser Prüfung. Grundsätzlich brauchen Sie die CO-Messung nicht zu fürchten, wenngleich die 204/304-Modelle früherer Baujahre nicht einfach so einzustellen sind, daß sie Gnade vor dem TÜV finden. Um so gründlicher sollten Sie die Motoreinstellung vor dem TÜV-Besuch vornehmen lassen. Und zwar in der Werkstatt mit dem Abgastester. Per Handeinstellung wird man den CO-Anteil nie hinbekommen.

Voraussetzung für die richtige Einstellung ist einwandfreier Zustand der Zündanlage und eine Umgebungstemperatur von mindestens 10° C, ebenso ein einwandfreier Zustand des Luftfiltereinsatzes. Darüber hinaus sollten Sie folgendes beachten:

Zur Messung beim TÜV sollte der Motor möglichst warmgefahren sein, beim kalten Motor ist das Gemisch fetter und der CO-Anteil zwangsläufig höher. Lassen Sie den Motor auch nicht in der Warteschlange beim TÜV lange im Leerlauf tuckern, damit wird wieder der CO-Anteil erhöht. Falls Sie normalerweise nur Kurzstrecken fahren (Auspuffrohr innen rußig schwarz), sollten Sie vor der Fahrt zum TÜV etwa 100 km in zügigem Tempo abspulen, damit der Rußansatz zum Auspuff hinausgeblasen wird. Ist dann das Abgas immer noch zu CO-haltig (4,5 % zuzüglich 1 % Meßtoleranz sind zulässig), erst Zündkerzen-Elektrodenabstand, Schließwinkel und Zündeinstellung prüfen, Ventilspiel kontrollieren und als letztes, falls noch erforderlich, am Vergaser drehen. Ein »versuchsweises« Verstellen des Vergasers hilft kaum weiter. Aber auch der Einbau von irgendwelchen Zusatzgeräten (»Abgasentgifter«) ist keinesfalls notwendig oder ratsam.

Schrauben nachziehen

Der Wartungsplan sieht diese Pflegemaßnahme nicht ausdrücklich vor. Aber wir finden sie angebracht, um Schwierigkeiten im Fahrbereich vorzubeugen.

Es sollen dabei alle Schrauben am Vergaser, die Schrauben des Vergaseroberteils sowie die Schrauben, die den Vergaser auf dem Ansaugstutzen halten, immer wieder mal nachgezogen werden, um Austreten von Kraftstoff aus dem Vergaser und Eintreten von »falscher« Luft zu verhindern. Wenn diese angesaugt wird, stimmt die Vergasereinstellung nicht mehr. Aber die Schrauben nicht so fest anknallen, daß Metallteile verzogen oder Dichtungen gequetscht werden. Auch darunter leidet die Dichtigkeit.

Vergaser reinigen

Nach längerer Betriebszeit kann es nicht schaden, in der Gasfabrik einmal sauberzumachen. In Düsen, Bohrungen und in der Schwimmerkammer können sich trotz der doppelten Kraftstoffilterung Fremdstoffe in feiner Form festgesetzt haben, oder die Schwimmernadel kann von ihrem Sitz ausgeschlagen sein. Das Schwimmernadelventil sollte nur als Ganzes ausgewechselt werden. Zur Pflege ist es nötig, den Vergaser zu zerlegen (Schilderung unten), was nicht schwierig ist, aber Sorgfalt erfordert.

Zur inneren Reinigung des Vergasers eignet sich z. B. »Turco Carb« von der Firma Turco-Chemie, 2000 Hamburg 22, Rossausweg 50. Die Flüssigkeit wird in einen offenen Behälter geschüttet, so hoch, daß das ganze Vergasergehäuse von der Flüssigkeit bedeckt ist, die Teile 10 Minuten darin liegen lassen, nach Herausnehmen mit Wasser oder Benzin reinigen, gut trocknen. Die Teile sehen aus wie neu! Natürlich sind vorher Teile wie Dichtungen etc. von den Metallteilen zu entfernen, da sie von Turco Carb zerfressen würden. Empfehlenswert ganz allgemein bei der Reinigung des Vergasers:

- Sämtliche Vergaserteile auf sauberem Tuch ablegen.
- Düsen und Bohrungen mit mäßigem Preßluftdruck ausblasen, auch Handpumpe ist geeignet. Düsen können notfalls auch mit dem Mund durchgeblasen werden. Keinesfalls mit Draht oder Nadeln reinigen, Verstopfungen entfernt man mit steifen Borsten einer Bürste. Düsen sind aus weichem Metall (Messing), daher auch nicht mit dem Schlüssel zu fest anknallen.
- Drosselklappenwelle auf zu großes Spiel untersuchen, wodurch Nebenluft eindringen kann, die Start und Leerlauf verschlechtert.
- Leerlaufgemisch-Regulierschraube darf keine verbogene oder abgebrochene Spitze aufweisen. Sonst auswechseln.
- Dichtung zwischen Vergaserdeckel und Gehäuse sollte erneuert werden. Überhaupt bei jeder Demontage die jeweiligen Papier- oder Korkdichtungen erneuern. Notbehelf: dünnen Karton auflegen, mit Daumen Konturen der Dichtfläche in den Karton drücken und diese Behelfs-Dichtung genau ausschneiden. Karton mit Alleskleber »imprägnieren«. Schrauben stramm anziehen.

Fingerzeig: *Gelegentliches Ablassen des Kraftstoffs aus dem Tank entfernt den Schmutz vom Tankboden. Dazu ist der Stopfen an der Tankunterseite herauszudrehen und ein ausreichend großes Gefäß unterzustellen. Beim Eingießen den Kraftstoff durch ein engmaschiges Tuch filtern. Vorsicht: Explosionsgefahr!*

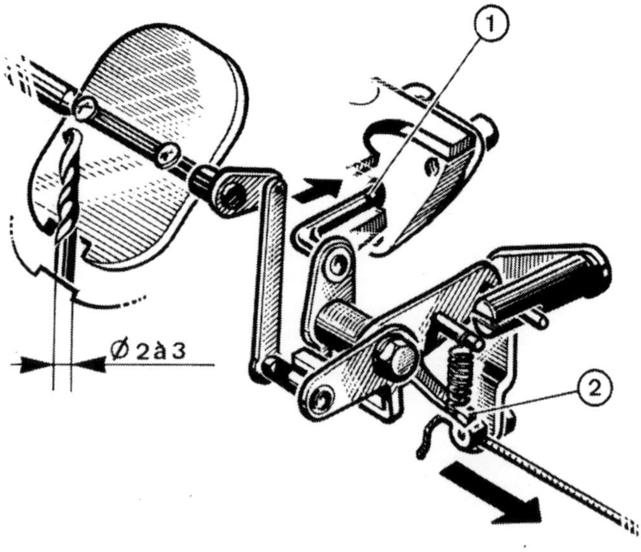

Die Zeichnung zeigt die Kontrolle der teilweisen Öffnung der Starterklappen am Doppelvergaser 35 EEISA. Zunächst den Zug der Starterklappen betätigen, dann die Zugstange der Unterdruckdose (1) in ihren Anschlag zurückdrücken, um die Klappen teilweise zu öffnen. Die Öffnung der 1. Starterklappe muß wie in der Zeichnung 2 bis 3 mm betragen. Stimmt der Abstand nicht, die Einstellung mit Hilfe des Hebels (2) vornehmen.

Dazu raten wir nicht unbedingt, denn die Demontage verlangt viel Aufmerksamkeit, und der Zusammenbau müßte womöglich mit Hilfe eines herbeigeholten Fachmanns erfolgen. Besonders was nachher die Neueinstellung von Leerlauf, Gestänge usw. betrifft, um den Motor überhaupt wieder zum Leben zu erwecken. Nehmen Sie deshalb zuerst einmal den Luftfiltertopf ab und sehen sich in Ruhe an, was Sie sich getrauen, vom Vergaser abzuschrauben.

Vergaser ausbauen und zerlegen

Im Grund bietet nämlich der Ausbau und das Zerlegen für sich allein keine Schwierigkeiten. Es kommt lediglich darauf an, kein Teil zu verlieren. Sie sollten darum über eine ausreichend große und ruhig gelegene Arbeitsplatte verfügen, auf der Sie alles sauber und in der Ausbau-Reihenfolge ablegen können. Außerdem können Sie im Kapitel »Vergaser-Beschreibung« an der Explosionszeichnung nachsehen, in welche Teile der Vergaser zerlegt werden kann und wie die Teile zusammengehören.
Beim Zusammenbau beachten: Falls das Schwimmernadelventil ausgeschlagen ist, darf es nur zusammen mit der Schwimmernadel erneuert werden und umgekehrt. Die Vergaserdichtungen sollten erneuert werden, auch wenn die alten noch gut scheinen. Nach dem Zusammenbau den Leerlauf neu einstellen, ebenso die Gasbetätigung und den Starterzug. Es ist darauf zu achten, daß die Starterklappe im Vergaseroberteil bei voll eingeschobenem Starterzug ganz geöffnet ist, also senkrecht steht.

Fingerzeig: *Soll auch der Ansaugflansch ausgebaut werden, ist wegen der Vorwärmung ein Teil des Kühlwassers abzulassen, oder man klemmt die Schläuche ab, bevor man sie abbaut.*

Luftfiltereinsatz reinigen

Pflegearbeit Nr. 4

Gebraucht wird: Ausreichend großes Gefäß mit einer Mischung aus 80 % Dieselol und 20 % Motoröl.
Die Reinigung des Luftfilters soll alle 7500 km vorgenommen werden, bei vielen Fahrten auf staubigen Straßen entsprechend öfter. Ein verstopfter Filtereinsatz läßt zu wenig Luft durch, so daß der Motor an Luftmangel leidet, das Kraftstoff/Luft-Gemisch zu fett wird, was wiederum die Verkokung des Motors und das Verschmutzen der Zündkerzen fördert.
In die Peugeot sind Trockenluftfilter mit Balgeinsätzen aus Neoprenfaser eingebaut. Ölbadluftfilter, die Einsätze aus Polyurethan-Schaumstoff haben und ebenfalls gereinigt werden müssen (Ölinhalt 250 cm^3), kommen hierzulande kaum vor. Zum Reinigen wird die Flügelschraube auf dem Filtergehäuse abgenommen, dann kann man den Deckel abheben und den Einsatz herausnehmen. Den Filtereinsatz badet man in der oben angegebenen Ölmischung mehrmals, bis er sauber ist. Vor dem Einbau dann das Öl abtropfen lassen.

Luftfiltereinsatz wechseln

Pflegearbeit Nr. 32

Das soll sowohl bei den Benzin-Motoren wie beim Diesel-Motor alle 30 000 km geschehen. Ausbau wie vorher beschrieben. Der neue Filzbalgeinsatz muß vor dem Einbau eingeölt werden, Mischung siehe vorigen Absatz. Vor dem Einbau abtropfen lassen.

Luftfilter verstellen

Diese Saisonmaßnahme fördert das Wohlbefinden des Motors und wird zweimal im Jahr fällig: Im Herbst und im späten Frühjahr. Das ist zu tun: Seitlich am Luftfilteransaugstutzen, dicht hinter dem Kühler, ist ein kleiner Blechbügel angebracht, mit dem man eine Klappe im Ansaugstutzen verstellen kann. Drückt man den Hebel nach oben in Stellung Sommer, saugt der Vergaser die kühle Luft, die durch den Kühlergrill kommt, oben im Motorraum an. Stellt man den Hebel nach unten, holt sich der Vergaser vorgewärmte Luft aus der Ummantelung des Auspuffrohrs unterhalb dem Auspuffkrümmer. Diese warme Luft bekommt dem Motor in der kalten Jahreszeit sowohl zum Kaltstart wie zum Kaltbetrieb besser.

Luftfilter ausbauen

Die Flügelmutter auf dem Luftfilter abschrauben, Unterlegscheibe nicht verlieren, Deckel beiseitelegen, er braucht nicht unbedingt vom Schlauch der Kurbelgehäusentlüftung befreit werden. Jetzt kann man an die beiden Muttern und den Gewindebolzen der Deckelbefestigung heran, mit denen das Luftfilter auf dem Vergaser festgeschraubt ist. Wenn Sie nun noch die Kreuzschlitzschraube der Zündkabelbefestigung herausdrehen und die Schlauchschelle des Luftfilteransaugschlauchs lockern, können Sie das Luftfilter vom Vergaser abheben. Soll die ganze Luftfilteranlage ausgebaut werden, muß man auch noch vorn die beiden Muttern abschrauben, die den Stutzen auf dem Ventildeckel halten.
Beim Wiederaufsetzen ist auf richtigen Sitz des Filters auf dem Vergaser zu achten. Man schraubt also erst das Luftfilter fest und baut danach die weiteren Teile wieder an.

Störungsbeistand
Vergaser

Die Störung	– ihre Ursache	– ihre Abhilfe
A Kraftstoffverbrauch zu hoch	1 Undichte oder verzogene Flanschdichtung	Nachprüfen, eventuell auswechseln
	2 Undichter Schwimmer (Luftblasen nach Eintauchen in heißem Wasser?)	Auswechseln
	3 Schwimmernadelventil schließt nicht	Säubern, evtl. auswechseln (bei wiederholtem Ausschlagen Kraftstoffpumpendruck kontrollieren und berichtigen)
	4 Düsen stimmen nicht	Herausschrauben, eingeschlagene Bezeichnungen mit Angaben in den Technischen Daten vergleichen. Eventuell korrigieren.
	5 Leerlauf-Gemisch zu fett	Gemisch-Regulierschraube etwas hineindrehen, aber Leerlauf muß einwandfrei bleiben
	6 Leerlaufdüse locker	Kontrollieren, evtl. anziehen
	7 Leerlauf zu hoch	Einstellen
B Motor springt nicht an (siehe auch Kapitel Zündanlage und vordere Buchklappe)	1 Zündung nicht einwandfrei	Kontrollieren
	2 Tank leer	Auftanken
	3 Kraftstoffweg im Vergaser nicht in Ordnung. Prüfung: Zuleitung am Vergaser lösen und Motor mit dem Anlasser durchdrehen, ob Kraftstoff gefördert wird. (Tritt kein Kraftstoff aus, siehe unter Kraftstoffpumpe)	

Die Störung	– ihre Ursache	– ihre Abhilfe
B Motor springt nicht an (siehe auch Kapitel Zündanlage und vordere Buchklappe)	a) Leerlaufdüse oder Hauptdüse verstopft b) Bohrungen oder Kanäle im Vergaser verstopft c) Vergaser läuft über (Motor ersoffen durch zuviel Gasgeben oder Schwimmer klemmt oder undicht)	Herausschrauben, reinigen (siehe Schnittzeichnung) Vergaser zerlegen, reinigen Gegen Schwimmergehäuse klopfen, eventuell Vergaserdeckel abnehmen, Schwimmer überprüfen, evtl. erneuern
C Leerlauf ungleichmäßig, Motor bleibt stehen	1 Leerlauf zu fett oder zu mager 2 Leerlaufsystem verstopft (Verstellen der Gemischschraube hat keinen Einfluß auf Drehzahl)	Richtig einstellen lassen Leerlaufdüse herausnehmen, reinigen, Leerlauf einstellen
D Motor bleibt bei höheren Drehzahlen stehen, wenn langsam Gas gegeben wird	1 Vergasergestänge schwergängig, klemmt 2 Hauptdüse verstopft	Gängig machen Ausbauen, reinigen
E Ungleichmäßiger Lauf und Auspuff-Rußen im Leerlauf, Kerzen verrußen, deswegen Zündaussetzer	1 Zu hoher Druck auf dem Schwimmernadelventil 2 Schwimmernadelventil schließt nicht 3 Schwimmer undicht oder klemmt	Kraftstoffpumpendruck prüfen lassen Ventil prüfen, evtl. erneuern Auswechseln, bzw. gängig machen
F Ungleichmäßiger Lauf bei Vollgas. Aussetzer, Patschen, Leistung fällt ab	Nicht ausreichende Kraftstoff-Zufuhr	Hauptdrüse reinigen, Siebe in Vergaser und Benzinpumpe reinigen, Schwimmernadelventil reinigen. Kraftstoffpumpe und ihren Druck kontrollieren lassen, Vergaser, Kraftstoffpumpe und Kraftstoffleitungen auf Dichtigkeit überprüfen
G Schlechte Übergänge beim Gasgeben	1 Beschleunigungssystem arbeitet nicht a) Pumpenkanal oder Einspritzrohr verstopft b) Membrane bzw. Pumpenkolben defekt (Vergaser patscht bei plötzlichem Gasgeben) 2 Leerlauf falsch eingestellt	Luftfilter abnehmen, prüfen, ob eingespritzt wird, wenn Gasgestänge betätigt wird Reinigen Auswechseln Richtig einstellen
H Vergaser patscht	1 Leerlauf zu mager eingestellt 2 Undichtigkeit an Auspuffflansch oder Vergaserunterseite 3 Loch im Auspuff	Regulierschraube etwas herausdrehen, Leerlauf muß aber einwandfrei bleiben Flansch erneuern, Dichtung erneuern, Vergaserunterteil planschleifen oder erneuern Auspuff austauschen

Links: Zum Einstellen des Leerlaufs beim Diesel-Motor muß der Motor betriebswarm gefahren sein, was dann der Fall ist, wenn der elektromagnetische Kühlerventilator einschaltet. Eingestellt wird selbstverständlich an der Einspritzpumpe, die an der Motorrückseite montiert ist, siehe auch Motorzeichnung im Motorkapitel.
Zuerst mit zwei Gabelschlüsseln die Kontermutter 1 lösen, dann den gerändelten Knopf im Wageninnern (für erhöhten Leerlauf) ganz hineinschieben, dabei prüfen, ob der Gaszughebel ganz auf die Anschlagschraube 2 zurückgeht. Tut er das nicht, muß der Gaszug an seiner Befestigung entsprechend entspannt werden, ehe man den Leerlauf an der Schraube 2 einstellt: **Leerlaufdrehzahl 650 +50, –0, /min. Zum Schluß die Konter**mutter 1 wieder festziehen.
Rechts: So sieht eine Einspritzdüse aus, von denen der Diesel-Motor vier aufweist. Bei häufigen Anlaßschwierigkeiten, bei rauhem Motorlauf oder bei schwarzem Qualm aus dem Auspuff sollten Sie unbedingt die Einspritzdüsen in der Werkstatt prüfen lassen, wo es die erforderlichen Prüfgeräte gibt.
Wichtig: Bei jedem Ausbau der Einspritzdüsen die 2,2 mm starke Kupferscheibe sowie die Feuerschutz-Federscheibe ersetzen. Dabei dürfen nur die Original-Scheiben verwendet werden, weil sie die Einspritzdüsen im Durchmesser nicht einklemmen (Teile-Nr. 1981.05 und 1981.02).

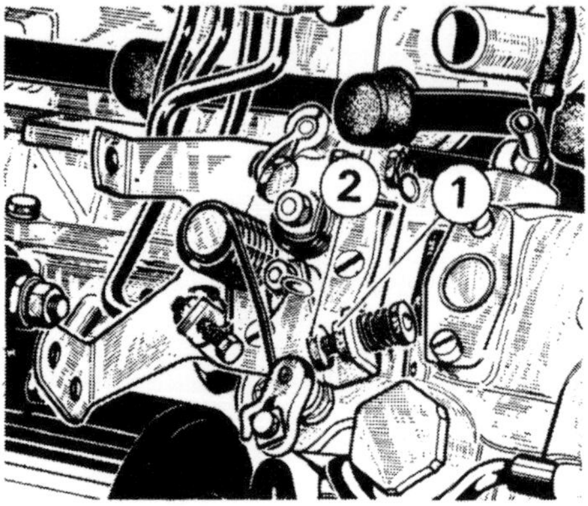

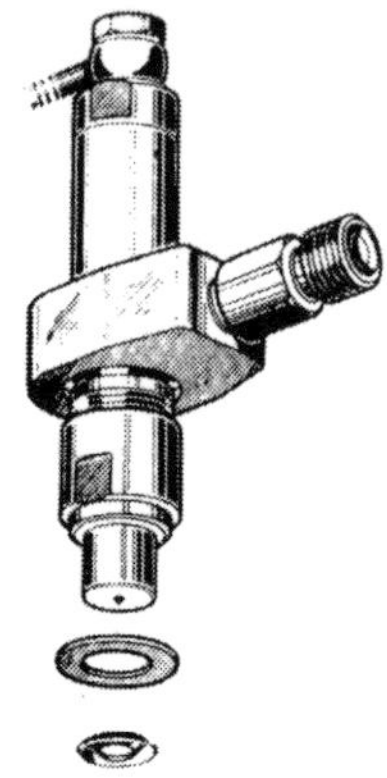

Störungsbeistand

Die Diesel-Einspritzanlage

Die Störung	– ihre Ursache	– ihre Abhilfe
A Motor springt nicht an oder läuft unrund	1. Tankentlüftung verstopft	Verschlußdeckel oder Entlüftungsleitung kontrollieren und reinigen
	2. Luft in der Kraftstoffanlage weil	
	a) Tank leergefahren	volltanken, Kraftstoffanlage entlüften
	b) Anschlüsse der Kraftstoffleitungen lose und undicht	Leitungen auf festen Sitz prüfen, festziehen, Anlage entlüften
	3. Kraftstoffversorgung stockt, weil	
	a) Kraftstoffilter verstopft	Filter austauschen. Falls Verstopfung vorzeitig, dann auf sauberen Kraftstoff achten
	b) Verstellhebel läßt sich nicht betätigen	Drahtzug prüfen
	c) Abstell-Magnetventil klickt nicht, wenn Zündung eingeschaltet wird	Kabel abnehmen, gegen Masse halten: Wenn keine Funkenbildung, Sicherung oder Ventil prüfen
B Der kalte Motor springt nicht an	Fehlermöglichkeiten wie oben, jedoch zusätzlich: 1. Vorglühanlage defekt	Schadhafte Glühkerze ermitteln, austauschen. Prüfung: Mit Prüflampe oder Schraubenzieher jede Glühkerze an Stromschiene überbrücken, leuchtet Kontrollämpchen auf? Notfalls Glühkerzen herausdrehen und prüfen
	2. In der kalten Jahreszeit noch Sommerkraftstoff im Tank? Paraffinbildung im Kraftstoffilter, kein Durchfluß möglich	Wagen abschleppen, in warmem Raum abstellen. Normalbenzin im Tank zumischen, jedoch nicht mehr als 30 Prozent
C Leistung unbefriedigend	Luftfilter verstopft (auf staubigen Straßen oder durch Nichteinhaltung des Pflegeintervalls)	Luftfilter reinigen oder erneuern
D Auspuff qualmt	Einspritzpumpe bzw. -düse defekt oder falsch eingestellt	Werkstatt aufsuchen
E Motor läßt sich nicht abstellen	Absteller läßt sich nicht betätigen Magnet-Abstellventil defekt	Abstellhebel direkt an der Einspritzpumpe betätigen Gang einlegen, Motor abwürgen

Energie vom Speicher

Die Autobatterie ist eigentlich gar keine Batterie, sondern ein Stromspeicher, auch als Akkumulator oder kurz Akku bezeichnet. Eine echte Batterie gibt elektrischen Strom aus eigener Kraft ab, wie beispielsweise eine Trockenzelle des Transistor-Radios. Die Autobatterie, auch Starterbatterie genannt, dagegen muß geladen werden, wenn man von ihr Leistung verlangen will.

Die Starterbatterie wird, wie der Name sagt, hauptsächlich zum Anlassen des Motors gebraucht. Während der Fahrt übernimmt die Lichtmaschine die Stromversorgung. Gleichzeitig lädt sie die Batterie auf. Das tut sie – im Gegensatz zur Gleichstrom-Lichtmaschine früherer Baujahre – sogar im Leerlauf, denn die Wechselstrom-Lichtmaschine ist darauf ausgelegt, schon bei niedrigen Motordrehzahlen Strom zu erzeugen. Der gefürchtete batteriezehrende Kurzstreckenbetrieb hat dadurch viel von seinem Schrecken verloren. Am Stromvorrat aus der Batterie zehren praktisch nur noch nächtliche Schleichfahrten mit vielen eingeschalteten Verbrauchern und Standzeiten.

Das schließt natürlich nicht aus, daß die Batterie einiger Pflege bedarf – was zu tun ist, lesen Sie in diesem Kapitel. Wie sich die neuen wartungsfreien Batterien in der rauhen Alltagspraxis bewähren, bleibt noch abzuwarten. Doch ist mit der Wartungserleichterung zweifellos der Trend zur Wegwerfbatterie vorprogrammiert, also der Tausch der Batterie in kürzeren Intervallen als bisher.

Was die Batterie leistet

Irgendwo auf einer Batterieseite finden Sie außer dem Markennamen und der fabrikinternen Typ-Kennzeichnung die Bezeichnung 12 V/40 Ah. Der erste Teil dieser Zahl gibt die Stromspannung von 12 Volt an. Dahinter wird die Batteriekapazität angegeben, die in Ampere-Stunden gemessen wird, abgekürzt Ah. Die Batterie hat also eine Kapazität von 40 Ah. Zur praktischen Feststellung der Kapazität wird sie bei einer Temperatur von +27° C geprüft. Die 40 Ah-Batterie

Bei jeder Arbeit an der Elektrik des Wagens muß man unbedingt das Minuskabel der Batterie abnehmen, um Kurzschlüsse zu vermeiden.

muß dabei nach der Normvorschrift 20 Stunden lang einen Strom von 2 Ampere abgeben.

Das setzt allerdings eine vollgeladene Batterie in einwandfreiem Zustand voraus. In der Praxis ist jedoch eine Batterie selten ganz geladen. In bester Kondition ist sie eigentlich nur bei sommerlicher Temperatur nach einer ausgesprochenen Autobahn-Langstreckenfahrt. Man rechnet daher nur mit etwa zwei Drittel der angegebenen Batteriekapazität (etwa 27 Ah), was praxisnäher ist. Man soll sich keinen Illusionen hingeben. Wie lange sich die einzelnen Stromverbraucher aus der Batterie ernähren können, haben wir in der nachstehenden Tabelle zusammengefaßt.

Batteriebelastung durch Stromverbraucher

Verbraucher	Leistungsbedarf in Watt ca.	Stromstärke bei 12 Volt in Ampere	Brenndauer in Stunden	
			bei voller Batteriekapazität (theoretisch) 40 Ah	Bei 2/3 der Batteriekapazität (praktisch) 27 Ah
Fernlicht, Standlicht, Kennzeichenleuchte, Rücklicht, Instrumentenbeleuchtung zus. ca.	130 W	10,84 A	3,69 Std.	2,5 Std.
wie oben, jedoch Abblendlicht statt Fernlicht und Fernlichtkontrolle	120 W	10,0 A	4 Std.	2,7 Std.
wie oben, aber nur Standlicht statt Scheinwerfern	40 W	3,33 A	12,0 Std.	8,11 Std.
wie oben, jedoch Halogenfernlicht	150 W	12,5 A	3,2 Std.	2,16 Std.
Nebellampen	70 W	5,83 A	6,86 Std.	4,63 Std.
Radio (Anhaltswert)	15 W	1,25 A	32 Std.	21,6 Std.

Noch stärker belastet wird die Batterie durch den Anlasser. Er frißt je nach Belastung bis über 200 A. Durch diese Gefräßigkeit des Anlassers sinkt die Batteriespannung sehr schnell auf etwa 10 oder im Winter sogar auf 8,5 Volt ab. Diese niedrige Spannung ist jedoch bereits eingeplant, der Anlasser ist darauf eingerichtet.

Der Strombedarf des Anlassers ist bei warmem Öl in Motor und Getriebe geringer, denn der Motor läßt sich leichter durchdrehen als bei kaltem, steifem Öl. Je tiefer die Temperaturen sinken, um so höher wird demnach der Strombedarf des Anlassers. Das ist ungünstig, denn bei kalten Temperaturen ist die Leistungskraft der Batterie ohnehin schon geringer. Darauf kommen wir noch zu sprechen.

Ein Blick auf die Tabelle gibt auch die Erklärung, warum nach nächtlichen Verkehrsstockungen auf der Autobahn bei manchen Wagen die Batterie leer ist und der Motor nicht anspringen will. Die Lichtmaschine lädt zwar normalerweise auch bei niedrigen Drehzahlen die Batterie noch auf, aber bei eingeschalteten Scheinwerfern, womöglich noch mit Halogenscheinwerfern, eingeschaltetem Radio und im Winter mit Heizgebläse, reicht die Stromerzeugung nicht immer auch noch fürs Nachladen der Batterie. Sie können den Strombedarf der Verbraucher selbst errechnen: Wattzahl des oder der Verbraucher geteilt durch die Voltzahl der Batterie (12) = Ampere. Etwa zwei Drittel der Ah-Zahl der Batterie (27 Ah) geteilt durch Ampere = Brenndauer bzw. Entnahmezeit in Stunden.

Richtiges Starten

Im Grund ist es gleich, ob man nach dem Einschalten der Zündung den Anlasser ohne Pause eine gewisse Zeit drehen läßt, oder ob man dem Anlasser Erholungspausen zwischendurch gönnt. Allerdings kann man bei einzelnen Wagen feststellen, daß der Motor mit dem Abschalten der Zündung gerade noch mit der letzten Umdrehung kommt. Insofern lohnt sich der Versuch des Intervallstarts. Besonders ungünstig ist es für die Batterie, wenn an einem Nebeltag mit Abblendlicht geparkt werden muß, denn im Nebel reicht das Standlicht nicht immer aus. In solchem Fall sucht man sich bei längerer Parkdauer besser einen Abstellplatz, auf dem der Wagen nicht beleuchtet werden muß.

Temperatur beeinflußt die Kapazität

Wie bereits angedeutet, hat die Außentemperatur erheblichen Einfluß auf die Leistungsfähigkeit der Batterie. Angenommen, eine tadellos geladene Batterie gibt bei +27° C – das ist die Normtemperatur – ihre volle Leistung ab, dann zeigt sich folgende Leistungsabhängigkeit von der Temperatur:

Temperatur in ° C	Kapazität der 40 Ah-Batterie	Verhältnis zur Nennkapazität
+30	41,6 Ah	104 %
+27	40 Ah	100 %
+20	38,4 Ah	96 %
+10	34,8 Ah	87 %
0	28,8 Ah	72 %
–10	22,8 Ah	57 %
–20	16,8 Ah	42 %

Bei –20° C besitzt die Batterie also nicht einmal mehr die Hälfte ihrer Leistungskraft. Deshalb ist es vorteilhaft, vor sehr kalten Nächten die Batterie auszubauen und sie in der Wohnung in die Nähe der Heizung zu stellen, wenn man den Wagen nicht in eine Garage stellen kann. Der Batterieausbau geht mit wenigen Handgriffen vor sich.

Säurestand der Batterie prüfen

Pflegearbeit Nr. 5

Für die Säurestandprüfung schreibt Peugeot vor, man solle alle 5000 km prüfen. Wir sind jedoch der Meinung, daß dies öfter geschehen sollte. Und zwar unabhängig von den gefahrenen Kilometern etwa einmal im Monat. Im Sommer öfter als im Winter, denn bei heißen Außentemperaturen verdunstet das Wasser der Batterieflüssigkeit schneller als bei kalten. Diese Prüfung ist im Interesse der Batterielebensdauer außerordentlich wichtig.

Fingerzeige: *Zum Messen des Säurestands dürfen Sie auf keinen Fall einen Schraubenzieher oder sonst etwas Metallisches nehmen. Das könnte durch winzige Metallabriebe bereits Kurzschluß in den Batteriezellen geben. Aus dem gleichen Grund darf man auch keine Blechbüchse zum Einfüllen des destillierten Wassers verwenden. Dafür gibt es praktische Plastikspritzflaschen.*
Leitungswasser hat in der Batterie nichts zu suchen. Es ist nicht chemisch rein genug.
Falls einmal Batteriesäure ausgelaufen sein sollte, weil die Batterie gekantet oder gar kopf stand, hilft am besten die Fachwerkstatt, denn in diesem Fall muß eine fachmännisch gemischte Batterieflüssigkeit eingefüllt werden.

Batteriesäure ist ein Teufelsding. Selbst in ziemlicher Verdünnung, also etwa beim Abwaschen von Oxydkristallen von der Batterie oder ihrem Standblech, frißt es erstaunlich große Löcher in die Kleidung, obwohl man das erst nach einiger Zeit feststellen kann, wenn der Stoff brüchig wird. Deshalb muß jeder Spritzer auf der Kleidung mit einer überschwemmenden Sodalösung behandelt werden. Wasser allein tut es nicht. Für den gleichen Zweck hat der Batteriehersteller Varta die Sprühdose Neutralon auf dem Markt gebracht. Vorsorge ist allerdings noch billiger: Bevor man an die Batterie herangeht, bindet man sich eine lange Kunststoff-Folie (als Verpackungsmaterial oft Abfall) als Serviette vor den Bauch.

In eine entladene Batterie kein destilliertes Wasser bis über die Plattenblöcke einfüllen, um den Säurestand zu berichtigen. Wird diese Batterie später geladen, kann die Flüssigkeit überlaufen.

Nie Batterieflüssigkeit absaugen, denn das korrekte Mischungsverhältnis müßte durch reine Schwefelsäure wieder hergestellt werden, was schwierig ist. Zuviel eingefülltes Wasser kann man allerdings wieder aus der Batterie herausgasen, indem man sie längere Zeit überlädt.

Batterieanschlüsse reinigen und einfetten

Diese Pflegearbeit – sie steht nicht im Peugeot-Wartungsplan – beugt der Oxydation der Pole vor und erleichtert den Ausbau der Batterie. Den Schmutz und die Oxydkristalle, auch von der Batterieoberfläche, bürstet man mit einer Wurzelbürste und klarem Wasser ab, reibt die Pole und Kabelschuhe mit einem Lappen blank und trocken. Hartnäckige Oxydation kann man mit feinem Schleifpapier (nicht mit dem Messer) entfernen, Pole aber nicht hohl schleifen, sonst wird der Stromfluß beeinträchtigt. Zum Schluß werden die Polköpfe und Anschlußklemmen mit Polfett (z. B. Bosch-Säurefett Ft 40 v1, Tube mit 75 Gramm zu –,75 DM oder Esso Multipurpose Grease H) eingerieben, ehe man die Schutzkapseln auf die Pole steckt und die Klemmen festzieht. Regelmäßiges Säubern mit Wasser und Bürste tut's aber auch.

Zeigen sich auf der Batterie oder auf dem Blech unter ihr Säurekristalle, dann ist die Batterie »übergekocht«. Entweder wurde zuviel destilliertes Wasser nachgefüllt oder der Regler der Lichtmaschine, der dafür zu sorgen hat, daß die Batterie nicht zu heftig nachgeladen wird, ist defekt. Geringfügiger weißer Niederschlag ist allerdings kein Anlaß zur Besorgnis. Auch dieser Niederschlag wird mit klarem Wasser und Bürste entfernt.

Hin und wieder sollte man die Batteriekabel auf festen Sitz überprüfen und gegebenenfalls nachziehen. Lockere Batteriekabel erhöhen den Übergangswiderstand, man hat also weniger Energie zur Verfügung. Löst sich ein Kabel während der Fahrt, wird die Batterie von der Lichtmaschine nicht mehr nachgeladen und man steht unter Umständen beim nächsten Start ohne Strom da.

Fingerzeig: *Kapselenden auf den Batteriepolen nicht zu oft verbiegen, sonst brechen sie ab, was den Kontakt beeinträchtigt. Besser gleich auswechseln.*

Ladezustand der Batterie prüfen

Solange die Batterie den Anlasser flott durchdreht und die Scheinwerfer beim plötzlichen Gasgeben nicht merkbar heller aufstrahlen – das ist das Zeichen, daß die Batterie irgendwie »müde« ist –, braucht man außer dem Säurestand vorerst nichts zu prüfen. Den Ladezustand jedoch alle 10 000 km zu prüfen, kann auf keinen Fall ein Fehler sein.

Bei ungünstigem Fahrbetrieb, etwa weil der Peugeot als Zweitwagen immer nur kurze Strecken zum Einkaufen gefahren wird, trifft man häufig auf vorzeitige Entleerung der Batterie, ohne daß die Batterie deshalb defekt sein müßte. Der

Grund ist einfach der, daß die Lichtmaschine im Kürzeststreckenbetrieb gar keine Zeit hat, die Batterie aufzuladen. In solchen Fällen sollte man die Ladezustandprüfung in kürzeren Abständen regelmäßig durchführen, wenn man nicht überraschend ohne Startenergie dastehen will.
Nun zur Prüfung selbst:
Die Flüssigkeit in entladenen Batterien, die beinahe nur aus Wasser besteht, hat natürlich ein niedrigeres spezifisches Gewicht als die Mischung in der geladenen Batterie. So kann man durch Messen des spezifischen Gewichts der Flüssigkeit (spezifisches Gewicht von reinem Wasser = 1), feststellen, inwieweit die Batterie noch geladen ist.
Für das Messen des spezifischen Gewichts, der Säuredichte, gibt es spezielle Säuremesser. In einem sogenannten Säureheber (Preis etwa 8 DM) befindet sich ein Schwimmer. Man saugt nur eine bestimmte Menge ab, damit der Schwimmer in dem Heber schwimmen kann. Am Schwimmer läßt sich dann das spezifische Gewicht der Batterie ablesen.

Batterie voll geladen	=	spez. Gewicht 1,285 kg/Liter
Batterie halb geladen	=	spez. Gewicht 1,21 kg/Liter
Batterie entladen	=	spez. Gewicht 1,14 kg/Liter

Anmerkung: Die Messung ist auf +20° C bezogen. Je 14° C Temperaturunterschied ändern das spezifische Gewicht um 0,01 kg/Liter.
Es muß noch kein schlimmes Zeichen sein, wenn alle 6 Zellen eine gleichmäßig niedrige Säuredichte zeigen. Dann kann es, wenn die Batterie noch nicht zu alt ist, mit einem Nachladen der Batterie getan sein. Bedenklich wird es jedoch, wenn eine einzelne Zelle entladen ist. Dann muß man in der Fachwerkstatt nachprüfen lassen, ob die Batterie noch brauchbar ist.

Fingerzeig: *Eine chemisch gealterte, sulfatierte Batterie kann man durch Cobalt-MG der Fa. Walter Neuber, 581 Witten, Postfach 2004 (bei Quelle heißt es Batterie-Zusatzmittel), wieder verjüngen. Nach der Cobalt-Kur hält die Batterie oft noch jahrelang. Besonders bei vorwiegendem Kurzstreckenbetrieb empfehlenswert. Bei der Zusatzmenge genau an die Herstellerangabe halten. Mechanisch defekte Batterien kann allerdings auch Cobalt-MG nicht mehr retten. Es hat sich herausgestellt, daß die Batterie nach der Cobalt-Kur schneller als normal Wasser verliert, man muß also den Flüssigkeitsstand häufiger prüfen.*

Batterie ausbauen

Die Batterie hat man – wie schon gesagt – sofort vor Augen, wenn man die Motorhaube öffnet. Zum Ausbau nehmen Sie zuerst das Minuskabel ab. Falls das Zeichen »–« nirgends sichtbar ist: Das Minuskabel ist das kürzere der beiden, es geht auf kürzestem Weg zur Masse des Motorblocks, wo es festgeschraubt ist. An der Batterie ist es mit dem braunen Kunststoff-Knebelgriff befestigt, während die Plusleitung »+« mit der großen roten Kunststoff-Rändelmutter festgeklemmt ist.
Dann dreht man die beiden Flügelschrauben, die mit der Schiene hinten den Batterierand festhalten, soweit heraus, daß man die gebogenen Enden der Gewindestängchen unten am Batteriestandplatz aushängen kann. Jetzt kann man die Batterie aus dem Motorraum heben.

Fingerzeige: *Bei Ersatzbatterie kann es vorkommen, daß die Plus- und Minuszeichen fehlen. Da muß man besonders darauf achten, daß die Batterie nicht verkehrt herum eingebaut wird. Lassen Sie vom Fachmann die Polung testen, wenn Sie unsicher sind.*
Damit man bei der Originalbatterie wegen fehlender Plus- und Minus-Markie-

rung die Batterie nicht falsch herum einsetzt, ritzt man auf der Batterieoberseite die Zeichen Plus »+« und Minus »–« beim jeweiligen Polzapfen ein, falls die Zeichen auch nicht auf den Polzapfen vorhanden sind.

Lohnt sich ein Kleinlader?

Die Batterie besitzt die unschöne Angewohnheit, sich auch im unbenutzten Zustand zu entladen. Im Winter geht die Selbstentladung etwas langsamer als im Sommer vor sich. Sie beträgt pro Tag ½ bis 1 % der Nennkapazität. Eine vollgeladene Batterie kann also in 80 Tagen leer sein. Da sie im entladenen Zustand Schaden leiden, müssen Batterien stillgelegter Fahrzeuge ausgebaut und etwa jeden Monat nachgeladen werden. Oder man gibt sie bei einer Auto-Elektrik-Werkstatt in »Pension«.

Die Batterie kann selbst dann entleert werden, wenn der Wagen ständig im Betrieb ist. Im Kolonnen- und Stadtverkehr wird, wie schon erwähnt, der Batterie durch zu viele eingeschaltete Verbraucher manchmal mehr Strom entnommen, als die Lichtmaschine auf den kurzen Fahrtstrecken nachladen kann. Besonders bei vorwiegendem Kurzstreckenbetrieb lohnt sich daher ein Kleinladegerät (ab 40 DM), um den Ladezustand auf möglichst konstanter Höhe zu halten. Denn nichts verkürzt die Batteriedauer mehr als Tiefentladung, womöglich noch über einen längeren Zeitraum hinweg.

Anleitung zum Laden

Der Anfangs-Ladestrom soll 10 Prozent der Batterie-Kapazität nicht übersteigen. Das sind bei einer 40-Ah-Batterie etwa 4 Ampere, 6 Ampere sind schon hoch. Mit zunehmender Batterie-Spannung muß dann die Ladestrom-Spannung bis auf null zurückgehen, wenn die Batterie vollgeladen ist. Die Temperatur der Batterie darf beim Laden 40° C nicht übersteigen; wenn sie höher steigt, muß das Laden unterbrochen werden. Das Laden der Batterie ist beendet, wenn eine Zellenspannung von je 2,6 bis 2,7 Volt erreicht ist und innerhalb von 2 Stunden die Säuredichte nicht mehr ansteigt. Bis zur Dichtemessung einige Zeit verstreichen lassen.

Das alles braucht man bei einem gekauften Kleinlader nicht zu beachten. Man schließt ihn einfach an und läßt ihn beliebig lange an der Batterie angeschlossen. Denn er regelt automatisch den Ladestrom im Verhältnis zum Ladezustand der Batterie. Man sollte lediglich die Zellenstopfen herausschrauben, um das Entweichen des beim Laden auftretenden Gases zu erleichtern.

Ausnahme: Bei stark entladener Batterie kann es vorkommen, daß die Überlastungssicherung, die jeder Kleinlader hat, in der ersten Ladeperiode ein- oder zweimal herausspringt. In diesem Zeitraum muß der Kleinlader überwacht und der Überlastungsschalter wie bei einem Haushalts-Sicherungs-

Wenn der Anlasser nur noch müde dreht und die Scheinwerfer dabei merklich dunkler werden, oder wenn die Prüfung mit dem Säureheber anzeigt, daß die Flüssigkeitszusammensetzung nicht mehr stimmt, dann ist es Zeit, die Batterie nachzuladen. Schnell geht das an der Tankstelle mit dem Schnellader, aber allzu oft schadet das der Batterie. Sanfter geschieht das Nachladen mit dem Kleinlader. Man muß zwar nicht unbedingt, aber es ist sicherer, wenn Sie zum Nachladen die Batteriekabel abnehmen.

automaten wieder eingedrückt werden. Allerdings muß man mit dem Eindrücken etwas warten, bis die Abkühlung erfolgt ist, sonst springt die Sicherung gleich wieder heraus.

Schadet die Schnelladung?

Das Laden der Batterie mit dem Kleinlader dauert im allgemeinen mehr als 10 Stunden. Es geht durch Schnelladen schneller. Allerdings ist dies eine Roßkur, die nur gesunde Batterien überstehen. Wenn sich eine einwandfreie Batterie beispielsweise über Nacht durch einen versehentlich eingeschalteten Stromverbraucher entladen hat, kann sie ohne weiteres an einem Schnelladegerät wieder »aufgeputscht« werden. Den Rest der Ladung besorgt dann die Lichtmaschine. Aber zur Regel sollte man dieses Verfahren nicht machen. Fabrikneue Batterien dürfen auf gar keinen Fall an den Schnellader gehängt werden. Viele Batteriehersteller laden heute ihre Batterien trocken vor. In diesem Zustand sind sie praktisch unbegrenzt haltbar. Bei der Inbetriebnahme wird nur Batteriesäure eingefüllt und nach kurzer Wartezeit kann der Motor mit dieser Batterie gestartet werden. Allerdings muß sich sogleich eine längere Fahrt anschließen, damit die Lichtmaschine die Batterie aufladen kann.

Starten bei leerer Batterie

Am elegantesten ist es ohne Zweifel, wenn man den Wagen an einem Berg anrollen kann: dann 2. oder 3. Gang einlegen, Zündung einschalten und die Kupplung kommen lassen. Da man aber in den wenigsten Fällen einen Berg zur Verfügung hat, wenn es darauf ankommt, muß man sich Helfer suchen, die den Wagen in Schwung bringen. Rollt der Wagen, Zündung einschalten und dann den 3. Gang einlegen, kuppeln.
Vielleicht bietet Ihnen auch ein einzelner Autofahrer seine Hilfe an, ist aber zu schwach, um mit anzuschieben. Aber er kann trotzdem helfen, wenn in seinem Wagen eine 12 Volt-Batterie eingebaut ist. Hat der Peugeot eine Gleichstrom-Lichtmaschine (siehe Seite 116) kann man die eigene Batterie ausbauen und statt dessen die fremde Batterie im eigenen Motorraum anschließen und den Motor starten. Darauf wird die Fremdbatterie wieder ausgebaut, man muß jedoch darauf achten, daß der Motor nicht mehr abstirbt oder versehentlich abgestellt wird, bevor man bei der nächsten Strom-Zapfstelle angelangt ist.
Die zweite Möglichkeit ist, daß man für solche Fälle zwei genügend lange Starthilfekabel mit mindestens 10 mm^2 Querschnitt zur Verfügung hat oder auftreiben kann. Man schließt einfach die eigene Batterie an die Fremdbatterie an und startet den Motor. Solche Kabel gibt es von verschiedenen Firmen im Handel, doch nicht alle haben sich als brauchbar erwiesen. Geeignete Kabel müssen einen genügend großen Querschnitt aufweisen. Ihre Anschlußklemmen müssen kräftig genug sein, damit sie an den Batteriepolen einen ausreichenden elektrischen Kontakt herstellen können. Sie sollten überdies flexibel genug sein, denn mit zwei störrischen Kabeln ist die Gefahr größer, mit einer Klemme an einem nicht isolierten Teil einen Kurzschluß zu erzeugen. Zur Anschaffung solcher Starthilfekabeln raten wir allen Besitzern von Wagen mit Drehstrom-Lichtmaschine, denn bei diesen Wagen dürfen ja bekanntlich die Batterien bei laufendem Motor nicht ausgebaut werden. Die auftretenden Spannungsspitzen würden sonst die Dioden in der Lichtmaschine zerstören.

Kauf einer neuen Batterie

Bei einem gewissen Alter – etwa 3 Jahre im Durchschnitt – hilft alles Nachladen nicht mehr viel. Dann muß man eben seinem Auto eine neue Batterie spendieren. Lassen Sie sich auch von den Versprechungen der Batteriewundermittelhersteller, die der Batterie für teures Geld ein langes Leben verheißen, nicht zum Kauf verlocken. Es ist eine zusätzliche Geldausgabe, die sich nicht lohnt.

Irrgarten

Im Gegensatz zu deutschen Gebräuchen sind die Kabelfarben zwischen Schaltern, Verbrauchern und Aggregaten bei Peugeot nicht genormt. Sie können sich also nicht darauf verlassen, daß eine stets stromführende Leitung auch immer rot gefärbt ist, vielmehr kann die Kabelfarbe zu ein und demselben Verbraucher von Baujahr zu Baujahr wechseln. Wonach Sie sich bei der Orientierung richten müssen, sind die Buchstaben und Leitungsnummern im Schaltplan, die auf den Kabeln und an den Anschlußstellen im Wagen wiederkehren. So hat z. B. das Kabel zum Horn von Anfang an die Kabelnummer 24.
Dem Peugeot-Verfahren entsprechend werden Sie deshalb im Schaltplan nicht die aus deutschen Wagen bekannten Klemmenbezeichnungen antreffen, sondern Peugeot-eigene Kabelnumerierungen und Klemmenbezeichnungen durch Buchstaben. Wir übernehmen an den betreffenden Stellen dieses Buches und in den Schaltplänen diese Kennziffern und -buchstaben, da Sie an Ihrem Pegueot mit den genormten deutschen Bezeichnungen nichts anfangen könnten.
Wenn Sie unter diesen Voraussetzungen den für Ihren Peugeot zutreffenden Schaltplan am Ende des Buches und in der Buchklappe studieren, werden Sie schnell hinter die vermeintlichen Geheimnisse kommen, so daß Sie nur noch zwei wichtige Werkzeuge brauchen: Die angeborene Intelligenz und eine 12-Volt-Prüflampe, die Sie bei der eventuellen Fehlersuche an den richtigen Stellen ansetzen müssen.
Grundsätzlich müssen Sie dazu wissen, daß im Gegensatz zu den üblichen elektrotechnischen Gepflogenheiten zu einem Stromverbraucher, Schalter oder Relais häufig nur ein Kabel führt. Das andere, das Massekabel, hat man aus Gründen der Vereinfachung meist gespart. Damit trotzdem Strom fließen kann – man braucht ja zwei Pole – zieht man die Metallteile der Karosserie, des Motors oder Fahrgestells als sogenannten Masseleiter heran – ebenso genial wie billig. Für den Elektrikbastler bedeutet diese Kenntnis vor allem, daß er bei einer Fehlersuche oder Bastelarbeit immer auch auf einwandfreien Massekontakt achten muß.

Wo liegen die Kabel?

Darüber gibt die Zeichnung rechts oben Auskunft; im wesentlichen ist die Kabelführung beim Peugeot 204 und 304 dieselbe, beim Break ist hinten für die rechte Beleuchtungsgruppe ein separater Strang gelegt. Wie Sie in der Zeichnung sehen können, sind die Einzelleitungen, die in die gleiche Richtung führen, zu Kabelsträngen zusammengefaßt. Am Strangende sitzt jeweils ein Sammelstecker, mit dem dann die Verbindung zum nächsten Strang hergestellt wird. Gleichzeitig sind die Stecker so gestaltet, daß Fehler durch falsches Zusammenstecken nicht möglich sind. Müssen Sie einmal einen kompletten Strang erneuern, so muß es unbedingt wieder derselbe sein, deshalb im Ersatzteillager genau Wagentyp und Baujahr angeben, denn z. B. gibt es allein für den Hauptkabelstrang mehrere Ausführungen mit 11 bis zu 16 Leitungen.

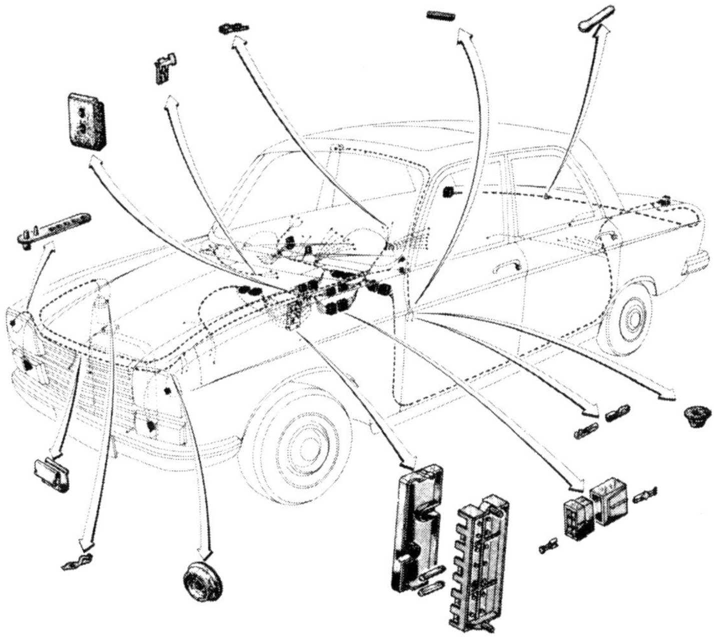

So verlaufen die Kabelstränge im 204 und 304. Sie sehen auch die Steckverbindungen, Befestigungsteile und den Sicherungskasten. Diese Schemazeichnung kann zusammen mit den Schaltplänen bei der Orientierung helfen.

Fingerzeig: *Der Hauptknotenpunkt der elektrischen Kabel in Ihrem Peugeot liegt unter der linken Armaturenbrettecke. Dort liegen die meisten Sammelstecker, und von dort zweigen die Leitungen nach vorn zum Motorraum, nach hinten und zum Armaturenbrett ab. Sie kommen daran, wenn Sie in den linken Fußraum hinabtauchen und die schaumgummibelegte Abdeckplatte nach unten abziehen, notfalls die haltende Blechnase aufbiegen.*

Zusatzkabel nachziehen

Die elegante Verbindung der Kabelstränge mit Mehrfachsteckern birgt allerdings für den Bastler auch Nachteile. Man kann dort nicht immer ein weiteres Kabel anschließen, wenn man einen zusätzlichen Stromverbraucher einbauen will. Zusatzkabel verlegt man deshalb am einfachsten auf direktem Weg zum Verbraucher, entlang dem entsprechenden Kabelstrang. So braucht man z. B. nach vorn zum Motorraum nicht extra ein Loch in die Spritzwand bohren. Und man kann das Kabel mit Isolierband am Strang befestigen, so daß es nicht lose herumhängt. Ähnlich verfährt man auch mit nach hinten zu legenden Leitungen. Die neuen Stromverbraucher sichert man am besten einzeln ab, indem man eine sogenannte »fliegende Sicherung« in die neue Leitung einsetzt. Diese Sicherung im Kunststoffgehäuse kann man überall kaufen.

Mindest-Leitungsquerschnitte

Um einen unzulässigen Spannungsabfall und eine unzulässige Erwärmung zu vermeiden, sind für bestimmte Leitungen bestimmte Normquerschnitte vorgeschrieben:

- 0,5 mm² — für gering belastete Leitungen, z. B. von Kennzeichen-, Schluß- und Kontrolleuchten, Kraftstoff-Vorratsanzeiger
- 0, 75 mm² — für mäßig belastete Leitungen, z. B. von Brems-Schlußleuchten, Scheibenwischer und Zündanlagen
- 1 mm² — z. B. für Fahrtrichtungsanzeiger
- 1,5 mm² — für Scheinwerfer-Einzelleitungen ab Sicherungen bis 6 A
- 2,5 mm² — für Scheinwerfer-Sammelleitungen bis Sicherung über 6 A
- 4–25 mm² — für Ladeleitung (je nach Nennleistung der Lichtmaschine)
- 16–96 mm² — für Anlasserleitung (je nach Anlasserleistung).

Allerdings sind diese Mindestquerschnitte nach DIN zwar ausreichend, aber der technischen Weiterentwicklung nach doch zu gering, da die Verbraucher heute eine wesentlich höhere Stromaufnahme haben. Deshalb sollte man bei einem nachzuziehenden Kabel, auch beim Austausch eines serienmäßigen Einzelkabels, stets einen höheren Querschnitt wählen. Für die weniger belasteten Leitungen nimmt man 1,5 mm^2-Querschnitt, für Leitungen zu größeren Stromverbrauchern wie Fanfaren und Zusatzscheinwerfer 2,5 mm^2-Querschnitt.

Spannungsabfall wächst mit dem Alter

Jeder Stromverbraucher im Peugeot ist auf die Bordnetzspannung von 12 Volt ausgelegt. Von diesen 12 Volt darf möglichst wenig auf dem Weg dorthin verlorengehen. So sollte der Spannungsverlust z. B. in der Lichtleitung vom Regler zu den Leuchten 0,2 Volt nicht übersteigen. Das mag beim Neuwagen auch zutreffen, aber mit zunehmendem Alter Ihres Peugeot wächst auch der Spannungsabfall. Daran sind jedoch nicht die Leitungen schuld, sondern die Spannungsabfälle an Klemmen, Steckverbindern, Schalterkontakten usw. Sie addieren sich zu den Spannungsabfällen in den Leitungen, und schon wird der Verbraucher nicht mehr mit der günstigsten Spannung versorgt.

Dem Spannungsabfall an den Scheinwerfern hat Peugeot bei den neueren Modellen allerdings einen Riegel vorgeschoben, indem man vorn links im Motorraum ein Abblendrelais eingebaut hat, das den Strom direkt vom Regler bekommt; er muß also nicht den Umweg über die meist viel zu schwach bemessenen Schalter und langen Lichtleitungen nehmen. Dadurch ergibt sich kein Lichtverlust.

Die Klemmenfrage

Gelegentlich sind Steckverbindungen an Klemmen und zwischen Leitungen schwierig zu findende Störungsquellen. Wenn einmal eine unerklärliche Störung an einem Verbraucher vorkommt, z. B. Ausfall einer Blinkleuchte, sollte man nach der Kontrolle der Sicherung zunächst einmal die Steckverbindungen abziehen und wieder aufstecken. Vielfach ist dann der Fehler bereits behoben, weil dabei die Oxydschicht in der Steckverbindung zerstört wird. Auch indem man die Steckverbindungen hin und wieder vorsorglich durchsieht und wenn nötig reinigt, kann man dem Spannungsabfall vorbeugen.

Fingerzeig: *Wenn Leitungsanschlüsse und Steckverbindungen ungeschützt Schmutz und Straßennässe ausgesetzt sind, kann man diese mit Unterbodenschutz-Sprühwachs versiegeln, so daß sie nicht oxydieren. Auch Kontaktspray für die Autoelektrik ist dafür geeignet.*

Leitungsanschlüsse und -verbindungen

Im Peugeot werden fast durchweg Flachstecker für den Anschluß der Leitungen an Klemmen oder für die Verbindunng der Leitungen untereinander verwendet. Hier gibt es im Fachhandel ein großes Sortiment an Hülsen und Steckverteilern, so daß man für den jeweiligen Montagezweck das Geeignete aussuchen kann. Manchmal werden die Stecker im Handel nur in ganzen Schachteln abgegeben. Dann ist es besser, man holt sich einzelne Stücke in der Peugeot- oder Elektrik-Werkstatt.

Die Wahl zwischen isolierten und den – billigeren – blanken Steckern fällt nicht schwer. Zwar bieten die isolierten etwas mehr Schutz, doch braucht man für sie eine Spezialzange zum Anquetschen an die Leitung, während man die blanken Stecker auch mit einer normalen Zange aufquetschen kann. Bei den blanken Steckern läßt sich auch besser kontrollieren, ob die Leitung richtig festsitzt, und man kann auch Leitungen mit dünnerem Querschnitt in Steckern anbringen, die eigentlich für Leitungen mit dickerem Querschnitt bestimmt sind.

Haushaltskabel nicht brauchbar

Die schwarze oder bunte Kunststoffumhüllung der im Wagen verwendeten Kabel ist benzin-, öl- und scheuerfest. Das trifft für die normalen Haushaltskabel nicht zu. Wer also kein Feuerwerk im Motorraum veranstalten will, sollte sich für zusätzlich einzuziehende Leitungen das richtige Kabel in der Fachwerkstatt besorgen. Ähnlich ist es mit den im Haushalt gebräuchlichen Lüsterklemmen. Auch sie sind mit Vorbehalt und höchstens im Notfall zu benutzen. Die speziellen Leitungsverbinder für den Autobau sind allemal sicherer und fachgerechter.

Die Sicherungen

Auf dem linken Radkasten im Motorraum sitzt das schwarze Kunststoffgehäuse, in dem die Sicherungen untergebracht sind. Wenn man den Deckel abzieht, kann man die verschiedenfarbigen Sicherungskörper sehen. Diese Sicherungen tragen dünne Metallstreifen, und diese haben durchzuschmelzen, wenn in den abgesicherten Stromkreisen Kurzschluß oder Überlastung auftritt. Diese Selbstzerstörung der Sicherung ist der Schutz davor, daß ein Kabel zu schmoren beginnt oder ein Verbraucher zerstört wird. Auch ab welcher Stromstärke die Sicherung schmelzen muß, ist durch die Bauart festgelegt. Aus diesem Grund darf eine durchgebrannte Sicherung niemals durch einen Draht, Nagel oder durch Stanniolpapier »geflickt« werden, wenn man nicht einen Autobrand riskieren will. Das wäre auch am völlig falschen Ende gespart, schließlich kostet eine neue Sicherung nur ein paar Pfennige.

Nicht durch Sicherungen überwacht sind die Schaltungen zwischen Batterie, Lichtmaschine, Anlasser und Zündschloß. Falls der Motor einmal nicht anspringen will, hat es demnach keinen Sinn, die Schuld an einer defekten Sicherung zu suchen.

Wichtig! Verändern Sie nichts an der serienmäßigen Absicherung, indem Sie einen zusätzlichen Verbraucher wie z. B. Nebelscheinwerfer an eine Sicherung legen und den früher dort angeschlossenen Verbraucher an eine der übrigen Sicherungen klemmen, denn manche Scherungskreise sind gesetzlich vorgeschrieben. So dürfen beispielsweise die hinteren Schlußleuchten nicht an einer gemeinsamen Sicherung liegen.

Wenn eine Sicherung durchbrennt, so liegt meist ein dauernder oder zeitweiliger Kurzschluß vor, sofern die betreffende Sicherung nicht dadurch überlastet wurde, daß man einen zusätzlichen Verbraucher angeschlossen hat. Wird die durchgebrannte Sicherung durch eine neue ersetzt, und brennt diese sofort oder

Der Sicherungskasten ist leicht erreichbar auf dem linken Radkasten angebracht. Wir zeigen den Kasten offen, um die Reihenfolge der Sicherungen zu kennzeichnen. Was wo angeschlossen ist, finden Sie im Text.

nach einiger Zeit wieder durch. Um das zu vermeiden, muß also zuerst der Kurzschluß in der Leitung oder im Verbraucher gesucht werden, was häufig eine zeitraubende Angelegenheit ist.

Gelegentlich kommt es auch vor, daß sich zwischen den Federbügeln des Sicherungshalters und den Anschlußkappen der Sicherung eine Oxydschicht gebildet hat, die den Stromdurchgang behindert. Ein gänzlicher Ausfall des hier angeschlossenen Verbrauchers ist aber selten die Folge der Oxydation, meist wird nur seine Leistungsfähigkeit herabgesetzt. Abhilfe: Sicherung mit Daumen und Zeigefinger in der Halterung hin und her drehen. Dabei die Bügel mit der anderen Hand etwas zusammendrücken. Oder Sicherung herausnehmen, Bügel etwas zusammendrücken und Sicherung wieder einsetzen.

Fällt ein Verbraucher aus, braucht man nicht sofort die Sicherungen zu kontrollieren. An manchen Sicherungen hängen mehrere Verbraucher, so daß es genügt, einen dieser Verbraucher einzuschalten, der bei ausgefallener Sicherung auch nicht funktioniert. Dazu muß man aber wissen, welche Verbraucher an welcher Sicherung hängen. Dieses Buch mit der nachfolgenden Aufstellung kann Ihnen so vielleicht ersparen, daß Sie bei strömendem Regen aussteigen müssen, um nach den Sicherungen zu schauen.

Sicherungstabelle

Die Sicherung Nummer 1 ist die in Fahrtrichtung vorn liegende. Dementsprechend liegt Sicherung Nummer 4 zu der Windschutzscheibe hin. Folgende Verbraucher sind an den einzelnen Sicherungen abgesichert:

Sicherung Nr.	Verbraucher
1 5 Amp.	Standlicht vorn Standlicht hinten Nummernschild-beleuchtung Standlichtkontrolle
2 15 Amp.	Innenbeleuchtung Elektrische Zeituhr Heizbare Heckscheibe dazu 304: Signalanlage Zigarrenanzünder Gepäckraumleuchte
3 10 Amp.	Bremslichter Auskuppelbarer Ventilator
4 10 Amp.	Blinkleuchten Scheibenwischer Heizungsventilator dazu 304: Pumpe des Scheiben-waschers dazu nach Ausstattung und Einbau: Kraftstoffstandanzeiger Thermisches Voltmeter Öldruckkontrolleuchte Kühlwasserthermometer Weiteres Zubehör

Saft und Kraft

»Saft« nennt der Elektriker den Strom, der in den Leitungen fließt und in der Batterie gespeichert wird. Wenn kein Saft mehr fließt, um zum Beispiel das kleine Kraftpaket Anlasser zu treiben, stehen die Räder still.
Sie können die Lichtmaschine an Ihrem Peugeot verhältnismäßig leicht finden, sie sitzt an der linken Motorschmalseite (in Fahrtrichtung gesehen) unter dem Schlauchbogen der Kühlanlage. An ihrer durchlöcherten Oberseite liegen die elektrischen Anschlüsse. Weiteres Kennzeichen: Die Lichtmaschine wird vom Keilriemen angetrieben, der allerdings von oben nicht so gut zu sehen ist. Aber damit berühren wir gleich den einzigen Punkt, der für die Lichtmaschine im Wartungsplan aufgeführt ist, und der natürlich auch zur Pflege der Kühlanlage gehört.

Ventilatorriemen prüfen und einstellen

Pflegearbeit Nr. 23

Für diese Maßnahme schreibt Peugeot kein km-Intervall vor. Man soll den Keilriemen nachspannen, wenn er bei kaltem Motor, also im Leerlauf nach dem Kaltstart schlägt. Das hört man am Anfang zwar nicht sogleich, im Lauf der Zeit wird das Geräusch aber deutlicher. Darin besteht eigentlich der Teil »Prüfen« dieser Arbeit. Wir haben sie ins 15 000 km-Intervall hineingenommen, um Sie immer wieder mal ans Hinhören zu erinnern. Außerdem kann natürlich das Spannen des Keilriemens nötig werden, wenn Sie am Motor gebaut haben oder einen neuen Keilriemen auflegen müssen, weil der alte ausgefranst oder gerissen ist.
Wichtig: Der Keilriemen darf nie mit Gewalt auf die Riemenscheiben gedrückt werden. Auch darf der Riemen nie mehr als 90° gedreht, also verschränkt werden, was bei den vier Umlenkungspunkten: Ventilator/Wasserpumpe, Lichtmaschine, Kurbelwelle und Spannrolle sorgfältige Beobachtung erfordert!
So geht man vor: Wagen vorn anheben, damit man von unten her arbeiten kann.

Unter dem Schlauchkrümmer, der zum Thermostat führt, hängt die Lichtmaschine am Motorblock. Hier sieht man ihre gelochte Oberseite mit den elektrischen Anschlüssen. Der viereckige Kasten daneben am linken Radkasten ist der Lichtmaschinen-Regler.

Zwischen Ventilatorriemenwelle und der unteren Keilriemenumlenkung prüft man die Spannung des Keilriemens (Markierungsstriche), Maße siehe im Text. Nebenbei sieht man auch die Schiene mit dem Langloch und der Gewindemutter, mit der der Keilriemen ge- und entspannt wird.
Übrigens haben die Benzinmotoren XK 5, XL 5 und XL 5 S außer dem umgelenkten Keilriemen noch einen zusätzlichen zweiten zum Antrieb der Wasserpumpe wie die Dieselmotoren XL 4 D und XIDL. Das sollte man berücksichtigen, wenn man Ersatzteile für die Auslandsreise mitnimmt. Verschleißfreudiger ist allerdings der lange umgelenkte Keilriemen.

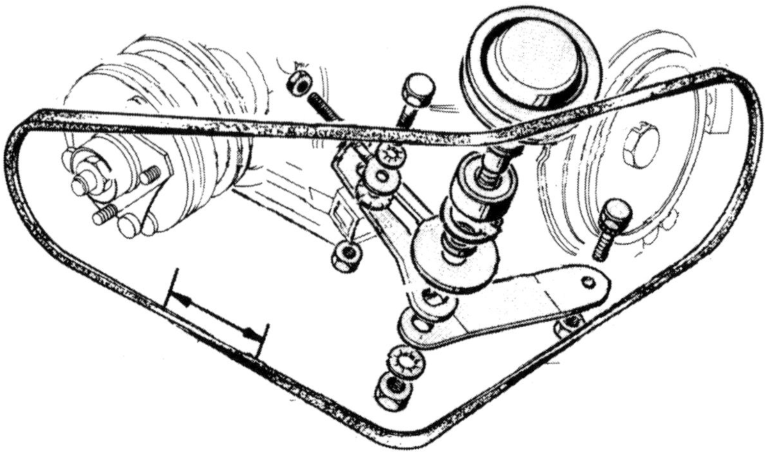

Der Keilriemen wird nacheinander auf die Riemenscheiben von Ventilator, Lichtmaschine und Kurbelwelle gelegt. Dann erst kommt der Riemen auf die abmontierte Spannrolle, die man dann am Gehäuse befestigt. Zum Nachspannen des schon aufliegenden Riemens genügt es, die Einstellmutter auf dem langen Gewinde und die Schraube im Langloch der Schiebeschiene zu lockern, um den Keilriemen zunächst einmal zu entspannen.
In entspanntem Zustand bringt man auf dem Keilriemenstück zwischen Ventilatorriemenscheibe und Spannrolle zwei gut sichtbare und präzise Markierungen an, z. B. mit Fettstift. Die Markierungen sollen genau 100 mm auseinanderliegen. Bei neuen Riemen sind die beiden Striche meistens schon vorhanden, man sollte sicherheitshalber aber nachmessen und eigene Markierungen anbringen, wenn die vorhandenen nicht stimmen.
Jetzt wird der Riemen gespannt, indem man die Einstellmutter auf dem langen Gewinde solange nach rechts dreht, bis die Markierungen bei einem Motor mit Gleichstrom-Lichtmaschine 102 bis 102,5 mm auseinanderliegen, bei einem Motor mit Wechselstrom-Lichtmaschine 101,5 bis 102 mm. Zum Schluß die Lagerbolzenmutter der Spannrolle mit 3,5 bis 4 mkg anziehen, die beiden Befestigungsschrauben des Halters mit 1,75 mkg, und die Mutter der Spannschraube auf der Schiebeschiene nach Gefühl.

Fingerzeige: *Wegen der Länge des Keilriemens und seiner speziellen Umlenkung um vier Ecken ist es ratsam, zumindest auf längeren Fahrten einen Ersatzkeilriemen dabei zu haben, denn mit dem oft gepriesenen Nylonstrumpf oder einer starken Schnur wird man kaum wieder flottkommen.*
Neue Keilriemen muß man nach etwa 500 km Fahrstrecke nochmals nachspannen, denn sie dehnen sich etwas.

Die Lichtmaschine

Bis Herbst 1970 war in die Peugeot 204 – mit Ausnahme von 204 Coupé und Cabrio – eine Gleichstrom-Lichtmaschine eingebaut. Ab Herbst 1970 baut Peugeot in Wagen für kalte Länder, wozu auch die Bundesrepublik zählt, Wechselstrom-Lichtmaschinen ein. Wer nicht ganz sicher ist, welcher Typ bei seinem Peugeot unter der Haube sitzt: Wechselstrom-Lichtmaschinen haben gegenüber den normalen Lichtmaschinen einen größeren Durchmesser (ca. 140 mm) und sind niedriger gebaut.

Aufbau-Unterschiede

Bei der herkömmlichen Gleichstrom-Lichtmaschine wird der Strom vom drehenden Anker über den Kollektor und die Kohlebürsten abgegeben. Die Feldspulen, die die magnetische Erregung bewirken, stehen dagegen fest. Die Gleichstrom-Lichtmaschine ist wartungsfrei, jedoch verschleißen im Lauf der Zeit die auf dem Kollektor laufenden Kohlebürsten, die dann ausgewechselt werden müssen. Das ist meist erst nach 40 000 bis 50 000 km der Fall. Wenn man dabei feststellt, daß der Kollektor riefig oder verbrannt ist, sollte man die Werkstatt einschalten, denn nur diese kann den Kollektor wieder herrichten.

Auch die Wechselstrom- oder Drehstrom-Lichtmaschine liefert Gleichstrom, wie er im Bordnetz benötigt wird. Aber man geht zu dessen Erzeugung einen etwas anderen Weg. Der Verbraucherstrom wird von feststehenden Wicklungen abgegeben, der Strom für die magnetische Erregung wird einem Läufer zugeführt. Die Zuführung erfolgt über zwei Kohlebürsten und glatte Schleifringe, so daß die Kohlebürsten weniger abgeschliffen werden als auf einem Kollektor mit vielen einzelnen Lamellen. Außerdem ist die Strombelastung geringer, weil nur der schwache Erregerstrom über Kohlebürsten und Schleifringe geführt wird. Da in den sogenannten Ständerwicklungen, die den Verbraucherstrom abgeben, ein Wechsel- bzw. Drehstrom erzeugt wird, der zur Batterieladung ungeeignet ist, wird dieser Strom durch in die Lichtmaschine eingebaute Dioden (Gleichrichterelemente) gleichgerichtet, weshalb man auch von kollektorlosen Gleichstrom-Lichtmaschinen spricht.

Der Vorteil der Wechselstrom-Lichtmaschine besteht darin, daß sie im Gegensatz zur Kollektor-Gleichstrom-Lichtmaschine sehr hoch drehen kann. So ist es möglich, eine Antriebsuntersetzung zu wählen, die garantiert, daß die Lichtmaschine schon bei verhältnismäßig niedrigen Motorumdrehungen in Drehzahlen kommt, in denen sie Zündung und Verbraucher mit Strom speisen kann

Daher kommt es, daß die Lichtmaschine schon bei Leerlaufdrehzahl von ca. 800 bis 900 U/min genügend Strom liefert, um alle Verbraucher zu versorgen. Was das bedeutet, können Sie in der Verbrauchstabelle im Kapitel »Batterie« ablesen. Und da die Wechselstrom-Lichtmaschine schon bei Leerlauf ihre höchste Leistungsabgabe erreicht, kann man also selbst bei Schleichfahrt im 4. Gang damit rechnen, daß die Batterie kaum belastet wird. Das bedeutet einen erheblichen Fortschritt gegenüber den Lichtmaschinen früherer Jahre.

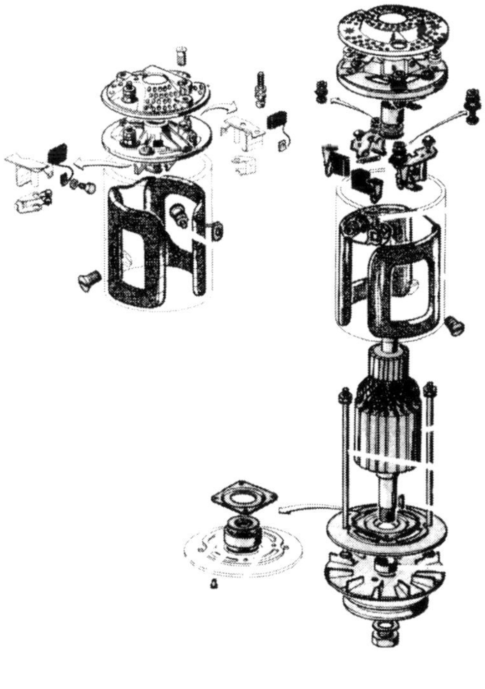

Rechts die Einzelteile der Wechselstromlichtmaschine Fabrikat Ducellier. Ganz ähnlich gebaut, jedoch mit anderem Oberteil (links) die Wechselstromlichtmaschine Paris-Rhône.

Nicht nur Vorteile

Während die Kollektor-Lichtmaschine recht unempfindlich arbeitet, muß bei Arbeiten im Motorraum, bei Notmaßnahmen usw. auf die Drehstrom-Lichtmaschine unbedingt Rücksicht genommen werden. Sehr empfindlich gegen Spitzenspannungen, wie es ja auch Kurzschlüsse sind, reagieren die teuren Dioden. Deshalb einige Grundregeln, die man nie vergessen sollte:

- Die Batterie und der Regler müssen bei laufendem Motor immer angeschlossen sein, ein reiner Lichtmaschinenbetrieb ohne Batterie ist im Gegensatz zur Kollektor-Gleichstrom-Lichtmaschine nicht möglich.
- Bei angetriebener Drehstrom-Lichtmaschine muß grundsätzlich deren Plusklemme mit der Batterie verbunden sein, die Minusklemmen von Batterie und Lichtmaschine müssen Verbindung zu Masse haben.
- Weder beim Anschließen von Batteriekabeln noch von Leitungen an Lichtmaschine und Regler darf eine Falschpolung vorkommen, auch nicht kurzzeitig, das nehmen die Dioden sofort übel!
- Niemals die Drehstrom-Lichtmaschine ausbauen, ohne vorher die Batterie abzuklemmen.
- Bei allen Arbeiten im Motorraum zuerst die Batterie abklemmen, da man nie sicher ist, daß ein Werkzeug aus der Hand rutscht und einen Kurzschluß verursacht.
- Alle Leitungsanschlüsse an Lichtmaschine und Regler müssen stets gut festgezogen sein; Schraubenanschlüsse sichert man mit einem Tropfen Uhu.
- Wird die Batterie schnellgeladen, so müssen beide Batterieklemmen vorher gelöst werden, da Spannungsspitzen vom Schnellader auch über ein Verbindungskabel noch auf die Dioden einwirken können.
- Der Schnellader darf nie als Starthilfe verwendet werden – wegen möglicher Spannungsspitzen.
- Bei Starthilfe mit einer Fremdbatterie die Fremdbatterie immer an die eigene Batterie anschließen (es gibt im Handel spezielle Starthilfekabel, z. B. von APA), wobei die eigenen Klemmen zur Lichtmaschine nicht gelöst werden dürfen. Schon der kurze Zeitraum des Umklemmens bei laufendem Motor würde die Dioden zerstören.

Störungen an der Drehstrom-Lichtmaschine

Stellt man an der Ladekontrolle fest, daß eine Störung an der Lichtmaschine vorliegt, so kann man nicht wie bei der Kollektor-Gleichstrom-Lichtmaschine einfach weiterfahren oder das Pluskabel vom Regler lösen. Bei der Wechselstrom-Lichtmaschine müssen sämtliche Verbindungen zwischen Lichtmaschine und Regler getrennt werden, jedoch nie bei laufendem Motor, damit die Lichtmaschine nur noch leer mitläuft.

Lichtmaschine ausbauen

Das ist weder bei der Gleichstrom- noch bei der Drehstrom-Lichtmaschine schwierig, aber wegen der notwendigen Nebenarbeiten beschwerlich und zeitraubend. So müssen zuerst die Batteriekabel und Lichtmaschinenanschlüsse getrennt werden. Dann wird bei Peugeot ab September 1970 das Kühlwasser abgelassen, zumindest ein Teil davon, damit der Wasserspiegel soweit absinkt, daß kein Wasser mehr ausläuft, wenn man als nächstes den über der Lichtmaschine liegenden Schlauchbogen abnimmt. Geschickte schaffen den Ausbau allerdings auch ohne Ablassen. Bei Modellen vor 1970 hat man es leichter, da das Kühlwasser seitlich ins Thermostatgehäuse geleitet wird. Wenn man dann den Keilriemen entspannt und abnimmt (siehe entsprechenden Absatz in diesem Kapitel) kann man an den Abbau der Lichtmaschine gehen. Aber auch dann ist in dem engen Raum zwischen Motor und Radkasten noch beschwerlich genug zu arbeiten. Keilriemen abnehmen, s. weiter oben.

Der Ausbau der Lichtmaschine ergibt sich praktisch von selbst. Die schlankere Gleichstrom-Lichtmaschine ist mit einem Spannband am Motor befestigt; nach Lösen der Spannbandmutter ist das Aggregat abzunehmen. Die Drehstrom-Lichtmaschine ist mit zwei Schraubbolzen am Motor befestigt. Der Einbau geschieht in der umgekehrten Reihenfolge.

Selbsthilfe an der Lichtmaschine

Zwar kann man sowohl bei der Gleich- wie der Drehstrom-Lichtmaschine selbst prüfen und Fehlerquellen einkreisen, auch kann man die Lichtmaschine ausbauen und zur Werksvertretung oder in eine Elektrikwerkstatt bringen. Aber die Detailprüfung, das Zerlegen und Reparieren sollte man dem Fachmann dort überlassen, besonders bei der Drehstrom-Lichtmaschine. Dort kann man das Aggregat vielleicht noch relativ billig reparieren, wo Sie schon eine Austauschmaschine einsetzen würden. Besonders in kleineren Elektrikwerkstätten gibt es auch heute noch Tüftler, die nicht gleich zum Austausch greifen.

Fingerzeig: *Da sowohl bei Gleichstrom- wie bei Drehstrom-Lichtmaschinen verschiedene Fabrikate eingebaut werden, die Bauartunterschiede aufweisen, dürfen zum Detailaustausch nur Teile nach dem Ersatzteilkatalog verwendet werden, nachträglicher Umbau von Gleich- auf Drehstrom-Lichtmaschine ist nicht möglich, unter anderem wegen der unterschiedlichen Befestigungsarten und Untersetzungen.*

Kohlebürsten austauschen

Dazu muß weder bei der Gleich-, noch bei der Wechselstrom-Lichtmaschine das ganze Aggregat ausgebaut werden, allenfalls muß bei Peugeots ab September 1970 das Kühlwasser abgelassen werden, um den Schlauchbogen ohne Wasserverlust abzubauen.
Bei der Gleichstrom-Lichtmaschine löst man die beiden Befestigungsschrauben an der Oberseite, nachdem man die elektrischen Leitungen oben und seitlich und die Batteriekabel abgenommen hat. Dann kann man die Kollektorlagerkappe abnehmen und das Kollektorlager ausbauen. Darunter liegen die Kohlebürsten. Wenn es auch einige Bauartunterschiede zwischen den Fabrikaten Paris-Rhône und Ducellier gibt, stellen sich doch keine Probleme, da sich die Handgriffe praktisch von selbst ergeben. Die Bürsten tragen kurze Kupferlitzen und diese sind mit Metallfahnen in den Führungen verschraubt. Sind die Kohlen abgenutzt oder aus ihren Führungen herausgesprungen, müssen neue Bürsten eingesetzt werden. Beim Aus- und Einbau auf die kleinen Federn achten. Teilsätze gibt es im Peugeot-Ersatzteillager.
Noch einfacher ist der Wechsel der Kohlen bei den Drehstrom-Lichtmaschinen. Hier ist der Kohlebürstenhalter direkt von oben zugänglich an der Oberseite des Kollektorlagers befestigt.

Der Regler

Da die Lichtmaschine über den Keilriemen mit der Kurbelwelle des Motors verbunden ist, ändert sie ihre Drehzahl mit der Motordrehzahl. Und die Lichtmaschine liefert um so mehr Strom, je schneller sie dreht. Das darf aber nicht sein, denn die Stromverbraucher, die Batterie, und rückwirkend die Lichtmaschinendioden vertragen schwankende und zu hohe Stromspannungen schlecht.
Deshalb ist zwischen Lichtmaschine und Bordnetz ein Regler elektrisch zwischengeschaltet. Der viereckige Reglerkasten ist neben der Lichtmaschine an den linken Radkasten geschraubt. Der Reger hat dafür zu sorgen,

- daß die Spannung im Bordnetz unabhängig von der Motordrehzahl gleichmäßig bleibt,
- daß die Lichtmaschine erst dann mit der Batterie zusammengeschaltet wird,

wenn ihre Spannung mit der Batteriespannung übereinstimmt oder darüberliegt,
■ daß die Lichtmaschine von der Batterie abgeschaltet wird, wenn ihre Spannung unter die Batteriespannung absinkt.

Fingerzeig: *Vielleicht wundern Sie sich, daß bei Lichtmaschine und Regler immer von 14 Volt Spannung gesprochen wird, während sonst immer von 12 Volt Bordnetzspannung die Rede ist. Es handelt sich aber nicht um einen Druckfehler, sondern die 14 Volt sind die erhöhte Betriebsspannung, um trotz dem sogenannten Spannungsverlust auf die 12 Volt Nennspannung zu kommen. Auch die Batterie hat, wenn sie voll geladen ist, eine Zellenspannung von etwa 2,6 Volt, zusammen also 15 Volt Spannung.*

Regler prüfen

Ist der Reglerschalter defekt, was sich in krassen Fällen an überkochender oder ständig entladener Batterie, am Nicht-Verlöschen der Ladekontrollampe bei höherer Motordrehzahl bemerkbar machen kann (auch andere Folgen sind möglich), sind Reparaturversuche zwecklos und können zu Schäden im Bordnetz führen. Schon das Öffnen des Schaltergehäuses, das Abschleifen der Kontakte und das Beiseitedrücken der beweglichen Teile können zu Veränderungen der Grundeinstellung führen, so daß der Regler ganz anders schaltet als er soll. Eine Überprüfung des Reglers ist demnach eine Sache einer Peugeot- oder Bosch-Werkstatt. Selbstverständlich sollte man vorher die Anschlußklemmen des Reglers überprüfen und nachsehen, ob kein Kabel wackelt oder gebrochen ist. Aber das ist so ziemlich alles, was man ohne Werkstatthilfe tun kann.

Regler auswechseln

Der Regler wird heutzutage kaum noch repariert. Bei Mängeln tauscht man den defekten Regler gegen einen neuen aus. Das ist angesichts der teuren Arbeitsstunden und der geringeren Reparaturanfälligkeit des Neuteils im Endeffekt billiger.
Einen defekten Regler kann man natürlich selbst auswechseln. Allerdings darf man nur Regler mit der vorgesehenen Typenbezeichnung einbauen. Ein ähnlich wie der serienmäßige aussehender, aber anders bezeichneter Regler kann durch andere Abstimmung zu Schäden führen.
Ausbau: Zuerst die Batteriekabel abnehmen, dann die Leitungen am Regler abziehen. Aber merken Sie sich genau (oder Sie markieren die Leitungen mit Klebebandfähnchen) welches Kabel wo angeschlossen war, denn bei Vertauschen der Kabel provoziert man Schäden, besonders bei den Dioden der Drehstrom-Lichtmaschine. Jetzt drehen Sie die Sechskantmutter unter dem Regler heraus, zum Schluß die obere Sechskantmutter, die gleichzeitig als Massebefestigung für mehrere Kabel dient. Beim Wiedereinbau vor allem hier kein Kabel vergessen!

Anschlüsse an Regler und Lichtmaschine

Der Regler liegt im Erregerkreis zwischen der Plusklemme der Batterie und der Lichtmaschine. Eine Reglerklemme ist deshalb mit + oder BAT die andere mit EX oder EXC (Excitation = Erregung) gekennzeichnet. Die Klemme + oder BAT des Reglers ist über die Kabel 4, 1 und 21 zu Batterie + und 4 und 20 zu Zündschloß und Voltmeter so geschaltet, daß der Erregerkreis erst geschlossen wird, wenn die Zündung eingeschaltet wird. Über das Kabel M 1 sind sowohl Lichtmaschine wie Regler zur Masse geschaltet.

Was sagt das Voltmeter?

Das Voltmeter, das im Armaturenbrett – Anzeigeskala gekennzeichnet durch eine symbolisierte Batterie – anstelle der in Deutschland üblichen Ladekontrollleuchte eingebaut ist, mißt die Spannung des elektrischen Bordnetzes: Sie soll

12 Volt betragen. Das Voltmeter zeigt genau Ladung und Entladung im Bordnetz an – das muß man sich auch bei der Fehlersuche vor Augen halten. Allerdings ist die Anzeige stark gedämpft, das heißt, der Zeiger wandert nur langsam über die Skala, eine nervöse Anzeige würde den Fahrer nur beunruhigen.
Deshalb ist es auch nicht bedenklich, wenn der Zeiger des Voltmeters bei eingeschalteter Zündung, aber noch nicht gestartetem Motor, zunächst im roten Feld bleibt, er soll sich vielmehr erst nach 40 bis 70 Sekunden nach Einschalten der Zündung am Beginn der mittleren Zone befinden. Bei normalem Motorlauf soll der Zeiger dann in die mittlere Zone wandern, mit Tendenz zur +-Seite der Skala hin. Fällt der Zeiger aber in das rote Minus(–)-Feld ab, dann ist Vorsicht geboten, und man überprüft möglichst schnell die elektrische Anlage. Wenn der Zeiger das rote Feld auf der Plus(+)-Seite der Skala erreicht, muß der Lichtmaschinenregler überprüft werden.
Die wichtigsten Punkte, die bei der Kontrolle der elektrischen Anlage zu berücksichtigen sind, haben wir im nachfolgenden Störungsbeistand zusammengefaßt.

Störungsbeistand

Batterie und Lichtmaschine

Die Störung	– ihre Ursache	– ihre Abhilfe
Voltmeterzeiger bleibt in Ruhestellung, auch bei eingeschalteter Zündung	Batterie restlos entladen	Batterie aufladen oder ersetzen
	Batteriekabel lose, Kabelschuh gebrochen oder oxydiert	Batteriekabel und Polanschlüsse prüfen
	Kabel- oder Anschlußdefekt in den Leitungen Anlasser – Lichtmaschine – Kombischalter – Zündschloß – Voltmeter, oder Zündschloß selbst defekt	Kabel und Anschlüsse prüfen, bzw. Zündschloß reparieren oder ersetzen
Voltmeter schlägt bei eingeschalteter Zündung aus, bleibt aber im roten Minusfeld	Batterie stark entladen	Batterie nachladen
	Kabelkontakt an Batterie oder Schaltern mangelhaft	Kontakt prüfen, Kabel richtig anschließen
	Lichtmaschine lädt nicht	Lichtmaschine, Regler und Keilriemen auf richtige Spannung prüfen
Voltmeter schlägt ins rote Plusfeld aus	Regler defekt oder für den Fahrbetrieb zu hoch eingestellt (Batterie überladen = kocht über)	Regler prüfen, richtig einstellen oder austauschen
	Kurzschluß im Bordnetz	Kabel, Anschlüsse, elektr. Aggregate und Instrumente durchprüfen

Wenn das rote Licht aufleuchtet

Zur Funktion der Ladekontrolleuchte lesen Sie bitte auf Seite 150. Wenn unterwegs plötzlich dieses rote Kontrollicht zu brennen beginnt, halten Sie unbedingt sofort an! Öffnen Sie die Motorhaube und prüfen Sie

- ob der Keilriemen überhaupt noch vorhanden ist (er kann gerissen und davongeflogen sein) oder
- ob der Keilriemen zu locker aufliegt und durchrutscht.

Sollte sich am Keilriemen kein Mangel feststellen lassen, prüfen Sie,

- ob die Kabelverbindungen zwischen Lichtmaschine, Regler und Batterie in Ordnung sind.
- Lichtmaschine oder Regler können ausgefallen sein.

Der Anlasser Fabrikat Ducellier. Oben komplett zusammengebaut, unten in seinen Einzelteilen. Den Anlasser bekommt man nur selten zu Gesicht, denn er liegt an der Motorrückseite versteckt unter dem Ansaugkrümmer. Bleibt der Magnetschalter, das Anhängsel oben auf dem Anlasser, einmal hängen und macht nur klick, statt den Anlasser zu bewegen, so hilft es manchmal, wenn man mit dem Hammer gegen den Magnetschalter klopft.

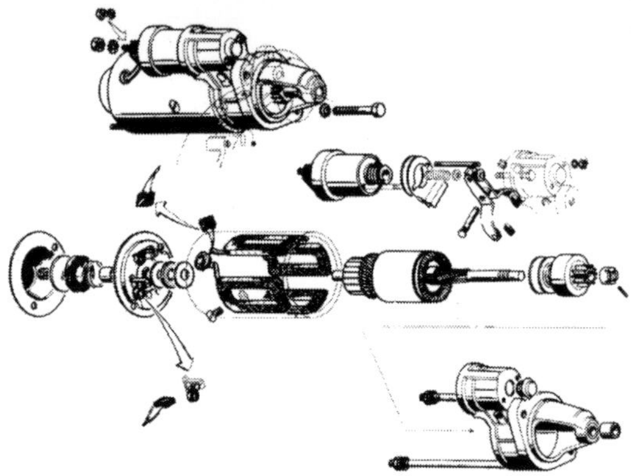

Die beiden letzten Möglichkeiten lassen es zu, mit eigener Kraft bis zur nächsten Werkstatt weiterzufahren. Bei Nachtfahrt mit eingeschalteter Beleuchtung darf die Strecke aber nicht zu weit sein, denn der Wagen fährt mit Batteriestrom. Und bei einer vollgeladenen Batterie rechnet man dann mit einer maximalen Fahrzeit von etwa 45 Minuten.

Der Anlasser

Wie im Kapitel »Die Batterie« bereits beschrieben, stellt der Anlasser die größten Ansprüche an den elektrischen Haushalt. Er braucht so viel Strom, daß die Batterie damit jeweils nur kurze Zeit beansprucht werden kann.

Der Anlasser sitzt sehr schwierig zugänglich an der Motorrückseite, eingeklemmt zwischen Motorblock und Spritzwand, schräg unter dem Vergaser. Mit seiner Vorderseite ist er an der Kupplungsglocke angeschraubt, unter der sich das auf der Kurbelwelle befestigte Schwungrad dreht. Der Anlasser hat einen elektromagnetischen Anlaßschalter, der über das Zündanlaßschloß betätigt wird. Darauf schiebt sich das Anlaßritzel (kleines Zahnrad) nach vorn in die Zähne des Schwungrads und dreht den Motor durch. Er kann das aber nur kurze Zeit, weshalb es falsch wäre, den Anlasser für einen Anlaßvorgang übertrieben lange drehen zu lassen. Dabei kann er an Hitzeentwicklung zugrundegehen. Und auch die Batterie hält das nicht allezulange aus. Das übliche Starten in kürzeren Intervallen ist also schon aus Rücksicht auf den Anlasser gerechtfertigt.

Der Anlasser braucht keine besondere Pflege – glücklicherweise, wegen der schlechten Zugänglichkeit. Verschleißteile sind die Kohlebürsten und der Kollektor. Zur Prüfung von Kohlen und Kollektor kann man das Spannband am hinteren Anlasserende abnehmen, damit man hineinsehen kann. Davor sind allerdings einige vorbereitende Arbeiten vorzunehmen, beispielsweise muß man den Luftfilter abnehmen, um von oben überhaupt hinabgreifen zu können.

Mögliche Störungen

Sie sind heutzutage ziemlich selten. Wenn der Anlasser beim Drehen des Zündschlüssels nicht anläuft, zunächst einmal die Kabel an der Batterie und am Magnetschalter des Anlassers auf festen, sauberen Sitz prüfen. Sind sie verschmutzt, korrodiert, gebrochen oder lose, dann blankschaben, festziehen oder ersetzen. In zweiter Linie kommt ein defekter Magnetschalter in Frage. Besonders in warmem Zustand können manchmal die Kontakte kleben. Manchmal hilft ein kräftiger Schlag mit dem Hammerstiel auf den Magnetschalter, um die Kontakte zu lösen. Kommt es jedoch öfter vor, bringt nur der Austausch des Magnetschalters dauerhafte Abhilfe. Dritte Störungsmöglichkeit sind abgenützte Kohlen: Erneuern. Wenn das alles nichts hilft, kann nur die Werkstatt weiterhelfen. Wenn sich das Anlasserritzel nach angesprungenem Motor nicht zurückziehen will (das Anlassergeräusch ist unüberhörbar), dann sofort abschalten, da sonst der Anlasser ruiniert wird. Das Ritzel zurückzuschlagen versuchen, evtl. hat es sich aber auch nur verklemmt und beim zweiten Startversuch ist alles in Ordnung. Weitere mögliche Ursache: defektes Zündanlaßschloß. Auch hier kann meist nur die Werkstatt weiterhelfen.

Störungbeistand
Anlasser

Die Störung	– ihre Ursache	– ihre Abhilfe
A Beim Einschalten dreht sich der Anker nicht oder zu langsam	1 Batterie entladen	Batterie aufladen und überprüfen
	2 Batterieklemmen lose oder oxydiert, Masseverbindung schlecht	Klemmen festziehen, Pole und Klemmen reinigen und mit Säureschutzfett einfetten
	3 Anlasserklemmen oder Bürsten haben Masseschluß	Masseschluß beseitigen
	4 Kohlebürsten liegen nicht auf dem Kollektor auf, klemmen in ihren Führungen, sind abgenutzt, gebrochen, verölt oder verschmutzt	Kohlebürsten nachsehen, reinigen oder auswechseln, Führungen prüfen
	5 Kollektor abgenutzt	Kollektor überdrehen und aussägen
	6 Magnetschalter beschädigt	Magnetschalter auswechseln
	7 Spannungsabfall in den Leitungen zu groß, Leitungen beschädigt, . Leitungsanschlüsse locker	Anlasserleitungen und Anschlüsse überprüfen
B Anker dreht sich, Ritzel spurt aber nicht ein	1 Ritzel verschmutzt	Ritzel reinigen
	2 Ritzel oder Zahnkranz beschädigt	Grat abfeilen
C Beim Einschalten dreht sich der Anker, bis das Ritzel kraftschlüssig einspurt, bleibt aber dann stehen	1 Batterie ungenügend geladen	Batterie aufladen
	2 Kohlebürsten ungenügend	Kohlebürsten nachsehen, reinigen oder auswechseln
	3 Druckfeder ausgeglüht	Druckfeder erneuern
	4 Magnetschalter nicht in Ordnung	Magnetschalter auswechseln
	5 Spannungsabfall in den Leitungen zu groß	Leitungen und deren Anschlüsse überprüfen
D Anker läuft weiter, nachdem der Schalter losgelassen wurde	1 Anlaßschalter schaltet nicht ab	Sofort Anlasserkabel an Batterie oder Anlasser lösen
	2 Magnetschalter klebt	Magnetschalter austauschen
E Ritzel spurt nach Anspringen des Motors nicht aus	Ritzel oder Schwungradverzahnung stark beschädigt oder verschmutzt, Rückzugfeder lahm oder gebrochen	Grat sorgfältig entfernen und reinigen; Rückzugfeder erneuern

Viervierteltakt

Der Motor Ihres Peugeot wird, wie es bei Vergasermotoren üblich ist, durch Batteriezündung zum Leben erweckt. Sie wird gebraucht, um das Kraftstoff/Luft-Gemisch im Brennraum zu entzünden. Der zündende Funke springt an der Zündkerze über. Aber vorher muß die Spannung auf über 10 000 Volt hochtransformiert werden, denn die schlichten 12 Volt aus der Batterie bzw. der Lichtmaschine genügen ja nicht, um gegen den Druck des zusammengepreßten Gemischs im Brennraum an der Kerze einen so kräftigen Funken überspringen zu lassen, wie er dort notwendig ist.
Die Ampere (Stromstärke) spielen in diesem Zusammenhang keine große Rolle, denn ein Funke springt zwischen zwei Polen nur durch hohe Spannung, aber nicht durch hohe Stromstärke über. (Wer beim Basteln schon einmal einen elektrischen Schlag an der Zündanlage erwischt hat, kann bestätigen, daß nicht viel Kraft dahinter sitzt.) Ferner muß der Zeitpunkt gesteuert werden, wann der Zündfunke an den Kerzen-Elektroden überzuspringen hat. Das besorgen in wohl abgestimmtem Rhythmus die Zündspule, der Verteiler und der Unterbrecher.
Damit hätten wir folgende Bestandteile der Zündanlage:

- Batterie oder Lichtmaschine
- Zündspule
- Unterbrecher
- Verteiler
- Zündkabel
- Zündkerzen

Nur indirekt mit der Zündung zu tun hat trotz des Namens das Zündschloß. Es ist die Schaltstation, durch die Sie mit dem Zündschlüssel den Elektronenfluß in Bewegung setzen können. Das Zündschloß bekommt Strom über die Klemme 20 direkt von der Batterie, schickt diesen weiter an den Anlaß-Magnetschalter, der den Motor zum Start durchdreht, leitet gleichzeitig Strom an die oben aufgezählte Zündanlage für die ersten Zündungen weiter, damit der Motor anspringen kann. Auf das Schloß mit der Doppelfunktion kommen wir noch zu sprechen.

Wie der Zündfunke entsteht

Elektrischer Strom kann nur in einem geschlossenen Stromkreis fließen. Auf das Auto übertragen heißt das, daß vom Pluspol der Batterie oder Lichtmaschine ein Strom zum Verbraucher und durch diesen zur »Masse« der Fahrzeugkarosserie fließt, von wo er wieder zum Minuspol der Batterie gelangt. (Eigentlich fließen die Elektronen umgekehrt, von Minus nach Plus, aber das wußte man nicht, als man diese Bezeichnungen schuf, weshalb wir beim vertrauten Schema bleiben.)
Die Zündanlage hat einen doppelten Stromkreis oder sagen wir, es sind zwei Stromkreise ineinander verschlungen: der Primär-Stromkreis und der Sekundär-Stromkreis.
Fangen wir beim ersten Stromkreis, dem Primärstromkreis, an: Der Strom mit einer Spannung von 12 Volt aus der Batterie oder Lichtmaschine fließt vom

Pluspol der Batterie (+) über das Zündschloß, weiter zum Unterbrecher, der den Zündstrom an Masse weiterleitet, solange er geschlossen ist. Damit wäre der Primärstromkreis geschlossen.
In der dicken Drahtwicklung der Zündspule entsteht dabei ein magnetisches Feld, das durch einen Eisenkern in der Mitte noch verstärkt wird. Wenn nun der Unterbrecher den Primärstromkreis unterbricht, fällt das Magnetfeld um die Primärwicklung der Zündspule schlagartig zusammen. Dabei entsteht – durch sogenannte Induktion – in der Sekundärwicklung der Zündspule, die aus vielen Lagen dünnen Drahts besteht, ein plötzlicher Spannungsanstieg von weit über 10 000 Volt.
Dieser Stromstoß wird von der Zündspule über eine Zündleitung in das Obergeschoß des Verteilers an den sich drehenden Verteilerläufer geschickt, von dort über die Zündkabel an die Zündkerzen-Elektroden weitergeleitet, wo der hochgespannte Zündstrom als Zündfunken überspringt. Und dieser entzündet das Gemisch im Brennraum. Der Funke springt wieder an Masse über – an die Masse-Elektrode der Kerze –, so daß auch dieser Sekundärstromkreis geschlossen ist, denn die Zündspulen-Sekundärwicklung ist ja über die Primärwicklung mit der Plusseite der Batterie oder der Lichtmaschine verbunden. Wie der Stromverlauf in der Praxis aussieht, kann man leicht im Schaltplan verfolgen.

Das Lenk-Zünd-Anlaßschloß

Das kombinierte Lenk-Zünd-Anlaßschloß sitzt links an der Lenksäule. Das Zündschloß ist ein einfacher elektrischer Schalter, der die von außen herangeführten Kabel durch Drehung des Zündschlüssels über Kontakte in seinem Innern verbindet. Mit dem Schloß ist eine Diebstahlsicherung kombiniert, die in Ruhestellung die Lenksäule blockiert. Daher darf während der Fahrt nie der Zündschlüssel ganz nach links gedreht werden, z. B. Wagen bergab rollen lassen, um den letzten Tropfen Benzin zu sparen, weil man dann den Wagen wegen des eingerasteten Verriegelungsbolzens nicht mehr lenken kann. In solchem Fall den Schlüssel allerhöchstens bis in Stellung »G« (Garage) drehen.
Das Zündschloß ist möglicherweise die Ursache, wenn Ihr Peugeot einmal nicht anspringen will. Der Störungsfahrplan in der vorderen Buchklappe hilft Ihnen, einen Fehler einzukreisen. Wenn Sie das Zündschloß als Ursache gefunden haben, sollten Sie zunächst einmal die Kabelverbindungen prüfen. An die Anschlüsse des Zündschlosses kommt man heran, wenn man die untere Schalenhälfte der Lenksäulenverkleidung (4 Kreuzschlitzschrauben herausdrehen) abbaut.
Wenn Sie nun festgestellt haben, daß die Zündschloß-Anschlüsse alle festsitzen, müßte eigentlich feststehen, daß der Fehler im Zündschloß liegt. Zur Gegenkontrolle prüft man aber, ob wirklich Strom an der Plusklemme des Zündschlosses (Anschluß von Kabel 20) ankommt. Das macht man mit einer Prüflampe, deren einer Pol an die Plusklemme des Schlosses, die andere gegen Masse gehalten wird, dann muß die Lampe aufleuchten, denn die Plusklemme führt immer Strom.
Leuchtet die Lampe nicht auf, müssen die Anschlußstellen der Leitungen auf ihrem Weg von der Batterie bis hierher überprüft werden. Der Strom wird von Batterie + über die Leitung 21 zum Anlasser geleitet, von dort mit Leitung 1 zur Sicherungsschiene (Sicherung F. 2.), von dort über die Leitung 20 und einen Zwischenstecker hinter dem Armaturenbrett zur Plusklemme des Zündschlosses, wie man im Schaltplan am Schluß des Buches leicht verfolgen kann.
Leuchtet die Lampe auf, und es rührt sich trotzdem nichts, wenn man den Zündschlüssel dreht, liegt der Fehler im Zündschloß. Jetzt müßte eigentlich das Zünd-

schloß ausgebaut und ausgetauscht werden. Doch das hilft Ihnen unterwegs nicht viel. Sie müssen versuchen, ohne Anlasser zu starten und zu fahren. Zur Probe halten Sie einmal einen Schraubenzieher quer über die Anschlüsse 20 und 46 (die Leitung führt zurück zum Anlasser), oder Sie ziehen das Kabel 46 ab und halten es gegen den Anschluß 20. Halten Sie aber Schraubenzieher oder Kabel am isolierten Teil, denn im Augenblick des Antippens wird es einen Funkenregen geben. Wer nicht zu schreckhaft ist, kann auf diese Weise den Motor starten. Fürs anschließende Fahren bastelt man sich aber ein Verbindungskabel zwischen den Klemmen 20 und 32 (dabei Batterie abklemmen), denn nach dem Starten muß man die Verbindung 20/46 wieder lösen, sonst würde der Anlasser ständig mitlaufen, was dieser nicht lange durchhalten würde.

Fingerzeige: *Notieren Sie die Nummer Ihres Zündschlüssels, die auf dem Schlüssel eingestanzt ist, im Scheckheft oder in diesem Buch. Falls Ihnen einer verlorengeht, können Sie ihn kurzfristig bei jedem Schlüsseldienst besorgen, wenn Sie die Nummer angeben können.*

An Esso-Tankstellen existiert seit Jahren ein Schlüssel-Vermittlungsdienst. Man kann dort gefundene Schlüssel abgeben und verlorene anmelden. Wenn man Glück hat, bekommt man seinen Schlüssel im Lauf der Zeit zurück.

Wenn der Zündschlüssel im Schloß abgebrochen ist, kann man den Schlüsselbart manchmal herausholen, wenn man ein flaches Laubsägeblatt am Schlüsselrest entlang ins Schloß schiebt und das Sägeblatt mit Gefühl herauszieht. Man muß das Sägeblatt so hineinschieben, daß die Sägezähne beim Herausziehen als Widerhaken wirken.

Bei abgestelltem Wagen darf der Zündschlüssel nicht in Zündschloßstellung A verbleiben, sonst kann sich die Batterie über die in dieser Stellung mit Strom versorgten Verbraucher entladen.

Zündschloß ausbauen

Bei Defekten am Zündteil wie am Verriegelungsteil des Zündschlosses wird höchst selten repariert, sondern das Kombischloß wird ausgewechselt. Deshalb hat es wenig Sinn, dies selbst zu tun. Man spart kaum etwas dabei. Außerdem hat man, wenn die Werkstatt den Tausch ausführt, die Gewißheit, daß die Verriegelung ordnungsgemäß funktioniert und man nicht plötzlich von einer blokkierten Lenkung überrascht wird. Für den Notfall sei jedoch der Arbeitsablauf kurz geschildert:

Batteriekabel abnehmen, die Kreuzschlitzschrauben am Unterteil der Lenksäulenverkleidung herausdrehen und Gehäusehälfte abnehmen. Kabel vom Zündschloß abziehen. Merken Sie sich oder markieren Sie, wohin die Leitungen gehören. Sechskantschraube unten an der Zündschloßhalterung herausdrehen und Zündschloßteil herausziehen.

Bei Wagen mit einteiliger Lenksäulenverkleidung muß man zuerst noch das Lenkrad abbauen, bevor man Mantelrohr abnehmen und die Zündschloß-Halteschraube erreichen kann.

Die Zündspule

Sie sitzt an der Motorrückseite in der Nähe des Zündverteilers und ist mit diesem durch das dicke Zündkabel aus der Verteilermitte verbunden, über das der hochgespannte Strom zum Verteiler geleitet wird. Über den Kabelanschluß 2 ist die Zündspule mit der Zündschloßklemme 32 verbunden.

An der Zündspule gibt es nichts zu warten und nichts zu reparieren. Wenn die Zündspule nicht mehr funktioniert, muß sie ausgetauscht werden. Um Kurzschlüsse, Kriechströme und überspringende Funken zu verhindern, soll die Zündspule immer sauber, trocken, also auch ölfrei gehalten werden.

Mangelhafte oder gar nicht vorhandene Zündfunken können viele Ursachen haben. Für eine Peugeot-Werkstatt und vor allem für einen Bosch-Dienst ist es kein Problem, mit ihren Meßgeräten eine schlappe Zündspule zu erkennen, auch Zündaussetzer bei hohen Drehzahlen lassen sich auf der »Prüfbank« feststellen, was für den Heimwerker nicht möglich ist. Aber es gibt einige behelfsmäßige Prüfmethoden:

Zündspule prüfen

■ Zuerst prüfen, ob aus der Zündspule überhaupt hochgespannter Zündstrom durch das dicke Hauptzündkabel »herauskommt«. Dazu Hauptzündkabel aus der Mittelbuchse des Verteilers ziehen. Motor (ohne Gasgeben) von Helfer starten lassen und blankes Hauptzündkabelende auf etwa 10 mm gegen Motorblockmetall halten. Springen kräftige Funken über, ist es wahrscheinlich nicht die Zündspule (sie kann aber bei hohen Drehzahlen dennoch aussetzen). War diese Hochspannungsprüfung unbefriedigend, müssen Sie feststellen, ob die Kontakte der Zündspule überhaupt Strom erhalten. Am besten eignet sich dazu eine selbstgebastelte Behelfsprüflampe (an eine alte Scheinwerferlampe mit noch einem intakten Glühfaden zwei entsprechend lange Kabel andrillen oder festlöten). Deren Eigenverbrauch von mindestens 40 Watt gibt durch unterschiedlich helles Leuchten auch den Hinweis, ob der Widerstand der Zündspule noch groß genug ist oder ob sich ein Kurzschluß eingeschlichen hat. Noch genauer ist ein parallel zur Behelfsprüflampe geschaltetes Voltmeter. Weniger geeignet ist eine gewöhnliche Elektrik-Prüflampe, denn deren geringer Eigenverbrauch zeigt nur, ob überhaupt Strom fließt, sagt aber nichts über die Widerstandswirkung.

Als Vorbereitung zur Prüfung an Klemme 1/– der Zündspule das Kabel zum Unterbrecher lösen, damit der Stromweg über die Unterbrecherkontakte unterbrochen ist und durch die Behelfsprüflampe fließen muß.

■ Zündung einschalten: Lade- und Öldruckkontrolle müssen brennen.

■ Ein Ende des Prüflampenkabels (und Plus-Klemme des Voltmeters) an Klemme 15/+ der Zündspule drücken, das andere Ende (und Minus-Klemme des Voltmeters) an »Masse«: Die Lampe muß hell brennen, das Voltmeter zeigt etwa 11,5 Volt.

■ Die gleiche Prüfung an Klemme 1/– der Zündspule: Die Behelfsprüflampe brennt sehr trübe (Voltmeter zeigt etwa 5 Volt). Brennt nichts, ist die Primärwicklung der Zündspule unterbrochen. Brennt es zu hell, Kurzschlußüberbrükkung in der Zündspule. In beiden Fällen neue Zündspule einbauen.

■ Sind die Leucht-(und Meß-)Ergebnisse gut, gibt es aber trotzdem keinen guten Zündfunken, kann die Sekundär-(Hochspannungs-)Wicklung der Zündspule defekt sein. Oder es liegt am Kondensator.

Der Kondensator

Der Kondensator sitzt außerhalb des Verteilergehäuses. Die zylindrische Hülse ist elektrisch über den Unterbrecher mit der Minusklemme der Zündspule verbunden. Der Kondensator muß die Funkenbildung am Unterbrecher, der im folgenden Absatz beschrieben wird, unterdrücken. Dadurch wird ein schnelles Zusammenbrechen des Magnetfeldes in der Zündspule gefördert, denn je schneller das Magnetfeld zusammenbricht, um so höher wird die Spannung im Sekundärstromkreis und um so kräftiger der Zündfunke. Außerdem verhindert der Kondensator vorzeitiges Verbrennen der Unterbrecherkontakte.

Kondensator prüfen

Ein schwacher Zündfunke muß also nicht unbedingt von einer defekten Zündspule herrühren. Der Übeltäter kann auch der Kondensator sein, der ja über die Minusklemme mit der Spule verbunden ist, die genaue Prüfung auf »Durchschlag«, also auf Kurzschluß und mangelndes Speicherungsvermögen, ist nur

in der Fachwerkstatt möglich. Wenn der Kondensator allerdings total ausgefallen ist, läßt sich das auch bei abgenommenem Verteilerdeckel und -läufer an überspringenden starken Funken zwischen den Unterbrecherkontakten erkennen. Dazu muß man den Motor mit dem Anlasser durchdrehen.
Auch völliger Kurzschluß des Kondensators zur Masse ist bei voll geöffneten Unterbrecherkontakten an einer Prüflampe erkennbar, die zwischen Minusklemme der Zündspule (an sie ist das dünne Kabel zum Verteiler geklemmt) und das von dieser Klemme abgezogene Kabel geschaltet wird. Da die Unterbrecherkontakte geöffnet sind, besteht bei eingeschalteter Zündung kein legaler Weg des Batteriestroms zur Masse, die Prüflampe darf also nicht aufleuchten.
Fließt jedoch über einen Kurzschluß im Kondensator der Strom zur Masse, leuchtet die Prüflampe auf. Auch bei stark verschmorten Unterbrecherkontakten, die noch nicht lange in Betrieb sind, besteht der Verdacht, daß der Kondensator »feuert«. Aber langes Prüfen des Kondensators rentiert sich kaum. Man wechselt ihn bei Verdacht aus, denn er ist nicht teuer.
Diese ganze Fehlersuche und die Prüfungen auf einwandfreie Beschaffenheit der Zündspule, des Kondensators, des Unterbrechers, ist allerdings nur in Notfällen vertretbar. Die Vertragswerkstatt oder die Elektro-Werkstatt (Branchenverzeichnis des örtlichen Telefonbuches) haben raffinierte Prüfgeräte, mit deren Hilfe man schnell erkennt, wo in der Zündanlage der berühmte »Kupferwurm« steckt.

Fingerzeige: *Damit keine Kriechströme und Strombrücken entstehen, alle Teile der Zündanlage sauber und trocken halten. Besonders nach der Wagenwäsche darauf achten.*
Wagen nie mit eingeschalteter Zündung abstellen. Wenn Unterbrecherkontakte zufällig geschlossen sind, kann sich während längerer Abstellzeit die Batterie über die Primärwicklung der Zündspule entladen. Die Primärwicklung wird außerdem durch die dabei enstehende Hitze geschädigt.
Die vielfach angebotenen sogenannten Zündverstärker sind trotz großer Versprechungen bisher den Beweis ihrer Nützlichkeit schuldig geblieben. Anders ist es dagegen mit den Transistor- und Hochleistungs-Kondensator-Zündungen. Doch stehen ihre Vorteile, nämlich höhere Lebensdauer der Unterbrecherkontakte, kräftiger Zündfunken bei hohen Drehzahlen und besserer Kaltstart, für den Peugeot nicht im angemessenen Verhältnis zum Anschaffungspreis.

Der Unterbrecher

Er sitzt im »Zwischengeschoß« des Verteilers auf der Unterbrecherplatte und ist gegen Masse isoliert. Durch sein Abheben bestimmt er den Zündzeitpunkt. Entsprechend den vier Zylindern des Peugeot-Reihenmotors hat die Verteilerwelle dort, wo das Fiberstück des Unterbrecherhammers anliegt, vier Nocken, die den Unterbrecherhammer pro Umdrehung der Verteilerwelle viermal zum Abheben zwingen.
Es werden also vier Funken erzeugt, die der Verteilerläufer, der über der Unterbrecherplatte kreist, in der richtigen Reihenfolge demjenigen Zylinder zuleitet, der gerade Kraftstoff und Luft verdichtet. Die beste Leistung hat der Motor, wenn der Druck des brennenden Kraftstoff/Luft-Gemischs unmittelbar nach Beginn der Abwärtsbewegung des Kolbens am größten ist. Da aber das Gemisch stets eine gleichbleibende Zeit zum vollen Entflammen braucht – es ist zwar nur eine 1/3000 Sekunde, aber das spielt bei den mittleren Kolbengeschwindigkeiten der Peugeot-Motoren schon eine Rolle – muß mit steigender Drehzahl der Zündzeitpunkt immer früher gelegt werden. Dafür sorgt der Fliehkraftversteller.

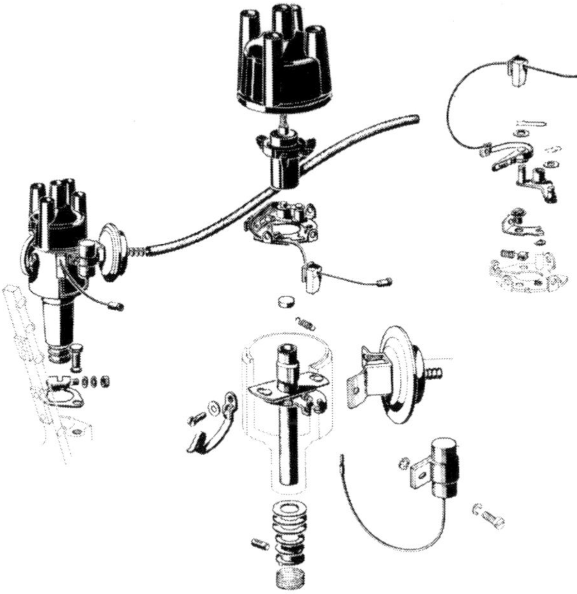

Links der Zündverteiler komplett, daneben in seinen Einzelteilen, ganz rechts die Unterbrecherkontakte. Links am kompletten Verteiler sieht man übrigens unten den Flansch, mit dem er am Motorblock befestigt ist und auf dem der Verteiler zur Zündzeitpunkeinstellung verdreht werden muß.

Doch zunächst eine grundsätzliche Anmerkung:

- Wird der Zündzeitpunkt zu früh gelegt, so schlägt das entflammende Gemisch dem noch aufwärtsstrebenden Kolben entgegen. Das führt zu Leistungsverlust, rauhem Motorlauf und erhöhter Lagerbelastung.
- Bei zu wenig Frühzündung verpufft die Verbrennungsenergie hinter dem abwärts eilenden Kolben und der Motor verliert an Leistung.

Fingerzeig: *Der Peugeot reagiert mit Startunwilligkeit und Zündstörungen auf verbrauchte Unterbrecherkontakte. Wenn diese Erscheinungen auftreten, zuerst nach den Kontakten sehen. Besser gleich auswechseln (siehe entsprechenden Abschnitt). Das wirkt oft Wunder, besonders für den Kaltstart.*

Die Zündverstellung

Für die Verbrennung des im Verbrennungsraum zusammengepreßten Kraftstoff/Luft-Gemischs ist eine gewisse Zeit erforderlich. Die beste Motorleistung wird erreicht, wenn die Verbrennung beendet ist, kurz nachdem der betreffende Kolben seinen oberen Totpunkt erreicht hat. Der Zündzeitpunkt (wir kommen noch darauf) muß entsprechend gewählt werden. Bliebe jedoch der Zündzeitpunkt auch bei Erhöhung der Motordrehzahl unverändert, so würde die Verbrennung wegen der nun höheren Kolbengeschwindigkeit zu spät nach Erreichen des oberen Totpunktes beendet sein. Die Folge wäre, daß der Explosionsdruck im Brennraum hinter dem abwärts eilenden Kolben herpufft, der Verbrennungsdruck also gering wäre: die Leistung sinkt.
Dieses zu verhindern ist die Aufgabe der Zündverstellung, die den Zündzeitpunkt entsprechend der Motorbelastung und der Zusammensetzung des Kraftstoff/Luft-Gemischs vorverlegen muß. Die Zündverstellung wird im Teillastbereich von einer Unterdruckdose übernommen, die außerhalb des Verteilers liegt und über ein federbelastetes Gestänge mit der Unterbrecherplatte im Verteiler verbunden ist. Im Zusammenspiel mit dieser Unterdruckverstellung – der Unterdruck wirkt auf sie über einen Schlauchanschluß vom Vergaser her und nimmt die Unterbrecherplatte um den Betrag mit, den die Feder zuläßt – wird die Zündverstellung, besonders im Vollastbereich, durch die Fliehkraftverstellung ergänzt.

Blick in den Verteiler auf den Unterbrecher. Das Fiberklötzchen in der Mitte des Unterbrecherarmes läuft auf der vierkantigen Nokkenbahn der Verteilerwelle, in der man oben den Filzeinsatz sehen kann, der etwa alle 10 000 km geölt werden soll. Die Hammerachse links ist gegen Masse isoliert. Rechts die Schlitzschraube, die gelockert werden muß, um die Unterbrecherplatte auf der Grundplatte verschieben und damit den Unterbrecherkontaktabstand einstellen zu können. Dazu schiebt man den Schraubenzieher in den schwarzen Schlitz rechts oben und verdreht die beiden Teile gegeneinander.

Diese Fliehkraftverstellung ist in der Verteilerunterseite untergebracht und ebenfalls mit der Unterbrecherplatte verbunden. Zwei Gewichte dieser von der Nockenwelle angetriebenen Verstellung fliehen mit zunehmnder Motordrehzahl mit immer stärkerer Kraft nach außen, nur gebremst durch genau abgestimmte Federn. Und entsprechend der Federstärke nehmen die Gewichte der Unterbrecherplatte um einen bestimmten Betrag mit – die Zündung wird vorverlegt. Fällt die Drehzahl ab, wird die Zugkraft der Fliehgewichte – und auch der Umterdruck in der Dose – geringer, und die Unterbrecherplatte und damit der Zündzeitpunkt wandert entsprechend zurück, bis auf seine Grundeinstellung im Leerlauf.

Die Fliehgewichte mit ihren Federn sind ebenso wie die Unterdruckeinstellung mit Feder genau abgestimmt. Deshalb können Eingriffe von unberufener Hand die ganze Zündabstimmung durcheinanderbringen. Die Werkstatt prüft die sogenannten Zündverstellkurven anhand genauer Aufzeichnungen.

Störungen kann man vermuten, wenn bei sonst einwandfreier Zündanlage der Motor sogenannte »Löcher« im Übergang hat (evtl. Unterdruckdose undicht) oder der Motor in höheren Drehzahlbereichen nicht auf Leistung kommt (Federn der Fliehkraftverstellung erlahmt), obgleich der Zündfunke bei leerlaufendem Motor einwandfrei stimmt.

Die Unterbrecherkontakte

An den Kontakten des Unterbrechers, am Hammer und am Amboß, die eine etwa 0,8 mm dünne Auflage von Wolfram-Metall aufweisen, bewirkt Abreißen

Einstellen des Unterbrecherkontaktabstands. Mit dem linken Schraubenzieher wird die Befestigungsschraube der Unterbrecherplatte gelockert, mit dem rechten die Unterbrecherplatte auf der Grundplatte verdreht. Und zwar so lange, bis der Kontaktabstand von 0,4 mm erreicht ist. Die Fühlerblattlehre muß dann gerade zwischen den Kontakten hindurchgehen. Natürlich muß zum Einstellen des Kontaktabstands das Klötzchen in der Hammermitte auf dem höchsten Punkt eines Nockens der Verteilerwelle stehen.

und Schließen des Stromkreises einen unvermeidlichen Verschleiß durch Abbrand, Verschmoren und Metallwanderung, obwohl gerade Wolfram hart und widerstandsfähig ist.
Durch den Gleichstrom bilden sich am Hammer kleine Krater und am Amboß kleine Höcker, die sich in die Krater einfügen. Das stört am Anfang nicht weiter, macht aber eine genaue Abstandsmessung mit der Blattlehre unmöglich. (Man kann dann nur am Rand der Kontakte messen.) Früher nahm man in solchen Fällen eine speziell dafür geschaffene Kontaktfeile und feilte die Kontakte wieder flach. Das ist aber heute nicht mehr empfehlenswert, denn die abgefeilten Metallspäne können Kurzschlüsse verursachen, außerdem ist der Wolfram-Auftrag zu dünn zum Feilen. Deshalb ist es besser, die Kontakte auszutauschen.

Unterbrecherkontakte prüfen

Wie die Motoreinstellung sollen die Unterbrecherkontakte alle 15 000 km oder einmal im Jahr geprüft und gegebenenfalls nachgestellt oder durch neue ersetzt werden. Es ist aber keine Vorschrift, die Unterbrecherkontakte jedesmal auszutauschen, wie dies manche Werkstätten automatisch gern tun. Ist die Zündanlage in Ordnung, müssen die Kontakte mehr als ein Jahr Fahrbetrieb aushalten.
Zur Prüfung Verteilerdeckel abnehmen, dazu Klammern mit der Hand oder mit einem Schraubenzieher abdrücken, Verteilerläufer abziehen. Bei Wagen mit Entgasungsbehälter, der die Zugänglichkeit erschwert, muß man teilweise durch den Ausschnitt im rechten vorderen Radkasten arbeiten. Übrigens ist ein abgezogener Verteilerläufer ein zusätzlicher Diebstahlschutz.
Dann Unterbrecherhammer abheben und die Kontakte ansehen. Eine Taschenlampe verbessert die Sicht. Die Kontakte nicht mit den Fingern berühren! Das Aussehen der Kontakte bedeutet:

- Kontakte silberartig, wie hell poliert: Zündanlage in Ordnung
- grauer Überzug durch Oxydation: zu kleiner Kontaktabstand oder zu geringer Kontaktdruck
- verbrannt, blau angelaufen: Kondensator oder Zündspule nicht intakt
- verkrustet: Öl, Fett oder Schmutz zwischen die Kontakte geraten.

Sind die Kontakte verschmutzt oder verkrustet, mit einem scharfkantigen Schraubenzieher oder Taschenmesser den Schmutz vorsichtig abschaben (keine Feile oder Schmirgelleinen dazu verwenden!). Anschließend ein Läppchen um einen dünnen Holzspan wickeln und mit Tetrachlorkohlenstoff (als Fleckenreinigungsmittel in Drogerien bekannt) tränken. Damit die Kontakte abwischen. Kein Benzin verwenden, Kontakte sind dagegen empfindlich.

Schließwinkel messen und einstellen

Der Unterbrecher-Schließwinkel wird bei Leerlaufdrehzahl und bei rund 2000/min gemessen. Da sich der Unterbrecher-Kontaktabstand und damit der Schließwinkel theoretisch über den gesamten Drehzahlbereich des Motors nicht ändern kann, deuten verschiedene Meßergebnisse bei diesen Drehzahlen auf einen verschlissenen Verteiler hin; er muß ausgetauscht werden. Stimmt das Ergebnis jedoch in beiden Fällen, ist alles in Ordnung. Wenn der Schließwinkel korrigiert werden muß:

- Verteilerkappe und Verteilerfinger abnehmen,
- Halteschraube des Unterbrecherkontaktsatzes etwas lockern,
- Schraubenzieher in die Einstellkerbe (siehe Bild Seite 130) stecken, Motor von Helfer mit dem Anlasser durchdrehen lassen,
- Grundplatte so lange verdrehen, bis der Schließwinkel stimmt. Sind neue Kontakte eingebaut worden, stellt man den Schließwinkel auf den oberen

Toleranzwert ein, denn durch die unvermeidliche Kontaktmaterialwanderung wird der Schließwinkel im Lauf der Zeit etwas kleiner.

■ Halteschraube wieder festziehen, Verteilerfinger und -deckel aufsetzen.

■ Motor starten und nochmals im Leerlauf und bei 2000/min messen.

Der richtige Schließwinkel beträgt beim Peugeot 204/304 57° ± 2°, was 63 % ± 2 % Dwell entspricht; darauf sind manche der für den Heimwerker geeigneten Schließwinkeltester geeicht.

Kontaktabstand behelfsmäßig einstellen

Zur Not muß es aber bei weit entfernter Werkstatt auch so gehen:
Bei offenem Zündverteiler Wagen mit eingelegtem 3. oder 4. Gang vorwärts rucken, bis ein Unterbrechernocken den Unterbrecherhammer voll abgehoben hat. Darauf mit Schraubenzieher Klemmschraube des Amboß lockern, Kontaktabstand mit der Hand etwas erweitern. Fühlerblatt 0,4 mm zwischen Kontakte halten und diese mit der Hand fest zusammenpressen (dabei Unterbrecherhammer nicht biegen!), so daß Amboß-Kontakt auf 0,4 mm an Hammer-Kontakt herangedrückt wird. Dabei Klemmschraube wieder fest anziehen und Fühlerblattlehre herausziehen. Bei älteren Kontakten ist die Messung wegen des Höckers und Kraters ungenau, man hält die Fühlerlehre dann nur außen am Rand zwischen die Kontakte.

Unterbrecherkontakte auswechseln

Wenn die Kontakte verbraucht sind, müssen sie durch neue ersetzt werden. Man soll das besser zu früh als zu spät tun, wenn man Start- und Motorlaufärger vermeiden wil.

Zum Auswechseln die Amboß-Feststellschraube herausdrehen, ebenso die Schraube, die den Federträger des Hammers festhält (außen ist dort das dünne Kabel von der Zündspule festgeklemmt). Federklammer von der Hammerachse abdrücken. Dann Hammer und Amboß von der Achse abziehen. Beim Wiederzusammenbau darauf achten, daß die Feder nicht verbogen wird. Nach jeder Reparatur und jedem Einstellen am Unterbrecher muß unbedingt der Zündzeitpunkt überprüft und neu eingestellt werden.

Zündzeitpunkt prüfen und einstellen

Teil der Pflegearbeit Nr. 19

Bei jeder Motoreinstellung (alle 15 000 km oder einmal im Jahr), beim Neueinstellen oder Auswechseln der Unterbrecherkontakte, nach dem Zusammenbau des Motors oder dem Aus- und Wiedereinbau des Zündverteilers, muß der Zündzeitpunkt neu eingestellt werden. Warum der Zündzeitpunkt im Interesse einer guten Motorleistung und des sparsamen Kraftstoffverbrauchs so genau eingestellt werden muß, wurde bereits erläutert. Man braucht jedoch gelegentlich der Inspektion die Zündeinstellung zunächst nur zu überprüfen und sie nachzustellen, falls erforderlich. Nicht zu umgehen ist eine kleine Prüflampe für 12 V Spannung. Die Zündeinstellung mit Prüflampe wird am stehenden Motor vorgenommen.

Genauer als das Einstellen des Zündzeitpunktes im Stand ist das Einstellen mit der Stroboskoplampe, die mit Lichtblitzen arbeitet. Dabei läuft der Motor bei abgenommenem Unterdruckschlauch (Stutzen verschließen) und mit weniger als 800/min, so daß auch Lagerspiele im Zündverteiler und Motor berücksichtigt werden. Die Anschaffung einer Stroboskoplampe lohnt für den Privatmann nur, wenn er die Zündeinstellung regelmäßig selbst macht. Seit Baujahr 1978 erleichtert übrigens ein elektronischer OT-Geber am Motor die Zündeinstellung.

Einstellen mit der Prüflampe

Aus verschiedenen Gründen (geringere Genauigkeit, Prüfgeräte für den Privatmann zu teuer, Abstimmung auf Kraftstoffqualität und speziellen Fahrbetrieb)

sollte die Einstellung in Eigenarbeit mit der Prüflampe eine Notmaßnahme bleiben, um im Ernstfall weiterzukommen. Vor dem Einstellen des Zündzeitpunkts muß der Abstand der Unterbrecherkontakte eingestellt werden.
Zum Einstellen des Zündzeitpunktes muß zunächst das Loch im Kupplungsgehäuse mit dem Einschnitt an der Kupplungsdruckplatte in Übereinstimmung gebracht werden. Das Kupplungsgehäuse liegt an der linken Motorschmalseite (in Fahrtrichtung gesehen). Das Loch finden Sie, wenn Sie hinter dem oberen linken Motorträger nach unten blicken. Falls es zu dunkel ist, nehmen Sie eine Taschenlampe zu Hilfe. Bei früheren 204 ist das Loch seitlich hinten in einer Nase des Gehäusedeckels, siehe auch Fingerzeig im Kapitel »Die Kupplung«. Dann brauchen Sie einen 8 mm-Rundstab aus Eisen, den Sie ins Loch stecken, und der in den Einschnitt in der Kupplungsdruckplatte einrasten muß. Dazu verschieben Sie den Wagen mit eingelegtem 4. Gang entsprechend oder drehen das angehobene linke Vorderrad vorwärts. Decken sich Loch und Einschnitt, so bedeutet das, daß sich der Kolben des 1. Zylinders 0,9 mm oder 12° am Schwungrad vor dem oberen Totpunkt befindet. Wo keine OT-Markierung vorhanden ist, muß diese nachträglich angebracht werden: Werkstattsache.
Die 12 Volt-Prüflampe wird nun zwischen der Stromzufuhrklemme des Verteilers (Leitung 3 im Schaltplan) und Masse angeschlossen. Zündung einschalten. Jetzt muß die Prüflampe aufleuchten. Tut sie das nicht, dann den Flansch für das Zündverteilergehäuse am Motorblock leicht lösen, daß der Verteiler nicht zu leicht, aber auch ohne besondere Mühe auf seinen Sitz verdreht werden kann. Verteilergehäuse leicht verdrehen, bis die Lampe aufleuchtet. Sobald die Lampe aufzuleuchten beginnt – das tut sie – wenn der Unterbrecherhammer abhebt – Verteiler auf seinem Sitz am Motorblock festziehen. Zum Schluß noch einmal den Unterbrecherkontaktabstand prüfen. Stimmt der Abstand nicht, muß er korrigiert und die Zündung nochmal eingestellt werden.

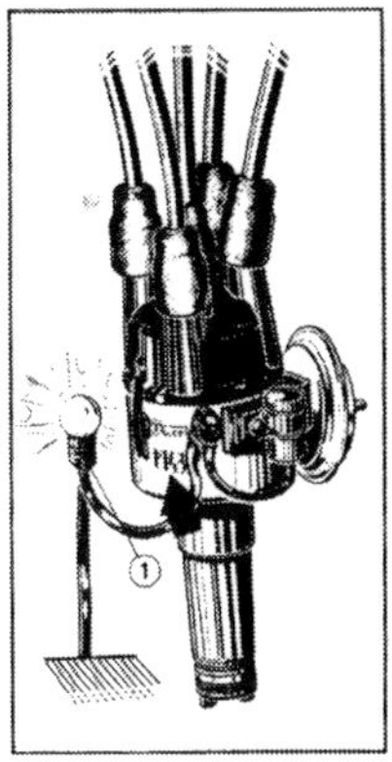

So wird die Prüflampe (1) zur Einstellung des Zündzeitpunkts am Verteiler und an Masse angeschlossen. Die Kontrolllampe muß genau dann aufleuchten, wenn die im Text erwähnte Spindel (oder der Stab) mit 8 mm ∅ in die Kerbe der Riemenscheibe (Kupplung 180 DP) oder die Kerbe der Kupplungsdruckplatte (Kupplung 200 DE oder TS 190) einrastet.

Fingerzeig: *Wenn Sie beim Verschieben des Wagens über die Markierung in der Kupplungsdruckplatte hinausgedreht oder sie verfehlt haben, drehen Sie erst ein gutes Stück zurück und unternehmen einen neuen Anlauf, um Loch und Einschnitt in Deckung zu bringen. Damit schalten Sie das immer vorhandene Spiel im Verteilerantrieb aus. Andernfalls würde die Einstellung des Zündzeitpunkts nicht genau stimmen. Ebenso verfährt man, wenn beim Verdrehen des Verteilergehäuses der Aufleuchtzeitpunkt der Prüflampe verpaßt wurde.*

Der Zündverteiler

Obwohl man im Sprachgebrauch das ganze Aggregat, das auch den Unterbrecher, den Unterdruck- und den Fliehkraftversteller umfaßt, Verteiler nennt, besteht der Zündverteiler nur aus Verteilerläufer und -deckel.
Angetrieben wird der Verteiler über eine lange Welle, deren Zahnrad mit einem Zahnrad auf der Nockenwelle kämmt. (Die Welle reicht allerdings bis tief in die Ölwanne hinab, wo sie mit ihrem anderen Ende die Ölpumpe antreibt.) Auf dem oberen Ende der Welle sitzt der Verteilerläufer. Der Läufer hat eine Metallnase, die in geringem Abstand an den Kontakten der Hochspannungsanschlüsse im Verteilerdeckel vorbeidreht. Der Verteilerläufer hat nun nichts anderes zu tun, als den im richtigen Zündzeitpunkt produzierten hochgespannten Stromstoß an die Zündkerzen weiterzuleiten. Den Stromstoß bekommt er über den Mittelanschluß im Verteilerdeckel von der Zündspule geschickt, und von der Metallnase des Läufers springt der Funke zu dem in der Drehrichtung des Läufers nächsten Kerzen-Hochspannungsanschluß.
Obwohl der Zündverteiler recht geschützt an der Motorrückseite liegt, sollte man ab und zu den Verteilerdeckel innen und außen und die Hochspannungs-

anschlüsse mit einem sauberen Lappen reinigen. Bei der Gelegenheit kann man auch die Kohle in der Deckelmitte innen kontrollieren. Ist sie ausgebrochen, muß sie ersetzt werden. Ein leichter Fingerdruck gibt Aufschluß, ob sie noch in ihrer Führung gängig ist. Wenn nicht, gängig machen oder austauschen.

Fingerzeige: *Manche Zündstörungen finden ihre Erklärung in haarfeinen Rissen oder strichartigen Schmutzansammlungen im Verteilerdeckel. Man muß aber schon genau hinsehen, um sie zu entdecken. Das ergibt Stromüberschläge und Kriechströme. Reinigen, besser Verteilerdeckel auswechseln.*
Da Wasser der Feind der Elektrik ist, sollte man bei Peugeot mit Entgasungsbehälter darauf achten, daß dieser Behälter dicht ist (Rostspuren am Behälter deuten auf Undichtigkeit).
Spröde, rissige oder durch Öleinwirkung schwammig gewordene Gummimuffen auf dem Verteilerdeckel sollte man austauschen, denn sie begünstigen Zündstörungen durch ihre Undichtigkeit.
Bei Schwierigkeiten mit Kondenswasser im Verteilerdeckel helfen sogenannte Kontaktsprühmittel (Tankstelle), die in den Verteiler und den Verteilerdeckel gesprüht werden.

Die Zündkabel

Seit einigen Jahren kann man den roten Widerstandszündleitungen vertrauen, denn man hat die Kinderkrankheiten beseitigt. Immerhin: Störungen können vorkommen. Äußerlich sieht man einem solchen Kabel zunächst nichts an, aber der Zündfunke ist unzureichend. Dann fängt die Suche nach der Ursache an, die man im allgemeinen von der Batterie bis zu den Kerzen an vielen Punkten der Zündanlage vermutet. Daß es an den Zündkabeln liegt, ist nur mit einem Ohmmeter herauszufinden, wie es Fachwerkstätten besitzen. Bei einer solchen Widerstandsmessung dürfen die Kerzenkabel etwa 5000 Ohm messen. Liegt der Widerstand höher, muß das betreffende Kabel ausgetauscht werden. Eine Reparatur ist nicht möglich. Wenn ein Zündkabel ersetzt werden muß, dürfen zu der roten Widerstandsleitung nur die dafür vorgesehenen Kerzenstecker und Kabelstecker genommen werden. Damit der Kontakt mit der graphitierten Kunststoffseele möglichst gut ist, haben diese Stecker Hohlschrauben; für normale Kupferkabel sind sie nicht zu gebrauchen. Sie müssen auf die jeweiligen Kabelenden so aufgeschraubt werden, daß eine einwandfreie Verbindung zustande kommt. Damit die Kunststoffseele dabei nicht in die Isolation zurückgedrückt wird, muß das Zündkabel – aber nicht zu stark – festgehalten werden.
Das Zündkabel ist möglichst kurz zu halten, darf aber auch nicht zu straff gespannt oder in scharfen Biegungen verlegt werden, wie überhaupt das Kabel behutsam behandelt werden muß, sonst bricht die empfindliche »Seele« der Leitung.
Diese serienmäßigen Widerstandszündleitungen sind übrigens ein Minimum der Funkentstörung nach außen. Soll ein Autoradio eingebaut werden, reichen diese Maßnahmen meistens nicht aus. Es müssen dann im Verlauf der Zündanlage zusätzliche Kondensatoren eingebaut werden. Den Entstörsatz mit Einbauanleitung gibt es im Radiofachhandel und im Peugeot-Ersatzteillager.

Kupferkabel halten länger

Man geht allen Schwierigkeiten mit den Widerstandszündleitungen aus dem Wege, wenn man seinen Wagen auf normale Zündkabel mit Kupferseele umrüstet. Diese Zündkabel »alter Art« gibt es als Meterware, der laufende Meter kostet noch nicht einmal eine Mark. Dazu braucht man noch spezielle Kabelstecker und entstörte Kerzenstecker mit einem eingebauten Widerstand von 5000 Ohm (5 kOhm). Einen entstörten Verteilerläufer (5000 Ohm) haben die

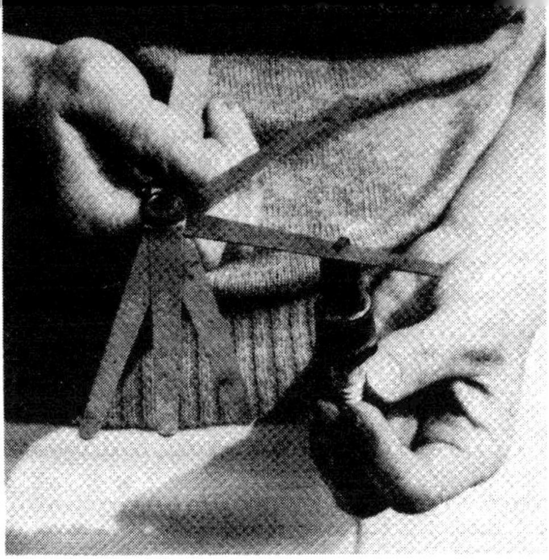

Hier prüft eine praktisch denkende Frau mit der Fühlerlehre den Elektrodenabstand einer Zündkerze. Die Kerze steckt hier in einem Kerzenschlüssel mit Gummieinsatz, der die Kerze nach dem Herausschrauben festhält. Falls der Elektrodenabstand etwas zu groß ist, wird die Außenelektrode leicht nachgebogen, evtl. vorsichtig daraufklopfen. Der vorgeschriebene Elektrodenabstand beträgt 0,6 mm, im Winter kann man zugunsten besserer Startfreudigkeit den Abstand um 0,1 mm verringern.

Peugeot serienmäßig bereits eingebaut. Aber mit Entstörmaterial nicht zuviel des Guten tun, sonst sinkt die Motorleistung.

Die Zündkerzen

Die Zündkerze ist die letzte Station der Zündanlage. Eine fehlerhafte Kerze macht alle gute Vorarbeit der Zündanlage, einen starken Zündfunken zustande zu bringen, wirkungslos. Deshalb empfehlen die Zündkerzenhersteller und Peugeot vorsichtshalber, die Zündkerzen etwa alle 15 000 km auszutauschen. Diese Empfehlung sollte man aber nicht so unbesehen hinnehmen, denn es ist immerhin zusätzliches Geld, das man für einen Satz neuer Kerzen bezahlen muß. Im allgemeinen halten die Kerzen länger.
Die 15 000 km-Empfehlung stellt nämlich übermäßigen Zündkerzenverschleiß durch Mängel in der Zündanlage mit in Rechnung. Bei einwandfreier und gelegentlich nachgeprüfter Zündanlage sowie richtiger Kerzenwahl können die Kerzen auch 30 000 km aushalten.

Zustand der Zündkerzen

Pflegearbeit Nr. 20

Zur Kontrolle alle 15 000 km setzt man die Zündkerzen am besten in einer Werkstatt in das Zündkerzen-Prüfgerät ein. In diesem Gerät wird die Kerze unter einem Druck von ca. 8 atü geprüft, denn die Funkenbildung ist in der freien Luft wesentlich leichter als bei vollem Kompressionsdruck im Zylinder. Deshalb sagt eine herausgeschraubte, auf den Stecker gesteckte und gegen Masse gehaltene Kerze auch nichts darüber aus, ob sie den dabei gezeigten schönen Funkenüberschlag auch im Brennraum zustande bringt.
Bei natürlichem Verschleiß durch Abbrand erweitert sich der Elektrodenabstand, so daß es dem Zündfunken schließlich nicht immer möglich ist, unter dem Kompressionsdruck von der Mittelelektrode zur Masselektrode überzuspringen. Deshalb muß der Elektrodenabstand gemessen und im Bedarfsfall nachgestellt werden.

Fingerzeig: *Die im Peugeot 204/304 seit Oktober 1975 verwendeten Zündkerzen mit Kegelsitz werden häufig zu stark angezogen, weshalb speziell bei diesen Kerzen der Einbau mit Drehmomentschlüssel vorgeschrieben wird. Doch mit folgendem Trick geht es auch mit einem normalen Kerzenschlüssel: Die Zündkerze wird von Hand eingedreht, bis der Kegelsitz am Zylinderkopf anliegt und dann mit dem Kerzenschlüssel 1/32 Umdrehung angezogen, was ca. 11° entspricht.*

Richtiger Wärmewert

Ob eine Zündkerze ihre Pflicht richtig erfüllen kann, ist nicht zuletzt von ihrem sogenannten »Wärmewert« abhängig. Da die verschiedenen Kraftfahrzeugmotoren sehr unterschiedliche Temperaturen in ihren Verbrennungsräumen entwickeln, kann man nicht jede Zündkerze in jeden Motor einsetzen. Diese Eigenschaft wird durch den Wärmewert gekennzeichnet, der bei deutschen Zündkerzen einheitlich angeben wird. So hießen die Kerzen früher z. B. 175 oder 225. Je höher die Zahl war, desto mehr Hitze konnten die Kerzen vertragen, d. h. ableiten, um selbst nicht zu heiß zu werden. Bei den neuen Bezeichnungen gibt eine einstellige Zahl den Wärmewert an. Außerdem haben die »heißeren« Kerzen jetzt eine niedrigere Zahl als die »kälteren« und umgekehrt. So entspricht die Zahl 4 dem früheren Wärmewert 240, 5 entspricht 225, 6 entspricht 200 usw. Bei ausländischen Zündkerzen ist der Wärmewert oft nicht so offensichtlich angegeben. Deshalb nachstehend eine Zusammenstellung der verwendbaren Zündkerzen:

	204 bis 9. 75	204 ab 10. 75	304 bis 9. 75	304 ab 10. 75	304 S bis 9. 75	304 S ab 10. 75
Bosch	W 5 D	H 6 D	W 5 D	H 6 D	W 4 C 2	H 6 D
Beru	14 – 5 D 1	14 K – 6 D	14 – 6 D 1	14 K – 6 D	–	14 K 6 D
Champion	N – 6 Y	BN – 9 Y	N – 7 Y	BN – 9 Y	N – 6 Y	BN – 9 Y
A C	41 – 2 XLS	42 LTS	41 – 2 XLS	42 LTS	–	42 LTS
Marchal	–	SCGT 34 5 H SCGT 35 H	–	SCGT 34 5 H SCGT 35 H	HF 34 F	SCGT 34/5 H SCGT 35 H
Marelli	CW 78 LP	TW 7 LP	CW 78 LP	TW 7 LP	CW 8 LP	TW 78 LP

Serienmäßig werden Peugeot mit Zündkerzen der Marken Marchal, AC und Champion ausgerüstet. Diese Fabrikate sind auch im Ersatzteillager vorrätig.

Das Zündkerzengesicht

Aus dem Aussehen und der Färbung der Zündkerzenelektroden kann man gewisse Rückschlüsse ziehen.

- mittelbraun = Gute Vergasereinstellung, Zündkerzen und Motor arbeiten richtig.
- schwarz = Vergaser zu fett eingestellt oder Zündkerze ist im Betrieb durch vorwiegende Kurzstreckenfahrten zu kalt. Zündkerze mit nächstniedrigem Wärmewert probieren, wenn Vergasereinstellung stimmt.
- hellgrau = Vergaser zu mager eingestellt.
- silbrig = Zündkerze wird zu heiß, evtl. durch scharfe Langstreckenfahrten: Zündkerze mit nächsthöherem Wärmewert probieren. Oder Zündung zu früh eingestellt.
- verölt = Zündkerze setzt aus oder Kolbenringe undicht.

Fingerzeige: *Bei heißem Motorblock niemals kalte Zündkerzen zu fest einschrauben. Nach Abkühlen des Motors oder Erwärmung der Zündkerze sitzt diese wie eingenietet.*

Das Zündkerzengewinde darf vor dem Einbau keinesfalls geölt werden, um es besser gängig zu machen. Öl würde verkohlen und die Zündkerze festbacken. Statt dessen von einem Bleistift Graphit auf das Gewinde schaben. Oder man verwendet spezielles Graphitfett. Dann lassen sich die Zündkerzen später spielend leicht herausschrauben.

Die richtigen Zündkerzen und Kerzenwerte (siehe Aufstellung oben) sind in langen Versuchsreihen ermittelt worden. Gibt das Kerzengesicht zur Besorgnis Anlaß, dann nicht einfach eine Kerze mit anderem Wärmewert einschrauben, sondern erst einmal nachforschen, ob die Motoreinstellung stimmt.

Sehen und gesehen werden

Sind Sie ganz sicher, daß die Festbeleuchtung Ihres Peugeot ganz in Ordnung ist? Daß Sie in der Dunkelheit nicht »einäugig« durch die Landschaft fahren? Gutes und vollständiges Licht ist bei Nacht und Nebel, bei Regen und Schneetreiben lebenswichtig – für Sie selbst und für die anderen. Schließlich wollen Sie nicht nur sehen, sondern auch gesehen werden. Regelmäßige Beleuchtungskontrolle ist deshalb angebracht, nicht nur im Herbst zur sogenannten Beleuchtungswoche.

Ersatzlampen mitführen

Die Lampenhersteller gestehen den Glühlampen im Wagen wegen der Schüttelei keine große Brenndauer zu: Dem Fernlichtfaden der Zweifadenlampe im Frontscheinwerfer durchschnittlich nur etwa 75 Stunden Brenndauer, dem Abblendfaden etwa 150 Brennstunden (Haushalts-Glühbirnen etwa 1000 Stunden). Da man aber nie weiß, wo einen die 151. Brennstunde antrifft, ist es besser, vorzusorgen und immer einen Satz Lampen in einem gepolsterten Kästchen mitzuführen. Es spart Ärger und Zeitverlust, wenn man bei Beanstandung die Ersatzlampen bei der Hand hat. Die Polizei soll in diesem Fall nicht eingreifen. Denn bei einem so vorsorglichen Autofahrer ist es nach gerichtlicher Meinung durchaus glaubwürdig, daß die Lampe »gerade eben« durchgebrannt ist. Dafür kann kein Fahrer etwas. Ein Ersatzlampenkästchen kann man leicht selbst basteln, wenn man dafür (z. B. von Osram) im Handel kein Geld ausgeben will. Die Lampen besorgt man sich im Peugeot-Ersatzteillager oder an gutsortierten Tankstellen.

Doch Lampen sollte man nicht erst dann auswechseln, wenn sie ihren Geist aufgeben. Vielmehr altern Lampen im Lauf der Zeit: der Glaskolben wird geschwärzt, was Lichtverlust bedeutet. So kann zum Beispiel die viel gebrauchte Lampe der Schlußleuchte nach zwei Jahren die Hälfte ihrer Leuchtkraft eingebüßt

Ungemein praktisch der Verstellhebel für die Scheinwerfer-Höheneinstellung, falls man mal schwerere Last als gewöhnlich im Gepäckraum transportieren muß. Peugeot hat die Mühe der Verstellung auf das Öffnen der Motorhaube und einen Hebeldruck beschränkt – und die entgegenkommenden Autofahrer danken es.

haben – kein besonders beruhigender Gedanke, denn man will ja von den von hinten Auflaufenden gesehen werden!

Welche Lampe wo einsetzen?

Entsprechend der Bordnetzspannung sind die Peugeot ausschließlich mit 12-Volt-Lampen ausgerüstet. Bei Unklarheiten über die Lampensorte: Die Bezeichnung kann man am Lampensockel ablesen, außerdem sind die Wattzahlen meist in Reflektoren oder Gehäusen zu finden.

	204 Watt/Sockel	304 Watt/Sockel
■ Hauptscheinwerfer: Asymmetrische Zweifadenlampe	45/40/P 45 T 41	45/40/P 45 T 41
■ Blinkleuchten vorn	15/BA 15s	21/BA 15s
■ Blinkleuchten hinten	21/BA 15s	21/BA 15s
■ Bremsleuchten	21/BA 15s	21/P 25 – 1
■ Stand-, Schluß-, Nummernschildbeleuchtung	5/BA 15s	5/BA 15s, R 19
■ Kontrollampen, Instrumentenbeleuchtung	2/F 8	3/ohne Metallfassg.
■ Innenleuchte (Soffittenlampe)	7/10 x 42	7/10 x 42
■ Zeituhr-Beleuchtung	1,5/BT 9s	1,5/BT 9s

Scheinwerfer prüfen

Diese Kontrolle schreibt Peugeot nicht ausdrücklich vor. Sie sollte selbstverständlich sein, wenn man keine unliebsamen Überraschungen erleben möchte. Schließlich kann ein einäugiges Auto in der Nacht mit einem Motorrad verwechselt werden, und schwachleuchtende oder ausgefallene Schluß- oder Bremslichter tragen ebenfalls nicht zur Verkehrssicherheit bei. Eigentlich sollte sich der Fahrer vor Antritt jeder Fahrt davon überzeugen, ob alle Beleuchtungs- und Signallampen einwandfrei funktionieren. Aber wer tut das schon, besonders wenn er allein ist. Bei Dunkelheit kann es der Fahrer auch allein, wenn er den Wagen einmal von vorn und dann mit dem Heck gegen eine – möglichst helle – Wand stellt. Doch sollte man hin und wieder prüfen, ob Gehäuse und Reflektoren verschmutzt oder Lampen geschwärzt sind.

Die Lampen mit der kürzesten Lebensdauer sind die Zweifadenlampen der Frontscheinwerfer. Nicht etwa, weil diese am teuersten sind und die Hersteller und Händler am meisten daran verdienen, sondern weil die Glühfäden dieser Lampen mit der höchstmöglichen Temperatur glühen. Je höher nämlich die Temperatur eines Glühfadens ist, um so heller ist das ausgestrahlte Licht, und das ist gerade bei den Scheinwerfern sehr wichtig. Bei hoher Glühfadentemperatur verdampft der Glühfaden aber auch stärker und ist früher ausgebrannt. Der verdampfte Belag schlägt sich als schwarzer Belag innen am Lampenkolben nieder und schränkt den Lichtaustritt ein. Deshalb ist es keine Verschwendung, wenn man die Zweifadenlampen schon vor Ende ihrer Brenndauer auswechselt; der Lichtgewinn gegenüber einer angeschwärzten Lampe wirkt überzeugend.

Bei den Zweifadenlampen kommen natürlich auch andere Ausfallursachen vor:

■ Luftzieher, kenntlich an gelblich oder bläulich angelaufenem Kolben,

■ Kaltschweißstellen, kenntlich daran, daß sich die Glühfäden an den Fadenträgern gelöst haben,

■ spröde Glühfäden, wobei die Glühfäden kurz hinter der Anschweißstelle am Fadenträger abbrechen.

Bei diesen Schäden handelt es sich um Garantiefälle, und man kann Lampen mit derartigen Defekten dort umtauschen, wo man sie gekauft hat.

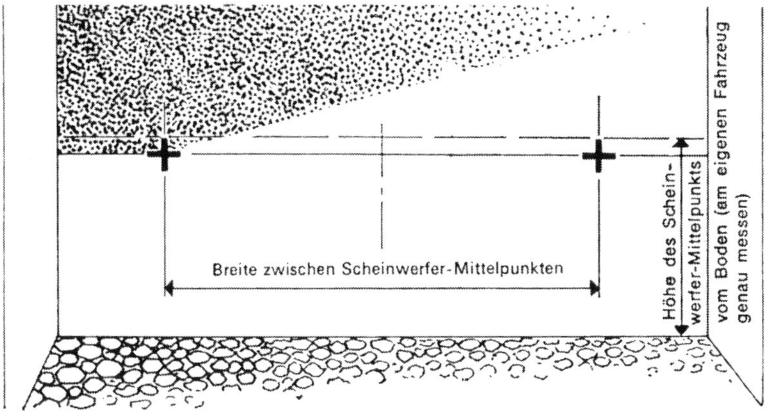

Vor der senkrechten Wand, auf der Sie diese Hilfslinien zum Einstellen der Scheinwerfer ziehen, sollten Sie 9 m ebener Fläche haben. Die Scheinwerfer müssen genau in 5 m Abstand zur Wand stehen. Die Kreuze zeichnen Sie 5 cm unterhalb des Maßes Boden/Scheinwerfer-Mitte an. Die Scheinwerfer werden einzeln eingestellt, deshalb den anderen jeweils mit einem Sack abdecken.

Scheinwerfer einstellen

Zur Prüfung der Scheinwerfer gehört natürlich auch die Kontrolle ihrer Einstellung. Am einfachsten geschieht das in einer Werkstatt oder größeren Tankstelle mit dem optischen Einstellgerät. Das kostet kaum mehr als 1,– DM, die Prozedur ist sowieso viel unkomplizierter als die Selbstkontrolle und -einstellung vor der Wand. Das müssen Sie dabei tun: Sie brauchen mindestens 9 Meter vollkommen ebener und horizontaler Fläche mit einer senkrechten Wand als Abschluß. Die Scheinwerfer sollen 5 Meter vor der Wand stehen, wobei der Wagen genau im rechten Winkel zur Wand stehen muß. Die Scheinwerfer sollen bei vorgeschriebenem Reifendruck, Reserverad und möglichst vollem Tank eingestellt werden.

Von den Scheinwerfern sind dann folgende Maße abzunehmen und auf die Wand zu übertragen: Abstand Scheinwerfermitte zum Boden, Abstand der beiden Scheinwerfer voneinander. Nun verlängert man die Fahrzeuglängsachse an die Wand und mißt von dieser Mittelachse den halbierten Abstand der Scheinwerfer untereinander nach rechts und links. 5 cm unter der waagerechten Linie, die den Abstand vom Boden zur Scheinwerfermitte angibt, zieht man eine weitere waagerechte Linie. Dort, wo sich die senkrechten und die untere waagrechte Linie kreuzen, ziehen Sie die Striche etwas deutlicher aus. Die Skizze muß dann wie oben aussehen.

Scheinwerfer auf Abblendlicht schalten. Dann die Scheinwerfer einstellen, wie im Bildtext beschrieben. Die Hell-Dunkel-Grenze muß im Winkel von 15° nach

Scheinwerfer einstellen ist an den Peugeot kein Problem. Für Gewichtsausgleich hat man den Kipphebel oben auf dem Scheinwerfer, zugänglich nach Öffnen der Motorhaube. Müssen die Scheinwerfer einmal wieder richtig von Grund auf neu eingestellt werden, so geschieht die Höhenverstellung an der Schraube oben in der Mitte des Scheinwerfers, die Seiteneinstellung nimmt man an einer der beiden unteren Schrauben vor, im Bild ist der Schraubenzieher an einer der Schrauben angesetzt. Die Methode ist bei 204 und 304 die gleiche.

Oben kräftig nach vorn ziehen, dann den Scheinwerferkörper nach oben ziehen, so nimmt man den Scheinwerfer des 204 heraus. Beim 304 ist es ähnlich, jedoch muß man mit dem Schraubenzieher unten zwischen Blinkleuchte und Scheinwerfer etwas fummeln, um den Scheinwerferkörper aus den Blechzungen zu befreien. Danach kann man die Kabel abziehen und die Zweifadenlampe nach hinten aus dem Reflektorkörper herausnehmen.

rechts oben abknicken. Die Scheinwerfer dabei besser einzeln einstellen, den anderen Scheinwerfer dazu mit einem großen Putzlappen oder einem Sack abdecken.

Scheinwerferlampen auswechseln

Der Lampenkörper ist beim 204 und 304 nur an drei Punkten befestigt. Erst wird bei beiden die federbelastete Lasche oben nach vorn gezogen und nach oben herausgehoben. Dann den Scheinwerfer kräftig nach vorn ziehen. Beim 204 den Scheinwerfer dann kräftig anheben, um seine beiden unteren Laschen hinter den Einstellschrauben herauszuziehen. Beim 304 zielt man in den Schlitz zwischen Scheinwerferunterseite und Blinkergehäuse und hebt die beiden Federzungen an, worauf der Scheinwerfer etwas nach vorn wippt. In beiden Fällen kann man jetzt den Scheinwerfer nach vorn herauskippen.
Leitungen abziehen und die Lampe nach hinten aus dem Reflektor herausnehmen, nachdem man die beiden kleinen Federklammern unter der Gummiabdekkung mit dem Schraubenzieher abgeklappt hat.

Standlicht- und Blinklampen vorn auswechseln

Die Standlichtlampen müssen immer mitbrennen, wenn die Scheinwerfer eingeschaltet sind. So dienen sie als Notbeleuchtung, wenn der Fernlicht- oder Abblendfaden eines Frontscheinwerfers ausgefallen ist. Die Standlichtlampe steckt jedoch nicht wie bei deutschen Autos im Frontscheinwerfer, sondern unter der weißen Plexiglasscheibe zusammen mit der Blinkerlampe in einem Gehäuse knapp über der Stoßstange.
Zum Auswechseln die beiden Kreuzschlitzschrauben herausdrehen (beim 204 nur eine), die die Abdeckung halten, Lampe in die Fassung drücken, etwas nach links drehen und herausziehen (Bajonettverschluß). Neue Lampe nicht mit bloßen Händen anfassen, sondern mit Verpackungskarton oder Taschentuch einsetzen. Vor dem Anschrauben auf richtigen Sitz der Gehäusedichtung achten.
Die Blinklampen werden nach der gleichen Methode ausgewechselt, wie die Standlichtlampe. Wir können uns die Beschreibung also ersparen.
Beim Kauf darauf achten, daß man auch wirklich die Lampe mit der Wattzahl einsetzt (15 oder 21 W), die vorher eingebaut war. Eine Lampe mit anderen Daten verändert den Rhythmus der Blinker, siehe dazu auch Absatz Blinker im nächsten Kapitel »Signale«. Wenn eine Blinklampe ausgefallen ist – man merkt es am doppelt so schnellen oder ausbleibenden Aufleuchten der Blinkerkontrolllampe –, nicht gleich eine neue Lampe einsetzen. Zunächst bei eingeschalteter Zündung und eingeschaltetem Blinklicht prüfen, ob nicht Korrosion oder mangelnder Kontakt die Ursache für das Versagen ist: Lampe in ihrer Fassung

Die Kennzeichenbeleuchtung bei der geteilten Stoßstange eines 204 Break. Nach Herausdrehen der beiden Kreuzschlitzschrauben kann man an die Lampe herankommen.

bewegen, notfalls Fassung nachbiegen, Kabelanschlüsse prüfen, auf festen Sitz der Dichtung achten, sonst gerät Wasser und Schmutz ins Gehäuse. Überhaupt sollte hin und wieder kontrolliert werden, ob Gehäuse und Reflektoren verschmutzt sind. Dann reinigen, denn nur klare Signale kommen bei anderen Verkehrsteilnehmern auch klar an.

Innenleuchte

Die Abdeckung der Innenleuchte ist nicht mit Schrauben befestigt, sondern in Federklammern eingehängt. Man zieht sie einfach mit der Hand aus ihrer Fassung und kann dann die Soffitenlampe aus den Federzungen herausnehmen.

Türkontaktschalter

Funktioniert die Innenbeleuchtung nicht mehr, muß man bei der Fehlersuche den Türkontaktschalter mit einbeziehen. Der Peugeot hat auf jeder Wagenseite einen. Sie sitzen in den Vorderholmen der Türrahmen. Durch Herausdrehen der Kreuzschlitzschrauben kann man sie ausbauen. Prüfen, auch den Kabelanschluß, außerdem reinigen, damit Kontaktstift leichtgängig bleibt.

Kennzeichenbeleuchtung

Hier gibt es verschiedene Ausführungen, je nach Stoßstangenausführung. Bei den durchgehenden Stoßstangen ist der Träger der beiden Lampen mit einer Flügelschraube befestigt, die unter der Stoßstange zugänglich ist. Nach Herausdrehen der Schrauben kann man Träger herunternehmen und die Lampen prüfen oder austauschen. Bei Wagen mit geteilter Stoßstange sitzen die Lampen in den inneren Stoßstangenenden unter weißer Plexiglasabdeckung. Die Abdeckung ist nach Herausdrehen der beiden Kreuzschlitzschrauben abzunehmen, die Lampen dann zugänglich. Beim Aufsetzen auf richtigen Sitz der Dichtung achten. Wenn sie verschlissen ist, austauschen, sonst geraten Schmutz und Wasser ins Innere und beeinträchtigen die Leuchtwirkung.

Schluß-Brems-Blinkleuchte

Wie aus dem Stichwort hervorgeht, sind die Lampen verschiedener Funktion in einem Gehäuse vereinigt. Beim 304 kommt noch die Rückfahrleuchte hinzu. Fällt eine Lampe aus, muß die Abdeckung der ganzen Einheit abgenommen werden, was nach Herausdrehen der Kreuzschlitzschrauben möglich ist. Sollte die Abdeckung auf der Dichtung festgebacken sein, dann vorsichtig mit dem Schraubenzieher nachhelfen.
Die Lampen sitzen ebenfalls in Renkverschlüssen: Lampe hineindrücken, nach links drehen und aus der Fassung herausnehmen. Beim Wiedereinbau auf den Lampen keine Fettspuren hinterlassen und auf richtigen Sitz der Dichtung achten. Spröde, gerissene oder schwammige Dichtungen austauschen.

Die Heckleuchteneinheit eines 204 Break auf einen Blick. So wie hier, der Finger weist darauf hin, sind in den Leuchten die Wattzahlen der Lampen eingeprägt. Bei Defekt müssen Lampen gleicher Wattzahl wieder eingesetzt werden. Hin und wieder sollte man das Gehäuse abnehmen und die Reflektoren säubern, die hier abgebildeten sind schon ziemlich verschmutzt (links). Hellere Signale erkennt man deutlicher.

Fingerzeige: *Die Blinkleuchten vorn und hinten müssen unbedingt die vorgeschriebene Wattzahl haben (sie steht im Reflektor). Eine Lampe mit falschen Daten verändert den Rhythmus der Blinker.*
Wenn eine Blinklampe ausgefallen ist – man merkt es am doppelt so schnellen oder ausbleibenden Aufleuchten der Blinkerkontrollampe –, nicht gleich eine neue Lampe einsetzen. Zunächst Lampe herausnehmen und nachsehen, ob der Glühfaden gebrochen ist. Wenn nicht, bei eingeschalteter Zündung und eingeschaltetem Blinklicht prüfen, ob nicht Korrosion oder mangelnder Kontakt die Ursache für das Versagen der Lampe ist: Lampe in ihrer Fassung bewegen, Fassung notfalls etwas nachbiegen, Massekontakt überprüfen.

Kontrolleuchten mit Instrumentenbeleuchtung

Bei Ausfall einzelner Lämpchen im Armaturenbrett werden zeitraubende Nebenarbeiten fällig, denn man muß die Instrumenteneinheit ausbauen, was im Kapitel »Arbeiten im Innenraum« beschrieben ist. Dann kann man die Fassungen nach hinten aus den Befestigungen und Instrumenten ziehen.

Rückfahrscheinwerfer

Wie bereits angedeutet, hat sie der 304 serienmäßig, kombiniert mit der Rückleuchteneinheit. Mancher 204- oder Breakfahrer vermißt dieses Zubehör, sei es, weil er schwierige Parkverhältnisse hat, oder nicht besonders gut sieht. Ein Tip: Vielfach genügt es, wenn man beim Rückwärtsfahren auf das Bremspedal tippt, worauf das hellere Bremslicht den Weg weist. Wo dies nicht ausreicht, muß zusätzlich eine Rückfahrleuchte montiert werden. Bei der 204 Limousine macht das keine Schwierigkeiten, denn zwischen Rückleuchteneinheit und Kennzeichenbeleuchtung ist noch genügend Platz auf der Stoßstange. Und im Zubehörhandel gibt es flach bauende Rückfahrscheinwerfer, die noch vor der Gepäckraumrückwand Platz haben. Einbauanweisung liegt diesen Bausätzen bei. Am zweckmäßigsten fürs automatische Einschalten sind Tachowellenschalter.
Beim Break muß die Rückfahrleuchte unter der Stoßstange montiert werden. Hier nimmt man am besten eine rechteckige Ausführung, auch wenn sie nicht soviel Leuchtkraft entwickelt wie eine größere runde. Aber man riskiert mit der niedrigen Ausführung weniger, daß sie von Hindernissen oder in unwegsamem Gelände abgerissen wird.

Fingerzeig: *Rückfahrscheinwerfer müssen stabil befestigt sein, damit sie nicht durch Wippen und Vibrieren den nachfolgenden Verkehr irritieren. Sie* *dürfen nicht bei Vorwärtsfahrt leuchten, was beim Tachowellenschalter ausgeschlossen ist, und sie müssen so eingestellt sein, daß das Lichtbündel in 10 m Entfernung hinter dem Fahrzeug die Straße trifft, um keine anderen Verkehrsteilnehmer zu blenden.*

Zusätzliche Nebelscheinwerfer

Wenn Sie Ihren Peugeot mit Nebellampen verzieren möchten, ist es am einfachsten, sie sich bei einer Peugeot-Werkstatt einbauen zu lassen. Schon wegen der Drehstrom-Lichtmaschine, die auf falsche Anschlüsse mit Durchbrennen reagiert. Man soll sich aber nicht zu viel vormachen. Nebelscheinwerfer können keine Wunder vollbringen. Ihre Wirkung ist zumeist modischer Natur.
Wer dennoch Nebelscheinwerfer selbst anbauen will: Im Zubehörhandel und (oft billiger) durch Versandhäuser wird eine große Auswahl an rechteckigen und runden Nebelleuchten angeboten, je nach Geschmack und Geldbeutel. Auf alle Fälle sollte man zwei Nebelleuchten anbauen, denn erst mit zwei Nebelscheinwerfern dürfen bei Nebel und Schneetreiben die Hauptscheinwerfer auf Standlicht geschaltet werden, vorausgesetzt, die Nebelscheinwerfer werden nicht weiter als 40 cm vom Außenumriß des Wagens nach innen versetzt.
Wie die Nebelscheinwerfer angebaut und angeschlossen werden müssen, ist auf den Einbauanweisungen beschrieben, die den Einbausätzen beiliegen. Jedenfalls darf das Schaltrelais nicht eingespart werden, denn es hat die Aufgabe, bei Fernlicht die Nebellampen automatisch auszuschalten, und außerdem führt es den Lichtstrom ohne Umweg direkt zu den Nebelscheinwerfern, so daß der Spannungsabfall geringer und die Lichtausbeute größer ist.

Halogenscheinwerfer

Die sportlichen Versionen des 304 haben sie serienmäßig. Dementsprechend kann man diese helleren Scheinwerfer auch in die normalen 304 einbauen, denn die Frontpartie mit den Scheinwerfern ist praktisch identisch. Wem das Licht den Aufpreis wert ist, kann im Peugeot-Ersatzteillager nachfragen.
Beim 204 dagegen muß man zu separaten Halogenscheinwerfern greifen, denn es gibt noch keine Umrüstsätze für die serienmäßig eingebauten Scheinwerfer. Flachbauende Halogenscheinwerfer können auf die Stoßstange oder in den Kühlergrill montiert werden. Dann muß allerdings das Frontziergitter entsprechend ausgeschnitten werden, und man nimmt dann am besten rechteckige Scheinwerfer. Das erleichtert die Ausschneidearbeit. Die Halogenscheinwerfer können entweder zusammen mit dem Fernlicht geschaltet oder allein als Fernlicht benutzt werden. Abwechselnd normales Fernlicht und Halogenfernlicht zu fahren, ist nicht erlaubt. Man muß allerdings berücksichtigen, daß die beiden Halogen-Zusatzscheinwerfer zusammen 110 Watt verbrauchen, was selbst bei der Wechselstrom-Lichtmaschine eine gewisse Belastung bedeutet. Im Winter muß man schon etwas häufiger nach der Batterie sehen, wenn man Halogenscheinwerfer öfter benutzt.

Fingerzeige: *Halogenscheinwerfer müssen besonders stabil befestigt werden, damit sie nicht wippen und andere Verkehrsteilnehmer irritieren. Außerdem müssen sie sorgfältig der jeweiligen Belastung des Wagens entsprechend eingestellt werden. Das Leuchtkonzert entgegenkommender Fahrzeuge bei falsch eingestellten Scheinwerfern sollte mindestens Vorwarnung sein, denn blendende Scheinwerfer sind strafbar.*
Lassen Sie sich nicht durch Billigangebote unbekannter Hersteller zum Umrüsten auf Halogenlicht animieren. Da wird meistens Schindluder mit nicht zugelassenen Lampen getrieben.

Kontaktpflege

Ihre verkehrsteilnehmenden Zeitgenossen können leider nicht Gedanken lesen. Deshalb müssen Sie Signaleinrichtungen an Ihrem Auto haben, die Ihren Vorhaben optischen oder akustischen Ausdruck geben. Sie dienen gewissermaßen der Kontaktpflege zur Umwelt. Und wenn Sie nicht der Leidtragende sein wollen, müssen Sie sich um die Signaleinrichtungen an Ihrem Auto kümmern.

Elektrische Anlage prüfen

Diese Kontrolle schreibt Peugeot nicht vor, denn sie sollte erstens selbstverständlich sein, und zweitens ergibt sie sich aus den Vorschriften des Gesetzgebers. Denn wenn Sie einäugig, also nur mit einem brennenden Scheinwerfer, oder mit nur einem aufleuchtenden Bremslicht durch die Gegend chauffieren, machen Sie sich strafbar.

Damit sagt der Gesetzgeber ganz klar, daß Sie sich eigentlich vor Antritt jeder Fahrt von der Funktion Ihrer Signaleinrichtungen, also auch von der Funktion der elektrischen Anlage überzeugen müßten. Aber wer tut das schon? Ein routinierter Fahrer registriert im Unterbewußtsein, wenn irgend etwas nicht stimmt, dennoch sollten Sie gelegentlich bewußt alle Schalter bedienen und um den Wagen gehen, ob alles in Ordnung ist. Da können Sie sehen, ob die Stand- und Schlußlichter brennen, ob die Blinker funktionieren, vom Fahrersitz aus, ob die Wischer wedeln, das Gebläse rauscht usw. Die Scheinwerfer können Sie in Fahrt an einem Vordermann ausprobieren, oder an einer Hauswand; dort können Sie auch das Aufleuchten der Bremslichter kontrollieren, wenn Sie keinen Helfer parat haben, der nach dem Treten aufs Bremspedal nach den Leuchten schaut.

Die Blinkanlage

Die Blinkanlage besteht aus dem Blinkerschalter, dessen Hebel rechts aus der Lenksäule ragt, den beiden vorderen und hinteren Blinkleuchten, dem Blinkrelais und der grünen Blinkerkontrollampe in der Instrumentengruppe.

Die Blinkanlage ist gleichzeitig Warnblinkanlage bei den Peugeot, die sie serienmäßig eingebaut haben. Aber während die Warnblinkanlage – über einen separaten Schalter eingeschaltet – ständig unter Strom steht, funktioniert die Blinkanlage erst nach Einschalten der Zündung mit dem Zündschlüssel.

Strom erhält die Blinkanlage über die Leitung 50 von der Sicherung F. 3 zur dazugehörigen Klemme des Blinkgebers. Von dort fließt er, vom Blinkgeber in gleichen Takten unterbrochen über die Leitung 17 zum Blinkerschalter + an der Lenksäule, dessen Hebel den Strom je nach Schaltung weiterleitet: über die Leitungen 19/49/37 und Zwischenstecker zu den Blinkleuchten vorn und hinten an der linken Wagenseite, über die Leitungen 18/48/38 und Leitungsverbinder zu den Blinkern vorn und hinten rechts. Die Kontrollampe ist mit beiden Schaltungen verbunden, so daß sie im Rhythmus mit den Blinklampen aufleuchtet.

Das Blinkrelais

Ob das Relais arbeitet, sieht man nicht nur an der Kontrollampe, man hört auch das Ticken hinter dem Armaturenbrett. Das Blinkrelais ist ein kleiner

Aluminiumzylinder, der rechts von der Lenksäule hinter dem Armaturenbrett aufrechtstehend montiert ist. Man sieht ihn dort, wenn man die schaumstoffgepolsterte Abdeckung der Armaturenbrettunterseite aus ihren Haltbügeln nach unten abzieht und sich tief in den vorderen Fußraum hinabbeugt. Zur ersten Suche schaltet man am besten die Blink- oder Warnblinkanlage ein und läßt sich vom Gehör leiten, dann weiß man im Ernstfall, wo man den Blinkgeber zu suchen hat.
Der Blinkgeber ist mit einer Sechskantmutter an ein Winkelmetall geschraubt; das Herausdrehen der Mutter ist etwas beschwerlich, weil man nicht viel Platz für den Schraubenschlüssel hat. Aber zum Auswechseln oder zum Überprüfen der Kabelanschlüsse muß man den Blinkgeber herunternehmen, denn man kann von unten nicht auf seine Oberseite sehen.

Fingerzeige: *Leuchtet nach Betätigen des Blinkerschalters die Kontrolllampe nicht oder blitzt nur kurz auf und bleibt dann dunkel, oder ist der Schaltrhythmus des Blinkrelais doppelt so schnell als normal, so ist auf der betreffenden Wagenseite eine Blinklampe durch Defekt oder mangelnden Massekontakt (prüfen, in der Fassung bewegen) ausgefallen.*
Manchmal bewegt leichtes Klopfen mit dem Fingerknöchel auf das Relais, daß es seinen Betrieb wieder aufnimmt.
Die Funktion von Blinkrelais und Blinklampen steht in einem engen Zusammenhang. Deshalb ist beim Austausch defekter Blinklampen genau darauf zu achten, daß eine Lampe der gleichen Wattzahl eingesetzt wird. Durch eine Lampe falscher Wattzahl wird im einfachsten Fall der Blinkrhythmus gestört. Wahrscheinlicher sind jedoch Störungen und vorzeitiger Verschleiß.

Das Signalhorn

Tippt man außen auf das Ende des Lichtschalterhebels links an der Lenksäule, so ertönt das Horn (im 304 sind es deren zwei), allerdings nur, wenn die Zündung eingeschaltet ist. Das Horn liegt unmittelbar hinter dem Kühlergrill, damit die Schallwellen auch recht stark nach vorn abstrahlen und gehört werden. Zu sehen ist das runde Horn von oben hinter dem Kühlergrill, von wo es auch leicht erreichbar ist.
Im Horn wird durch den Hebeldruck über einen elektrischen Anschluß ein Elektromagnet in Verbindung mit einem Unterbrecher in Schwingungen gebracht. Diese werden auf die Hornmembrane übertragen und als Ton wirksam. Ein eingebauter Kondensator dämpft die Funkenbildung zwischen den Unterbrecherkontakten, so daß diese geschont werden und so erheblich länger

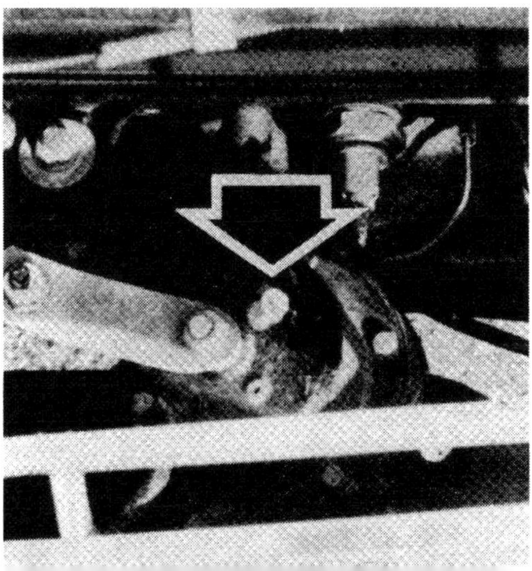

Der Pfeil weist auf die kleine Sechskantschraube, an der man drehen kann, wenn das Horn einmal verstimmt sein sollte. Suchen Sie sich aber mit Ihrem Helfer am besten eine einsame Stelle aus, an der Sie Ihre Stimmversuche anstellen können, ohne anderen Leuten auf die Nerven zu fallen. Der Verstellbereich beträgt allerdings nur Bruchteile von Millimetern.

leben als z. B. die Unterbrecherkontakte der Zündanlage. Das müssen sie auch, denn im Horn gibt es eigentlich nichts zu reparieren. Wenn das Horn durch Feuchtigkeit korrodiert ist, verstimmt klingt oder nur noch mühsam krächzt, bleibt meist nur der Austausch. Vorher kann man noch versuchen, den Schwingungsbereich der Membrane zu verstellen. Dafür ist die kleine Sechskantschraube an der Horn-Oberseite da, beim 304 teilweise verdeckt von den Befestigungsblechen. Man braucht einen Helfer, der auf den Hupknopf drückt, während man an der Horn-Rückseite mit einem kleinen Gabelschlüssel oder einer Zange die Schraube vorsichtig um Millimeterbruchteile verdreht. Dabei möglichst keinem Nachbarn auf die Nerven fallen, der Sie wegen Ruhestörung verklagen könnte.

Lichthupe

Von dieser Art, sich bemerkbar zu machen, hält Peugeot offensichtlich nicht viel, denn es ist keine entsprechende Schaltung vorhanden. Schließlich ist sie gesetzlich ja auch nicht vorgeschrieben. Die meisten Fahrer werden sie auch gar nicht vermissen, denn der Lichtschalter liegt so gut zur Hand, daß er schnell um die beiden Ecken geschaltet ist, wenn die Situation einmal brenzlig werden sollte. Andererseits bewahrt das Fehlen der Lichthupe davor, anderen Fahrern durch übernervöse Lichtzeichen auf die Nerven zu fallen, oder Gelegenheit zu geben, sich genötigt zu fühlen.

Wer dennoch auf dieses Schnellsignal nicht verzichten will, muß einen federnd gelagerten Hebelschalter im Zubehörhandel kaufen und ins Armaturenbrett einbauen. Die Platzwahl ist Geschmacksache, aber der Hebel sollte kurz sein, damit man ihn nicht unbeabsichtigt beim Bedienen anderer Instrumente berührt. Die Schaltung ist relativ einfach: Man zieht ein Kabel von einer ständig stromführenden Klemme (z. B. Klemme 20 des Zündschlosses) zum Lichthupenhebel, ebenso von der Fernlichtklemme des Lichtschalters. Das ist die einfachste Lösung.

Das Bremslicht

Leider wird dem Fahrer die einwandfreie Funktion der Bremsleuchten nicht angezeigt, obwohl sie doch im Verkehr ein wichtiges Warnsignal sind. Der Fahrer muß sie deshalb bei eingeschalteter Zündung und getretenem Bremspedal mit einem Helfer oder vor einer hellen Wand möglichst oft auf umständliche Art prüfen.

Wenn nur ein Bremslicht brennt, ist höchstwahrscheinlich die andere Lampe defekt oder hat mangelnden Massekontakt. Kontakt herstellen oder Lampe sofort austauschen. Wenn beide Lampen nicht brennen, muß man suchen. Zuerst nach der Sicherung Nr. 3 sehen. Sehen Sie jedoch zuallererst nach, ob die Zündung eingeschaltet ist, denn bei ausgeschalteter Zündung steht diese Sicherung nicht unter Strom.

Wenn beide Bremsleuchten nicht arbeiten, obwohl die Sicherung intakt ist, prüft man zunächst mit einer Prüflampe, ob bei eingeschalteter Zündung an einer Klemme des Bremslichtschalters (siehe dazu Zeichnung Seite 184) Spannung liegt. Die andere Klemme kann nur dann Strom führen, wenn das Bremspedal getreten wird. Auf diese Weise kann man herausfinden, ob der Fehler im Bremslichtschalter oder in den Kontakten oder Leitungen liegt. Falls man die Kontakte der beiden Kabel reinigen muß, ist es einerlei, welches Kabel an welchen Stecker kommt, denn der Bremslichtschalter hat nur die Aufgabe, bei Kontaktschluß den Strom zu den Bremslichtern weiterzuführen. Stellt sich jedoch heraus, daß der Fehler im Bremslichtschalter direkt liegt, muß dieser ausgewechselt werden, denn daran gibt es nichts zu reparieren. Wie man auswechselt, ist im Kapitel »Instrumente und Geräte« geschildert.

Stets zu Diensten

Kein Fahrer kann auf Anzeigeinstrumente verzichten, denn er muß darüber Bescheid wissen, was in seinem Auto vor sich geht, und nur mit Hilfe der diversen Schalter und Hebel kann er es richtig bedienen. Deshalb sitzt alles in Griff- und Sichtnähe des Fahrers. Mancher hätte gern mehr Instrumente, manchem ist das Vorhandene schon zuviel, so daß er die Beobachtung vernachlässigt und sich dann vielleicht wundert, daß er mit leergefahrenem Tank liegenbleibt.

Vor dem Lenkrad, im Blickfeld des Fahrers, sind die Instrumente und Kontrollorgane in einer Gruppe zusammengefaßt. Sowohl der 204 wie der 304 hatten zuerst eine Anzeigekombination mit breitgezogener Tachoanzeige, allerdings beim 204 etwas anders geformt als beim 304, ehe Peugeot beiden Typen eine Anzeigekombination mit Rundinstrumenten spendierte. Wie die verschiedenen Anzeigekombinationen ausgebaut werden, schildern wir im Kapitel »Arbeiten im Innenraum«.

Das Tachometer

An diesem Instrument wird zweierlei angezeigt: Die gefahrene Geschwindigkeit und die zurückgelegten Kilometer. Schaltmarken auf der Tachoskala erübrigen sich, da der Motor durch unüberhörbare Geräuschsteigerung bekannt gibt, wann es Zeit ist, in den nächsthöheren Gang zu schalten. Wie genau das Tachometer anzeigen muß, und wie man das Instrument »eicht«, um genau zu wissen, wie schnell man wirklich fährt, haben wir im Kapitel »Prüfen ohne Werkzeug« geschildert.

Der Antrieb des Tachometers erfolgt über eine flexible Tachowelle. Sie ist am Getriebegehäuse verschraubt, rechts von der Ölpeilstab-Führungshülse, und wird vom Getriebe angetrieben. Von dort führt sie in weiten Bogen nach oben und durch die Motortrennwand hinter das Armaturenbrett, wo ihr anderes Ende mit einer Überwurf-Rändelmutter an der Tachometer-Rückseite befestigt ist.

Sehr einfach kommt man an die Kabel von Blinker und Zündschloß heran. Man schraubt nur die vier Kreuzschlitzschrauben heraus, die die untere Halbschale der Lenksäulenverkleidung halten. Das Arbeiten ist etwas mühsam, weil das meiste von unten nach oben geschehen muß.

An die Getriebeverschraubung kommt man hinten vom linken Radkasten aus heran – zwar schwierig, aber es geht; an die Tachometer-Überwurfmutter, indem man vom linken vorderen Fußraum aus nach oben greift.
Zwar wird der Tacho nicht elektrisch betrieben, doch beruht seine Wirkungsweise auf elektrischen Wirbelströmen, die durch die Drehung eines von der Tachowelle angetriebenen Ringmagneten erzeugt werden. Diese Wirbelströme versuchen, die Tachonadel in gleicher Drehrichtung mitzunehmen. Das Kilometerzählwerk ist durch eine kleine Welle an den Tachowellenanschluß angeschlossen.
Die Tachometerwelle ist wartungsfrei. Wenn jedoch die Tachowelle leises Tikken von sich gibt oder die Tachonadel ruckweise sich bewegt, kann es nichts schaden, die Tachowelle am Getriebe loszuschrauben und sie mit ein wenig Fett zu versorgen. Ist sie gebrochen, muß sie ausgetauscht werden. Beim Einbau vorsichtig verlegen. Wird sie geknickt oder in zu engen Schleifen verlegt, ist damit die Ursache für baldigen Wellenbruch oder vorzeitigen Verschleiß geschaffen.

Die Kraftstoffanzeige

Der Kraftstoffstand wird auf einer Skala im Armaturenbrett angezeigt. Je nach Tankfüllung soll der Zeiger auf der Skala zwischen dem ganz weißen Kanistersymbol (= Voll) und dem nur weiß umrandeten Symbol (= Leer) anzeigen. Durch den vollweißen Bereich wird man in den Peugeot vorgewarnt, daß der Kraftstoff zur Neige geht. Wenn jedoch der Zeiger auf Leer steht, sollen noch etwa 2 bis 3 Liter im Tank sein, die für die Fahrt zur nächsten Tankstelle ausreichen müssen. Erfahrungsgemäß zeigen die Kraftstoffanzeiger aber nur selten genau an, bzw. sie sind in manchen Bereichen sehr genau, in anderen wieder nicht. Es ist nun wichtig zu wissen, wie der Zeiger im Endbereich stimmt und ob man sich auch wirklich darauf verlassen kann, daß noch eine Reservemenge im Tank ist. Das sollte man einmal nachprüfen, indem man den Tank restlos leerfährt, bis der Wagen stehenbleibt. Nehmen Sie aber dazu unbedingt einen Reservekanister mit, denn Sie können bestraft werden, wenn Sie z. B. auf der Autobahn mit leergefahrenem Tank ein Verkehrshindernis und damit eine Unfallquelle bilden.

Prüfung auf Funktion

Ob Meßuhr und Geber (er sitzt im Tank) richtig arbeiten, ist am Zeigerausschlag auf der Anzeigeskala bei leerem und bei vollem Tank ohne weiteres zu erkennen. Wenn die Zeigerausschläge nicht stimmen oder die Meßuhr nicht anzeigt, dann zuerst die Kabelsteckverbindungen überprüfen. Sie können lose oder korrodiert sein. Besonders der Geberanschluß auf dem Tank rostet, wenn man ihn nicht gelegentlich reinigt. Ist am Anschluß nichts zu finden, müssen nacheinander Meßuhr und Geber überprüft werden. (Wie der Geber ausgebaut wird, ist im Kapitel »Kraftstoffleitungen« beschrieben.) Prüfen kann jedoch nur die Werkstatt, wenn nicht gleichartige Instrumententeile zum gegenseitigen Vergleich zur Verfügung stehen.
Wenn die Kraftstoffuhr überhaupt nichts anzeigt, sollte man zuerst nachprüfen, ob eine Sicherung durchgebrannt ist. Dazu braucht man nicht unbedingt im Sicherungskasten nachzusehen. Man kann auch die Scheibenwischer einschalten, denn sie hängen ebenfalls an der Sicherung F. 4. Funktionieren auch die Wischer nicht, ist wahrscheinlich die Sicherung defekt.

Kontrolleuchten prüfen

Vier Kontrolleuchten befinden sich in der Instrumenteneinheit der Peugeot: Standlichtkontrolle, Fernlichtkontrolle, Blinkerkontrolle und die Öldruckkontrolleuchte. Bei Verdacht auf Defekt zuerst die betreffenden Sicherungen überprüfen (siehe Kapitel »Elektrische Leitungen). Ist hier und an den zuführenden Leitungen und den Anschlüssen an den Schaltern, Gebern und Geräten nichts zu finden, muß wohl oder übel die Armatureneinheit abgebaut werden (siehe Kapitel »Arbeiten im Innenraum«). Wer in den ausgebauten Glaskölbchen nicht sehen kann, ob der Glühfaden durchgebrannt ist, kann eine verdächtige Kontrollampe in die Fassung einer anderen stecken und versuchen, ob sie dort brennt. Wenn nicht, dann austauschen.

Das Kühlwasserthermometer

Dieses Gerät gibt genauen Aufschluß über die Temperaturverhältnisse im Kühlkreislauf und damit über das Wohlbefinden des Motors. Das Temperaturanzeigegerät ist recht zuverlässig. Wenn es fehlerhaft anzeigt, z. B. nach längerer schneller Fahrt eine Untertemperatur, dann sollten zuerst die Kabelanschlüsse und der Thermoschalter überprüft werden, bevor man sich dem Anzeigegerät selbst widmet, wozu der Armaturenträger abgebaut werden muß.
Man sollte sich aber bei allzu genauer Beobachtung der Kühltemperaturanzeige nicht von jeder Bewegung der Nadel beunruhigen lassen. Denn zunächst steigt der Zeiger nach dem Kaltstart mit einiger Verzögerung gegenüber der wirklich im Kühlkreislauf herrschenden Temperatur hoch. Meist bleibt er dann im Anfang des Mittelbereichs stehen. Aber wenn nach schneller Fahrt eine Verkehrsstockung kommt, kann es durchaus sein, daß der Zeiger bis zum Anfang des roten Feldes wandert und dort einige Zeit verharrt, bis der automatisch einschaltende Kühlerventilator die Kühlwassertemperatur heruntergekühlt hat. Nur wenn bei normaler Fahrt der Zeiger ins rote Feld wandert oder der Zeiger bei Schleichfahrt nach schneller Fahrt im roten Feld bleibt, ist anzuhalten und nach den Ursachen zu forschon.
Die Temperaturanzeige arbeitet elektrisch. Dazu sitzt zwischen den beiden linken Flanschen des Einlaßkrümmers im Zylinderkopf der Thermofühler, der entsprechend den Temperaturen seiner Umgebung seinen elektrischen Widerstand ändert. Über das Geber-Kabel bekommt das Anzeigeinstrument im Armaturenbrett die Nachricht; es mißt also in Wirklichkeit nicht die Wärmegrade im Motor, sondern zeigt den dadurch veränderten elektrischen Widerstand des Thermofühlers an. Zeigt das Instrument nicht an, obwohl die ebenfalls an die Sicherung F. 4 angeschlossenen Verbraucher einwandfrei funktionieren, muß der Fehler entweder in der Kabelführung, im Anzeigegerät oder am defekten Thermofühler liegen.
Am Thermofühler gibt es nichts zu reparieren, er wird in diesem Falle ausgetauscht. Man braucht ihn nur mit dem Gabelschlüssel herauszudrehen, nachdem man das Kabel abgezogen und einen Teil des Kühlmittels abgelassen hat. Zum Ausbau des Anzeigegeräts muß das Kombiinstrument ausgebaut werden.
Auf den zweiten Schalter im Kühlsystem der Steuerfunktionen hat, den Thermofühler vorn an der Kühlerunterseite, der den automatischen Kühlerventilator zu- und abschaltet, sind wir im Kapitel »Kühlung und Heizung« eingegangen.

Das Voltmeter

Den Zweck und die Aussage dieses Geräts, das die Bordspannung anzeigt, haben wir bereits im Kapitel »Lichtmaschine und Anlasser« geschildert. Es ist über einen Plusanschluß und den Masseanschluß in den Stromkreislauf des Bordnetzes geschaltet und zeigt die Spannungsunterschiede an, die bei den verschiedenen Belastungszuständen auftreten.

Die Ladekontrolle

Im Instrumentenbrett mit breitem Tacho hatte auch der 304 ein Voltmeter, mit den Rundinstrumenten hat Peugeot diese Anzeige jedoch auf eine Ladekontrollleuchte reduziert. Die rote Lampe sitzt unten im mittteren Rundinstrument.

Wenn der Zündschlüssel gedreht, die Zündung eingeschaltet wird, leuchtet die Ladekontrollampe auf. Sie wird von der Batterie gespeist und der Rückstrom läuft über den Regler und die Feldwicklung der Lichtmaschine, wo er als Anfangserregerstrom genutzt wird, zur Masse. Wenn der Motor an Drehzahl zunimmt, so daß die Spannung an der Plusklemme (+ oder BAT) der Lichtmaschine ansteigt, so kompensiert sie die an den Klemmen der Lampe liegende Spannung, so daß die Lampe allmählich verlöscht, siehe auch Seite 121.

Fingerzeig: *Wenn die Ladekontrollampe nicht verlöscht, muß man nicht gleich die Lichtmaschine verdächtigen. Zunächst prüfen, ob der Draht von der Hilfsklemme der Lichtmaschine zur Kontrollampe nicht unterbrochen ist. Wenn die Zündung eingeschaltet ist, muß die Hilfsklemme unter Spannung stehen. Das prüft man mit einem Voltmeter.*

Die Öldruck-kontrolle

Auch dies ist eine rote Leuchte im Armaturenbrett, gekennzeichnet mit einem Ölkännchen-Symbol. Das Motoröl soll ständig mit dem notwendigen Druck aus der Ölwanne zu allen Schmierstellen gefördert werden. Um das überprüfen zu können, ist in den Motorkreislauf ein Öldruckschalter eingebaut. Er ist an der Motorvorderseite neben der Ölfilterpatrone in den Motorblock geschraubt. Sein Kabel ist mit der Öldruckkontrollampe im Armaturenbrett verbunden, Strom erhält die Lampe von der Sicherung F. 4.

Der Öldruck ist bei kaltem und daher zähem Motoröl höher als bei heißem und dünnflüssigem Öl, so daß die Lampe nach dem Kaltstart schon bei niedrigen Drehzahlen verlöscht. Beim Starten eines im Hochsommer heißgefahrenen Motors mit dementsprechend dünnflüssigem Öl wird der gewünschte Öldruck etwas langsamer aufgebaut, so daß die Öldrucklampe hier erst bei etwas höheren Drehzahlen des Motors verlischt.

Brennt die rote Lampe während der Fahrt, so ist das ein Alarmzeichen! Natürlich kann es auch ganz harmlos sein, weil der Öldruckschalter defekt ist oder weil sein Kabel irgendwo zwischen Druckschalter und Lampe Kurzschluß hat. Aber in der Regel zeigt die Lampe an, daß der notwendige Öldruck zur Schmierung aller Motorteile aus irgendeinem Grund nicht aufgebaut werden kann. Bei sorgloser Weiterfahrt sind dann schwere Motorschäden zu befürchten.

Beim Aufleuchten der Öldruckkontrolle während der Fahrt muß deshalb sofort angehalten werden. Zuerst soll der Ölstand im Triebwerksblock kontrolliert werden. Ist das Ölniveau sehr niedrig, schauen Sie unter dem Wagen nach, ob aus irgendeiner Undichtigkeit das Motoröl wegläuft. Wenn das Öl in fingerdickem Strahl ausläuft, kommt jede Nothilfe zu spät: Der Wagen muß abgeschleppt

Gleich neben dem Ölfilter ist der Öldruckschalter in den Motorblock geschraubt, bei Wagen mit hängendem Filter auch in dessen Träger direkt. Wenn die Öldruckkontrolllampe im Armaturenbrett einmal nicht mehr anzeigt, sollte man prüfen, ob das Kabel noch fest auf dem Schalter sitzt. Oder der Schalter ist defekt, aber das herauszufinden ist Sache der Werkstatt, die man möglichst schnell aufsuchen sollte, wenn möglich im Schlepptau eines Helfers, falls sich herausgestellt hat, daß der Ölstand im Motor bedrohlich abgesunken ist. Am Schalter selbst gibt es nichts zu reparieren, er wird ausgetauscht.

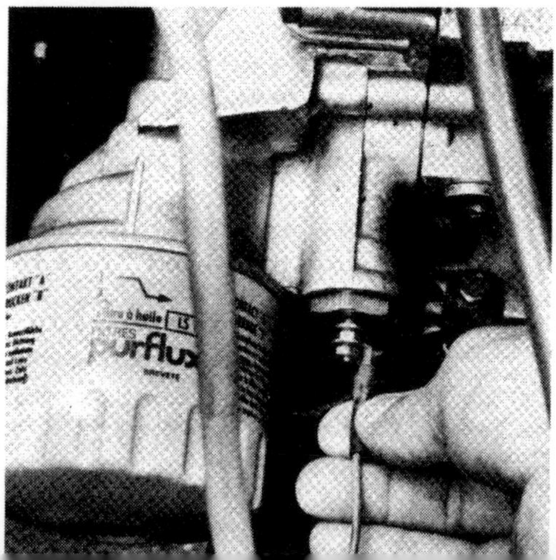

werden, ebenso, wenn der Ölstand praktisch gleich Null und die nächste Tankstelle weit entfernt ist. Hat man noch einen geringen Ölvorrat und die nächste Tankstelle ist nicht mehr als ein paar hundert Meter entfernt, kann man die Fahrt dahin noch wagen. Bei geringem Ölverlust kann man dann die Weiterfahrt über eine nicht zu lange Strecke verantworten, wenn man ein paar Dosen Öl kauft und diese in regelmäßigen Abständen in den Motor gießt.
Der Fehler kann auch an einer defekten Ölpumpe liegen, was allerdings recht selten ist. Auch dann ist Abschleppen unumgänglich, denn der Motor wird nicht mehr geschmiert, die Lager werden binnen kurzem festfressen.

Störungsbeistand

Öldruckanzeige

Die Störung	– ihre Ursache	– ihre Abhilfe
A Lampe leuchtet beim Einschalten der Zündung nicht auf	1 Steckkontakte locker	Kabelsteckverbindungen überprüfen
	2 Kontrollampe defekt	Lampe austauschen
	3 Öldruckschalter defekt	Austauschen
B Lampe leuchtet während der Fahrt auf	1 Ölmangel	Motoröl auffüllen
	2 Kurzschluß am Kabel zwischen Lampe und Druckschalter	Kabel auf Scheuerstellen untersuchen. Anderes Kabel zwischenschalten
	3 Ölkreislauf unterbrochen	Zur nächsten Werkstatt. Motor wird nicht mehr geschmiert
	4 Öldruckschalter undicht	Schalter auswechseln
C Lampe verlischt erst bei Vollgas	1 Öldruck zu niedrig	Zur nächsten Werkstatt
	2 Ölpumpe schadhaft	Untersuchen lassen
D Lampe leuchtet bei heißem Motor im Leerlauf auf	Ansprechdruck des Öldruckschalters zu hoch	Heißes, dünnflüssiges Motoröl bringt weniger Druck als kaltes Öl. Kein Grund zur Sorge

Der Drehzahlmesser

Dieses Instrument haben nur die sportlichen Versionen des 304, Coupé und Cabrio, bekommen. Jedoch lohnt sich der nachträgliche Einbau in die Limousinen nur, wenn man seinen Wagen ständig hochtourig fahren will, wovon schon aus Verschleiß- und Kraftstoffspargründen abzuraten ist. Wer unbedingt einen Drehzahlmesser haben will, muß auf den Zubehörhandel zurückgreifen, z. B. gibt es von VDO sehr formschöne Geräte zum nachträglichen Einbau. Eine Einbauanleitung liegt diesen Bausätzen bei, jedoch sollte man, besonders bei elektronischen Drehzahlmessern, eine Elektrikwerkstatt mit dem Einbau beauftragen – schon wegen der erwünschten Anzeigegenauigkeit.
Die Platzwahl ist Geschmacksache, jedoch ist Anbringen des Instruments in der Nähe eines vorhandenen Radios wegen eventueller Empfangsschwierigkeiten zu vermeiden. Drehzahlmesser zur Selbstmontage gibt es ab ca. 60,– DM.
Der Drehzahlmesser zeigt an, wieviel Umdrehungen pro Minute die Kurbelwelle im jeweiligen Gang und bei der jeweiligen Geschwindigkeit dreht. Man weiß so zu jeder Zeit, wie der Motor strapaziert wird. Renn- und Sportfahrer fahren praktisch nur nach dem Drehzahlmesser, weil man so in jedem Gang näher an die zulässige Drehzahlgrenze herangehen kann, ohne dem Motor zu schaden.
Der Drehzahlmesser funktioniert praktisch wie ein Tachometer. In einer Drahtspule wird ein Strom induziert, der den Zeiger des Drehzahlmessers um so

stärker verstellt, je höher die Drehzahl steigt. Es ist ein elektronischer Drehzahlmesser. Er ist mit der Zündung verbunden und zählt gewissermaßen die Zahl der in einer bestimmten Zeiteinheit erfolgten Zündungen im Motor. Diese Anzeige ist wesentlich exakter und reaktionsschneller als bei mechanischen Drehzahlmessern. Außerdem kann man mechanische Übertragsorgane einsparen. Daraus folgt aber auch, daß man am Drehzahlmesseranschluß nicht herumhantieren sollte. Veränderungen könnten zu Fehlanzeige führen.

Die Zeituhr

Sie macht in der Regel keinen Kummer und ist deshalb nur der Vollständigkeit halber erwähnt. Sie bezieht ihren Strom von der Sicherung F.2, die bei Störungen nachzuprüfen ist. Liegt der Verdacht vor, daß die Uhr selbst defekt ist, z. B. bei ständigen Anzeigeunstimmigkeiten, muß die Instrumenteneinheit ausgebaut werden, um die Uhr herausnehmen zu können. Geringfügige Abweichungen in der Genauigkeit können mit dem Einstellknopf ausgeglichen werden.

Lichtschalter ausbauen

Dieser Lichtschalter links an der Lenksäule trägt sechs elektrische Anschlüsse: Einen Plusanschluß, dann die Anschlüsse fürs Standlicht, Abblendlicht, Fernlicht, für die Fernlichtkontrolle und für das Horn, eine Umschaltstation also, die bei Störungen in der Beleuchtungsanlage durchaus in Betracht kommt.
Der Schalter ist an die Lenksäule geschraubt, zugänglich nach Abnahme der Lenksäulenverkleidung, siehe auch Kapitel »Arbeiten im Innenraum«.

Wippschalter und Züge

Sie sitzen in rechteckigen Fassungen auf dem Armaturenbrett. Zum Ausbau nimmt man einen Flachschraubenzieher oder eine Messerklinge und hebelt sie heraus, bis man sie mit den Fingern fassen und vollends herausziehen kann. Einfassungen nicht zu oft verbiegen, sie brechen leicht. Die elektrischen Anschlüsse sind hinten aufgesteckt und können zur Kontrolle einfach abgezogen werden, wenn Verdacht auf mangelhaften Kontakt besteht.
Bei Zug- und Drehschaltern wie Scheibenwischerschalter früherer Baujahre, Chokezug usw. zieht man den Knopf einfach mit etwas Kraftaufwand von der Achse und kann dann mit einem Maul- oder Steckschlüssel die Sechskantmutter der Armaturenbrettbefestigung lösen.

Zigarettenanzünder

Erst relativ spät hat sich Peugeot entschlossen, den Rauchern entgegenzukommen und einen Zigarettenanzünder einzubauen. Davon profitieren allerdings auch Nichtraucher: Im Zubehörhandel gibt es sogenannte Adapter, die in den Zigarettenanzünder passen, so daß dieser als Steckdose benutzt werden kann, z. B. für den Anschluß des Autostaubsaugers oder einer Leselampe.

Wenn mal die Innenleuchte gar nicht oder dauernd brennt, sollte man den Türkontaktschalter zwischen Tür und vorderem Holm kontrollieren. Vielleicht ist die Befestigungsschraube verlorengegangen oder es hat sich die Leitung gelöst. Wenn man die Festhalteschraube herausdreht, kann man den Kontaktschalter aus dem Holm herausziehen.

Steckdose

Bei Peugeot früherer Baujahre, die noch keinen Zigarettenanzünder eingebaut hatten, siehe vorigen Absatz, muß eine im Zubehörhandel angebotene Steckdose an passender Stelle ins oder unters Armaturenbrett eingebaut werden. Da das Armaturenbrett aus Kunststoff besteht, muß man nicht nur einen Plusanschluß an eine ständig stromführende Klemme im Armaturenbrett herstellen, sondern auch eine Masseleitung zur Karosserie ziehen, wenn die Sache funktionieren soll.

Die Scheibenwischer

Drückt man beim 304 auf den Wippschalter mit dem Wischersymbol oder dreht man beim 204 den entsprechenden Drehknopf, beginnen die Scheibenwischer auf der Frontscheibe hin und her zu wedeln. Bringen die Scheibenwischer kein einwandfrei sauberes Blickfeld mehr zustande, kommen mehrere Fehlerquellen in Betracht: Fett auf der Scheibe (mit Sidol oder Antisilikonpaste reinigen), Anpreßdruck ungenügend (Feder oder Wischarm nachbiegen oder austauschen), Wischerblätter abgenützt oder brüchig (die Wischerblätter sollten wenigstens in jedem Jahr ausgewechselt werden). Sie gibt es im Peugeot-Ersatzteillager oder im Zubehörhandel.

Fingerzeige: *Für besseres Wischfeld empfiehlt es sich beim 204, links das Wischerblatt des 504 anzubringen. Rechts allerdings ist die Umrüstung nicht möglich.*
Da die Peugeot nur eine Wischgeschwindigkeit haben, was bei Nieselregen zum lästig häufigen Griff nach dem Wischerschalter zwingt, ist der nachträgliche Einbau eines Intervallschalters empfehlenswert. Einbausätze gibt es mit Anleitung im Fachhandel.

Die Wischerblätter mit dem verstärkenden Metallblatt sind einfach in die Metallnasen des Blatthalters eingeschoben. Dafür hat das Profilgummi des Blatts einen Schlitz. Zum Auswechseln den Wischerarm abklappen und den Wischergummi nach oben herausziehen. Auch zum Einfädeln ist kaum Geduld nötig, wenn man es schon einmal gemacht hat.

Pflege der Wischeranlage

Dafür bestehen eigentlich keine Empfehlungen, doch kann es nicht schaden, gelegentlich die Federn in den Wischerarmen unten leicht einzuölen, ebenso die Kerbverzahnung, auf die der Wischerarm aufgesteckt ist und deren bewegliche Lager darunter. Aber sonst sind die Gelenke der Wischanlage wartungsfrei, so daß man Wischermotor und Wischerachsen nur näher treten muß, wenn Störungen vorliegen, etwa wenn Verdacht auf ausgeschlagene Gelenke vorliegt.

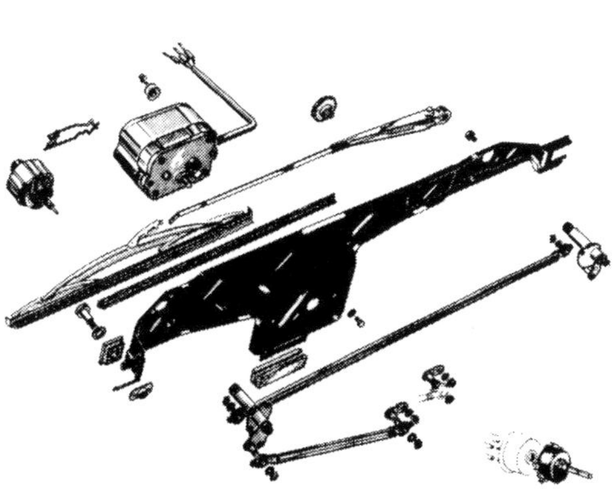

Die Einzelteile des Scheibenwischerantriebs. Um an den Mechanismus heranzukommen, müssen Sie das Windlaufblech vor der Frontscheibe ausbauen, siehe Kapitel »Karosserie«.

Wischerachsen und Wischermotor ausbauen

Die gesamte Wischeranlage liegt unter dem mit Luftschlitzen versehenen Lufteintrittsblech zwischen Frontscheibe und Motorhaube. Zuerst die Wischerarme von den Wischerachsen abziehen, dann Motorhaube öffnen. Jetzt werden vorn am Lufteintrittsblech die fünf Sechskantschrauben sichtbar, mit denen über die Wagenbreite hinweg das Blech befestigt ist. Die Schrauben herausdrehen, dann das Blech mit etwas Gefühl nach oben abziehen.

Nun liegt die Wischeranlage einschließlich des Wischermotors offen zutage, und man kann nach der Störungsquelle suchen, oder auch nur die beweglichen Teile der Anlage auf Verschleiß prüfen bzw. nach den Anschlüssen des Wischermotors sehen. Sind Gelenke und bewegliche Teile verschlissen, müssen sie ausgewechselt werden. Auch ein defekter Wischermotor wird ausgewechselt, es sei denn, man muß nur die Kohlebürsten oder den Anker austauschen. Wenn Sie die Kabel am Wischermotor abnehmen, merken Sie sich genau, wohin sie gehören, damit später keine Verwechslungen vorkommen. Bei Unklarheiten hilft aber der Schaltplan weiter. Zum Zusammen- und Einbau alle Arbeiten in umgekehrter Reihenfolge vornehmen.

Zum Schluß werden die Wischerarme in Ruhelage auf die Verzahnung aufgesteckt, wobei darauf zu achten ist, daß die Wischerblätter in der Endlage nicht am Fensterrahmen anschlagen. Wenn die Wischer gebremst werden, ohne in die Endlage gelangen zu können, kann der Wischermotor zerstört werden.

Fingerzeig: *Summt der Wischermotor nach dem Einschalten, aber die Wischerblätter bewegen sich nicht, dann ist wahrscheinlich der Kurbelhebel auf der Antriebswelle des Wischermotors locker.*

Wasserstand im Scheibenwascherbehälter prüfen

Pflegearbeit Nr. 7

Diese Pflegearbeit ist eigentlich eine Vorsorgemaßnahme. Denn wenn man wegen Wassermangel die Scheiben nicht mehr klar bekommt, leidet die Verkehrssicherheit. Deshalb schlagen wir vor, sich nicht am empfohlenen 7500 km-Intervall zu orientieren, sondern an den Witterungsverhältnissen – je häufiger der Scheibenwascher benutzt worden ist, um so öfter sollte man nach dem Wasservorrat sehen.

Der Zubehörhandel bietet für den Sommer und den Winter besondere Zusatzmittel zum Waschwasser an. Im Winter muß man Frostschutzmittel zusetzen, je tiefer die Temperaturen absinken um so mehr.

Die Qualität der Frostschutzmittel ist weitgehend gleich gut oder schlecht – wie man will. Wichtiger ist für tiefen Frost die richtige Mischung. Zum ersten darf man Frostschutzmittel nicht einfach so in den Waschbehälter zum Wasser gießen, sondern muß das Mittel mit Wasser vormischen, bevor man die Mischung einfüllt. Denn sonst besteht die Gefahr, daß sich Wasser und Zusatzmittel nicht einwandfrei vermischen und die Waschanlage doch teilweise einfriert. Zum anderen muß man wissen, daß die Frostschutzmittel bei Außentemperaturen unter minus 15° C selbst gefrieren können. Mit zunehmendem Frost muß man also dem Wasser immer höhere Frostschutzmittelanteile zumischen. Hier durch sparsameren Zusatzmittelanteil Geld sparen zu wollen, wäre also völlig falsch. Bei sehr tiefen Außentemperaturen um minus 15° C ist es sogar besser, wenn man dem Wasser ca. 75 % Spiritusanteil zumischt oder nur reines Frostschutzmittel einfüllt. Sonst kann das Wasser an den Düsen immer noch gefrieren.

Wir würden aber nicht nur im Winter ein Zusatzmittel zum Waschwasser geben, sondern im Sommer auch ein sogenanntes Reinigungsmittel. Man bekommt damit die Frontscheibe klarer als mit reinem Wasser und außerdem entfernt man damit leichter Schmutz und die Reste toter Insekten, die auf der Frontscheibe bei schneller Fahrt zerplatzen.

Bis 1972 war die Wascherpumpe eine robuste Druckpumpenanlage, die eigentlich nur durch Verstopfen der Düsen und Ventile Kummer machen konnte. Solche Verstopfungen rühren meistens von Zusätzen zum Waschwasser gegen Frost und Schmutz her. Funktioniert die Waschanlage nicht mehr, zunächst mit einer dünnen Nadel versuchen, die Spritzdüsen, die man neben den Wischerachsen in den Schlitzen des Luftleitblechs vor der Frontscheibe sehen kann, zu reinigen. Wenn daraufhin die Waschanlage immer noch nicht funktioniert, bleibt nichts anderes übrig, als zu kontrollieren, wo im Verlauf der Wascheranlage die Störung liegt.
Um solchen Schwierigkeiten vorzubeugen, empfiehlt es sich, die Wascheranlage gelegentlich immer wieder mal zu reinigen und durchzuspülen.
Seit 1972 ist eine elektrische Pumpe eingebaut, so daß im Fall von Störungen auch die Elektrik nachgeprüft werden muß.

Fingerzeig: *Wenn der Wasserstrahl die Frontscheibe bei schneller Fahrt nicht richtig trifft, muß man die Austrittsdüsen entsprechend verbiegen. Die Düsen sitzen in den Luftschlitzen vor der Frontscheibe.*

Radio im Auto

Ein Autoradio ist kein Luxuszubehör mehr, sondern eine wirkliche Hilfe im Straßenverkehr. Besonders derjenige, der häufig längere Strecken fahren muß, wird durch die immer präziser und öfter gegebenen Verkehrsfunkdurchsagen vor zeitraubenden Staus gewarnt.
Beim 204 hat Peugeot den Platz in Ablagefachmitte, zwischen den Instrumenten und dem rechten Ablagefach, für den Radioeinbau vorgesehen. Dort wird das Gerät aufrechtstehend untergebracht. Beim 304 montiert man es besser in der Mitte unters Armaturenbrett, siehe Foto unten.
Das beste Radio bringt aber Ärger, wenn das Auto nicht zusätzlich speziell für den Radiobetrieb entstört wird. Die normalen Entstörsätze umfassen meist Entstörstecker für die Zündkerzen, entstörter Verteilerläufer und Kondensatoren für Lichtmaschine und Zündspule. Damit läßt sich im Glücksfall der Mittel- und Langwellenbereich entstören. Wenn schon, sollten Sie aber ein Radio auch mit UKW nehmen, und auch diesen Bereich entstören lassen. Mit dessen Entstörung gerät man aber in den Grenzbereich, wo man die Arbeit besser der Fachwerkstatt überläßt, zumal hier, aber auch in den anderen Empfangsbereichen, Komplikationen auftreten können, die sogar das Fachwissen und die Erfahrung der Fachleute zuweilen arg strapazieren. Hier kommen nämlich neben schlechtem Massekontakt irgendwo im Auto oder in Instrumenten auch Störquellen wie statische Aufladung und sinkende Motorleistung in Betracht.

In Armaturenbrettmitte wird beim 304 das Radio eingebaut, beim 204 baut Peugeot das Radio senkrechtstehend auf die Ablagefläche in Armaturenbrettmitte ein. Den Radioeinbau sollte man der Werkstatt überlassen, denn die Entstörungsmaßnahmen gehören in die Hände eines Fachmanns, sonst erkauft man sich unter anderem neben Radiostörungen schnell Leistungsverlust des Motors.

Die richtige Verbindung

Achten Sie einmal darauf, wie oft Sie beim Fahren die Kupplung treten. Auf Landstraßen oder der Autobahn mag es noch angehen, aber im Stadtverkehr bekommt die Kupplung pausenlos Fußtritte verabreicht. Es ist erstaunlich, wie klaglos die Kupplung diese Strapazen durchhält. Aber obwohl der Kupplungsvorgang meist reibungslos vonstatten geht, kann man auf Reibung nicht verzichten, denn Reibung gehört bei der Kupplung zum System.

Wie die Kupplung arbeitet

Alle Peugeot haben die gleiche Kupplung: eine »Einscheiben-Trockenkupplung«. Die Kupplung hat eine wichtige Aufgabe: Sie soll den laufenden Motor vom Schaltgetriebe trennen, wenn ein anderer Gang geschaltet werden muß. Oder zum Anfahren. Zu diesem Zweck sitzt die Kupplung zwischen Motor und Getriebe. Sie muß aber für ihre Trennungsaufgabe einesteils mit dem Motor und andererseits mit dem Getriebe verbunden sein. Die Schwungscheibe, in deren

Unten:
Die Hydraulikbetätigung der Kupplung an den Peugeot. Auf dem Hauptbremszylinder sitzt der Bremsflüssigkeitsbehälter. Von ihm führt in halber Höhe ein Schlauch weg zum Kupplungszylinder. Wenn Sie nun das Kupplungspedal treten, drückt die Flüssigkeit auf den Kolben und damit die Betätigungsstange des Kupplungsausrückhebels links, der wiederum die Kupplung bewegt, siehe entsprechende Kupplungsquerschnittzeichnung. Da der Schlauch für die Kupplungshydraulik über der Ausfluß-öffnung für die Bremsanlage liegt, bekommt man bei Absinken des Bremsflüssigkeitsstandes im Behälter zuerst Kupplungs- und Schaltärger, bevor die Bremsanlage ausfällt.

Rechts:
Die Kupplung im Querschnitt, in eingekuppeltem Zustand. Wenn Sie aufs Pedal treten, schwenkt der Ausrückhebel (11) oben nach links außen, der Hebelfuß drückt das Drucklager (8) nach rechts gegen die Lamellenfedern der Kupplungsdruckplatte (1a–d), wodurch die Kupplungsscheibe (3) von der Schwungscheibe (2, e) gelöst wird und frei laufen kann – es ist ausgekuppelt. Übrigens sieht man oben das Entlüftungsventil (15) der Kupplungshydraulik. An Mutter und Kontermutter auf der Betätigungsstange (12) wird das Kupplungsspiel eingestellt.

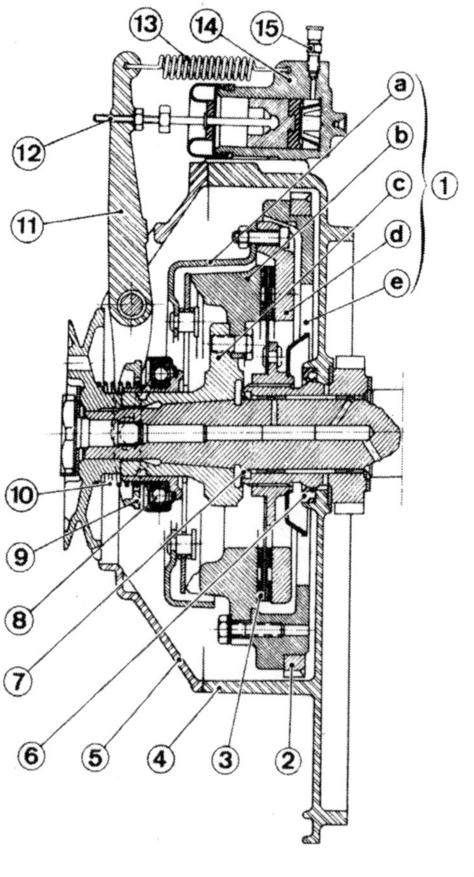

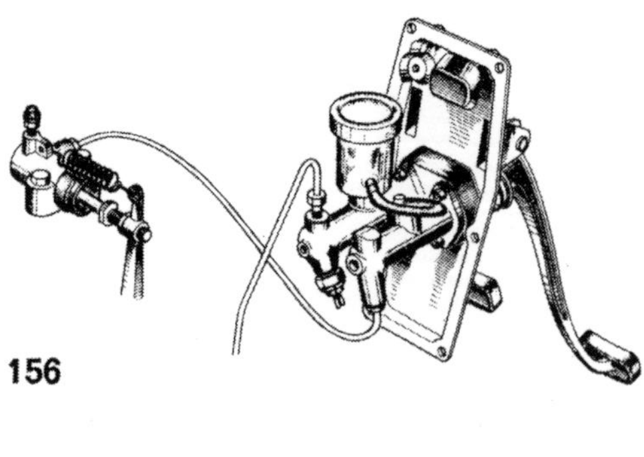

äußeren Zahnkranz das Anlasserritzel eingreift, um den Motor anzuwerfen, ist fest mit der Kurbelwelle im Motor verbunden. Auf der anderen Seite ist die Kupplungsscheibe, die einen bremsbelagähnlichen Belag aufgenietet trägt, längs verschiebbar mit der Getriebehauptwelle verbunden. Auf diese Kupplungsscheibe drückt die federbelastete Druckplatte, wodurch die Kupplungsscheibe gegen die vom Motor angetriebene Schwungscheibe gepreßt und von dieser mitgenommen wird.
Läßt man das Kupplungspedal unberührt, so liegt die Kupplungsscheibe an der Motorschwungscheibe an. Kuppelt man nun durch Treten des Pedals aus, so wird die Pedalkraft auf den Kupplungshebel (auch Ausrückgabel genannt) übertragen, den man außen am Kupplungsgehäuse an der linken Motorschmalseite sehen kann. Der Hebel schwenkt und drückt das Drucklager auf der Welle nach vorn gegen das kugelgelagerte Ausrücklager, das nach vorn gedrückt wird. Der Außenteil der Druckplatte wird dadurch um die Lagerpunkte nach hinten gezogen, die Kupplungsscheibe zwischen Druckplatte und Motorschwungscheibe läuft frei: es ist ausgekuppelt.
Sobald der Pedaldruck nachläßt, wird die Druckplatte wieder angedrückt, damit auch die Kupplungsscheibe ans Schwungrad, und die Verbindung Motor/Getriebe ist wieder hergestellt. Hält man das Kupplungspedal mitten im Kupplungsweg fest, erreicht man das berühmt-berüchtigte »Schleifen«.
Ein Wort zur Übertragung der Pedalkraft auf den Kupplungshebel: Sie geschieht beim Peugeot nicht wie meist üblich mechanisch über Seilzug oder Gestänge, sondern hydraulisch, also durch Flüssigkeit, im Falle Peugeot durch die gleiche Flüssigkeit, die auch in die Bremsanlage eingefüllt ist. Tritt man das Kupplungspedal, so drückt man damit eine Stange mit Kolben in den Kupplungs-Hauptzylinder. Der Hauptzylinder drückt Drucköl in den am Kupplungsgehäuse befestigten Arbeitszylinder. Dieser wiederum überträgt die Kraft über eine einstellbare Trommel auf den Kupplungs-Ausrückhebel.
Mit der Bremsanlage hat die Kupplung denn auch den Flüssigkeitsbehälter gemeinsam, das Ganze wird bei Peugeot Hydraulikanlage genannt. Wir gehen im Kapitel »Bremsen« näher darauf ein.

Fingerzeige: *Wenn die Gangschaltung schwergängig ist, muß man nicht gleich das Schaltgestänge verdächtigen. Es kann auch an der Kupplung liegen: Man sollte zuerst einmal die Kupplungsleitung entlüften. Notbehelf bis zum Werkstattbesuch: Kupplungspedal zweimal niedertreten (pumpen).*
Auch niedriger Flüssigkeitsstand im Behälter (Undichtigkeit?) führt zu Schaltschwierigkeiten.
Auch verölter Kupplungsbelag führt zu unbefriedigendem Arbeiten der Kupplung (Kratzen beim Einlegen der Gänge infolge Durchrutschens der Kupplungsscheibe). Nachsehen lassen, ob der Simmerring der Kurbelwellen-Abdichtung noch dicht ist. 304-Motoren bis Baujahr 1975 waren in dieser Beziehung etwas anfällig.

Peugeot-Kupplungs-Besonderheiten

Zwar haben alle Peugeot Einscheiben-Trockenkupplungen, doch gab es im Lauf der Jahre Änderungen. So ist beim 204 Luxe bis zur Seriennummer 6.063.800 die Kupplung Ferodo 180 DP eingebaut, ebenso in 204 GL (bis 6.235.00) und 204 Break (bis 6.655.400). Diese Kupplung wurde dann bei diesen Typen ersetzt durch die Ferodo 200 DE, die von Serienbeginn an auch in die 204 Coupé/Cabrio (ab Seriennummer 6.400.001) und den 204 U4 Lieferwagen (ab 6.500.001) eingebaut wurde. Seit Januar 1967 wird die Kupplung LUK TS 190 teilweise in allen Typen montiert.

Bei der Ersatzteilbeschaffung gilt es also auf die Bestellung der richtigen Teile zu achten, denn die Kupplungen 200 DE und TS 190 können nicht anstelle der alten Ferodo 180 DP eingebaut werden. Jedoch kann man die Kupplung 200 DE statt der TS 190 und umgekehrt verwenden. Aber die Kupplungsscheiben der drei Kupplungstypen dürfen wiederum nicht untereinander ausgetauscht werden. Auch in der Reparatur-Arbeitsfolge gibt es Unterschiede bei den drei Kupplungstypen. So muß zum Ausbau der Kupplung 180 DP vorher der Triebwerksblock ausgebaut werden, während man die Kupplungen 200 DE und TS 190 am eingebauten Motor abnehmen kann. Dies nur als Hinweis; grundsätzlich ist von der Eigenreparatur an der Kupplung abzuraten, da Erfahrung und Spezialwerkzeug nötig sind, um die Arbeit richtig auszuführen.

Fingerzeig: *Bei der alten Kupplung 180 DP befindet sich das Loch zum Einstellen des Zündzeitpunkts im Kupplungsgehäusedeckel an der Gehäuserückseite zur Motorraum-Trennwand hin und muß mit einem Einschnitt in der Kurbelwellenriemenscheibe in Deckung gebracht werden. Bei den Kupplungen 200 DE und TS 190 ist das Loch oben im Kupplungsgehäuse neben der Manschette des Hydraulikzylinders und muß mit einem Einschnitt auf der Kupplungsdruckplatte in Übereinstimmung gebracht werden. Druckplatten für 204 Diesel Break haben diesen Einschnitt nicht, und auch der Schwungrad-Zahnkranz hat nur 100 Zähne statt 121 bei den übrigen Modellen.*

Kupplungs-Unarten

Zwei Unarten kann sich eine Kupplung im Lauf ihrer Betriebszeit aneignen: Sie fängt an durchzurutschen, oder sie trennt nicht mehr richtig (»sie bleibt nicht mehr stehen«). In den einfach gelagerten Fällen liegt es an nicht einwandfreiem Kupplungsspiel. Das läßt sich selbst überprüfen und gegebenenfalls korrigieren.

Rutschende Kupplung

Durchrutschen – bei zu kleinem Kupplungsspiel – bedeutet, daß die Kupplung bei hoher Motorbelastung nicht mehr »faßt«, also nicht mehr einwandfrei verbindet. Es läßt sich feststellen, wenn man nach Wechsel vom 1. in den 2. Gang und schnellem Einkuppeln bei gleichzeitig kräftigem Gasgeben den Motor aufheulen hört, ohne daß der Wagen beschleunigt. Die Kupplungsscheibe muß dann durch die Werkstatt ausgewechselt werden. Gleichzeitig ist die Abdichtung vom Motor oder vom Getriebe her zu überprüfen. (Verölte Kupplungsscheibe kommt aber nur selten vor.)
Bis zu einem gewissen Grad läßt sich der fortschreitende Kupplungsbelag-Verschleiß durch Nachstellen ausgleichen.

Kavalierstart

Eine recht wirksame Methode, die Beläge frühzeitig zu verschleißen, ist das Anfahren mit zu hoher Motordrehzahl, landläufig als Kavalierstart bekannt. Technisch gesehen bekommt man tatsächlich vom Halt weg eine größere Anfangsbeschleunigung, wenn man mit höherer Drehzahl und länger schleifender Kupplung anfährt. Sinnvoll ist das aber in keiner Weise, allenfalls bei bewußt sportlicher Fahrweise, die Verschleiß in Kauf nimmt.
Der stärkere Verschleiß rührt von der höheren Reibungswärme her, die sich dann bildet. Diese Wärme entsteht bis zu einem gewissen Grade immer beim Aus- und Einkuppeln, denn der Belag schleift ja stets, bevor die Kupplung faßt. Er schleift auf der einen Seite gegen die Reibfläche des Schwungrades, auf der anderen Seite gegen die Druckplatte.

Kupplung trennt nicht

Wenn eine Kupplung nicht richtig trennt, dann kratzt oder kracht es beim Schalten. Um festzustellen, daß es nicht am Getriebe liegt, müssen Sie die

Probe mit einem nichtsynchronisierten Gang machen. Den haben Sie auch an Ihrem vollsynchronisierten Peugeot: Es ist der Rückwärtsgang. Lassen Sie den Motor laufen, kuppeln Sie aus, warten Sie etwa eine Sekunde und legen Sie den Rückwärtsgang ein. Kratzt es, trennt die Kupplung nicht sauber. Es kann auch daran liegen, daß das Kupplungsspiel zu groß ist, oder daß zu wenig Flüssigkeit in der hydraulischen Anlage vorhanden ist.
Dann gibt es noch die Kriechprobe. Der Wagen darf sich bei eingelegtem ersten Gang, laufendem Motor, ganz durchgetretenem Kupplungspedal und gelöster Handbremse nicht in Bewegung setzen. Er darf nicht kriechen. Voraussetzung: ebene Straße. Tut er es doch, trennt die Kupplung nicht einwandfrei. Das Kupplungsspiel ist zu groß.

Schalten ohne kuppeln

Das ist nötig, wenn die Kupplungsübertragung defekt ist, z. B. Hydraulikanlage undicht. Das Herausnehmen eines Ganges, ohne vorher auszukuppeln, ist kein Problem, sofern kein Gas gegeben wird (schiebender Wagen) und die Motordrehzahl nicht zu hoch ist. Manche Leute erleichtern sich dadurch das Stadtfahren.
Zum »kupplungsfreien« Anfahren muß zunächst der erste Gang eingelegt werden. Dann Anlasser betätigen, und mit Rucken und Holpern wird sich der Wagen in Bewegung setzen. Das Herz wird Ihnen im Leibe brechen. Aber Sie wollen ja zur nächsten Werkstatt fahren. Ist der Wagen in Fahrt, geht es etwas leichter. »Alte Hasen« schaffen es, mit viel Gefühl und feinem Gehör das Getriebe auch ohne Kupplung zu schalten. Der Trick ist dabei, nach kleiner Schaltpause im Leerlauf den nächsten Gang genau in jenem Augenblick einzuschalten, wenn antreibende und angetriebene Welle im Getriebe gleiche Drehzahl haben, sich also ohne Widerstand miteinander verbinden lassen.

Was ist Kupplungsspiel?

Es bedeutet Abstand innerhalb der Teile der Kupplungsübertragung bei nicht betätigtem Kupplungspedal. Ist dieses Spiel nicht vorhanden, steht die Membranplatte ständig unter einem gewissen Druck, der den Verschleiß fördert. Auch ist der Anpreßdruck für die Kupplungsscheibe unter Umständen nicht mehr groß genug, sie könnte rutschen. Ist das Spiel zu groß, geht etwas vom normalen »Kupplungsweg« verloren, d. h. die Kupplung wird beim Niederdrücken des Pedals nicht ganz zum Trennen gebracht. Besonders gefährlich ist bei den Peugeot wegen der besonderen Kupplungsbauart und der sportlich hochdrehenden Motoren ein nicht korrekt eingestelltes Kupplungsspiel für das Getriebe (Synchronisierung) beim Schalten.

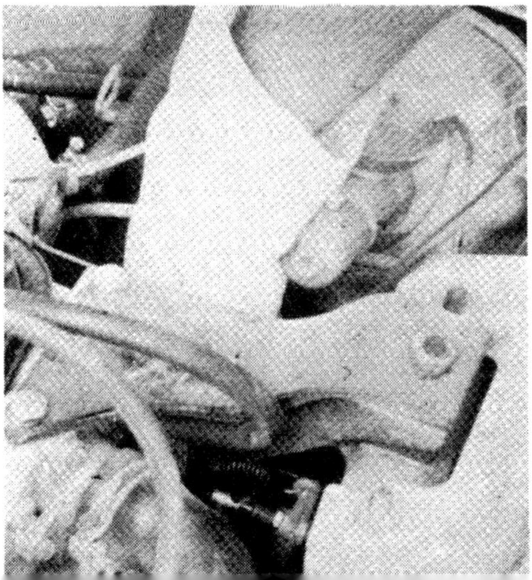

Zwischen Motorbefestigung und Kühlwasserschlauch sieht man in dem dreieckigen Durchblick den Kupplungsausrückhebel und die Einstellschraube für die Einstellung des Kupplungsspiels (Gabelschlüssel angesetzt). Mit der Hand muß man hinter dem Motorträger hinabgreifen.

Kupplungspedalspiel einstellen

Pflegearbeit Nr. 24

Die übliche Entwicklung geht dahin, daß mit fortschreitender Abnutzung des Kupplungsbelags das Spiel kleiner wird (umgekehrt als beim Bremsbelag!). Man möchte es eigentlich umgekehrt annehmen. Aber es verhält sich so: Durch die dünner werdende Kupplungsscheibe wandert auch die federbelastete Druckplatte nach. Das Ausrücklager wird aber durch die Feder entgegengesetzt gedrückt, was das Spiel verkleinert. Zu Reparaturen an der Kupplung muß man bei älteren 204 leider den Triebwerksblock ausbauen: Werkstattsache.

Die Bezeichnung dieser Arbeit im Kundendienstheft kann etwas in die Irre führen, denn das Kupplungsspiel wird nicht am Pedal, sondern an der Kupplungs-Ausrückgabel bzw. der Druckstange eingestellt. Diesen beweglichen Hebel, an dem oben eine Rückzugfeder eingehängt ist, finden Sie leicht an der linken Motorschmalseite (in Fahrtrichtung) unter der linken oberen Motorbefestigung. Falls Sie unsicher sind, lassen Sie das Kupplungspedal von einem Helfer treten, dann bewegt sich die Ausrückgabel.

Immerhin können Sie im Wageninnern das Spiel am Kupplungspedal prüfen. Das Pedal soll sich 30 bis 35 mm frei bewegen lassen, bevor ein Widerstand spürbar wird. Ist das Spiel zu groß oder zu gering, muß die Kupplung nachgestellt werden. Das geschieht, wie gesagt, im Motorraum. Auf der Druckstange finden Sie am Ausrückhebel eine Sechskantmutter. Diese wird zurückgedreht, bis die Ausrückgabel mit dem Ausrücklager in Berührung ist. Dann drehen Sie den Druckstangen-Sechskant nach links oder rechts, bis das Spiel an der Druckstange 2,7 mm, also knapp 3 mm, beträgt. Die Sechskant-Kontermutter am Ausrückhebel wieder festziehen. Jetzt muß auch das Spiel am Kupplungspedal stimmen. Wenn die beiden Werte an Druckstange und Kupplungspedal nicht übereinstimmen, muß das hydraulische System auf Dichtheit überprüft werden. Vielleicht ist auch Luft im System, so daß es entlüftet werden muß, siehe nächste Seite.

Zum Schluß die Kupplungsfunktion prüfen: Motor mit etwa 1000 U/min drehen lassen, voll auskuppeln und Rückwärtsgang einlegen. Es darf kein Kratzen hörbar sein. Die Freigängigkeit der Scheibe während des Auskupplungsvorgangs ist damit erwiesen.

Schadhafte Kupplungsdruckplatten oder -scheiben werden nicht repariert, sondern ersetzt. Das ist im Endeffekt billiger. Bei Kupplungsreparaturen ist allerdings Selbsthilfe kaum möglich, weil dazu das Getriebe mit ausgebaut werden muß, was praktisch nur mit dem Spezialwerkzeug der Werkstatt möglich ist.

Was man auf der Kupplungs-Querschnittzeichnung im Schema sieht, wird hier in natura gezeigt: Der Entlüftungsnippel für die Kupplungshydraulik (schräg über dem Schraubenbolzen im Vordergrund). Der durchsichtige Schlauch, wie man ihn für die Entlüftung braucht, weist mit seinem Ende darauf hin.

Hydraulikanlage entlüften

Entlüftet wird am Entlüftungsventil, das durch einen Ausschnitt im unteren hinteren Teil der linken oberen Motorbefestigung erreichbar ist. Zuerst die kleine Kunststoffkappe abziehen und einen passenden durchsichtigen Schlauch aufstecken, der lang genug sein muß, um ihn nach oben und in einen durchsichtigen Behälter zu führen. Dann wird das Ventil mit einem Maulschlüssel durch Linksdrehen geöffnet, und ein Helfer muß langsam das Kupplungspedal durchtreten. Stellen Sie Luftbläschen in der nun austretenden Flüssigkeit fest, dann muß der Mann (oder die Frau) am Pedal solange langsam am Kupplungspedal pumpen, bis Flüssigkeit austritt, in der keine Luft mehr enthalten ist. Dabei ist darauf zu achten, daß der Flüssigkeitsstand im Bremsflüssigkeitsbehälter nicht zu weit absinkt (Flüssigkeit nachgießen), und während des Pumpens der Entlüftungsschlauch nicht aus dem Glas rutscht. Sonst könnte neue Luft angesaugt werden.

Störungsbeistand

Kupplung

Die Störung	– ihre Ursache	– ihre Abhilfe
A Kupplung rupft	1 Druckplatte oder Schwungrad riefig, zu stark abgenutzt	Auswechseln
	2 Kupplungsscheibe hat Schlag	Korrigieren oder auswechseln
	3 Verschmierte Kupplungsscheibe	Auswechseln, Abdichtungen an Motor und Getriebe prüfen
B Kupplung trennt nicht	1 Zu großes Kupplungsspiel	Korrigieren
	2 Kupplungsscheibe hat Schlag	Richten oder auswechseln
	3 Beläge gerissen	Scheibe auswechseln
	4 Flüssigkeitsspiegel in der hydraulischen Anlage zu weit abgesunken	Bremsflüssigkeit nachfüllen, evtl. undichte Stelle in der Anlage suchen
C Kuplung rutscht (zu früher Verschleiß)	1 Kupplungsspiel zu gering (Beläge zu stark abgenutzt)	Korrigieren Scheibe auswechseln
	2 Kupplungsscheibe verschmiert	Scheibe auswechseln
	3 Klemmendes Pedal	Gängig machen, Hydraulik kontrollieren

Zahn um Zahn

Dieses Kapitel dient mehr der technischen Information für den Fahrbetrieb als der Anleitung zum Do-it-yourself und Geldsparen. Denn Getriebe, Differential und Antriebswellen sind Bauteile, die mit sehr engen Toleranzen hergestellt sind. Arbeiten an diesen Teilen erfordern präzises Hantieren, viel praktische Erfahrung, Spezialwerkzeug und sind deshalb ausschließlich Werkstattsache. Allenfalls bleibt Ihnen die Kontrolle des Ölstands im Triebswerksblock (siehe Kapitel »Schmieren, fetten, ölen«) und die Kontrolle der Gummimanschetten an den Gelenkwellen.

Der Frontantrieb

Der Antrieb auf die Vorderräder hat sich besonders bei kleinen und mittelgroßen Autos so bewährt, daß in den letzten Jahren eine ganze Reihe von Automobilfabriken bei Neuentwicklungen zu diesem Rezept gegriffen hat. Das bestätigt wieder einmal die fortschrittliche Konzeption der 204/304. Denn der Frontantrieb spart nicht nur die teure und platzraubende Kardanwelle zu den Hinterrädern, sondern er ermöglicht – vor allem bei quergestelltem Motor wie in den Peugeot – besonders kompakte Bauweise.

Aber er bietet auch Vorteile beim Fahren, nicht zuletzt auf Matsch und Schnee, in unwegsamem Gelände und bei Seitenwind.

Das Schaltgetriebe

Mit ihm hat man ständig zu tun, und zwar über den Schalthebel am Lenkrad bei den Limousinen oder der Knüppelschaltung in Coupé und Cabrio. Die Bewegungen am Schalthebel werden durch Schaltstangen nach vorn ins Getriebe übertragen; dort werden dann über Schaltgabeln Zahnradpaare verbunden oder voneinander getrennt, je nachdem, welchen Gang Sie einlegen.

Das Schaltgetriebe, auch Wechselgetriebe genannt, liegt zusammen mit dem Differential unter dem Motor. In einem eigenen Gehäusteil zwar, der aber unten an den Motor angeschraubt ist und so mit dem Motor zusammen die Einheit Triebwerksblock bildet. Daher kommt es, daß man bei den Peugeot nicht an das Thema Getriebeöl denken muß, vielmehr wird der Triebwerksblock mit der Motorölfüllung geschmiert.

Die vier Vorwärtsgänge sind vollsynchronisiert, was bedeutet, daß man beim Herunterschalten nicht mehr wie in früheren Automobiljahren Zwischengas geben muß. Die Synchronisierung beruht im Prinzip auf Reibung. Es hat also keinen Zweck, den Schalthebel mit Gewalt durchzureißen, um beispielsweise beim Beschleunigen Sekundenbruchteile zu sparen. Die Synchronisation braucht ihren Zeitbruchteil, um durch Reibung ein anderes Gangzahnrad abzubremsen oder zu beschleunigen, bevor die gewählten Zahnradpaare in der Drehzahl aufeinander abgestimmt sind. Brutales Schalten beschädigt also die Synchronisation.

Rückt man mit dem Schalthebel einen Gang ein, so verbindet man ein Zahnrad auf der im Getriebe obenliegenden Antriebswelle mit einem Zahnrad auf der

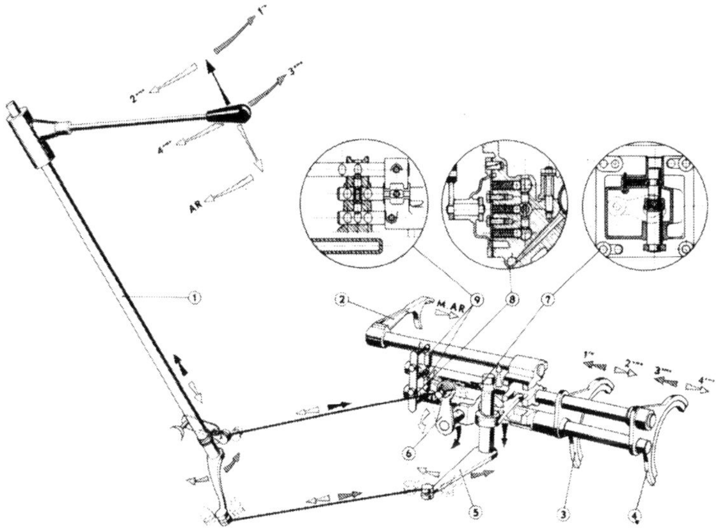

Die Lenkradschaltung, rechts unten das Hebelwerk und die Schaltklauen, die ins Getriebe eingreifen und die entsprechenden Zahnräder miteinander paaren. Wie es im Getriebe selbst aussieht, kann man gut an den Zeichnungen im Kapitel »Des Motors Teile« studieren.

untenliegenden Hauptwelle. Dabei stehen alle Räder ständig miteinander im Eingriff, wobei ein Zahnrad leer auf der Welle rotiert. Durch das Schalten wird es fest mit der Welle verbunden.

Die Hauptwelle des Getriebes steht über ein »Ritzel« fest im Eingriff mit dem schrägverzahnten Zahnkranz des Differentials oder Ausgleichsgetriebes, das wiederum die Antriebswellen zu den Vorderrädern antreibt. Übrigens wird die im Getriebe untersetzte Motordrehzahl im Differential nochmals untersetzt, die sogenannte Achsuntersetzung. Das Differential liegt vor dem Getriebe, deshalb die starke Ausbuchtung des Getriebegehäuses, und man kann die Antriebswellen elegant vor dem Getriebe entlangführen.

Fingerzeige: *1969, mit Serienbeginn des 304, bekam auch der 204 dessen Wechselgetriebe BB6, jedoch hat der 204 eine Untersetzung mit 32 x 44 Zähnen, der 304 mit 32 x 43 Zähnen. Diese Zahnräder sind untereinander nicht austauschbar.*

Beim Parken auf ebener Straße ist es günstiger, nur die Handbremse anzuziehen. Ist ein Gang eingelegt, und fährt jemand auf Ihren Wagen, kann auch das Getriebe beschädigt werden.

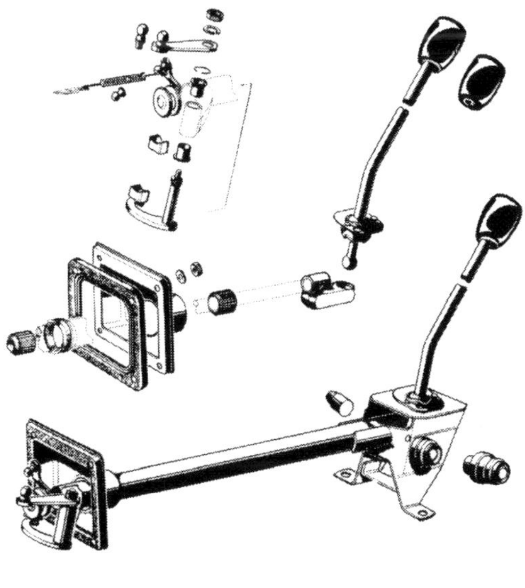

Lange hat Peugeot gezögert, eine Knüppelschaltung zur Wahl zu stellen, wie sie in den sportlichen Versionen serienmäßig ist. Diese Schaltung der kurzen Wege mag mancher lieber, vor allem weil sie im allgemeinen weniger zum Haken neigt als die Lenkradschaltung. Die Knüppelschaltung wird vom vorderen Fußraum her ausgebaut, wenn dies einmal nötig werden sollte.

Wer mit der Lenkradschaltung nicht zufrieden ist, kann in der Peugeot-Werkstatt nachträglich eine Knüppelschaltung einbauen lassen. Vorher aber Umbaupreis erfragen.

Die Gangschaltung

Die Limousinen haben Lenkradschaltung, die sportlichen Coupé und Cabrio Knüppelschaltung in der Wagenmitte. Während die Knüppelschaltung gut geführt ist und im allgemeinen keinen Grund zur Klage gibt, ist es bei der Lenkradschaltung nicht gerade selten, daß sie hakig geht, und die Gänge schwer einzulegen sind, daß man also beim Schalten mehrmals nachdrücken muß, um Widerstände zu überwinden. Beim Neuwagen, den man auf Garantie richten lassen will, wird in der Werkstatt häufig gesagt, die Schaltung müsse sich erst einlaufen, dann gehe alles leichter. Aber dem ist dann oft nicht so.

Man kann sich zwar an die hakig zu bedienende Schaltung gewöhnen, aber man muß sie nicht hinnehmen. Man kann die Schaltung einstellen. Und zwar geschieht das bei der Lenkrad- wie bei der Knüppelschaltung an dem Hebelwerk vorn am Getriebe. Man sollte das aber der Werkstatt überlassen.

Fingerzeig: *Bei schwergängiger Schaltung sollte man zuerst die Kupplungsleitung entlüften, siehe betreffenden Absatz im Kapitel »Die Kupplung«. Notbehelf: Mit dem Kupplungspedal »pumpen«.*

Die Antriebswellen

Da die Vorderräder nicht nur angetrieben, sondern auch noch gelenkt werden, können die Antriebswellen nicht so einfach gebaut sein wie es beispielsweise bei angetriebenen Hinterrädern der Fall ist. Um alle vorkommenden Radbewegungen aufzunehmen und mitzumachen, haben die Antriebswellen zusätzliche Gelenke. Man kann aber nicht nur einfache Kreuz- oder Kardangelenke verwenden, weil diese bei eingeschlagenen Rädern die Motorkraft sozusagen ruckweise übertragen würden. Deswegen nimmt man für die Frontantriebswellen sogenannte Gleichlaufgelenke (homokinetische Gelenke).

Bei den Peugeot sieht das folgendermaßen aus: Die Antriebswellen werden auf der Motorseite durch das Differential gehalten, auf der Radseite steckt das Gelenkendstück in der Radnabe. Jede Welle setzt sich, vom Differential ausgehend, aus folgenden Teilen zusammen: Ein Dreikugelgelenk mit innerer Verschiebung, die Welle, an der Radseite ein Doppelkardangelenk, das durch eine Gummimanschette geschützt ist.

Dieses Doppelkardangelenk hat der 304 von Anfang an, der 204 ebenfalls, jedoch wurden die 204 zwischendurch einige Zeit mit einfacheren GE-Gelenken mit Rollen ausgerüstet, kenntlich an der schmaleren Bauweise des Gelenks. Die Gelenke sind jedoch im Reparaturfall gegeneinander austauschbar.

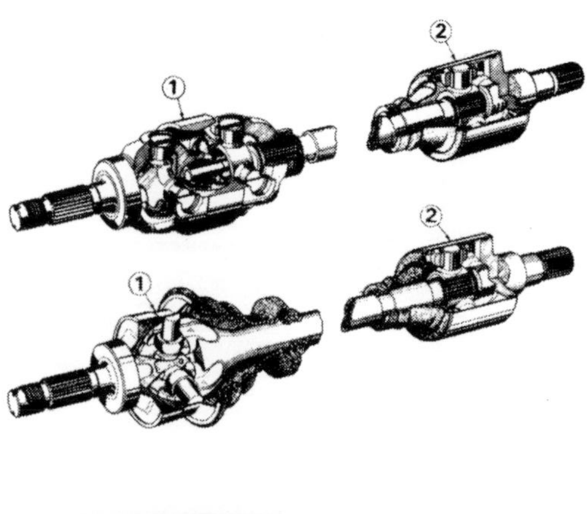

So sehen die Gelenke der Antriebswellen an den Peugeot aus. Oben ein Doppelkardangelenk (1) an der Radseite, an der Getriebeseite ein Dreikugelgelenk (2) mit innerer Verschiebung für den Längenausgleich während der Fahrt. Unten links ein GE-Gelenk (1) an der Radseite, an der Getriebeseite wieder ein Dreikugelgelenk (2) an der Getriebeseite.

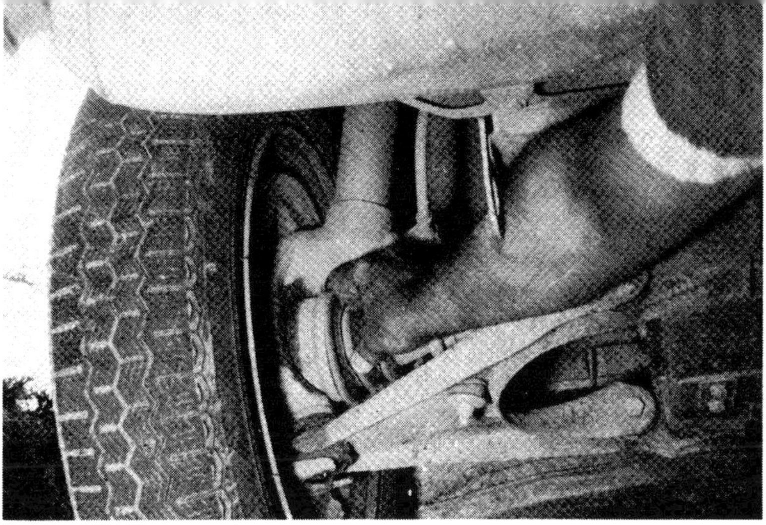

Durch Zusammendrücken der Gummimanschetten kann man feststellen, ob der Gummi spröde und undicht geworden ist und ausgewechselt werden muß. Dunkle Verfärbungen bei sonst trockener Unterseite deuten ebenfalls auf Undichtigkeit. Natürlich darf die Prüfung nicht nur an einem Punkt der Manschette geschehen, sondern an deren ganzem Umfang, wozu man den Wagen verschieben muß.

Zustand der Gummimanschetten kontrollieren

Teil der Pflegearbeit Nr. 13

Die radseitigen Gelenke sind Schmutz, Nässe und Streusalz sehr stark ausgesetzt. Deshalb tragen sie eine Gummischutzhülle, die für die Dauerschmierung mit Fett gefüllt ist. Peugeot empfiehlt dafür Esso Ladex HPF 2. Für die Manschette an der Getriebeseite braucht man 1 Dose zu 120 g, für die Manschette an der Radseite deren zwei.

Die Gummimanschetten an den Radseiten sollen alle 7500 km kontrolliert werden, ob sie noch ausreichend abdichten oder rissig und porös sind. Ersten Aufschluß gibt das Aussehen der Manschetten: Sie können verschmutzt, dürfen aber nicht fettigschwarz verfärbt sein. Dies läßt auf Undichtigkeit und austretendes Schmierfett schließen.

Dann drückt man die Umhüllungen partienweise am ganzen Umfang (Wagen dazu hin und her schieben) zwischen Daumen und Zeigefinger zusammen. Wenn die Hülle kleine Risse zeigen, ist es angebracht, bald an deren Austausch zu denken, wenn man kein Risiko eingehen will, daß man die Fettfüllung verliert, daß Schmutz und Nässe eindringen und das Gelenk verschleißen.

Das Erneuern einer verschlissenen Gummimanschette ist jedoch Werkstattsache.

Vier schlanke Beine

Das besondere Merkmal des Peugeot-Fahrwerks sind die vier langen, senkrecht stehenden Federbeine (Typ McPherson), die sich an den vier Ecken des Autos abstützen. Diese aufwendige Konzeption trägt nicht unwesentlich zur Fahrsicherheit und zum Komfortverhalten der Peugeot bei, birgt aber auch einige Probleme, auf die wir an passender Stelle noch zu sprechen kommen.
Das wichtige Abschmieren der Nippel an Vorderachse und Lenkung haben wir bereits im Kapitel »Schmieren, fetten, ölen« behandelt.

Die Vorderachse

An dem Hilfsrahmen, der den Triebwerksblock trägt, hängt links und rechts außen je ein Querlenker, mit dem Hilfsrahmen durch je zwei Gelenke verbunden, die vertikale Bewegungen des Querlenkers zulassen. Für die exakte Führung des Vorderrads besonders günstig ist die breite Basis des unteren Querlenkers (Querlenkerarme weit gespreizt) am Hilfsrahmen. Mit dem Rad ist der Querlenker außen durch einen Achsschenkelkugelbolzen verbunden, der unten einen der schon erwähnten, regelmäßig abzuschmierenden Schmiernippel trägt. Dieses Gelenk gestattet Radbewegungen nach allen Richtungen, wie sie beim Fahren, Bremsen, Federn und Lenken auftreten. Oben am Achsschenkelbolzen greift das senkrecht stehende Federbein an, mit dem Achsschenkel fest verschweißt, was bedeutet, daß bei Reparaturen am Federbein bzw. Stoßdämpfer die ganze Radführung ausgebaut werden muß, was Eigenhilfe praktisch unmöglich macht, denn dazu ist verschiedenes Spezialwerkzeug nötig. Oben ist das Federbein mit der Karosserie verschraubt. Nebenbei erreicht man durch die Kombination von unterem Querlenker und senkrechtstehendem Federbein einen großen Radeinschlag, was der Rangierbarkeit zugute kommt.
Seit März 1967 (bei einzelnen 204 auch schon früher) hat Peugeot außerdem Querstabilisatoren spendiert. Der vordere Stabilisator greift außen an den vorderen Querlenkerarmen an und verläuft gekröpft vor dem Triebwerksblock, in Gummi gelagert. Der Querstabilisator ist praktisch eine Drehstabfeder, die

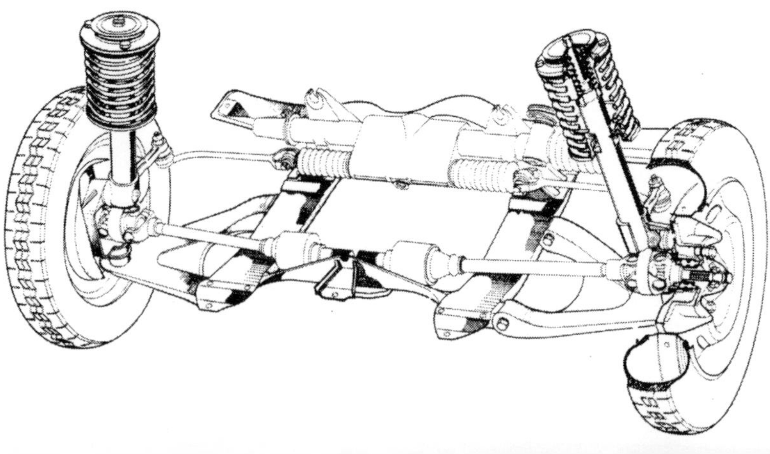

Die Vorderachse des 204. Deutlich erkennbar die senkrecht stehenden McPherson-Federbeine, auch die Antriebshalbwellen zu den Vorderrädern sind eingezeichnet, obwohl sie eigentlich zum Getriebe und Antrieb zu zählen sind. Längs eingebaut die Träger des Hilfsrahmens, an denen innen die untenliegenden Dreiecksquerlenker befestigt sind. Der Hilfsrahmen stammt noch von der Ausführung mit Dreipunkt-Motorlagerung, in der Mitte oben auch noch das Lenkgehäuse der ersten Ausführung.

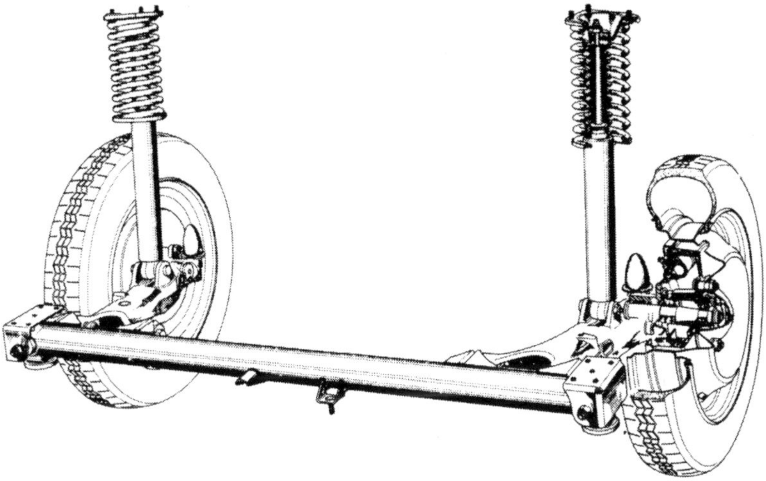

Die Hinterachse. Am Querrohr hängen die gezogenen Längslenker, an denen die Hinterräder spurtreu geführt werden. Auf den Längslenkern wieder die McPherson-Federbeine mit innenstehendenTeleskopstoßdämpfern.

durch Verdrehen auf ungleiche Belastung der Vorderräder reagiert. Das Rad, das vom Boden abheben will, beim Kurvenfahren z. B. das kurveninnere Rad, wird vom Stabilisator nach unten gedrückt, während die andere, einknickende Seite der Radaufhängung ihrer übermäßigen Belastung enthoben wird. So wird lästige Neigung und Labilität beim Kurvenfahren vermieden.

Im März 1967 wurden übrigens – teilweise mit gleitendem Einsatz in der 204-Serie – eine ganze Reihe von Änderungen vorgenommen. So hat seit dieser Zeit die vordere Radaufhängung statt dem fruheren Achsschenkel und Achsschenkelbolzen aus zwei Teilen nur noch einen Achsschenkelbolzen aus einem Stück. Verbunden damit waren Änderungen an Teilen der Radaufhängung wie Achsschenkelmuttern, Schrauben, Bremsscheiben-Schutzplatten, Bremsen usw., so daß man bei der Reparatur unbedingt den Ersatzteilkatalog und das Werkstatthandbuch zu Rate ziehen muß. Teilweise sind die Teile früherer und jüngerer Ausführung auch gegeneinander austauschbar.

Die Radeinstellung

Aus all dem folgt, daß es an den Radführungen außer dem Abschmieren für den Selbstpfleger kaum etwas zu tun gibt. Mit allen Einstell- und Reparaturarbeiten sollte man unbedingt die Werkstatt betrauen, da nur fachliche Ausführung die wünschenswerte und gesetzlich geforderte Betriebssicherheit verbürgt, zumal für komplette Arbeitsgänge Spezialwerkzeuge und einschlägige Erfahrung erforderlich sind. Da ist der Nichtfachmann schnell überfordert, zumal die verschiedenen Änderungen der Radführung auch unterschiedliches Vorgehen beim Austausch und bei der Reparatur erfordern.

Immerhin wollen wir Sie mit den wichtigsten Begriffen der Einstellung der Radgeometrie vertraut machen. Sie muß überprüft und neu eingestellt werden, wenn z. B. die Reifen ein unregelmäßiges Abnützungsbild zeigen oder die Lenkung flattert (auch wenn die Reifen richtig ausgewuchtet sind).

Spur

Im Gegensatz zu den weitaus meisten Personenwagen haben die Vorderräder der Peugeot keine Vor- sondern Nachspur: 2 ± 1 mm. Das bedeutet, daß die Vorderräder hinten 2 mm näher zusammenstehen als vorn. Diese Radstellung liegt vor allem in der Tatsache des Frontantriebs begründet und soll Flatterneigung der Räder unterbinden. Liegt die Spur außerhalb der zulässigen Toleranz, z. B. durch unsanfte Bordsteinberührung verursacht, wirkt das ungünstig auf das Lenkverhalten. Außerdem verschleißen die Reifen schneller.

Sie können die Spur provisorisch selbst messen: Gemessen wird an den inneren Felgenhörnern in Höhe des Radmittelpunktes. Falls kein geeigneter Meßstab vorhanden, eine Meßlatte zurechtsägen. Die Einstellung der Spur wird durch Veränderung der Länge der Lenkungs-Spurstangen erreicht, die in ihren Gewindestücken entsprechend verdreht werden müssen, um falsche Nachspur zu korrigieren. Eine halbe Umdrehung des Verbindungsstangenauges verändert die Radeinstellung um 1,7 mm bei einem Gewindeschnitt von 1,50, um 1,15 mm bei einem Gewindeschnitt von 1,0. Bedingt jedoch die Radeinstellung die Verstellung der Verbindungsstangenauges um mehr als eine halbe Umdrehung, so sind beide Verbindungsstangenaugen (links und rechts) neu einzustellen, um den Radeinschlagwinkel nicht zu verändern. Dies jedoch ist Werkstattsache, die Werkstatt muß zur korrekten Ausrichtung der Augen eine Stange von 10 mm ∅ in den Silentblock einführen, mit dem Tragrahmen parallel stellen und die Kontermutter mit 2,5 mkg anziehen.

Sturz und Nachlauf

Mit Sturz bezeichnet man die leichte Schrägstellung der Räder aus der Senkrechten. Sie stehen unten näher zusammen als oben, was bewirken soll, daß die Räder nicht die Tendenz bekommen sollen, von den Radlagerzapfen abzulaufen. Der vorschriftsmäßige Sturz beträgt an den Vorderrädern 0°30' ± 45'.
Der Nachlauf soll dafür sorgen, daß sich jedes Vorderrad nach Kurveneinschlag oder nach Stößen, die das Rad aus der Richtung brachten, von selbst wieder in die Geradeausrichtung einstellt. Das wird bewirkt durch eine leichte Schrägstellung des Achsschenkelträgers gegen die Fahrtrichtung (Effekt wie ein geschlepptes Rad bei kleinen Teewagen). Bei zu kleinem Nachlauf gehen die Räder nicht in Geradeausstellung zurück. Einstellwert bei den Vorderrädern: 0° 30' ± 30'.

Spreizung

Das ist die Neigung des Achsschenkelbolzens gegenüber einer zur Wagenlängsachse senkrechten Ebene. Durch die Spreizung erreicht man, daß Stöße auf die Räder an einem kleinen Hebelarm angreifen: Der Rollkreishalbmesser (Abstand vom Reifenberührungspunkt bis zum Schnittpunkt der Achse des Achsschenkelbolzens mit der Fahrbahn) wird kleiner. Die Achsschenkelspreizung beträgt an der Vorderachse 9°30' ± 30'.

Die Hinterachse

Die Hinterräder sind ebenfalls einzeln geführt, und zwar an breit gelagerten Längslenkern, die um ein Querrohr schwingen, das über die ganze Wagenbreite reicht und außen die beiden hinteren Ansetzpunkte für den Wagenheber trägt. Die Hinterräder schwingen somit in ihrer Ebene ohne Sturzveränderung, und durch die weit auseinanderliegenden Lagerstellen wird eine Seitenführung an der Karosserie unnötig. Diese Längslenker ermöglichen einen langen Radstand (Entfernung von Vorder- zu Hinterrädern), was sich vorteilhaft auf Straßenlage und Federungsverhalten auswirkt. Querrohr und Lenker liegen in Gummi, ebenso die obere Befestigung des hinteren Federbeins, wodurch Rollgeräuschübertragung in den Innenraum gedämpft wird. Unten ist das hintere Federbein kurz vor dem Rad auf der Längsschwinge befestigt. Seit März 1967 ist auch an der Hinterachse ein Querstabilisator vorhanden, die Wirkungsweise ist gleich wie schon unter dem Absatz »Vorderachse« beschrieben.
Auch für die Hinterradführung gilt, was schon bei der Vorderradführung gesagt wurde: Werkstattsache. Zwar könnte man mit Hausmitteln ein hinteres Federbein zur Not selbst auswechseln, indem man die Feder belastet, um sie zusammenzudrücken, sie dann sorgfältig mit Draht zusammenbindet, damit sie nicht davonschnellen kann, und das ganze Federbein dann ausbaut. Aber zu reparieren gibt es für den Privatmann am Federbein nichts, weshalb wir

auf die Beschreibung verzichten. Auch die Hinterradführung wurde mehrfach geändert. So gibt es allein vier verschiedene Ausführungen der Längslenker mit den entsprechenden Änderungen an Kleinteilen, Einstellmaßen z. B. Radsturz und Vorspur, und unterschiedliche Arbeitsfolgen, so daß man sich am besten der Werkstatt anvertraut, wenn man weiterhin sicher fahren will.

Stabilisatoren

Was sie bewirken haben wir bereits geschildert. Doch sie können sich im Lauf der Zeit unangenehm bemerkbar machen, indem sie zu knarren beginnen. Dann sind vermutlich die Gummilagerböcke defekt, verhärtet oder spröde und müssen ausgewechselt werden.

An der Vorderachse müssen dabei je nach Verschleiß nur die beiden Befestigungen am Triebwerkstragrahmen und an den Verbindungsstangen zu den Querlenkern gelöst werden, um die alten Gummilager abziehen und die neuen aufschieben zu können, oder auch die Befestigungen an den Querlenkern direkt, um die Gummilager dort auszutauschen. In beiden Fällen Wagen vorn hochbocken und Vorderräder abnehmen, damit man leichter arbeiten kann. Wichtig: Bis Herbst 1968 gab es Drehstäbe mit 16 und 18 mm ∅ mit den entsprechenden Lagerböcken, ab Herbst 1968 Drehstäbe mit 18 und 19 mm ∅ beim 204, beim 304 seit Serienbeginn. Der Einbau von verstärkten Drehstablagerböcken erfordert die Änderung der geschweißten Halterungen am Motortragrahmen. Der Drehstab von 19 mm ∅ kann nicht im Austausch mit dem Drehstab von 18 mm ∅ in GL und Coupé vom Herbst 1967 eingebaut werden, jedoch ist diese Möglichkeit an GL, Coupé, Break möglich, die vor dieser Änderung hergestellt wurden.

Der hintere Querstabilisator liegt in dem Zwischenraum zwischen hinterer Quertraverse und Benzintank und Auspufftopf. Er ist außen an den Längsträgern angeflanscht. Hier wird man seltener mit unliebsamen Geräuschen konfrontiert, doch für den Fall, daß er ausgebaut werden muß, kurz die Arbeitsreihenfolge: Hülle des Handbremsseiles außen an den Rädern lösen, die Flansche und Gegenflansche der Drehstabbefestigung abschrauben. Das linke Ende des Drehstabs markieren, falls die Werksmarkierung neben dem linken Flansch nicht mehr erkennbar ist; dann erst den Drehstab abnehmen.

Zum Einbau den Drehstab über das Handbremsseil und die Auspuffleitung bringen, Farbmarkierung muß an der linken Wagenseite liegen. Dann die beiden Sechskantenden des Drehstabs zwischen Flansch und Gegenflansch legen, den geraden Mittelteil mit seinen beiden seitlichen Lagerbolzen in eine Flucht bringen. In dieser Stellung die Muttern (unbedingt neue Nylstopmuttern verwenden) mit 3,25 mkg anziehen. Zum Schluß die Hüllen des Handbremsseiles an beiden Wagenseiten befestigen. Wichtig: Bei unkorrekter Montage besteht die Gefahr, daß der Drehstab und die hinteren Bremsleitungen sich berühren!

Die Federbeine

Sie stellen eine besonders raumsparende Konstruktionseinheit dar, vereinigen sie doch das Federelement mit den Stoßdämpfern, siehe Zeichnungen. Die Federn, die das Oberteil des Stoßdämpfers umhüllen, sind nicht progressiv, verhärten also bei zunehmender Belastung nur wenig; nicht zuletzt deshalb wurden später die Querstabilisatoren notwendig. Die Anschlagpuffer, die zu hartes Durchfedern bei starker Belastung auffangen müssen, befinden sich übrigens in den Federbeinen selbst.

Aufgrund der hohen Bauweise sind die Federbeine anfälliger gegen seitliche Beanspruchungen als normale kurzbauende Stoßdämpfer. Man muß also gewisse Vorsicht beim Fahren walten lassen und darf möglichst nicht zu oft und zu hart gegen Bordsteinkanten und ähnliche Hindernisse fahren, sonst zerstört man die Federbeine vorzeitig.

Die Vorderradaufhängung. Die wichtigsten Teile: 1 = Längsträger des Hilfsrahmens, an den die Dreiecksquerlenker (2) angelenkt sind. Radseitig ist der Querlenker am unteren Achsschenkelkugelbolzen (3) befestigt, der über den nach unten weisenden Nippel regelmäßig geschmiert werden muß. Über dem Antriebswellengelenk stützt sich das Federbein (13) auf dem Achsschenkelbolzen ab, beide Teile sind miteinander verschweißt. Das Federbein wird oben von den Schraubenfedern (10) umhüllt, auf dem unteren Federteller (9) das Nadellager (8), das später unter den oberen Federteller verlegt wurde, damit sich die Federn mitdrehen konnten.

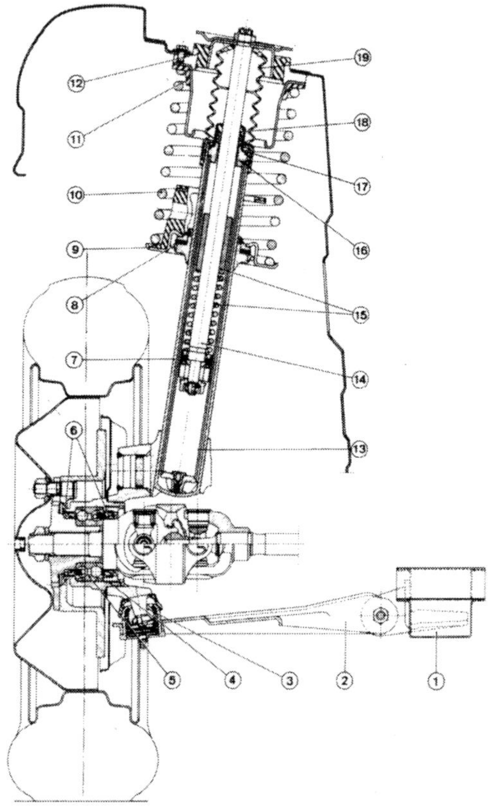

Recht empfindlich reagieren, auf die Dauer gesehen, besonders die oberen Aufhängungspunkte der Federbeine, Verschleiß macht sich in lautem Poltern bemerkbar, besonders auch beim Break. Im Anfangsstadium kann es vorkommen, daß das Poltern bei nasser Witterung vorübergehend wieder verschwindet, doch läßt sich über kurz oder lang die Durchsicht und der eventuelle Austausch der oberen Lagerung oder der Federteller kaum vermeiden. Schon deshalb macht sich rabiate Fahrweise keinesfalls bezahlt. In Einzelfällen hat unerfindliches Knarren bei noch intakten Federbeinen dazu geführt, daß die Werkstatt in ihrer Verzweiflung die Schraubenfedern der hinteren Federbeine mit Gummi überzogen hat.

Während die hinteren Federbeine verhältnismäßig einfach und starr gebaut sind, müssen die vorderen Federbeine beweglich sein, denn sie müssen ja die Lenkbewegungen der gelenkten Vorderräder mitmachen. Deshalb ist dort ein Nadellager eingebaut, so daß sich der Stoßdämpferteil mitdrehen kann. Anfangs war das Nadellager am unteren Federteller eingebaut, später wanderte das Nadellager nach oben direkt unter die obere Lagerung, so daß auch die Schraubenfedern sich mitdrehen; Peugeot spricht hier von Radaufhängung mit »drehbaren« Schraubfedern.

Stoßdämpferkontrolle

Die hydraulisch wirkenden Stoßdämpfer in den Federbeinen sind wartungsfrei, doch werden die Federbein-Stoßdämpfer in der Werkstatt repariert, wenn nicht zu großer mechanischer Schaden vorliegt, denn neue Federbeine sind teuer.

Die Stoßdämpfer dämpfen die Schwingungen der Federung und verhindern damit, daß die Räder vom Boden springen und daß der Wagen nachschaukelt.

Die Federung ist unruhiger, die Straßenlage auf unebener Strecke schlechter, die Lenkung labiler und der Wagen schaukelt länger als normal nach, wenn ein Dämpfer ausgefallen ist. Allerdings gehört einige Erfahrung dazu, die Stoßdämpfer-Unarten während der Fahrt festzustellen, denn einzelne Merkmale können auch von anderen Ursachen hervorgerufen werden, z. B. Defekt an der Lenkung, falsche Fahrwerkseinstellung, zu wenig Luft in den Reifen. Kontrolle im Stand: Wagen am betreffenden Kotflügel mit der Hand aufschaukeln und plötzlich loslassen. Die Federbewegung müßte nach höchstens zwei Schwingungen zur Ruhe kommen.
Überbeanspruchte Dämpfer werden schnell heiß, lassen damit in ihrer Wirkung nach, sofern sie nicht defekt sind. Die Überlastung liegt darin, wenn auf schlechter, schlaglochreicher Straße lang anhaltend schnell gefahren wird. Dann erhitzt sich die hydraulische Flüssigkeit und die Dichtungen werden zerstört: Flüssigkeit läuft aus. Deshalb deuten auch Feuchtigkeitsspuren auf undichte und defekte Federbeinstoßdämpfer hin.
Weil Stoßdämpfer langsam auszufallen pflegen, gewöhnt man sich daran, daß der Wagen allmählich schlechter liegt und die Federung schlechter wird.
Die Nachschwingkontrolle kann jedoch nur eine provisorische Prüfung sein. Bei Verdacht sollte man die Werkstatt einschalten, die genauere Prüfmethoden hat.

Die Lenkung

Wenn man am Lenkrad dreht, schwenken die Vorderräder zur Seite. Diese Drehung in hin- und hergehende Bewegung zu verwandeln, ist Aufgabe der Zahnstangenlenkung in den Peugeot. Das Lenksäulenende mit dem Lenkritzel reicht in das hinter dem Motorblock liegende Gehäuse, worin sich eine gezähnte Stange – die Zahnstange – hin- und herbewegt, angetrieben vom Lenkritzel, das in die Zahnstangenzähne eingreift. Die Bewegungen der Zahnstange übertragen sich auf die beiden Spurstangen links und rechts, die mit ihren äußeren Enden mit den Spurstangenhebeln der Achsschenkel an den Vorderrad-Federbeinen über Kugelgelenke verbunden sind.
Ganz am Anfang hatte der 204 eine gerade Lenksäule, die ins Zahnstangengehäuse mündete; die Bewegungen der Zahnstange wurden dann über einen Verbindungsfinger ins davorliegende Lenkgetriebegehäuse auf eine Lenkverbindungsstange übertragen, an der außen die Spurstangen befestigt waren. Zwischen den Enden der Lenkverbindungsstangen und den inneren Spurstangengelenken befinden sich übrigens unter den Gummibälgen die Sechskantschrauben für die Nachspureinstellung der Vorderräder.
Mit Einführung der geknickten Lenksäule (erhöhte Sicherheit bei Auffahrunfällen) fiel das vordere Lenkgetriebegehäuse weg. Jetzt sind die Spurstangen direkt an der Zahnstange befestigt. Die Lenkuntersetzung blieb jedoch gleich (Zahnstange 30 Zähne, Ritzel 8 Zähne). Die Kontermuttern zur Einstellung des rechten oder linken Spurstangenauges zur Einstellung der Nachspur befinden sich jeweils außen an den Gummifaltbälgen. Näheres zur Einstellung der Nachspur siehe Absatz »Spur« in diesem Kapitel. Übrigens tragen auch die Gelenkköpfe an den äußeren Spurstangenenden Schmiernippel, siehe Kapitel »Schmieren, fetten, ölen«.

Fingerzeige: *Wenn die Lenkung nach starkem Radeinschlag zur Seite zieht, obwohl die Lenkung und die Vorderachsabstimmung korrekt eingestellt sind, können die Nadellager der vorderen Federbeine die Ursache dafür sein. Sie können im Lauf der Zeit durch Salzwasser, Schmutz usw. festgehen. In solchem Fall muß man das Nadellager reinigen und gangbar machen.*

Die Teile der Sicherheitslenkung mit der abgeknickten Lenksäule. Die wichtigsten Teile: 1 = Lenkgetriebegehäuse, 2 = Antriebsritzel (8 Zähne), 3 = Zahnstange (30 Zähne), 4 = Lenkrad, 5 = Lenkschloß, 6 = Kardan-Lenkspindel, 7 = Schaltstange, 8 = Spurstange, außen mit Spurstangengelenk, dessen Nippel geschmiert werden muß, 9 = Kontermutter zur Einstellung des linken Zahnstangenauges, 10 = Zahnstangenstößel, ebenfalls mit einem regelmäßig abzuschmierenden Nippel, 11 = Elastisches Führungslager der Zahnstange, 12 = Gummimanschette, die regelmäßig auf Verschleiß geprüft werden muß, 13 = Kontermutter zur Einstellung des rechten Zahnstangenauges.

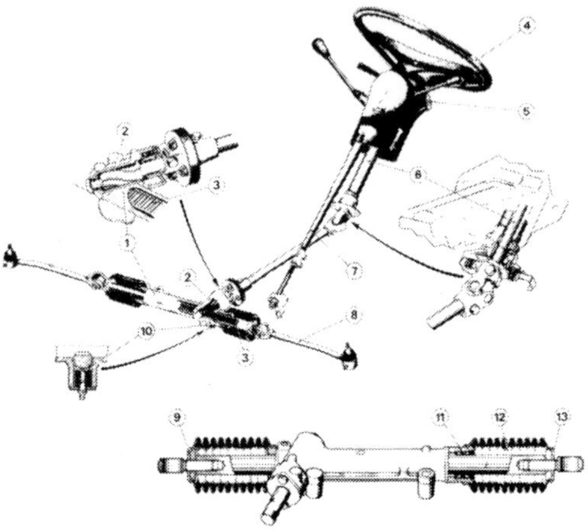

Knackt die Lenkung (manchmal nur an heißen Tagen), kann die Gelenkscheibe zwischen Lenksäulenende und Antriebsritzel die Ursache sein. Knarren beim Lenken kann allerdings auch von einem Spurstangengelenk herrühren, das zu wenig mit Fett versorgt (evtl. Schmiernippel verstopft), oder bereits verschlissen ist.

Lenkung prüfen

Diese Kontrolle, die Peugeot nicht vorschreibt, ist eigentlich Bestandteil der Probefahrt.

Schon im Stand kann man das Lenkspiel prüfen, also ob die Bewegung des Lenkrads sofort auf die Räder übertragen wird. Die Räder sollen dabei in Geradeausfahrt stehen. Dann kurbelt man das Fahrertürfenster herunter, dreht am Lenkrad und beobachtet dabei das linke Vorderrad. In der Mittelstellung soll die Lenkung gar kein Spiel aufweisen, die Räder müssen sich also gleich bewegen. Am besten beobachtet man das an der Felge, denn die Reifen sind elastisch und gehen nicht gleich mit. Man fühlt es auch am Lenkrad: Es soll gleich ein gewisser Widerstand spürbar werden.

Ist am Lenkrad oder in der Lenkübertragung Spiel festzustellen, kann man die Suche der Werkstatt überlassen, sie aber auch selbst unternehmen. Dazu ist ein Helfer nötig, der das Lenkrad auf Zuruf bewegt, während man selbst die einzelnen Teile der Lenkung ansieht oder an ihnen rüttelt, z. B. an Spurstangengelenken, Rädern usw., um festzustellen, wo die Verzögerung in der Lenkübertragung liegt. Die Reparatur sollte man dann aber der Werkstatt überlassen.

Eine Probefahrt kann weitere Aufschlüsse bringen. Auf einer ebenen Straße mit guter Fahrbahndecke kann man bei verschiedenen Geschwindigkeiten den Geradeauslauf überwachen. Es sollte allerdings möglichst wenig Verkehr herrschen. Wenn die Straße ganz frei ist, läßt man das Lenkrad los: Der Wagen darf weder zur einen noch anderen Seite ziehen, sondern er muß schnurgerade in der Spur bleiben. Allerdings verfälscht schon eine gewölbte oder leicht abschüssige Straße das Ergebnis, so daß man den Versuch besser mehrmals wiederholt, bevor man die Werkstatt alarmiert.

Ebenso kann man den Rückstelleffekt prüfen. Nach einer Kurve müssen die Vorderräder von selbst wieder in Geradeausrichtung zurücklaufen. Dieser Geradeauslauf wird von der Geometrie und Abstimmung der Vorderräder bewirkt. Ist er gestört, beruht das auf nicht mehr exakter Einstellung oder es rührt von ausgeschlagenen oder verbogenen Lenkungsteilen her, und die Werkstatt muß abhelfen.

Gummimanschetten prüfen

Teil der Pflegearbeit Nr. 13

Es handelt sich wie bei den Schutzhüllen der Antriebsgelenke um eine Sichtprüfung, die alle 5000 km ausgeführt werden soll. Die Gummifaltbälge dürfen nicht spröde, rissig, schwammig oder sonstwie undicht sein, damit kein Wasser und Schmutz eindringen und Teile der Lenkung beeinträchtigen oder beschädigen können.

An die Gummibälge kommt man nur von der Wagenunterseite heran. Deshalb Vorderwagen anheben oder auf eine Rampe fahren. Dann drückt und knetet man die Bälge, so sieht man besser eventuelle Beschädigungen und Verschleißerscheinungen. Notfalls eine Taschenlampe zu Hilfe nehmen. Auch die Abschlüsse der Bälge innen und außen müssen dicht sein; schwarze Verfärbungen deuten auf austretendes Schmiermittel hin. Der Austausch beschädigter Gummibälge ist Werkstattsache, da unter anderem die Spurstangen abgenommen werden müssen mit nachfolgender Neueinstellung der Vorderräder.

Lenkrad abbauen

Die Polsterung der Lenkradspeiche ist mit zwei Kreuzschlitzschrauben befestigt, die an der Lenkradrückseite zugänglich sind und zuerst herausgedreht werden müssen. Dann kann man die Polsterung abnehmen, worauf die Lenkradbefestigungsschraube sichtbar wird. Die Sechskantmutter mit dem Gabelschlüssel herausdrehen, bis der Bund mit dem Ende der Lenksäule abschließt. Jetzt setzt man sich auf den vorgerückten Fahrersitz und klemmt die Oberschenkel unter den Lenkradkranz; während man mit den Schenkeln das Lenkrad nach oben drückt, schlägt man mit einem großen Hammer auf die Sechskantschraube, bis das Lenkrad gelöst ist. Zum Schlagen möglichst einen Gummi-, Plastik- oder Holzhammer verwenden. Die Sechskantmutter vollends herausdrehen und die Stellung des Lenkrads auf der Lenksäule durch einen Strich markieren, damit es beim späteren Wiedereinbau keine Unklarheiten gibt. Jetzt erst das Lenkrad von der Lenksäule abheben.

Der Einbau geschieht in umgekehrter Reihenfolge, wobei man die Markierung beachten muß. Soll ein neues Lenkrad eingebaut werden, so ist darauf zu achten, daß die Lenkradspeichen bei Geradeausfahrt eine Waagrechte bilden. Eine neue flache Belagscheibe und eine neue Mutter verwenden, das Lenkrad montieren, die Befestigungsmutter jedoch zunächst nur leicht anziehen, falls nach der jetzt vorzunehmenden Probefahrt das Lenkrad nochmals umgesetzt werden muß. Zum Schluß die Lenkradmutter mit 4,5 mkg anziehen und in der vorgesehenen Ausnehmung mit einem Dorn sichern.

Anhalter serienmäßig

Zählen Sie einmal bewußt mit, wie oft Sie auf einer kürzeren oder längeren Fahrt die Bremsen gebrauchen, besonders im Kurzstreckenbetrieb. Wenn man also nicht zuverlässig bremsen kann, setzt man sein Leben und das anderer aufs Spiel! Deshalb muß, wer an den Bremsen arbeiten will, peinlich genau vorgehen, auf Sauberkeit achten und die vorgeschriebenen Materialien und Produkte verwenden. Ebenso sind die Kontrollabstände genau einzuhalten und die vorgeschriebenen Arbeitsmethoden zu berücksichtigen.
Unter diesen Aspekten ist es bestimmt keine Schande, wenn man die vorgeschriebenen Wartungsarbeiten – von den Reparaturen gar nicht zu reden – der Werkstatt überläßt. Sicht- und Funktionskontrollen kann dagegen jeder vornehmen. Sie dienen der Sicherheit und einem ruhigen Gewissen.

Die Bremsanlage

Wenn Sie das Bremspedal treten, wird im Hauptbremszylinder im Motorraum, auf dem der durchsichtige Bremsflüssigkeitsbehälter sitzt, ein Kolben betätigt (beim Bremskraftverstärker mit Unterdruck-Unterstützung). Dadurch wird Bremsflüssigkeit (hydraulische Bremskraftübertragung) in die Bremsleitungen gedrückt, die zu jedem Rad führen. An den Scheibenbremsen der Vorderräder werden dadurch Bremskolben, an den Trommelbremsen der Hinterräder Radbremszylinder betätigt, welche die Bremsbeläge gegen die Scheiben bzw. Trommeln pressen. Des weiteren ist in der Bremsanlage noch ein Bremskraftregler vorhanden, der verhindern soll, daß bei scharfem Bremsen die entlasteten Hinterräder blockieren. Die Handbremse wirkt mechanisch über einen Seilzug auf die Trommelbremsen der Hinterräder.

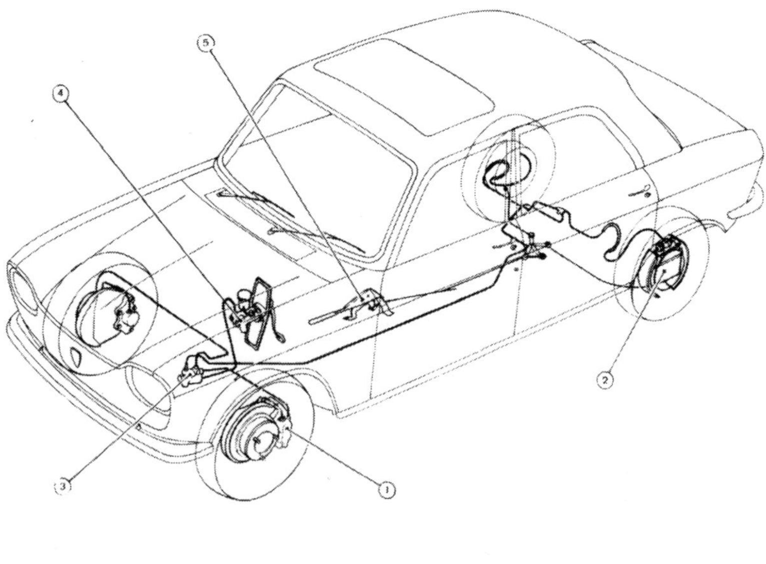

Die Gesamtbremsanlage im 204. Die Zahlen bedeuten: 1 = 3-Kolben-Scheibenbremse Fabrikat Girling, 2 = Trommelbremse am Hinterrad, 3 = Bremskraftregler, 4 = Hauptbremszylinder mit Bremsflüssigkeitsbehälter, 5 = Handbremse.

Bremsen müssen geichmäßig ziehen. Das können sie nur richtig, wenn sie so gut eingefahren werden wie der Motor. Bremsbelag und Bremsscheibe bzw. Bremstrommel müssen sich regelrecht aufeinander einfahren, damit sie eine möglichst große wirksame Oberfläche gemeinsam haben. Besonders die Scheibenbremsen reagieren auf brutale Bremsungen in der Anfangszeit empfindlich. Nicht selten rührt ein lästiges Rubbeln von Einfahrsünden her. Wir meinen, man sollte wenigstens während der ersten 300–500 Kilometer nicht unnötig grob und langdauernd bremsen. Wenn der Belag bei einer schlecht eingefahrenen Bremse nämlich nur auf wenigen Quadratzentimetern »trägt«, oder der Belag ist verbrannt, ist die Bremswirkung nicht so gut wie sie sein könnte – noch schlimmer, sie ist ungleichmäßig. Der Wagen zieht beim scharfen Bremsen zur Seite.

Bremsen einfahren

Damit man weiß, wie sich die Bremse am eigenen Wagen bei Notbremsungen verhält, sollte man nach der Einfahrzeit ruhig hin und wieder einen Notbremsversuch probieren. Aber dazu eine leere Straße aussuchen. Beginnen Sie Ihre Bremsversuche zunächst aus niedrigeren Geschwindigkeiten, wenn Sie es noch nicht gemacht haben, um die Geschwindigkeit dann langsam zu steigern. Aber auch nicht zuviel Versuche starten. Denn bedenken Sie, daß sich die Scheibenbremsenbeläge relativ rasch abnutzen – und ganz besonders bei Notbremsungen!

Fingerzeig: *Das Einfahren ist nicht nur am Neuwagen nötig, sondern nach jedem Belagwechsel oder nach Reparaturen an der Bremsanlage, bei denen Beläge gewechselt oder an Scheiben und Trommeln gearbeitet wurde.*

Bremsflüssigkeitsstand kontrollieren
Pflegearbeit Nr. 2 und 8

Zwei Punkte stehen deshalb im Wartungsplan, weil zwei Organe in Ihrem Peugeot damit betätigt werden: Die Bremsen und die Kupplung. Aber praktisch ist es nur ein Arbeitsgang, die Sichtkontrolle am Bremsflüssigkeitsbehälter.

Dieser Behälter sitzt auf dem Hauptbremszylinder in der linken Motorraumecke (wenn vorhanden, vor der großen Trommel des Bremskraftverstärkers). Er ist durchsichtig, manchmal jedoch schmutzig. Wenn er sauber ist, läßt sich der Flüssigkeitsstand von außen erkennen. Der Stand soll alle 1000 km kontrolliert werden, deshalb ist es praxisnäher, man macht es sich zur Gewohnheit, bei jedem Öffnen der Motorhaube kurz mal nach dem Flüssigkeitsbehälter zu sehen. Der Behälter darf nicht zu voll und nicht zu wenig gefüllt sein, also den oberen umlaufenden Gießrand nicht übersteigen, aber auch keinesfalls unter den unteren umlaufenden Gießrand absinken.

Eigentlich dürfte die Flüssigkeit nicht weniger werden, doch sinkt der Flüssigkeitsspiegel entsprechend dem Belagverschleiß etwas ab und im Lauf der Zeit sickert auch etwas Flüssigkeit aus dem Leitungssystem. Zum Nachfüllen unbedingt nur Original-Bremsflüssigkeit verwenden, doch kann man die Bremsflüssigkeiten verschiedener Hersteller, z. B. Lockheed, Peugeot, Ate usw. untereinander mischen.

Flüssigkeitssystem auf Dichtheit prüfen
Pflegearbeit Nr. 31

Zum Teil sind wir schon im Kapitel »Kupplung« darauf eingegangen. Auch hier handelt es sich wieder um eine Sichtkontrolle, die aber sehr akut wird, wenn die Flüssigkeit im Behälter zu rasch absinkt, also zuviel und zu oft nachgefüllt werden müßte. Diese Kontrolle soll darüber hinaus auf jeden Fall alle 7500 km ausgeführt werden.

Verfolgen Sie im Motorraum vom Bremsflüssigkeitsbehälter ausgehend alle Hydraulikleitungen und ihre Verbindungen bis zu den Rädern. Dazu müssen Sie auch unter den Wagen kriechen oder ihn hochheben. Der Wagenboden sollte möglichst trocken sein. Kontrollieren Sie: Bremsschläuche dürfen nicht aufgequollen sein, Leitungsverbindungen müssen trocken sein, denn feuchtdunkle Stellen lassen auf Flüssigkeitsverlust schließen. Feuchtdunkle Stellen an der Bremstrommel (evtl. Radzylinder undicht)? Bremsleitungen dürfen auch nicht stark verrostet sein. Gibt irgendeine Beobachtung zur Besorgnis Anlaß, sollten Sie die Werkstatt aufsuchen!

Falls zu häufig Flüssigkeit nachgefüllt werden muß, man aber selbst keine Undichtigkeit feststellen kann, unternimmt die Werkstatt eine größere Aktion, indem sie mit speziellen Instrumenten Hoch-, Niedrig- und Restdruckkontrollen ausführt. Dabei stellt sich die undichte Stelle heraus.

Die Werkstatt prüft auch mit einer Pedaldruckstange, ob die Primärmanschette des Hauptbremszylinders undicht ist. Das können Sie provisorisch auch selbst machen: Treten Sie mit voller Kraft aufs Bremspedal! Es darf auch nach einigen Minuten der vollen Belastung nicht nachgeben, sonst muß der Hauptbremszylinder repariert oder ausgewechselt werden. Übrigens hat eine undichte Stelle an der Primärmanschette kein Sinken des Flüssigkeitsstandes im Behälter oder äußere Leckspuren zur Folge, vielmehr mogelt sich die Flüssigkeit im Bremszylinder am Kolben vorbei. Im Ernstfall können Sie dann das Bremspedal bis zum Bodenblech durchtreten, ohne daß Bremswirkung spürbar wird. Gewisse undichte Stellen an den Kolbenmanschetten und Dichtringen machen sich allerdings nur bei Niedrigdruck bemerkbar, deshalb bei Verdacht die Werkstatt aufsuchen!

Fingerzeige: *Anhaltspunkt für Bremsflüssigkeitsverlust: Meist wird zuerst die Kupplungsfunktion beeinträchtigt (Schaltschwierigkeiten), denn ihre Hydraulik wird vom selben Behälter gespeist.*

Wenn Sie das Gefühl nachlassender Bremswirkung haben, muß nicht unbedingt ein mechanischer Fehler oder Verschleiß vorliegen. Eingedrungenes Auftausalz kann die Bremswirkung bis zu 85 Prozent verringern. Abhilfe in diesem Fall nur durch Abschmirgeln der Bremsbeläge und ihrer Anlageflächen.

Man sollte nicht direkt nach einer scharfen oder längeren Bremsung (Gefällefahrt) beim Anhalten die Handbremse anziehen. Sofern die Bremstrommeln sehr heiß geworden sind, entstehen in den Bremstrommeln bei Abkühlen und Zusammenziehen Spannungen, weil der Widerstand der gespreizten Bremsbacken überwunden werden muß. Dabei können sich die Bremstrommeln verziehen: ungleichmäßige Bremswirkung.

Wenn die Bremswirkung bei Abfahrten im Gebirge nachläßt, hat es keinen Zweck, das Bremsen durch wesentlich erhöhten Fußdruck zu erzwingen. Besser ist es, durch Herunterschalten die Bremsen zu entlasten.

Probieren Sie gelegentlich aus, wie man mit der Handbremse abbremst. Im Notfall – wenn die Hydraulik versagt – kann sie Ihre letzte Rettung sein.

Die neue Bremsflüssigkeit ist bernsteingelb. Um Verwechslungen vorzubeugen, sollten Sie darauf achten, daß auf dem Behälter die Spezifikation DOT 3 oder DOT 4 aufgedruckt ist (z. B. FM VSS 116 DOT 3).

Das Loch im Deckel des Bremsflüssigkeitsbehälters darf nicht verstopft sein. Es dient der Belüftung und damit der ordnungsgemäßen Funktion der Anlage. Oben ist es in Deckelmitte, an der Unterseite seitlich vom Mittelpunkt versetzt.

Die Bremsflüssigkeit

Wie bereits gesagt, können die Bremsflüssigkeiten der wenigen Markenhersteller miteinander vermischt werden, z. B. beim Nachfüllen. Auf keinen Fall, auch nicht als Notbehelf, darf in die Hydraulikanlage etwas anderes eingefüllt werden, etwa Motoröl! Bremsflüssigkeit ist ein synthetischer Stoff, der bei

Hitze oder Kälte nicht dick- oder dünnflüssiger werden darf, starke Bremsbelastungen aushalten muß und Substanzen enthält, die Korrosion und Zersetzung der Dichtungen und Kolbenmanschetten verhindern.
Allerdings sind Bremsflüssigkeiten wasserbindend, und das aufgenommene Wasser wirkt sich stark auf den Siede- und Gefrierpunkt aus. Dazu erreichen die korrosionsverhindernden Substanzen nach einer gewissen Benutzungszeit ihren Sättigungsgrad. Deshalb muß die Bremsflüssigkeit regelmäßig gewechselt werden!

Fingerzeig: *Bremsflüssigkeit greift manche chemischen Produkte an, z. B. Lack und gewisse Gummiarten. Deshalb muß man Spritzer beim Einfüllen und Ablassen der Flüssigkeit vermeiden und gefährdete Teile der Kupplung und Motorhalterungen abdecken, wenn die Flüssigkeit gewechselt wird.*

Flüssigkeit im hydraulischen System erneuern

Pflegearbeit Nr. 31

Der Austausch der Flüssigkeit soll alle 45 000 km vorgenommen werden, bei Wagen, die nur wenig gefahren werden, möglichst alle 2 Jahre. Auf ein paar hundert oder tausend Kilometer hin oder her kommt es dabei nicht so sehr an. Praktisch ist es, wenn man den Flüssigkeitstausch mit dem Belagwechsel an den vorderen Scheibenbremsen zusammenlegen kann.
Für den Flüssigkeitstausch brauchen Sie einen Helfer. Zunächst müssen die Räder entlastet werden, der Wagen ist also an allen vier Wagenheber-Auflagepunkten unterzubocken, und die Vorderräder sind abzunehmen. Dann entleert man den Bremsflüssigkeitsbehälter. Wenn man keine Handsaugpumpe hat, kann man auch einen Saugheber, z. B. für die Frostsicherheitsmessung in der Kühlanlage oder ein ähnliches Gerät nehmen, es muß nur ganz sauber sein. Jetzt die Handbremse lösen und die Bremsbacken an den Hinterrädern maximal zurückversetzen, was dadurch geschieht, daß man die Einstellschrauben um eine halbe Umdrehung löst (siehe auch Absatz »Trommelbremsen einstellen«). An den Vorderrädern die Bremsbelagplatten ausbauen, dabei die innere Platte von der äußeren durch eine Markierung unterscheiden. Mit einem passenden Holz (250 x 60 x 10 mm) die Kolben soweit wie möglich in ihre Lagerung drükken, dabei jede Verschmutzung der Bremsscheiben und -beläge durch Öl oder Schmiermittel vermeiden und die Kolbenschutzmanschetten (Gummi) auf Zustand und Abdichtung kontrollieren. Danach kann man die Belagplatten wieder einbauen (siehe auch Absatz »Scheibenbremsbeläge wechseln«).
Wieder den Bremsflüssigkeitsbehälter leersaugen. Die Entlüftungsschraube am rechten Hinterrad öffnen (siehe entsprechenden Absatz) und dort einen dünnen durchsichtigen Kunststoffschlauch aufstecken, dessen anderes Ende man in einen entsprechend großen durchsichtigen Behälter (evtl. Einmachglas) führt. Jetzt am Bremspedal in schneller Folge pumpen (schnell durchtreten), bis am rechten Hinterrad keine Flüssigkeit mehr austritt, worauf man die Entlüftungsschraube wieder schließen kann. Der gleiche Arbeitsgang wird dann an den Entlüftungsschrauben der anderen drei Räder vorgenommen.
Darauf die Zuflußöffnung im Boden des Bremsflüssigkeitsbehälters verstopfen; die Werkstatt nimmt dazu eine spezielle Verschlußstange. Den Behälter mit einem sauberen, nichtfasernden Lappen reinigen, die Zuflußöffnung wieder freimachen.
Bevor die neue Bremsflüssigkeit eingefüllt wird, muß man die Bremsanlage erst durchspülen. Auch dafür wird Bremsflüssigkeit und nichts anderes genommen, das heißt, Sie brauchen mehr Flüssigkeit als die Hydraulikanlage faßt.
Zum Spülen den Bremsflüssigkeitsbehälter langsam auffüllen und während der folgenden Arbeitsgänge ständig nachfüllen: Wieder die Entlüftungsschraube am

rechten Hinterrad öffnen, das Bremspedal schnell durchdrücken, aber langsam zurückkommen lassen. Die Entlüftungsschraube wieder anziehen, sobald die Flüssigkeit klar in den abgeschlossenen Behälter abläuft. Den gleichen Arbeitsgang an den restlichen drei Rädern wiederholen.

Auf das Kupplungspedal treten und in eingedrücktem Zustand halten, die Entlüftungsschraube des Kupplungsnehmerzylinders (siehe Kapitel Kupplung) öffnen. Nachdem die Ausrückgabel in Ruhestellung zurückgekehrt ist, die Entlüftungsschraube wieder schließen. Das Kupplungspedal langsam in Ausgangsstellung zurückkommen lassen. Diesen Vorgang so lange wiederholen, bis auch hier die Flüssigkeit klar in den Auffangbehälter abläuft.

Zum Abschluß sind die Bremsen zu entlüften und einzustellen, dann muß geprüft werden: Die Dichtheit der Leitungen und Anschlüsse, der Flüssigkeitsstand im Behälter, das Belüftungsloch im Behälterdeckel, das Brems- und Kupplungsverhalten des Wagens in fahrbereitem Zustand. Vorher also Räder anbauen und Wagen auf den Boden ablassen. Die Entlüftungsschrauben werden mit 1,25 mkg angezogen, die Radmuttern mit 6 mkg.

Bremsen entlüften

Läßt sich das Bremspedal zu tief durchtreten, federt das Pedal, wenn Sie es treten und Widerstand wird erst beim zweiten Durchtreten spürbar, besteht der Verdacht, daß Luft in die Bremsanlage eingedrungen ist. Dann muß die Bremsanlage entlüftet werden. Erste Kontrolle vor dem Entlüften: Ist der Bremsflüssigkeitsbehälter gefüllt? Möglicherweise war das Niveau zu tief abgesunken, so daß von dort Luft eingedrungen ist. Mit dem Auswechseln der selbstnachstellenden Scheibenbremsbeläge vorn muß dort die Bremsanlage auf jeden Fall entlüftet werden.

Ein Teil der hier geschilderten Arbeitsabläufe ist praktisch gleich wie beim vorher geschilderten Wechsel der Bremsflüssigkeit. Doch wollen wir hier die Arbeitsabläufe möglichst komplett nochmals schildern, um keine Irrtümer aufkommen zu lassen. Auch für das Entlüften der Bremsanlage brauchen Sie wieder einen Helfer, den 40 cm langen Kunststoffschlauch und das durchsichtige Glas.

Die Arbeitsfolge

Wagen an allen 4 Wagenheber-Auflagepunkten hochbocken und die Vorderräder abnehmen. Die Bremsbacken an den Hinterrädern zurückversetzen, indem man die Exzenter um eine halbe Umdrehung löst.

Wichtig: Während der Entlüftungsvorgänge darf die Flüssigkeit im Behälter nie zu tief absinken, da sonst neue Luft in die Bremsanlage gerät. Deshalb bei Bedarf ständig nachfüllen.

Zum Entlüften der vorderen Bremssättel die Handbremse lösen, den Schlauch am Entlüftungsstutzen der rechten vorderen Scheibenbremse aufstecken, das Bremspedal ganz durchtreten und die Entlüftungsschraube durch Drehen mit dem Schlüssel öffnen. Das Bremspedal dabei immer ganz durchgetreten lassen, Entlüftungsschraube wieder schließen. Jetzt erst das Bremspedal langsam ganz zurückkommen lassen. Diesen Vorgang wiederholen, bis die Bremsflüssigkeit blasenfrei in den durchsichtigen Auffangbehälter austritt. Das gleiche geschieht daraufhin am linken vorderen Bremssattel.

Wichtig: Einige Bremssättel Girling 14 LF haben 2 Entlüftungsschrauben. Bei ihnen wird zuerst an der unteren, dann an der oberen Schraube entlüftet.

An den Trommelbremsen der Hinterräder geschieht der Entlüftungsvorgang prinzipiell gleich. Lediglich wird am Anfang die Handbremse angezogen statt wie bei den Vorderrädern gelöst. Auch hier wird der Entlüftungsvorgang so lange vorgenommen, bis die Flüssigkeit blasenfrei austritt.

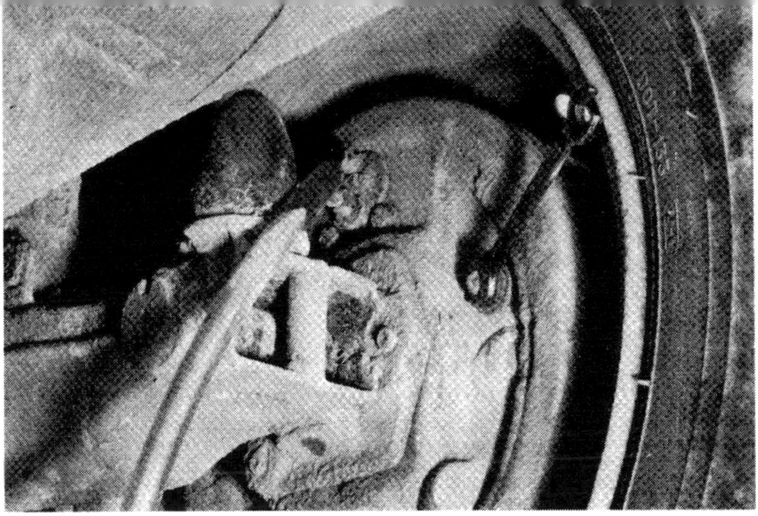

Zwei Vorgänge in einem sind in diesem Foto gezeigt. Zum ersten weist das Ende des Schlauchs auf den Entlüftungsnippel der Trommelbremse am Hinterrad. Bevor der Schlauch aufgesteckt werden kann, muß man das Kunststoffkäppchen abziehen. Der Nippel ist zugleich auch Verschlußschraube für das Hydrauliksystem.
Der Gabelschlüssel ist am Vierkant-Verstellnocken für die Einstellung der Trommelbremsbeläge angesetzt. Jede Trommelbremse hat zwei solcher Nocken, der vordere ist hier durch den Längsträger verdeckt. Beim Einstellen beachten, die Nocken sind gegenläufig, siehe entsprechenden Absatz »Bremsen einstellen«.

Fingerzeig: *Sollte sich beim Entlüften der Trommelbremsen ein plötzlicher Widerstand am Bremspedal bemerkbar machen (starkes Einwirken des Bremskraftreglers nach zu heftig ausgeübtem Druck auf das Bremspedal), ist folgendes zu tun: Bremspedal durchtreten, Entlüftungsschraube schließen, Handbremse lösen, Fuß schnell vom Pedal nehmen, Handbremse wieder anziehen. Danach kann man weiter entlüften.*

Die Scheibenbremse

Vor allem drei Vorzüge hat die Scheibenbremse: Sie ist standfester, weil Bremsbeläge und Bremsscheibe offen im Luftstrom liegen und besser gekühlt werden. Bei Bergabfahrten hält die Bremswirkung auch bei Dauerbelastung länger an (kein »Fading«). Zweitens ist die Bremswirkung einer Achse gleichmäßiger, d. h. rechte und linke Radbremse haben praktisch die gleiche Wirksamkeit, was bei Trommelbremsen nicht unbedingt der Fall ist. Diese gleichmäßige Bremswirkung macht sich insbesondere beim Abbremsen aus hoher Geschwindigkeit (Notbremsung) vorteilhaft bemerkbar. Man kann bei der Scheibenbremse unbekümmerter auf das Pedal treten. Drittens ist die Scheibenbremse wartungs- und nachstellfrei.
Diese Wartungsfreiheit darf aber nicht darüber hinwegtäuschen, daß die Beläge bei der Scheibenbremse schneller verschleißen. Das ist schließlich kein Wunder: Die Bremsfläche der Beläge ist wesentlich kleiner als bei den Bremsbacken der Trommelbremse, weswegen auch die mehrfach höheren Drücke erforderlich sind. Das wird durch Unterstützung der Pedalkraft mit dem Bremskraftverstärker ausgeglichen.
Bei scharfer Fahrweise können Scheibenbremsbeläge schon nach 10 000 bis 12 000 km erneuerungsbedürftig sein, bei normaler Fahrweise kann man es aufs Doppelte und mehr bringen. Trotzdem sollte auch derjenige, der sich für einen normal fahrenden Menschen hält, regelmäßig die Belagstärke der Scheibenbremsen überwachen.

Scheibenbremsklötze prüfen

Pflegearbeit Nr. 16

Die Kontrolle schreibt Peugeot alle 7500 km vor. Je nach Zustand kann man dies ab 10 000 km sicherheitshalber noch öfter tun.
Da die Scheibenbremsen tief in der Felge versenkt sind, muß für die Sichtkontrolle das betreffende Vorderrad abgenommen, vorher der Wagen natürlich vorn mit dem Wagenheber angehoben werden. Dann kann man von hinten her in den Bremssattel hineinsehen, in dem die Bremsbelagplatten aufgehängt sind. Auf diesen Bremsbelagplatten sind die Bremsbeläge angebracht, deren Stärke

Aus diesem Blickwinkel kann man bei abgenommenem Vorderrad die noch vorhandene Belagstärke prüfen. Dünner als 2 mm sollte man die Beläge nicht werden lassen. Und wenn man an einem Rad die Beläge wechseln muß, dann muß das auch am anderen Vorderrad geschehen, auch wenn dort der Belag noch dicker ist.

geprüft werden soll. Aber verwechseln Sie nicht die Belagplatten mit den Belägen selbst!
Wichtig: Alle vier Bremsbelagplatten an der Vorderachse müssen unbedingt ausgewechselt werden, wenn die Stärke einer Platte nur noch 2 mm beträgt. Es geht also nicht an, daß man einzelne Bremsbelagplatten allein auswechselt!

Bremsbelagplatten wechseln

Das Wechseln der Bremsbelagplatten ist eigentlich nicht schwierig, wenn man von den umständlichen Nebenarbeiten wie Entlüften absieht. Doch muß man schon genau wissen, welche Bremsbelagplatten man im Ersatzteillager nehmen muß, denn es gibt entsprechend den unterschiedlichen Scheibenbremsenmodellen vier verschiedene Ausführungen, die untereinander nicht austauschbar sind, ebenso vier unterschiedliche Befestigungsbolzen dafür und drei unterschiedliche Drahtsicherungen. Zur Identifizierung siehe Zeichnungen rechts.
Wir warnen aber nochmals, Arbeiten an dieser lebenswichtigen Anlage selbst vorzunehmen. Falls Sie doch einmal in die Notlage kommen, selbst wechseln oder einen Peugeot-fremden Monteur, z. B. im Ausland unterstützen müssen, sei die Arbeitsfolge kurz geschildert: Wagen vorn hochbocken und Vorderräder abnehmen. Den Bremsflüssigkeitsbehälter bis zur Marke »Mini« entleeren, mit einer Zange die Drahtsicherungen abnehmen und die Querstangen der Belagplattenaufhängung freimachen, beide Bremsbacken herausnehmen, die Kolben mit dem oben erwähnten Holz maximal in ihre Lagerung drücken, die neuen Bremsbelagplatten (siehe Zeichnungen) einbauen.
Die Befestigungsbolzen (Querstangen) einführen, die neuen Drahtsicherungen anbringen ohne die Gummimanschetten zu beschädigen, Vorderradbremsen entlüften, Bremsflüssigkeitsbehälter auffüllen, Vorderräder montieren (Anzugsdrehmoment der Radmuttern 6 mkg), Wagen ablassen, mehrmals das Bremspedal betätigen, bevor man den Wagen in Betrieb nimmt.

Fingerzeige: *Beim Bremsen auf sehr nasser Straße kann die Bremswirkung um einen Sekundenbruchteil später einsetzen, als man es von Trommelbremsen her gewohnt ist: Die zwischen Bremsklotz und Scheibe befindliche Feuchtigkeit wird erst durch den Anpreßdruck der Beläge zum Verdampfen gebracht.*
Wir haben im Verlauf dieses Buches unter anderem auch empfohlen, die Wagen-Unterseite mit einem Korrosionsschutzmittel zu behandeln. Wird das ausgeführt, müssen die Scheibenbremsen abgedeckt werden (altes Packpapier, alte Lappen). Während die Bremsscheiben zur Not noch mit Spiritus gereinigt werden können, müssen verschmierte Beläge ausgewechselt werden. Sonst wird die Bremswirkung gefährdet.

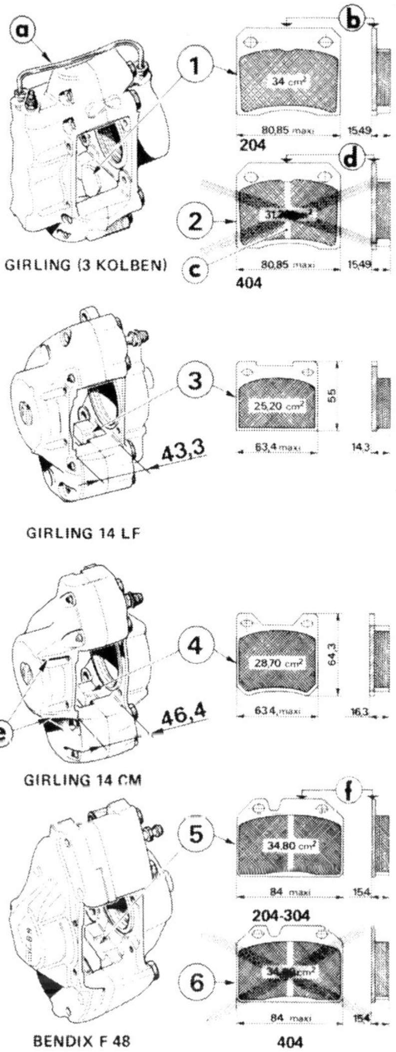

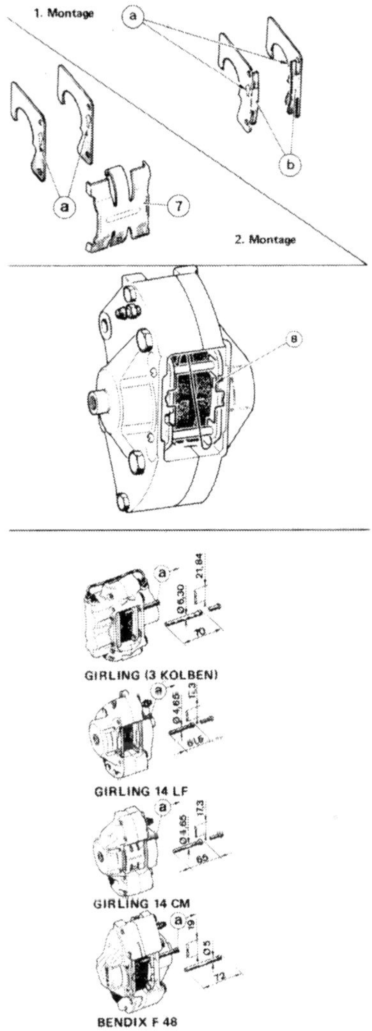

In der linken Bildreihe sieht man die vier verschiedenen Scheibenbremsen-Ausführungen, die an den Peugeot eingebaut sein können, rechts daneben die jeweils dazugehörigen Beläge, ausgestrichene Beläge dürfen nicht eingebaut werden, auch wenn sie die gleichen Maße haben.
Die Bildreihe rechts zeigt, welche Antivibrationsplatten und Federn für die jeweiligen Scheibenbremsen verwendet werden müssen, unten die Bolzen für die verschiedenen Ausführungen.

Trommelbremsen entstauben und Bremszylinder prüfen

Pflegearbeit Nr. 26 und 25

Im Lauf der Zeit verstaubt das Innere der Bremstrommel und beeinträchtigt, besonders wenn Feuchtigkeit dazukommt, die Funktion der Trommelbremsen. Deshalb sollte alle 10 000 km, falls nicht zwischendurch die Beläge gewechselt werden müssen, die Trommel entstaubt werden. Dazu müssen die Hinterräder abgenommen und die Bremstrommeln abgezogen bzw. mit dem Hammerstiel abgeklopft werden. Dann reinigt man das Trommelinnere mit Schmirgelleinen oder einer Stahlbürste und bläst sie mit Preßluft aus.
Bei der Gelegenheit sollte man auch die Radbremszylinder näher in Augenschein nehmen, ob sie noch dicht und nicht zu sehr verrostet sind. Bei Verdacht die Werkstatt einschalten, denn für den Privatmann ist da nichts zu tun.

Trommelbremsen einstellen

Pflegearbeit Nr. 27

Eines schönen Tages werden Sie das Gefühl haben, daß Ihr rechter Fuß das Bremspedal weiter als sonst durchtreten muß. Wenn Sie das merken, sind Sie ein aufmerksamer und technisch gefühlvoller Mensch. Normalerweise gewöhnt man sich an jede Veränderung, die sehr langsam vor sich geht.
Zwei Ursachen gibt es für den vergrößerten Pedalweg: Der Belagverschleiß

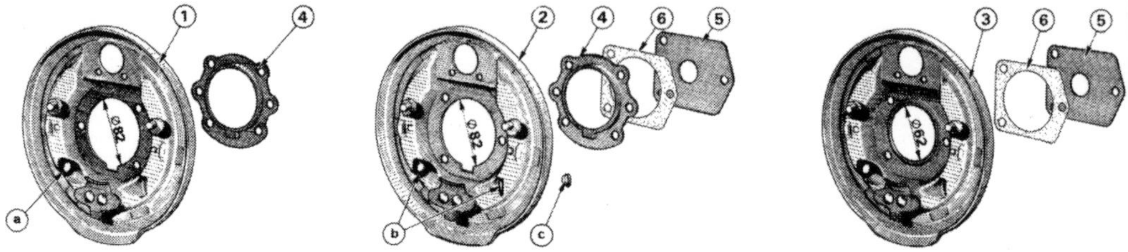

Die Bildreihe zeigt die 3 verschiedenen Bremsträgerplatten, die eingebaut sein können, siehe auch »Technische Daten«.

ist so weit fortgeschritten, daß die Bremsbacken (die Beläge der Scheibenbremsen stellen sich automatisch nach) einen immer größeren Weg brauchen, bis sich ihr Belag an die Trommel anlegen kann – dann muß die Trommelbremse nachgestellt werden. Die andere Ursache: Luft in den Bremsleitungen.

Eingestellt werden die Bremsbacken an Vierkantköpfen; an jeder Bremstrommelrückseite befinden sich zwei: der vordere für die Primär-Bremsbacke, der hintere für die etwas kleinere Sekundär-Bremsbacke. Verdreht man die Vierkantknöpfe, wird innerhalb der Bremstrommel ein Exzenter verstellt, der die Bremsbacken stärker oder schwächer spreizt. Die Gewinde dieser Stopfen sind gegenläufig. Am besten merkt man sich die Bewegungsrichtung so:

- Gabelschlüssel oben ansetzen und zur Trommelaußenseite nach unten drehen = Beläge werden nach außen gedrückt: die Beläge werden angestellt.
- Gabelschlüssel unten ansetzen und zur Trommelaußenseite nach oben drehen = Beläge werden nach innen gezogen.

Das Einstellen der Trommelbremsen geht so vor sich: Wagen hinten hochbocken, die Bremsbacken auf den Bremstrommeln anziehen, das Spiel durch zwei- oder dreimaliges Betätigen des Bremspedals nachstellen. (Wichtig: Am Bremspedal muß während des Bremsvorgangs ein Widerstand spürbar werden. Geht das Pedal ungewöhnlich leicht, ist der Zustand der Gummischläuche unter Druck auf ungewöhnliche Verdickungen zu untersuchen, die Schläuche sind gegebenenfalls auszuwechseln, man muß also zur Werkstatt, die auch den Restdruck prüfen muß. Zeigt sich am Pedal kein Widerstand, muß nach Leckstellen im Hydrauliksystem gesucht werden!)

Der weitere Arbeitsablauf: Die Sekundär-Bremsbacken entspannen (Schlüssel also von unten nach oben führen), auch die Primär-Bremsbacken nach und nach lösen, bis die Räder frei drehen, jedoch sollen die Räder noch leicht streifen, hörbar die Primär-Bremsbacken. Dann die Sekundär-Bremsbacken wieder anziehen, und auch sie nach und nach wieder lösen. Am anderen Hinterrad wird die gleiche Prozedur vorgenommen.

Es sind also pro Rad zwei Einstellvorgänge, und es kommt darauf an, die Bremsbeläge so nahe wie möglich an die Trommel heranzubringen, ohne daß der Belag an der Trommel streift. Das darf er nicht, weil sich sonst die Bremsen unzulässig erhitzen, was die Bremse ruinieren kann.

Die komplette Trommelbremse ohne Abdeckung. Die wichtigsten Teile: 8 = Radbremszylinder ⌀ 19 mm, 9 = Primärbremsbacken (vornliegend), 10 = der kleinere Sekundärbremsbacken hinten. 11 = Handbremshebel, 12 = Druckfeder, 13 = seitliche Führungsfedern, 14 = Druckstange, 15 = Rückzugfeder, 7 = Befestigungsschrauben.

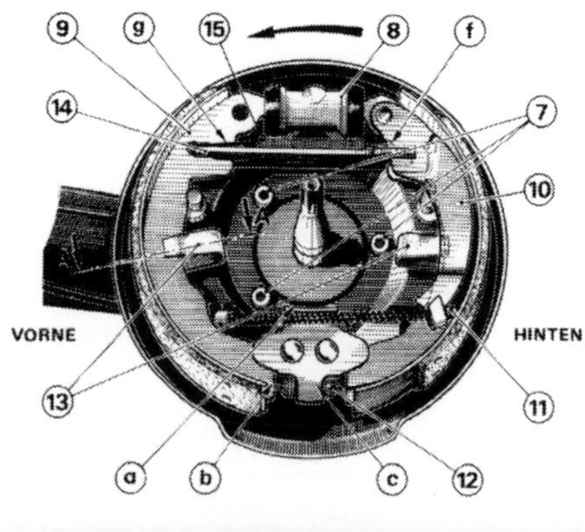

Fingerzeig: *Bei festgerosteten Trommelbrems-Einstellexzentern kann man den Schraubenschlüssel in ein Verlängerungsrohr stecken, so daß man einen verlängerten Hebelarm hat und die Exzenter losbrechen kann. Unterstützen kann man die Bemühungen durch Einsprühen mit einem rostlösenden Mittel.*

Handbremse einstellen

Die Handbremse wirkt über Hebel und Seilzug auf die Hinterräder. Muß die Handbremse zu weit gezogen werden, bis sie den Wagen festhalten kann, oder schafft sie das auch auf dem letzten Zahn nicht mehr, muß sie nachgestellt werden. Allerdings darf die Handbremseinstellung niemals vor dem Einstellen der Fußbremse erfolgen, weshalb man möglichst beides in einem Arbeitsgang macht.

Es gibt bei den 204/304 zwei verschiedene Arten der Handbrems-Seilzugführung. Bei früheren Modellen führte der Seilzug nach hinten zur Achsrohrtraverse der Hinterachse, wo sich der Seilzug in einer Umlenkhebel-Kombination teilte, von der aus die Seilstücke nach außen zu den Rädern führten. Eingestellt wird hier an den Gewindestücken rechts und links von den Umlenkhebeln.

Bei neueren Peugeot führen von einem Ausgleichsbügel unter dem Handbremshebel (sichtbar zwischen den Sitzen nach Anheben der Verkleidung) zwei getrennte Seilzüge zu den Hinterrädern. Eingestellt wird hier in Wagenmitte vom Unterboden her, wo die Seilzüge nach oben zum Handbremshebel im Bodenblech verschwinden, siehe Foto unten.

So geht man vor: Bei noch hochgebocktem Wagenhinterteil wird der Handbremshebel in die 6. Raste seines Hebelwegs nach oben gezogen. Bei neu eingestellten Trommelbremsen werden sich jetzt die Hinterräder nicht oder kaum mehr bewegen lassen. Nun löst man die Einstellmuttern, bis sich die Hinterräder gerade frei drehen lassen. Dann ist die Spannung des linken und rechten Kabels so einzustellen, daß sich bei früheren Wagen der gedachte Mittelpunkt zwischen den gegabelten Umlenkhebeln genau parallel zur Wagenlängsachse (oder, was auf das gleiche herauskommt, genau 90° zur Achstraverse steht), bei neueren Wagen muß der Ausgleichsbügel unter dem Handbremslagerbock im Innenraum genau quer zum Wagen oder 90° zur Wagenlängsachse stehen, also nicht schief. Zuletzt die Kontermuttern wieder anziehen, den Bremspedalweg prüfen, ebenso den Handbremshebelweg (6 bis 8 Rasten). Wenn man das ganze aufs erste Mal nicht hinbekommt, muß das Einstellen wiederholt werden, aber immer zuerst die Fuß- und danach erst die Handbremse einstellen.

Bremspedalweg prüfen

Ziemlich hoch oben im Fahrerfußraum liegt der Bremslichtschalter am Bremspedalarm an. Drückt oder tritt man aufs Bremspedal, so schließt der Bremslichtschalter kurz und die Bremslichter am Wagenheck leuchten auf. Es wird

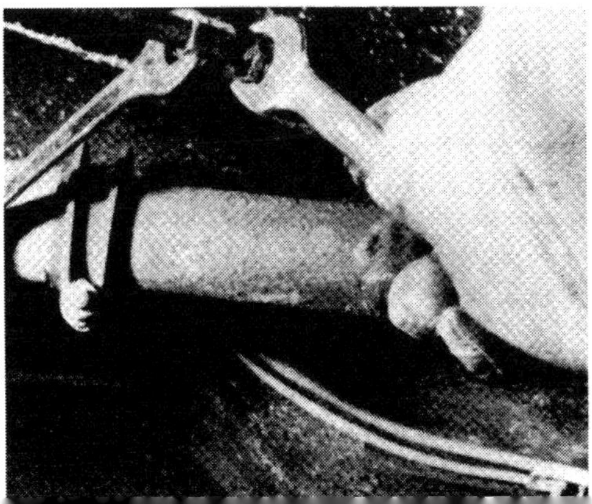

Unter dem Wagenboden, gleich hinter der Durchführung zum Innenraum, liegen Einstell- und Kontermutter des Handbrems-Seilzugs. Wie man die Einstellung vornimmt, schildert der entsprechende Absatz im Text.

Zweimal der Pedallagerbock des Bremspedals, jeweils rechts auf dem Pedalarm der Bremslichtschalter. Das Spiel am Pedal muß 7 bis 13 mm betragen, bis das Bremslicht aufleuchtet. Während man am linken Pedal, wo die Druckstange direkt in den Hauptbremszylinder führt, leicht selbst einstellen kann (siehe Text), muß man zum Einstellen bei eingebauter Bremshilfe (rechte Zeichnung) dazu zur Werkstatt.

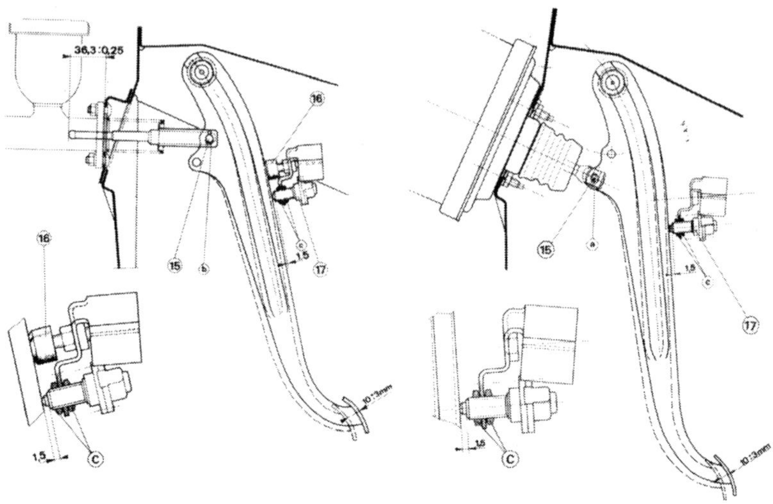

dem Hintermann also nur angezeigt, daß das Bremspedal getreten wird, egal, ob die Bremsen funktionieren oder nicht.

Für das Prüfen des Pedalwegs braucht man einen Helfer, der einem zuruft, wann das Bremslicht aufzuleuchten beginnt, während man selbst im vorderen Fußraum nachmißt, nach wieviel mm Bewegung am Pedal dies der Fall ist. Das Bremslicht soll nämlich nach frühestens 7 und spätestens 13 mm Pedalweg aufleuchten. Wer dieses Maß nicht abschätzen kann, hält besser einen Maßstab neben das Pedal, während er es bewegt.

Liegt das Aufleuchten außerhalb der genannten Maße, so müssen Peugeot mit Bremshilfe in die Werkstatt, denn die Nachstellung erfolgt hier in der Servobremse selbst. Bei Wagen ohne Bremskraftverstärker hat der Bremslichtschalter oberhalb des Kontaktstifts einen Gummianschlag, an dessen Sechskanteinstellmutter das Ansprechen verstellt werden kann. Zwischen Pedalarm und Kontaktstiftgehäuse soll ein Abstand von 1,5 mm vorhanden sein. Noch wichtiger ist allerdings, daß der Überstand der Druckstange im Hauptbremszylinder im Vergleich zur Auflagefläche ohne Dichtung 36,3 ± 0,25 mm beträgt.

Handbremse reparieren

Die Handbremse ist einfach aufgebaut. Der Handbremsgriff ist zwischen den Sitzen festgeschraubt. Will man das bzw. die Handbremsseile abbauen, weil der Handbremshebel ausgebaut werden muß, evtl. weil er nicht mehr rastet, löst man die Handbremse und schraubt den Hebel zusammen mit dem Lagerbock ab. Falls man den Hebel nicht zerlegen und Einzelteile auswechseln kann, muß der ganze Hebel erneuert werden.

Die Seilzüge kann man im Ersatzteillager kaufen, doch ist es wichtig, dabei auf die Kleinteile wie Gummimuffen, Anschlußstücke usw. zu achten, bevor man ins Ersatzteillager geht. Erfahrungsgemäß muß man genau Bescheid wissen, was man braucht, sonst nimmt die Lauferei kein Ende. Nehmen Sie sich deshalb die Zeit festzustellen, welche der Teile Sie übernehmen können und welche Sie neu brauchen. Nur dadurch sparen Sie Geld, sonst können Sie die Werkstatt gleich mit der Reparatur beauftragen.

Der Bremskraftverstärker

Wer zum ersten Mal einen Wagen mit Servo-Bremse, also mit Bremskraftverstärker, fährt, wird sich zweifellos bei den ersten Bremsungen über das »gif-

tige« Ansprechen der Bremsen gewundert haben. Giftig ist jedoch nur die verstärkte Bremskraft. Der Umgang mit einer solchen Bremskraftverstärkung ist nur Gewöhnungssache.
Woher stammt nun diese Hilfskraft? Man sehe sich dazu die Schlauchleitung an, die zu dem großen, kreisförmigen Behälter neben dem linken Radkasten führt. In diesem Schlauch wird der Ansaug-Unterdruck des Motors wirksam und bewegt in dem Behälter eine große, elastische Membrane. Diese wiederum verstärkt die Kraft der Bremsdruckstange, die vom Bremspedal zum Hauptzylinder führt. Zur Wartung ist an der Servo-Anlage nichts vorgesehen.
Wissen muß man natürlich, daß die Servo-Anlage keine Bremskraft liefert, wenn der Motor steht. Beim Abschleppen wegen defekten Motors muß man also daran denken, daß man mehr Fußkraft zum Bremsen braucht.

Der Bremskraftregler

Wie schon eingangs gesagt, soll der Bremskraftregler verhindern, daß die Hinterräder blockieren, die beim Bremsvorgang entlastet werden, weil der Wagenschwerpunkt zur Vorderachse hin wandert. Bis Herbst 1968 war der Bremskraftregler (Fabrikat Girling) vorn am linken Kotflügelinnenblech montiert. Wichtig ist dabei der richtige Neigungswinkel: 12°30' bis 14°30' bei 204 außer Break und Lieferwagen, befestigt durch die hinteren Löcher. Beim Break und Lieferwagen soll es ein Neigungswinkel von 16 bis 18° sein, befestigt durch die vorderen Löcher.
Seit Herbst 1968 ist der Bremskraftregler Lockheed unter dem hinteren Bodenblech montiert. Der Neigungswinkel zur Senkrechten soll hier 37° betragen, der Mindestabstand zwischen Bremskraftregler und Drehstab in maximal gelöster Stellung 14 mm (übrigens gibt es vom Bremskraftregler Fabrikat Lockheed 3 verschiedene Ausführungen für die verschiedenen 204- und 304-Versionen).
Am Bremskraftregler gibt es nichts zu reparieren, jedoch kann man seine fehlerfreie Funktion kontrollieren. Dabei muß das Fahrzeug normal belastet sein. Man läßt den Wagen auf flacher, freier und trockener Straße im Leerlauf rollen. Es müssen nicht mehr als 50 km/h sein. Folgende Beanstandungen sind möglich.

- Zu starkes Ansprechen der Vorderräder: Es ist unmöglich, die Hinterräder ohne Handbremse zu blockieren.
- Zu starkes Ansprechen der Hinderräder: Ständiges Blockieren der Hinterräder.

In beiden Fällen ist die Werkstatt aufzusuchen und der Regler auszutauschen.

Störungsbeistand

Trommel- und Scheibenbremsen

Die Störung	– ihre Ursache	– ihre Abhilfe
A Wagen zieht nach links oder rechts beim Bremsen	1 Reifendruck ungleichmäßig	Korrigieren bei kalten Reifen
	2 Bereifung ungleichmäßig abgenutzt	Reifen so untereinander auswechseln, daß auf jede Achse gleichmäßig abgenutzte Reifen kommen
	3 Verschmierte Beläge	Beläge erneuern
	4 Scheibenbremsbeläge ungleichmäßig abgenutzt	Beläge erneuern
	5 Verschmutzte Schächte im Bremssattel	Reinigen
	6 Kolben in Bremssattelzylinder verdreht	Stellung der Kolben berichtigen.
	7 Korrosion in Bremssattelzylindern	Erneuern

Die Störung	– ihre Ursache	– ihre Abhilfe
B Bremsen quietschen	1 Falscher Belagtyp 2 Kolben in Bremssattelzylinder verdreht 3 Bremsscheibe hat Schlag 4 Verklemmter Bremssattel 5 Belagträgerplatte der Scheibenbremse uneben 6 Staub und Schmutz in der Trommel 7 Beläge liegen nicht gleichmäßig an Trommeln an	Auswechseln Stellung der Kolben berichtigen Erneuern Richten, evtl. reinigen Abziehen und LM-Paste auf Bremskolben auftragen Trommeln mit Preßluft ausblasen und mit Schmirgelleinen säubern Bremsträgerplatte auf Verzug, Federn auf richtige Spannung prüfen. Evtl. Trommeln ausdrehen oder Beläge erneuern
C Pedalweg zu groß	1 Beläge abgenutzt 2 Bremsscheibe hat Schlag	Beläge erneuern Auswechseln
D Pedalweg zu groß, federndes oder völliges Durchtreten	1 Luft in Bremsanlage, evtl. Bremsflüssigkeit im Behälter zu tief abgesunken 2 Dichtung in Bremssattelzylinder defekt 3 Undichtigkeit 4 Beschädigte Manschette in Haupt- oder Trommelbremszylinder	Bremsen entlüften, evtl. Vorratsbehälter auffüllen Erneuern Gesamtes System kontrollieren Auswechseln
E Bremsscheibe oder Trommel wird zu heiß	1 Siehe D 2 2 Siehe A 5 3 Spreizfeder defekt 4 Erlahmte Rückzugfedern in der Trommel 5 Bremsbeläge schleifen	 Auswechseln Auswechseln Richtig einstellen
F Schlechte Bremswirkung bei hohem Fußdruck	1 Belag verölt 2 Bremsbeläge (Scheibenbremse) abgenutzt 3 Bremsverstärker defekt	Beläge erneuern, Undichtigkeit suchen Beläge erneuern bevor Scheibe zerstört Werkstatt
G Bremsen schütteln	1 Belag abgenutzt 2 Siehe B 3 3 Bremstrommeln unrund 4 Scheiben- und Sattelbefestigung fluchten nicht 5 Radlagerspiel (Scheibenbremsen) zu groß 6 Siehe B 1 7 Siehe C 2 8 Siehe A 5 9 Sattel der Scheiben lose	Beläge bzw. Bremsbacken auswechseln Trommeln ausdrehen oder auswechseln Richten Korrigieren Festziehen
H Hinterräder blockieren nicht oder zu schnell	Bremskraftregler defekt	Auswechseln

Auf Gummisohlen

Als gelenkiger Fußgänger kann man es ausgleichen, wenn man für den Untergrund oder das jeweilige Wetter das falsche Schuhwerk an den Beinen hat. Ihr Peugeot dagegen verzeiht es Ihnen kaum, wenn Sie ihn falsch ausrüsten. Reifengröße, Reifenart und Felgenbauweise wurden in vielen Versuchsreihen ermittelt, sie sind also ein wichtiges Konstruktionsmerkmal und mitentscheidend für die Straßenlage. Damit Sie weder auf der Straße noch beim TÜV ausrutschen, müssen wir Ihnen einige Zahlen und Eigenheiten der Beine Ihres Autos erklären, die wesentlich sind für den Neukauf der Reifen und den Ersatz der Felgen.

Die Reifengröße

Die Peugeot 204 Limousine wird mit Reifen der Größe 135 SR 14 ausgerüstet, zulässig sind auch 145 SR 14, 204 Break und alle 304-Modelle haben Reifen der Größe 145 SR 14. Diese Zahlen können Sie auf den Flanken der Reifen lesen.

Das bedeutet: Die Reifen sind 135 bzw. 145 mm breit. Zwar schwankt die Reifenbreite von Fabrikat zu Fabrikat geringfügig, ebenso sind durch Produktionstoleranzen auch bei Reifen des gleichen Fabrikats kleine Breitenunterschiede möglich, sie sind aber unerheblich.

Die Buchstaben SR zwischen den Zahlen besagen, daß es sich um einen Gürtel- oder Radialreifen handelt (R = Radial, das S steht für das englische speed = Geschwindigkeit). Gürtelreifen, wie sie am Peugeot montiert sind, dürfen bis zu 180 km/h beansprucht werden. Für noch höhere Geschwindigkeit wären Gürtelreifen mit den Buchstaben HR zwischen den Zahlen erforderlich. HR bedeutet High Speed = Hochgeschwindigkeit und Radial.

Die Zahl am Ende der Reifenbezeichnung gibt die Reifengröße und den Durchmesser der Felge in Zoll (") an. 1 Zoll entspricht 25,4 mm. Die 14 Zoll-Felge des Peugeot hat also an der Auflage für den Reifenwulst einen Durchmesser von rund 355 mm.

Bei den im Aussterben begriffenen Diagonalreifen wird sowohl die Reifenbreite wie auch der zugehörige Felgendurchmesser in Zoll angegeben, z. B. 6.40 – 13. Doch diese Randgruppe der Reifen braucht uns nicht zu interessieren, denn der Peugeot 204/304 ist schon seit Produktionsbeginn mit Radialreifen ausgestattet. Auch für die Nachrüstung kommen nur diese Reifen in Frage.

Radialreifen sind heute ohnehin schon billiger als die aus technischen und fahrtechnischen Gründen kaum noch gefragten und deshalb nicht mehr so preisgünstig produzierten Diagonalreifen.

Die Felgenabmessungen

Entsprechend den Reifengrößen sind die 204/304-Modelle mit verschiedenen Felgen ausgerüstet:

- 204 Limousine und Coupé/Cabrio bis Aug. 68 = 4.00 B x 14 zu Reifen 135 SR 14

Um den Mittelpunkt der Felgeninnenseite, meist verschmutzt und nicht sonderlich gut lesbar, steht die Bezeichnung der Felge. Falls Sie mal wegen Höhen- oder Seitenschlag eine Felge ersetzen müssen, können Sie dort nachsehen.

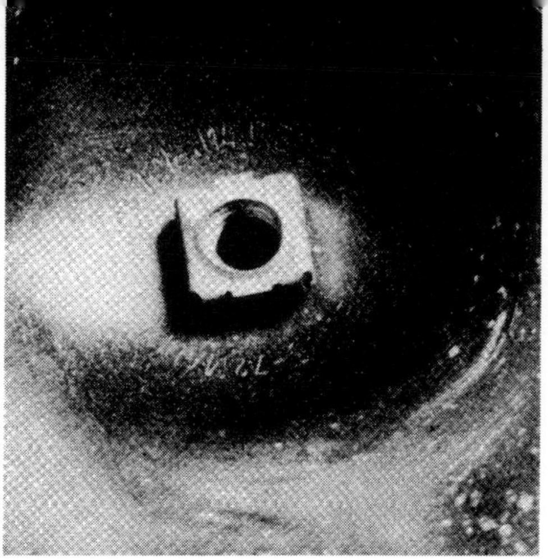

- 204 Limousine und Coupé/Cabrio ab Aug. 68 = 4.00 B x 14 bei Reifen 135 SR 14
- 204 Break, alle 304 = 4 1/2 J x 14 zu Reifen 145 SR 14.

Diese Größenbezeichnungen der Felge bedeuten:

4.00, 4 1/2	=	Felgenmaulweite in Zoll, gemessen an der Basis des Felgenhorns quer zur Fahrtrichtung
B, J	=	Formung des Felgenhorns nach Norm-Vorschrift
x	=	Zeichen für Tiefbettfelge
14	=	Felgendurchmesser von Wulst zu Wulst, in Zoll gemessen.

Felge ist nicht gleich Felge

4 bzw. 4 1/2 J x 14 ist jedoch nicht unbedingt die Gewähr dafür, daß eine so bezeichnete Felge auch wirklich an die Peugeot paßt, denn es gibt viele Felgen dieser Bezeichnung. Es kommt nämlich nicht allein auf die Größenbezeichnung an, sondern auch auf die Art der Radkappenbefestigung, Lochzahl für die Radmuttern (der 204 hat drei Löcher), Lochdurchmesser, Lochkreisdurchmesser, Bolzenlochausführung und Einpreßtiefe. So haben die 304 seit August 1977 neue Radbefestigungsmuttern, so daß ältere Felgen nicht mehr verwendet werden können, siehe auch technische Daten und Entwicklungsjahre. Über all das sagt die Felgenbezeichnung nichts aus. Deshalb sollte man Felgen nur beim Peugeot-Händler kaufen. Da weiß man, daß man die richtigen bekommt. Außerdem hat man die Gewähr dafür, daß es Felgen mit minimalem Seiten- und Höhenschlag sind, wie es die strengen deutschen Normvorschriften diktieren.

Reifendruck prüfen

Teil der Pflegearbeit Nr. 15

Moderne Schlauchreifen, wie sie an Ihrem Peugeot montiert sind, dürfen in 6 bis 8 Wochen nur etwa 0,1 atü (bar) an Druck verlieren. Wer wenig fährt, sollte sich an diesen Zahlen orientieren, wer viel fährt, kann sich an das von Peugeot im Pflegeplan empfohlene 7500 km-Intervall halten. Trotzdem lohnen Stichproben zwischendurch, besonders am Anfang. Denn wer den Reifendruck periodisch überwacht, weiß über seine Reifen bald Bescheid. Bei Verdacht auf Druckverlust muß der Reifen unverzüglich untersucht werden.

Reifendrücke

Peugeot übernimmt bei den Reifendruckangaben die Empfehlungen der Reifenfirmen. Die Reifendrucktabelle in der Betriebsanleitung ist zumindest deshalb unvollständig, als sie nur Auskunft über die Reifen gibt, die serienmäßig in unterschiedlicher Reihenfolge ab Werk montiert werden. Wir würden uns an den Druckangaben für den Michelin zX-Reifen orientieren, der in den Druckwerten meist in der Mitte liegt.

Die Lebensdauer der Reifen ist vom richtigen Luftdruck abhängig. Darum empfiehlt sich die Anschaffung eines eigenen Luftdruckprüfers, denn der Druck soll ja am kalten Reifen, also vor Fahrtantritt gemessen werden. Wie Sie an der Skala im Foto ablesen können, sind die hier gemessenen knapp 1,7 atü gerade richtig. Der Skalenbereich des Druckprüfers soll wegen der Anzeigegenauigkeit nicht über 3 atü hinausgehen. Dieser hier geht bis 4 atü, gehört allerdings in der Präzision zur gehobenen Klasse.

Fahrzeugtyp	Michelin zX		Conti TS	
Reifendruck in atü (bar)	vorn	hinten	vorn	hinten
Reifen 135 SR 14				
204 Lim./Coupé/Cabrio	1,7	2,0	2,0	2,2
Reifen 145 SR 14				
204 Limousine	1,6	1,9	1,9	2,1
204 Coupé/Cabrio	1,6	1,9	1,6	2,1
204 Break	1,6	2,6	1,5	2,5
204 Break Diesel	1,7	2,5	1,9	2,2
304 Lim./Coupé/Cabrio	1,7	2,0	1,8	2,1
304 Break	1,7	2,6	1,7	2,6

Wie man sieht, liegen die Werte bei den Limousinen nicht beieinander, jedoch ist die Differenz zwischen vorn und hinten ziemlich gleich. Und auf diese Differenz kommt es im wesentlichen wegen der Achslastverteilung auch an. Bei Coupé und Cabrio kann man in der gegebenen Größenordnung etwas in Richtung hart oder weich variieren, je nachdem, was einem persönlich besser schmeckt. Beim Break sind hinten die Werte für maximale Belastung angegeben. Für die normale Fahrt ohne Last wird dabei der Wagen ziemlich hart, man sollte dann hinten mindestens auf den Wert von etwa 2,2 atü zurückgehen, den Conti für den 204 Break angibt. Dann wird das Fahren komfortabler, härter gepumpt wird dann von Fall zu Fall. Übrigens gelten die Werte für die Hinterräder immer auch fürs Ersatzrad. Muß es im Notfall vorn montiert werden, kann man immer noch Luft ablassen.

Mit Ausnahme für den Break gibt Peugeot übrigens nicht die sonst üblichen Empfehlungen für normale und volle Belastung des Wagens. Es sind durchschnittliche Werte für normale Belastung. Das bedeutet nun nicht, daß man bei anderer Belastung stets zur nächsten Tankstelle fährt. Erhöhen braucht man eigentlich erst, wenn man längere Strecken mit Geschwindigkeiten über 100 km/h vorhat. Dann erhöht man um 0,2 atü (bar) – so entstehen die sogenannten Autobahndrücke. Verschiedene Hersteller sind sogar für ein Plus von 0,3 atü. Damit sind dann die Reifen auch für ausgedehnte schnelle Autobahnfahrten an hochsommerlichen Tagen bzw. bei voller Wagenladung gerüstet.

Fingerzeig: *Der Reifendruck wird stets am kalten Reifen gemessen. Da der Druck nach wenigen Kilometern Fahrt um 0,2 oder sogar 0,4 atü ansteigen*

Hier wird der Wert des richtigen Reifendruckes durch den »Abdruck« gezeigt. Links fehlt es an Luft: Die Reifenmitte wölbt sich nach innen, walkt zu stark und die Reifenschultern werden vorzeitig verschlissen. In der Mitte stimmt der Luftdruck: Gleichmäßige Abnutzung über die ganze Reifenbreite. Rechts zu hoher Luftdruck: Der stark gewölbte Reifen berührt nur in der Mitte die Fahrbahn, das bewirkt vorzeitigen Verschleiß der Profilmitte.

kann, wäre es falsch, beim nächsten Halt an einer Tankstelle den Luftdruck entsprechend zu erniedrigen. Denn diese Druckerhöhung durch Erwärmung ist von den Reifenkonstrukteuren bereits einkalkuliert.

Reifendruckprüfer

Auf die Frage nach der Genauigkeit des Luftdruckmessers haben die Tankwarte meist die beruhigende Antwort zur Hand: Eben erst geeicht. Aber erwiesenermaßen können von Tankstelle zu Tankstelle zum Teil erhebliche Meßabweichungen auftreten. Durch die Nonchalance der Tankwarte sollte man sich aber nicht einschläfern lassen, denn es kommt beim Reifendruck auf jedes Zehntel an! Alle Zweifel beseitigt ein korrekt anzeigender Druckprüfer aus dem eigenen Handschuhfach, wohin man ihn gleich nach dem Kauf legt, vor allem zum Schutz vor derben Stößen. Es kann ein Gerät in Stabform sein, in Uhrform oder in birnenförmiger Ausführung. Was besser ist, können die Hersteller oft selbst nicht sagen. So ein Druckmesser kostet zwischen 5 und 20 Mark, und es ist im Hinblick auf die Vorteile stets korrekter Reifendrücke gut angelegtes Geld.
Die Handhabung ist leider nicht ganz einfach. Beim Ansetzen des Prüfers ans Ventil zischt leicht Luft heraus, ein oder zwei Zehntel atü schneller als gedacht. Man muß das zischfreie Ansetzen üben, um nicht Druck zu verlieren, der sich mangels Luftpumpe an Ort und Stelle nicht ersetzen läßt. Denn eigentlich gehört zum eigenen Druckprüfer auch eine eigene Luftpumpe.

Fingerzeig: *Zu häufiges Luftdruckprüfen an Tankstellen hat auf die Dauer auch Nachteile. Dabei wird jedesmal zuerst ein kleiner Luftstoß in den Reifen gegeben, wobei zwangsläufig Kondenswasserdunst, Schmutznebel, Öldunst aus dem Gerät ins Reifenventil gepreßt werden. Dadurch erhält auf die Dauer die Ventilnadel eine Schmutzkruste und läßt in ihrer Dichtfähigkeit nach. Ein zu oft kontrollierter Reifen wird schließlich dauernd etwas Luft verlieren, ohne schadhaft zu sein.*

Reserverad nicht vergessen

Angenommen, Ihr Wagen hat eine Reifenpanne. Das Reserverad aber ist unbrauchbar, weil defekt oder ohne Luft. Oder es steht daheim in der Garage. Wußten Sie, daß die Polizei in solchen Fällen Grund zu einer Anzeige sieht, weil es sich um Verstöße gegen § 1 StVZO handelt? Ein so liegengebliebenes Fahrzeug stellt meist eine Gefährdung und vermeidbare Behinderung anderer Verkehrsteilnehmer dar. Deshalb bei mindestens jeder zweiten Reifendruckprüfung auch das Reserverad kontrollieren lassen. Es hängt unter dem Wagenheck, gesichert durch einen doppelten Fanghaken.

Reifenzustand prüfen

Teil der Pflegearbeit Nr. 13

Es kann nicht schaden, öfter als vorgeschrieben nach den Reifen zu sehen. Im Vordergrund der Reifenprüfung steht die Beobachtung der Verschleißerscheinungen. Man muß sehr zufrieden sein, wenn alle Reifen über den gesamten Umfang und die ganze Profilbreite gleichmäßig abgenutzt sind. Das ist gar nicht so selbstverständlich. Vor allem an den Vorderrädern zeigt sich oft ein Übergewicht der Abnutzung an den äußeren Seiten der Profile. Zwar kann dies durchaus darauf zurückzuführen sein, daß sich der Fahrer als wilder Kurvenspezialist aufführt. Mehr Anlaß zur Besorgnis geben jedoch wellenförmige Vertiefungen in regelmäßigen Abständen oder die sogenannte Sägezahnabnutzung der äußeren Profilschultern. Bei derart merkwürdigen Abnutzungserscheinungen ist meist etwas faul, entweder am Rad oder am Fahrwerk. Nur der Reifenfachmann kann die Ursachen ungleichmäßiger Reifenabnutzung treffsicher erkennen. Er weiß aus Erfahrung, aus welcher Richtung das eine oder andere Übel kommt: Zuviel oder zuwenig Luftdruck, gar nicht oder mangelhaft ausgewuchtete Räder, kranke oder total verschlissene Stoßdämpfer, ausgeschlagene Gelenke der Radführungen, Fehler in der Lenkgeometrie, darin hauptsächlich Abweichungen vom exakten Maß für Vorspur und Radsturz. Alle diese Fehlerquellen hinterlassen ihre charakteristischen Verschleißspuren auf dem Reifenprofil. Nicht lange selbst herumrätseln, sondern die Vertragswerkstatt oder einen Reifenhändler aufsuchen. Unter Umständen müssen die Achsen neu vermessen und eingestellt werden, und das ist ja mit eigenen Mitteln nicht möglich.

Dagegen können Sie bei der Reifenprüfung mit einem kleinen Schraubenzieher Steinchen und andere Fremdkörper herauszwängen und nachsehen, ob sie Schaden angerichtet haben. Kleine Sandkörnchen braucht man nicht herauszupolken, die gibt das Profil bald von selbst wieder frei. Wird ein Nagel erwischt, diesen nicht blindlings herausreißen, sondern bei langsamem Herausziehen abschätzen, welche »Tiefenwirkung« er wohl erreicht haben mag. Die Reifenflanken auf Schnitte und Risse untersuchen. Denn besonders tückisch ist ein Gewebebruch der Karkasse, wie er leicht durch unbekümmertes Überfahren von Bordsteinkanten, Steinen oder Schlaglöchern hervorgerufen werden kann. Ein Gewebebruch kann leicht zum Riß werden und zu einem Reifenplatzer führen. Außerdem sind solche Reifen von der Runderneuerung ausgeschlossen. Ersten Aufschluß, ob ein Reifen durch einen Fremdkörper verletzt worden ist, gibt schleichender Druckverlust, den man bei regelmäßiger Reifendruckkontrolle bemerken muß.

Reifen und Felgen pflegen

Zur Auffrischung des schönen matten Reifenglanzes Schuhcreme zu verwenden, wäre ein arger Mißgriff, denn Terpentinöl und Gummi vertragen sich schlecht. Man nehme Reifen-Spezialfarbe aus dem Autozubehörladen.

Auch die Felgen erwarten gelegentlich einen prüfenden Blick. Wer große Steine oder Bordsteinkanten überfährt, darf sich über Dellen im Felgenhorn nicht wundern. Solche Dellen und Beulen werden möglichst bald mit einem schweren Hammer ausgebeult, um zu verhindern, daß Wasser und Schmutz an den Reifensitz geraten und dort den Reifen beschädigen oder den Reifensitz auf der Felge beeinträchtigen. Roststellen ebenfalls möglichst bald beseitigen: Rost abschleifen, mit Rostumwandler behandeln und überlackieren.

Nach Unfällen müssen Felgen genau überprüft werden. Verbogene Felgen und Felgen mit geplatzten Schweißnähten sofort auswechseln! Wenn die Felge in Höhe oder Seite mehr als 1,5 mm »eiert", muß sie ebenfalls ausgetauscht werden. Neue Felgen dürfen höchstens 1,25 mm Höhen- oder Seitenschlag aufweisen.

Es gibt unterschiedliches Reifenzubehör: 1 bis 3 – Ventilkappen, von denen man mit den ersten beiden auch das Ventil herausdrehen kann. Beim Wagenwaschen bleibt allerdings der Schwamm an Nr. 2 hängen, solche Kappen führt man besser im Handschuhfach mit. 4 – Ventil für Luftschlauch und 5 – Ventil für schlauchlose Reifen. 6 bis 8 – Ventileinsätze, wobei Nr. 6 die konventionelle Art darstellt. Die kleineren französischen Einsätze, z. B. von Michelin, sind besser, da sie keine Feder haben, die sich verbiegen kann.

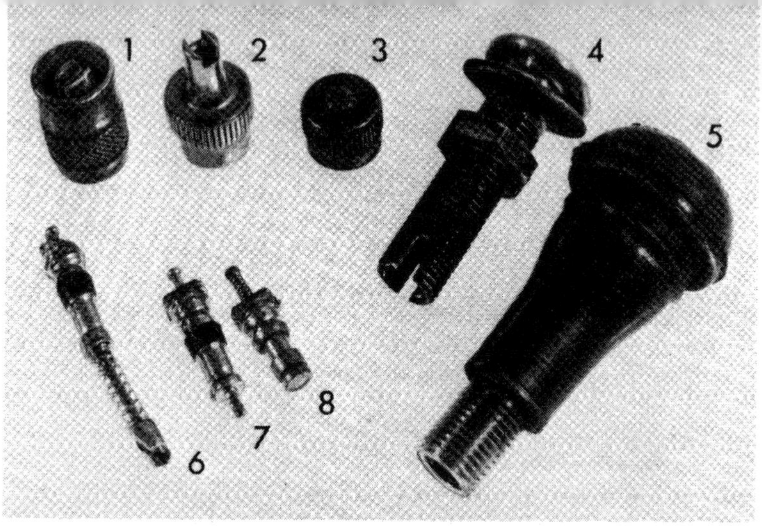

Reifen, die man gerade nicht braucht, sollen liegend aufbewahrt werden. Und zwar möglichst in einem dunklen, kühlen Raum. Dunlop bietet den »Pack-in«-Service. Über Reifenhändler werden große Klarsichthüllen angeboten, in die man zur Aufbewahrung seine Sommer- oder Winterreifen steckt. Praktisch auch fürs Transportieren von und zum Auto, denn man beschmutzt Hände und Kleidung nicht mehr.

Der Schlauch

Schläuche aus Naturkautschuk sind nicht mehr zeitgemäß. Butyl-Schläuche – auf Mineralölbases hergestellt – sind wesentlich dichter und halten die Luft länger. Einem Druckverlust von 0,1 atü (bar) pro Woche beim Naturkautschuk steht der geiche in 6 bis 8 Wochen bei Butyl gegenüber. Der etwas kleiner gehaltene, aber auch weniger elastische Butyl-Schlauch paßt sich erst im Lauf der Zeit der Innenkontur der Decke an. Deshalb kann es beim zweiten Montieren Schlauchfalten geben. Man sollte ihn deshalb nur in Notfällen ein zweites Mal verwenden: Zu jedem neuen Reifen gehört auch ein neuer Schlauch! Auf Grund seiner geringen Elastizität darf ein Butyl-Schlauch in unmontiertem Zustand nicht zu sehr aufgepumpt werden.

Vergessen Sie vor dem Auflegen des Schlauchs nicht, ihn mit Talkumpuder einzustäuben. Das erleichtert die faltenlose Montage und verhindert Festkleben an der Reifendecke. Butyl-Schäuche tragen übrigens als Erkennungszeichen innen auf der Felgenseite einen blauen Streifen am ganzen Umfang.

Der Radwechsel

Wenn Sie ein Plattfuß trifft, müssen Sie das Rad auf der Stelle wechseln, auch wenn es in Strömen regnet. Hundert Meter Weiterfahrt und der platte Reifen wäre im Gewebe so verwalkt, daß man ihn wegwerfen könnte.

So geht der Radwechsel am besten:

- Wagen möglichst auf ebenen und festen Boden steuern.
- Nach Situation Pannendreieck und evtl. weitere Warnsignale aufstellen.
- Mit Wagenheberkurbel die Radkappe abschrauben (die Kurbel ist unter der Motorhaube auf dem linken vorderen Kotflügel festgeschraubt).
- Handbremse anziehen, dabei darauf achten, daß ein Radbolzen oben steht. Das erleichtert die Neumontage.
- Radmuttern mit der Wagenheberkurbel etwas lockern (falls das plattgefahrene Rad durchrutscht, mit dem Wagenheber die gegenüberliegende Wagenseite anheben und am auszuwechselnden Rad beim Lösen der Schrauben die Kurbel nach unten drücken).

■ Wagenheber aus dem Motorraum holen (er ist zwischen Kühler und vorderer Motorwand festgeschraubt) und an der betreffenden Wagenheberaufnahme ansetzen. Für das vordere Rad ist diese am Hinterende des Vorderkotflügels, für das Hinterrad am Vorderende des hinteren Radkastens.
■ Scherenheber mit der Kurbel vor dem Ansetzen so weit auseinanderdrehen, bis er gerade noch zwischen Wagen und Boden paßt. Durch Stein oder Brett für feste Unterlage des Heberfußes sorgen, damit der Heber nicht wegrutschen oder im weichen Boden versinken kann. Möglichst auch das diagonal entgegengesetzte Rad durch untergelegte Steine gegen Abrollen sichern!
■ Ersatzrad holen. Es hängt in einem Tragkorb unter dem Wagenheck. Die Korbarretierung wird gelöst, indem man den Drahtbügel im Gepäckraum links neben dem Schloßfallenträger nach oben zieht, dann hängt man unter dem Wagen den Sicherungshaken aus.
■ Jetzt den Wagen hochkurbeln.
■ Radmuttern ganz herausdrehen.
■ Rad abnehmen und das Ersatzrad auflegen.
■ Radmuttern eindrehen und mäßig festziehen, wobei darauf zu achten ist, daß die Felge rundum am Radträger anliegt.
■ Wagen auf den Boden ablassen.
■ Radmuttern jetzt reihum fest anziehen und Radkappe aufschrauben.
■ Defektes Rad in den Tragkorb legen (mit der Felgenaußenseite nach oben), und Sicherungshaken nach vorn drücken.
■ Nichts liegen lassen, was ins Auto gehört, auch Warnzeichen einsammeln.

Fingerzeige: *Das defekte Rad möglichst schnell flicken oder flicken lassen, wer weiß, vielleicht ist die nächste Panne nicht fern. Es gibt manchmal eine Duplizität der Ereignisse.*
Den Wagenheber, auch wenn man ihn nicht braucht, hin und wieder aus dem Motorraum nehmen, auseinanderdrehen und Gewinde und Gelenke mit Öl oder Fett schmieren. Dann muß man sich im Notfall nicht mit einem verrosteten, schwergängigen Scherenheber herumärgern.

Schlauch flicken und Reifen montieren

Dazu braucht man zwei möglichst lange Montiereisen mit abgerundeten Kanten ohne jeden Grat, Schlauchflickzeug und, wenn keine Tankstelle in der Nähe ist, eine kräftige Fußluftpumpe.
Der Reifen wil sich oft nur schwer von der Felge trennen, wenn er nicht mit einigen Metern Plattfahrt heruntergewalkt wurde. Man legt das Rad deshalb auf den möglichst sauberen Boden – sauber deshalb, damit später kein Schmutz, Kies und Sand mit einmontiert wird! – und tritt mit den Absätzen möglichst dicht am Fegenhorn auf die Reifenwand. Bei seit langem montierten Reifen hilft oft nur festes Draufspringen, bis sich die Reifenwulst von der Felge löst. Erst jetzt nimmt man die Montiereisen zu Hilfe. Man schiebt sie zwischen Reifen und Felge und hebt den Reifen über das Felgenhorn. Dabei darf keine scharfe Spannung auf einzelne Stellen des Reifens ausgeübt werden, sonst wird der Dichtgummi an den Wulstkanten beschädigt. Auch darauf achten, daß der Schlauch nirgends eingeklemmt wird.

Fingerzeig: *Nach jeder Reifen- bzw. Schlauchreparatur sollte das Rad neu ausgewuchtet werden.*

Auswuchten

Gelegentlich sieht man an anderen Fahrzeugen, daß ein Rad ständig springt, obgleich die Fahrbahn eben ist. Das kann seine Ursache in einem defekten

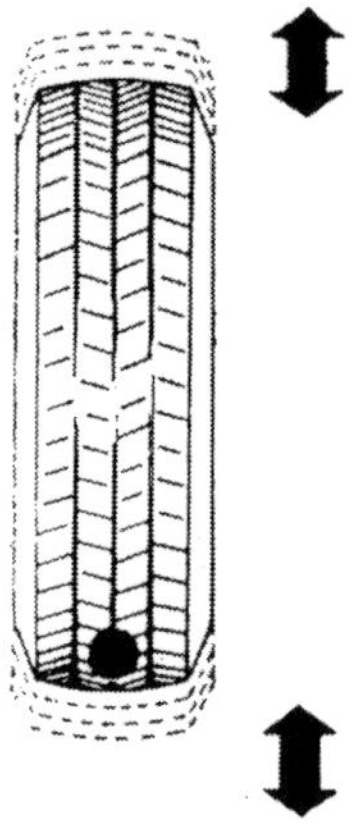

Unsere Skizze erläutert die Auswirkungen der Unwucht am laufenden Rad.

Die **statische** Unwucht liegt senkrecht zur Radachse und ist durch ein entsprechendes Gegengewicht auf der gegenüberliegenden Seite des Rades zu beheben.

Die **dynamische** Unwucht ist durch Auspendeln des Rades nicht feststellbar, aber das schnellaufende Rad flattert und wackelt. Das läßt sich nur auf einer Auswuchtmaschine beheben. Die dynamische Unwucht steht irgendwie schräg zur Radachse, wie die schwarzen Punkte der Skizze andeuten.

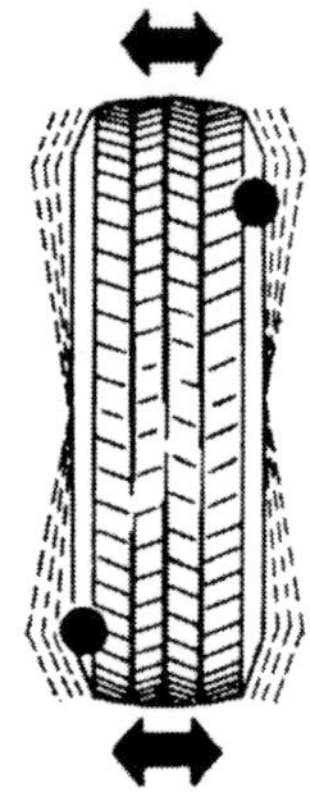

Stoßdämpfer haben, der das federnde Rad nicht mehr zu beruhigen vermag. Sehr oft liegt es jedoch daran, daß die Masseverteilung über den Umfang des betreffenden Rades nicht gleich ist. Diese ungleichmäßige Masseverteilung nennt man Unwucht, von der es zwei Arten gibt: die statische und die dynamische. Die Skizze (siehe oben) gibt die Erklärung.
Diese Unwuchten müssen, zumindest an den Vorderrädern, beseitigt werden, sonst ist die Lenkung unruhig. Reifen und Radlager werden früh abgenutzt.
Die Kräfte, die dabei auftreten, sind recht beachtlich. Eine ungleiche Gewichtsverteilung von 100 Gramm bringt bei Spritzengeschwindigkeiten leicht eine einseitige Zugkraft von 10 kg zustande. Die Kosten für das Auswuchten der Räder lohnen sich also. Die Notwendigkeit des Nachwuchtens erkennt man mit feinem Fingerspitzengefühl am Vibrieren des Lenkrads zuerst. Auf den Auswuchtmaschinen erkennt man meist die Stelle schnell, wo ein Gegengewicht angebracht werden muß.
Wenn Sie können, dann bleiben Sie bei dieser Arbeit dabei, denn unter Umständen können Sie durch Zuschauen die Qualität der Auswuchtarbeit unterstützen. In manchen Werkstätten stellt man nämlich die jüngsten Lehrlinge an diese Maschinen, denen es auf 20 g mehr oder weniger nicht ankommt. Es kommt aber für Fahrkomfort, Fahrsicherheit und Verschleiß sehr auf jedes Gramm an. Besonders wichtig ist das Auswuchten runderneuerter Reifen.

Räder nicht austauschen

Von regelmäßigem Reihum-Austauschen der Räder, das manche Werkstätten empfehlen, halten wir nichts. Durch das Auswechseln der Räder werden nämlich Fehler der Lenkung, Stoßdämpfer, Gelenke usw. verschleiert. Bestimmte Fehlerquellen haben dann nicht genügend Zeit, ihre Kennmarken auf dem Reifenprofil zu hinterlassen.
Darüber hinaus kann man aber auch aus Kostengründen auf den Räderumtausch verzichten. Bekanntlich nützen sich die Reifen an den Vorderrädern schneller ab als die auf den Hinterrädern. Das heißt, daß man die Vorderreifen früher ersetzen muß. Wer knapp bei Kasse ist, möchte vielleicht nur zwei neue Reifen kaufen statt vier auf einmal. Eine Kostenersparnis ergibt sich aus diesem Verfahren nicht, aber man muß nicht soviel Geld auf einmal auf den Tisch des Reifenhändlers legen. Der einzige Grund, der nach unserer Ansicht für den regelmäßigen Räderaustausch und damit gleichmäßige Abnutzung an allen vier Rädern spricht, ist der, daß man nach Abnutzung auf eine andere Reifensorte umrüsten will.

Profiliertes

Von Monat zu Monat können Sie zusehen, wie das Profil auf Ihren Reifen schwindet und meistens leider gar nicht sehr gleichmäßig. Deshalb beachten: Schon Reifen, die nur stellenweise eine »Glatze« zeigen, sind polizeiwidrig. Die amtlich vorgeschriebene Profiltiefe beträgt 1 mm, weniger darf es an keiner Stelle der Lauffläche sein. Denn bei Regen kann ein derart verschlissener Reifen nicht mehr genug Wasser verdrängen. Daraus erwächst aber die Gefahr des Wassergleitens der Reifen, das Aquaplaning = Aufschwimmen der Räder auf einem Wasserkeil. Eigentlich sollte man es deshalb nicht weiter als bis zu 2 mm Mindestprofiltiefe kommen lassen, gerade bei dem gegenwärtigen Trend zu immer breiteren Reifen und glatteren Fahrbahnen. Das meinen auch die Reifenhersteller, die 1 mm ebenfalls für zu gering halten.
Abgenutzte Reifen also rechtzeitig durch neue oder runderneuerte ersetzen. Das Angebot für alle möglichen Betriebs- und Witterungsverhältnisse ist groß. Da die Abnutzung aber nicht von heute auf morgen vor sich geht, haben Sie genügend Zeit, die richtige Auswahl zu treffen. Schließlich geht es um Ihr gutes Geld.
Theoretisch könnte man an den Peugeot alle Reifen montieren, die unter den Größen 135 – 14 bzw. 145 – 14 angeboten werden und auf die Felgen (siehe voriges Kapitel) passen. Normalreifen scheiden jedoch bei der Kaufüberlegung aus, da sie auf den Peugeot-Modellen nicht zugelassen sind.
Das bedeutet, daß man zu Gürtelreifen greifen muß, und zwar zu solchen, die die Buchstabenkombination »SR« in ihrer Bezeichnung stehen haben. Sie besagt, daß diese Reifen bis zu einer Geschwindigkeit von 180 km/h zugelassen sind. Dieser Zwang zum Gürtelreifen ist jedoch leicht zu ertragen, denn er ist dem Diagonalreifen in allen Disziplinen überlegen.
Er hat die längere Lebensdauer, ist deshalb auf die Dauer gesehen wirtschaftlicher, bietet höheren Fahrkomfort, bessere Allroundeigenschaften bei unterschiedlichen Witterungsbedingungen und mehr Reifensicherheit bei hohen Geschwindigkeiten.

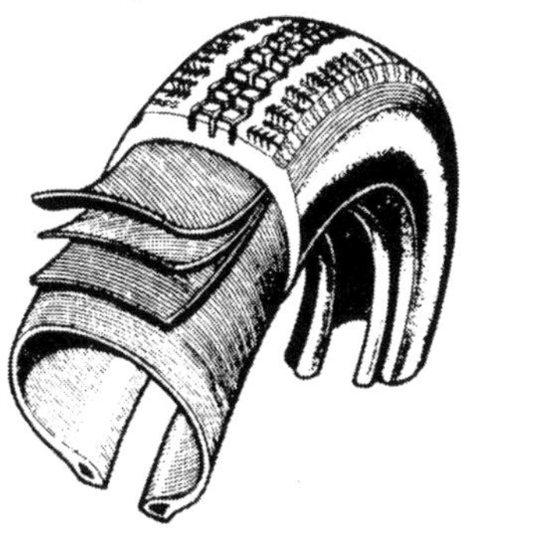

Diese Zeichnung zeigt den Aufbau eines Stahlgürtelreifens, des Michelin X. Unter der Lauffläche sind drei Lagen angeordnet, deren Stahlfädeneinlage sich in jeweils verschiedenen Winkeln kreuzt. Im Gegensatz zu Normalreifen bleibt beim Gürtelreifen der Reifendurchmesser auch bei höheren Geschwindigkeiten gleich (sonst wird er größer). Der Gürtel bewirkt auch eine sehr steife Lauffläche, wodurch in der Kurve die Bodenberührung fast gleich groß bleibt wie bei Geradeausfahrt.

Links der für Laufkultur, besonders aber lange Lebensdauer berühmte zX-Reifen von Michelin. Er wird auch vorwiegend auf den Peugeot-Limousinen gefahren. Am mittleren Bild kann man sowohl das grobstollige M+S-Profil des Michelin M+S 8 sehen. Rechts der ebenfalls grobstollige Winterreifen Uniroyal Rallye MS Plus.

Welchen Gürtelreifen wählen?

Die stürmische Gürtelreifenentwicklung der letzten Jahre hat das Marktangebot an Reifen, die für den Peugeot geeignet sind, stark erweitert. Die Auswahl wird dadurch natürlich schwerer. Der Stahlgürtelreifen Michelin zX, jahrelang als guter Allroundreifen mit hoher Lebensdauererwartung uneingeschränkt empfohlen, hat seine Spitzenposition auf manchen Gebieten räumen bzw. mit Konkurrenten teilen müssen.

Das breite Angebot eröffnet aber auf jeden Fall neue Möglichkeiten in der Wahl des richtigen Reifens für den jeweils vorliegenden Fahrbetrieb. Wer nicht vorwiegend in Gebieten mit jahreszeitlich stark schwankenden Witterungsverhältnissen fährt, also in Hoch- und Mittelgebirgslagen, sollte sich bei der Reifenwahl davon leiten lassen, einen Reifen zu kaufen, der sowohl für den Sommer- wie für den Winterbetrieb gute Eigenschaften mitbringt. Da kommt man mit dem Gürtelreifen als Ganzjahresreifen durchaus zurecht – wir können es aus eigener Erfahrung bestätigen; außerdem sind die meisten Gürtelreifen auch als Winterreifen zugelassen.

In den Fahreigenschaften stehen sich die Gürtelreifen auf trockener Straße nicht viel nach, doch ist der etwas härtere Ablauf der Stahlgürtelreifen auf rauher Straße nicht jedermanns Sache. Bedenken oder Erfahrungen in dieser Richtung können Textilgürtelreifen abhelfen, die in der Regel allerdings in den Wintereigenschaften nicht ganz an die Stahlgürtelreifen herankommen. Dann muß man eben für den Winter M+S-Reifen einplanen.

Für die Kaufwahl hier die Kurzcharakteristika einiger für den Peugeot besonders geeigneter Gürtelreifen, die auf neuesten Vergleichstests beruhen:

Michelin zX: Stahlgürtelreifen, Fahreigenschaften im Grenzbereich etwas problematisch, noch ordentliche Allroundeigenschaften, hohe Reifenlebensdauer.

Pirelli Cinturato P 3: Stahlgürtelreifen mit hervorragenden Allroundeigenschaften, dabei unproblematisch in allen Situationen, erreicht auch in der Lebensdauer den zX von Michelin.

Goodyear G 800 S: Stahlgürtelreifen mit sehr guten Allroundeigenschaften, problemlos zu fahren, für die sicheren Fahreigenschaften muß man jedoch mit geringerer Reifenlebensdauer bezahlen.

Fulda Rasant Steel: Stahlgürtelreifen, Fahreigenschaften und Lebensdauer Goodyear G 800 S leicht überlegen, gutes Aquaplaningverhalten, rutschfest.

Uniroyal Rallye 280: Stahlgürtelreifen, durchschnittliche, aber noch ordentliche Fahreigenschaften in allen Situationen, gehört aber in der Reifenlebensdauer nicht zur Spitzengruppe.

Kleber V 12: Gute Alltagstauglichkeit, jedoch in nassen Kurven mit Einschränkungen, rutschfest, hohe Reifenlebensdauer.

Phoenix 2010 S Stahlflex: Stahlgürtelreifen mit sehr guter Alltagstauglichkeit und problemlosen Fahreigenschaften, Reifenlebensdauer durchschnittlich.

Die Übersicht zeigt deutlich, daß es bis jetzt noch nicht möglich ist, Reifen sowohl mit langer Lebensdauer als auch mit Spitzenwerten in den Fahreigenschaften zu realisieren. Wer Wert auf lange Lebensdauer legt, muß Abstriche an Fahrsicherheit – wenn auch zum Teil geringe – hinnehmen und umgekehrt. Immerhin gibt es sehr gute Kompromisse, zur einen oder anderen Richtung hin verschoben, so daß man für speziellen Bedarf gezielt einkaufen kann.
Wegen ihrer besonderen Fahreigenschaften sollen Gürtelreifen nicht gemischt mit anderen Reifen gefahren werden. Entweder vier Gürtelreifen oder vier M + S-Reifen aufziehen. Freilich sind diese Dinge beim Peugeot nicht ganz so problematisch wie bei leistungsstärkeren Wagen. Beispielsweise lassen sich M + S-Gürtelreifen vorn (Antriebsachse!) mit Sommergürtelreifen hinten durchaus noch kombinieren.

Reifen aus dem Kaufhaus?

Auf dem Markt gibt es neben den bekannten Markenreifen welche von großen Kaufhauskonzernen und sogenannte Importreifen. Letztere sind meist die billigsten. Bevor Sie aber bei völlig unbekannten Reifen zugreifen, sollten Sie erst das Urteil eines Fahrers (nicht des Verkäufers) hören, der schon längere Zeit diese Reifen aufgezogen hat oder, noch besser, Sie besorgen sich einen Reifentestbericht einer unabhängigen Fachzeitschrift.

Fingerzeige: *Kaufen Sie keine Reifen, die z. B. an Tankstellen im Reifenständer dem Sonnenschein ausgesetzt sind. Das läßt sie vorzeitig altern.*
Für Autoreifen gelten, wie heutzutage überall üblich, »empfohlene Richtpreise«, an die sich aber niemand halten muß. So gibt vielleicht ein Händler 10 % Rabatt auf den empfohlenen Richtpreis und außerdem sind Montage, Auswuchten und die Beseitigung der alten Reifen im Preis inbegriffen. Ein anderer Händler offeriert dagegen 30 % Rabatt, dafür muß man aber Montage und Auswuchten extra bezahlen. Lassen Sie sich von hohem Rabattprozenten nicht täuschen, das billigste Angebot kann hinterher teurer als gedacht ausfallen. Es lohnt sich also in jedem Fall, erst einige Angebote einzuholen, ehe man Reifen kauft.

Gürtelreifen-Praxis

Die Reifenflanken sind dünn und empfindlich. Nicht an Bordsteinen entangscheuern lassen. Keine scharfen Kanten überrollen, weder im rechten noch im spitzen Winkel. Das kann schnell zu einem Gewebebruch führen.
Die vorgeschriebenen Luftdrücke gewissenhaft einhalten. Besser mit etwas zu hohem als mit zu niedrigem Druck fahren, siehe dazu auch Ausführungen im vorigen Kapitel.
Das Auto soll mit vier Reifen des gleichen Typs der gleichen Marke ausgerüstet sein. Das gilt für Gürtelreifen ganz besonders. Achsweise Verwendung von Gürtelreifen ist möglich, aber nicht zu empfehlen. Keinesfalls über Kreuz montieren, wenn man 2 Gürtelreifen einer und 2 Gürtelreifen einer anderen Marke hat, sondern das eine Paar der einen, das andere Paar der anderen Achse zuordnen. Wenn zwei Stahlgeflechtreifen im Spiel sind, dann kommen diese auf die Hinterachse.
Räder mit Gürtelreifen müssen besonders sorgfältig ausgewuchtet sein. Das können nur Reifenbetriebe und Tankstellen mit einer Maschine zur statischen und dynamischen Auswuchtung.

Fingerzeige: *Auch Reifen müssen eingefahren werden! Nicht nur wegen der vom Vulkanisieren her sehr glatten Profiloberfläche und der Reifenwülste, die sich erst während den ersten Fahrkilometern exakt in das Felgenhorn schmie-*

gen. Der anfangs wenig verformungsfreudige Pneu muß sich durch einige Einlaufkilometer geschmeidig walken, und vor den ersten harten Bremsmanövern oder starkem Beschleunigen muß das beim Reifenaufziehen verwendete Montagefett austrocknen. Am besten geschieht das Reifeneinfahren auf trockener, kurvenreicher Landstraße, aber es genügt auch, wenn Sie die ersten 100 km nur mäßig Gas geben und bremsen sowie die Höchstgeschwindigkeit Ihres Peugeot nicht voll ausnutzen.

Der Reifenverschleiß ist sehr temperaturabhängig und im kalten Winter wesentlich geringer als im Hochsommer. Deshalb werden für spezielle Winterreifen, wie z. B. die Haftreifen, nicht so abriebfeste Gummimischungen genommen, die dafür aber wesentlich griffiger sind. Wegen diesem unterschiedlichen Reifenverschleiß montiert man neue Reifen am besten im Herbst, denn die neuen Reifen mit dem noch sehr dicken Reifenprofil werden durch die Walkbewegung der Reifen wärmer als abgefahrene und erhalten bei herbstlichen Temperaturen eine bessere und reifenschonendere Kühlung.

Mitbestimmung des TÜV

Der TÜV hält sich bei der regelmäßigen Fahrzeugüberprüfung an die Reifenvereinbarung mit den Werken. Das heißt, er beanstandet Reifen und Felgen, die nicht der serienmäßigen Bestückung entsprechen, bzw. für die kein zusätzlicher Vermerk im Kraftfahrzeugschein Ihres Peugeot vorhanden ist.

Winterbereifung

In Gegenden, wo für längere Zeit mit Eis und Schnee zu rechnen ist, läßt sich die Anschaffung besonderer Winterreifen nicht immer umgehen. Zur Wahl stehen einerseits herkömmliche M + S-Reifen (M + S = Matsch und Schnee) auf Gürtelreifenbasis, wie z. B. der Dunlop SP M + S oder der Goodrich GT 700, und andererseits die sogenannten Haftreifen. Die letztere Reifenart würden wir vorziehen, wenn schon Winterreifen gekauft werden sollen. Allerdings können diese Reifen mit besonders haftfähiger Laufflächenmischung nicht unter allen Winterbedingungen die früheren Spikesreifen ersetzen. Bei Temperaturen um den Gefrierpunkt bildet sich auf Glatteis beim Darüberrollen ein Wasserfilm, der die Haftfähigkeit der Reifen stark verringert. Dagegen sind nur die nagelbewehrten Reifen eine wirksame Waffe. Mit sinkenden Temperaturen werden die Haftreifen wesentlich griffiger und übertreffen unter –5° C sogar die Eisreifen. Zu den bekanntesten Haftreifen zählen etwa der Conti Contact TS 730, der Dunlop SP 66 M + S oder der Uniroyal M + S Plus.

Zusammenfassend kann man sagen, daß vier Haftreifen – nur zwei wären auf Glatteis lebensgefährlich – zur Zeit die sicherste Lösung darstellen, wenn sich der Fahrer bei Temperaturen um den Gefrierpunkt und Regen oder Nebel auf die Rutschgefahr auf »nassem« Glatteis einstellt.

Luftdruck und Profiltiefe

Winterreifen fährt man mit etwas erhöhtem Luftdruck, dann können die Profilstollen und -kanten besser greifen und zwar um etwa 0,2 bis 0,3 bar mehr. Ein M + S-Reifen mit weniger als 4 mm Profiltiefe taugt nichts mehr im Winter. Er wird auch bei vorgeschriebener Winterausrüstung nicht mehr anerkannt. Auch im Winter benutzte Sommerreifen müssen mindestens noch 4 mm Profil aufweisen.

Geschwindigkeitsbegrenzung für Winterreifen

M + S-Radialreifen dürfen bis höchstens 160 km/h gefahren werden. Das betrifft jedoch unsere Peugeot-Modelle nicht. Ihre Spitzengeschwindigkeit liegt in allen Fällen unter 160 km/h. Sie brauchen also keinen Aufkleber mit der zulässigen Höchstgeschwindigkeit am Armaturenbrett anzubringen. Trotzdem sollten Sie bei montierten Winterreifen stets bedenken, daß sie sowohl bei trockener wie auch bei nasser Fahrbahn über schlechtere Fahreigenschaften verfügen als Sommergürtelreifen.

Zusätzliche Felgen für den Winter

Die Anschaffung zusätzlicher Felgen für Winterreifen rentiert sich schnell. Das erspart nicht nur das kostenpflichtige Ummontieren der Reifen auf den Felgen vor und nach dem Winter, sondern Sie können ohne Schwierigkeit auf die jeweiligen Witterungsumstände im Winter reagieren. Wenn weit und breit kein Schnee liegt, brauchen Sie auch keine Winterreifen am Wagen, um nur ein Beispiel zu nennen. Auf diese Weise vermeiden Sie den sinnlosen Abrieb der teuren Spezialreifen.

Die Runderneuerung

Bei vielen Autofahrern stehen die runderneuerten Reifen in schlechtem Ansehen, und dies zu Unrecht. Es gibt namhafte Betriebe, die sich fabrikmäßig mit der Runderneuerung abgefahrener Reifen befassen und auf diese Arbeit vertrauenswürdige Garantie geben. Die Fachleute guter Runderneuerungsbetriebe nehmen einen Reifen zur Runderneuerung erst nach gründlicher Inspektion an. Wenn Gewebebrüche, bis auf das Gewebe abgefahrene Profile, Durchschläge, größere Verletzungen und mürbe Seitenwände festgestellt werden, lehnen sie die Runderneuerung der Karkasse ab.
Runderneuerte erreichen nicht mehr die Laufleistung eines Neureifens, dafür sind sie aber auch erheblich billiger. Wer an die Fahreigenschaften seines Peugeot hohe Ansprüche stellt, wird allerdings mit runderneuerten Pneus nicht unbedingt glücklich werden, denn einerseits weisen sie zumeist größere Unwuchten auf und zum andern kann sich ihr Fahrverhalten trotz gleichartiger Profilgestaltung erheblich vom entsprechenden Markenreifen unterscheiden.
Wer sparen will, ist mit Winterreifen in runderneuerter Ausführung recht gut bedient. Ohne weiteres kann man auf einen Satz abgefahrener Sommergürtelreifen ein entsprechendes M+S-Profil in Haftgummimischung vulkanisieren lassen.

Die Kehrseite

Schlauchwäsche

Die Schlauchwäsche ist der Eimerwäsche vorzuziehen, weil das reichlich nachfließende Wasser den Schmutz aufweicht und abschwemmt. Darauf kommt es nämlich an. Der Schmutz darf auf keinen Fall trocken oder halbfeucht abgerieben werden, denn er würde den Lack in eine Kratzerlandschaft verwandeln. Kratzer machen den Lack rasch glanzlos, seine Widerstandsfähigkeit gegenüber Witterungseinflüssen wird herabgesetzt.

Das Wasser soll mäßig und ohne Druck aus dem Schlauch fließen; damit wird der Schmutz zunächst eingeweicht. Mit dem Druck spritzen, wie er bei der Freiwilligen Feuerwehr üblich ist, wäre falsch, wenn man nicht gerade die Radkästen oder das Fahrgestell reinigt. Auf dem Lack schadet hoher Wasserdruck, denn er schleudert die Sand- und Staubteilchen über den Lack, der dadurch auch zerkratzt und glanzlos wird wie beim Abreiben mit zu wenig Wasser.

Der zweite Arbeitsgang ist die eigentliche Wäsche. Sie geschieht am einfachsten mit der weichen Schlauchbürste (Preis ca. 15 DM), die auf das Schlauchende aufgesteckt und ständig von frischem Wasser durchflossen wird. Praktisch ist auch ein weicher Waschhandschuh. Im Zubehörhandel kostet ein Perlon-Waschhandschuh etwa 8 Mark, aber man kann ihn aus einem Rest flauschigem Stoff auch selbst zusammennähen. Den Waschhandschuh stülpt man über die eine Hand und folgt mit ihr der anderen, die den Schlauch hält. Mit einem Schwamm geht es zwar nicht so schnell, jedoch reinigt er intensiver. Aber nur großporige Natur- (ca. 10 Mark) oder Viskoseschwämme (ca. 3 Mark) sind empfehlenswert. Kleinporige Schwämme verschmutzen schnell und schmirgeln dann den Lack.

Welches Hilfsmittel auch angewendet wird, keinesfalls kräftig andrücken. Die Bürste, der Handschuh oder der Schwamm sollen den Schmutz nur auflockern. Abgewaschen wird er mit fließendem Wasser. Ständig Wasser über den Teil der Karosserie spülen, der gerade bearbeitet wird. Und jeden Quadratzentimeter abwaschen, sonst bleiben Spuren, die nach dem Trocknen sichtbar werden.

Den Abschluß der Wagenwäsche bildet das Trockenledern. Es ist unerläßlich, denn bei Luft- und Sonnentrocknung würde das Wasser je nach dem Zustand der Lackkonservierung graue Tropfen- oder Schlierenflecken hinterlassen. Am Waschleder sollte man nicht sparen. Ein großflächiges Ziegen- oder Rehleder (ca. 15 Mark) erleichtert das Trockenledern der großflächigen Blechteile und hält am längsten. Dadurch lohnt sich die Anschaffung wieder. Ein billiger Fetzen aus Restbeständen taugt jedoch fürs Abreiben der Felgen oder Karosserie-Ecken, an denen das teure Leder zerrissen werden könnte. Auch von Kunst- oder Ersatzledern ist abzuraten. Mit Ausnahme des Vileda-Autotuchs, mit dem wir sowohl in der Wirkung wie in der Lebensdauer gute Erfahrungen gemacht haben. Dabei kostet es nur ein Drittel eines guten Leders.

Fingerzeig: *Ein stark verschmutztes echtes Fensterleder darf zur Reinigung keinesfalls gekocht werden, sonst wird es hart. Handwarmes Wasser, dazu etwas Kernseife oder ein faserschonendes Feinwaschmittel, schärfer darf die Reinigung nicht sein. Vor allem ist Benzin das allerungeeignetste Reinigungsmittel für Leder.*

Eimerwäsche

Auch hier wieder: Nicht am Wasser sparen. Für das Abschwemmen des Schmutzes gilt das gleiche, was wir schon bei der Schlauchwäsche betont haben. Man kann zum Aufweichen des Schmutzes einfach einen Eimer Wasser über das Auto gießen. Aber besser:
Schwamm oder Waschhandschuh voll mit Wasser tränken und über Dach und Karosserieteilen ausdrücken, evtl. Wasser mit leichter Hand verteilen. So kann man den Wasserfluß etwas steuern. Wer mangels besserer Gelegenheit gezwungen ist, aus dem Eimer zu waschen, muß aber mindestens zwei Eimer bereithalten. Denn das Wasser im Eimer wird schnell zur Schmutzbrühe, und mit dem darin enthaltenen schwebenden Sand schmirgelt man dann über den Lack. Das bekommt ihm schlecht, wir haben es schon beschrieben. Deshalb auch: Auf keinen Fall mit dem nassen Schwamm auf dem trockenen Schmutz herumwischen!
In dem einen Eimer wird immer der schmutzige Schwamm oder Waschhandschuh ausgewaschen, im anderen der saubere Schwamm mit Wasser getränkt. Unter ständigem Auswaschen wird so die Karosserie von oben nach unten abgewaschen. Möglichst oft frisches Wasser holen. Mit den Resten des schmutzigen Wassers kann man den Schmutz an den Rädern und in den Radkästen aufweichen. Zum Abwaschen der Reifen, Felgen und der Innenseite der Radkästen genügt eine Waschbürste.
Zum Schluß Abledern wie unter Schlauchwäsche beschrieben. Ist eine Shampoowäsche nötig geworden, kann man das Schaumreinigungsmittel dem Wasser für die Reinigungswäsche zusetzen, nachdem der größte Schmutz abgewaschen ist. Um so gründlicher muß aber zum Schluß klargespült werden. Manche Leute gehen an einen Bach oder Fluß, um dort den Wagen zu waschen. Man braucht den Eimer nicht so weit zu tragen. Aus Gründen des Gewässerschutzes ist das zwar grundsätzlich verboten, aber manchmal schaut die Polizei nicht so genau hin. Dann ist allerdings zu vermuten, daß an dem betreffenden Gewässer ohnehin nichts mehr zu schützen ist. Die darin enthaltenen Abwässer und Chemikalien können dem Lack schaden, also ist Vorsicht angebracht.

Fingerzeig: *Nehmen Sie zur Wäsche und Wagenpflege Armbanduhr oder Ringe ab. Manche Kratzer rühren von einer unkontrollierten Bewegung des Fingers oder des Unterarms her.*

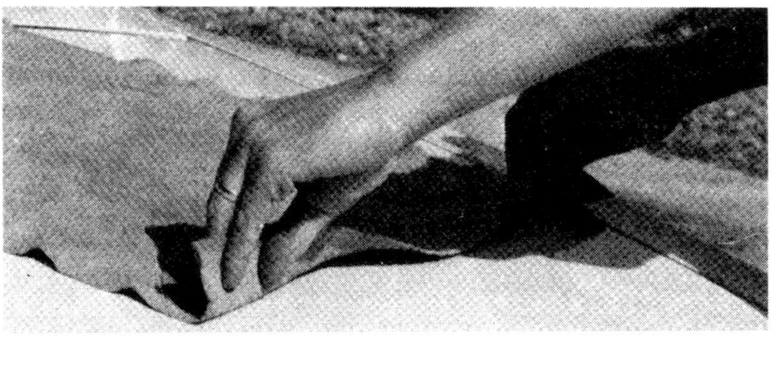

Die glatten Flächen der Peugeot bieten sich geradezu an, das Fensterleder ausgebreitet über den Lack zu ziehen. So wird das Wasser schnell aufgesaugt, den Rest kann man mit geknülltem Leder leicht auftrocknen. Empfehlenswert: Zwei verschiedene Fensterleder für die Lackflächen und die Fensterscheiben benutzen, besonders bei Lackpflege mit silikonhaltigen Pflegemitteln. In vielen Fällen kommt der Schleier auf der Frontscheibe nämlich von Pflegemittelresten. Ein drittes, altes Fensterleder kann man zum Trockenreiben von Ecken und Kanten verwenden. Das schont das gute Leder.

Nicht in der Sonne waschen

Praller Sonnenschein und eine stark erwärmte Motorhaube erschweren die Wagenwäsche. Das Wasser verdunstet schnell und hinterläßt häßliche Wasserränder. Deshalb möglichst im Schatten oder bei wechselnder Bewölkung waschen. Die Motorhaube durch Übergießen mit kaltem Wasser abkühlen. In schattenloser Gegend zuerst das Dach stark anfeuchten und schnell in kleineren Abschnitten reinigen, dann die im Schatten liegende Seite des Wagens. Wenn möglich, dann das Auto wenden.

Schnellwäsche

Gegen die Schnellwäsche ist an sich nichts einzuwenden. Sie ist so billig, daß sich die Selbstwäsche nur um des Waschens willen kaum mehr lohnt, außerdem geht sie schnell vonstatten, was besonders für Leute günstig ist, die es eilig haben. Und sie ist oft schonender als schlechte Handwäsche.
Dennoch können wir nicht einschränkungslos zur Benutzung der Schnellwaschanlagen raten. Der Peugeot-Besitzer sollte zumindest während der ersten drei Monate sein neues Stück nicht den Walzenbürsten anvertrauen. Diese Zeit braucht nämlich der Peugeot-Lack, um auszuhärten und dauerhafte Widerstandsfähigkeit zu bekommen. Wäscht man den Peugeot von Anfang an in der Schnellwaschanlage, kann man fast zusehen, wie der Lack von Wäsche zu Wäsche dünner und durchsichtiger (transparenter) wird, besonders an den Blechkanten, wo der Bürstendruck höher als an den glatten, ebenen Flächen ist. Lassen Sie sich durch gegenteilige Meinungen mancher Wagenpfleger nicht irremachen – andere Fabrikate sind in dieser Hinsicht nämlich weniger empfindlich als neuer Peugeot-Lack. Und noch etwas sollten Sie beachten: Achten Sie darauf, daß die seitlichen Zierleisten vorn abgeklebt werden. Dort verfangen sich nämlich die Bürstenhaare leicht, entweder werden also Bürstenhaare abgerissen oder aber die Zierleisten.
Darüberhinaus hat aber die Schnellwäsche einen weiteren pflegetechnischen Nachteil. Nicht bei allen Schnellwaschanlagen werden unzugängliche Karosserieecken von Hand nachgewaschen. So kann es vorkommen, daß manchmal über längere Zeit Schmutznester am Wagen bleiben. Und wie sicherlich bekannt ist, begünstigt besonders feuchter Schmutz die Rostbildung. Auch entgehen dem, der seinen Wagen nie selber wäscht, meist kleine Roststellen und Steinschlagschäden. Sie muß man aber rechtzeitig ausbessern, um vorzeitiger Unterrostung vorzubeugen.
Auch die früher nicht vorhandene oder bemängelte Konservierung des Lacks bei der Schnellwäsche wurde in den letzten Jahren zunehmend verbessert. Wer regelmäßig sein Auto durch die Schnellwäsche schleust, sollte sich deshalb gelegentlich vergewissern, ob auch ein gutes Konservierungsmittel verwendet wird. Dann kann man sich die Lackpflege erleichtern.

Fingerzeige: *Außenspiegel auf richtige Stellung überprüfen. Meistens wurde er beim Waschen versehentlich verstellt.*
Das vordere Nummernschild wird in Schnellwaschanlagen stark beansprucht. Öfter mal kontrollieren, befestigen, Buchstaben und Zahlen nachmalen.
Nicht unter blühenden Bäumen parken. Die Blütensäfte (besonders von Linden, im Süden Kiefern) verbinden sich fast unlöslich mit dem Lack.
Im Winter den Wagen öfter als zu den übrigen Jahreszeiten waschen, besonders auch unten (Schnellwäsche), um möglichst oft das korrosionsfördernde Salz zu entfernen.

Fenster reinigen

Für die Reinigung der Fenster sollte ein zweites Fensterleder zur Verfügung stehen. Poliert man die Fenster mit dem Waschleder trocken, werden von

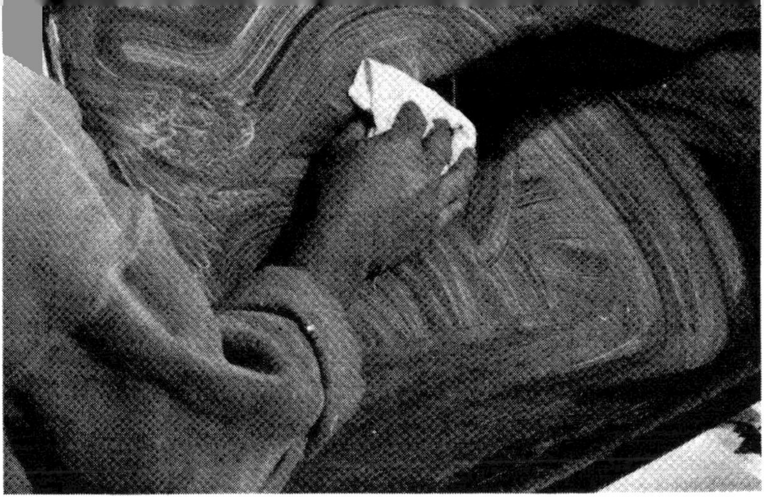

Das Messingputzmittel Sidol – hier im Bild angewendet – hat sich als eines der besten Mittel zum Säubern der Scheiben von Silikon, Konservierungsmittel und hartnäckigen Abgasrückständen erwiesen. Sidol auftragen, antrocknen lassen und den weißen Belag abreiben. Bei stark haftendem Schmutz die Prozedur wiederholen.

diesem Spuren von Mineralöl oder vom Lackpflegemittel übertragen, was störende Schlierenbildung bewirken kann, besonders wenn das verwendete Lackkonservierungsmittel Silikon enthält.

Schlieren und Schleier auf den Scheiben können außer von Silikon auch von Ölspuren in Abgasen und fettigen Bestandteilen von hochgeschleudertem Wasser aus Pfützen herrühren. Bei entgegenkommenden Scheinwerfern sieht man nur noch Glitzern und keine Straße mehr.

Zur Beseitigung von Fett helfen die üblichen Haushaltsspülmittel – aber nicht immer –, gegen Silikon und in hartnäckigen Fällen nur spezielle Antisilikonmittel, am besten Pasten. Gute Antisilikon- und Entfettungswirkung hat das Messingputzmittel Sidol – nicht verwechseln mit dem in diesem Falle unwirksamen Sidolin: Auftragen, trocknen lassen, weißes Pulver abreiben. Flüssige Mittel, die es auch zur Beimischung zum Scheibenwascher gibt, mildern das Übel zwar etwas, haben aber häufig keine restlos reinigende Wirkung. Übrigens: Frontscheibe nie trocken putzen. Das gibt Kratzer.

Cabriodach reinigen

Ist das Stoffdach verstaubt, dann leicht ausklopfen und in Richtung der Bindungslinien mit weicher Bürste ausbürsten. Scharfkantige Staubteilchen können den Stoff verletzen. Nur bei starker Verschmutzung und nicht öfter als halbjährlich das Dach waschen. Dazu benützt man reines Regen- oder Brunnenwasser, damit es keine Kalkränder gibt. Auf 4 Liter Wasser 2 Eßlöffel Feinwaschmittel geben, nachher gründlich mit klarem Wasser ausspülen. Auto-Schaumwaschmittel können die Imprägnierung angreifen.

Bei Flecken von Benzin und Öl Fleckenwasser nehmen. Sonst kann das Dach Schaden nehmen. Lieber das Dach zwei- oder dreimal abseifen, ehe man schärfere Mittel anwendet. Das Dach in gespanntem Zustand trocknen. Flekken kann man auch mit Kunststoffradiergummi und Weißbrotrinde entfernen.

Die Abdeckplane dagegen erfordert weniger Sorgfalt. Sie besteht aus Kunststoff und kann mit den handelsüblichen Kunstlederreinigern gesäubert werden.

Motorwäsche

Die Motorwäsche ist angebracht, wenn durch starke Verschmutzung Verdacht auf Zündstörungen besteht (erhöhte Feuchtigkeitsaufnahme) oder der Wagen zum TÜV soll. Notwendig ist sie, wenn der Motor zum Austausch fertiggemacht wird. Werkstatt und Tankstelle verwenden dazu das Dampfstrahlgerät. Der Selbstpfleger greift zu den Dosen für Sprüh- oder Pinselauftrag. Das Mittel einwirken lassen – Zeitdauer nach Gebrauchsanweisung – danach mit kaltem Wasser und Bürste abwaschen.

Glanztaten

Der Wagenlack, den Sie an Ihrem neuen Peugeot vor sich sehen, ist sozusagen der Schutzanzug für das Karosserieblech. Ein Wagen ganz aus nichtrostendem Stahlblech käme viel zu teuer, deshalb verwendet Peugeot solch kostbares Metall nur an Einzelteilen, z. B. Stoßstangen und Radkappen.

Die Lackierung

Die Wagenlackierung ist mehr als ein einfacher Schutzanstrich wie etwa an einem Gartenzaun. Sie verdankt ihre Haltbarkeit vielmehr einer sorgfältig abgestimmten Folge von Techniken der Blechbehandlung und mehrschichtigen Lackierung. Dabei ist die oberste Schicht, die Decklackschicht, die dem Peugeot seine Farbe gibt, nicht einmal $^1/_{10}$ mm dick. Dieser farbige Hauch muß an allen Stellen so dicht sein, daß nirgends die darunterliegenden Schichten mit Wasser, Luft, Salz, Säuren und sonstigen Verunreinigungen in Berührung kommen. Außerdem soll der Lack bei normaler Pflege über Jahre hinweg seinen Glanz behalten. Dabei dürfen ihn auch schwere Strapazen wie sengende Sonne, arktische Kälte, Spritzwasser nicht in die Knie zwingen. Er muß außerdem ziemlich schlagfest sein, gleichzeitig so geschmeidig, daß er die Bewegungen des Blechs bei Vibrationen und normalen Biegungen mitmachen kann.
Diese Eigenschaften haben die Lackhersteller dem Lack im Lauf der Jahre sozusagen »anentwickelt«. Aber beibehalten kann die bei ca. 130° C eingebrannte Mehrschichtenlackierung ihre Fähigkeiten nur, wenn sie gepflegt wird. Denn auch der beste Lack altert im Lauf der Zeit.
Der Lackglanz wird stumpf, die Poren erweitern sich. Feuchtigkeit dringt ein und zermürbt die Lackschicht von unten her.
Ist erst die äußere, die dünnste, aber auch die härteste Lackschicht, durchlässig geworden, geht der Lackzerfall schnell vonstatten. Besonders dann, wenn der Straßenstaub sowie die Chemikalien der Luft und im Spritzwasser oder die Salzluft am Meer die Zerstörungskräfte des Wassers verstärken.
Übrigens ist der Lack eines nachlackierten Wagens nicht mehr so hart und widerstandsfähig wie der ursprüngliche Serienlack, denn die Einbrenntemperatur beträgt mit Rücksicht auf hitzeempfindliche Plastikverkleidungen und -teile, Reifen, usw. nur noch ca 80° C. Ein Grund mehr, den Erstlack von Anfang an zu pflegen. Das gilt besonders für metalleffektlackierte Peugeot, die etwas verstärkter Pflege bedürfen. Aber auch sie werden mit den gleichen Pflegemitteln gepflegt wie die normalen Kunstharzlackierungen.

Lackpflege von Stufe zu Stufe

Auf die Dauer reicht die Wäsche mit klarem Wasser zur Lackpflege nicht aus. Von Zeit zu Zeit will der Lack gereinigt und mit neuen Wirk- und Schutzstoffen versehen sein. Wir wollen Ihnen dabei helfen, das Richtige zu tun, denn es genügt nicht, daß man zu einer Tankstelle oder in den Autozubehörladen geht und sagt, man möchte ein gutes Lackpflegemittel haben. Der Verkäufer, wenn er fachkundig ist, wird sich zuerst nach dem Zustand des Lacks

So stellen Sie fest, ob Ihr Peugeot eine neue Konservierung gebrauchen kann: Perlt das Wasser in kleinen Tropfen vom Lack, dann ist die Konservierung noch gut, bilden sich flächige Pfützen, sollte konserviert werden, denn der Lack ist nicht mehr genügend wasserabstoßend. Ausnahme: Laufende Schnellwäsche, wo man vorbeugend konservieren sollte, siehe den entsprechenden Absatz im vorigen Kapitel.

erkundigen, der behandelt werden soll. Denn darauf kommt es an. Deshalb wollen wir in diesem Kapitel auch die ziemlich verwirrenden Begriffe, die von den Pflegemittelherstellern verwendet werden, zu entschleiern versuchen.

Keine Haushalts-Spülmittel nehmen

Ganz besonders müssen Sie sich davor hüten, anstatt eines speziellen Autoshampoos etwa eines der im Haushalt durchaus bewährten Spül- und Reinigungsmittel im Wagenwaschwasser zu verwenden, auch wenn auf dem Etikett irgend etwas von Autopflege steht. Was nämlich zur Reinigung von Glas, Porzellan und Eßbestecken sehr wirkungsvoll ist, taugt für den stets porösen und geschmeidigen Autolack gar nicht. Glas und Porzellan sind selbst für scharfe Reinigungsmittel unangreifbar. Nicht so der Lack.

Ein vielseitiges Pflegemittelangebot ermöglicht andererseits auch, jeden Lack entsprechend seinem Zustand zu behandeln. Man kann – von der Klarwäsche einmal abgesehen – nach dem Charakter der Pflegemittel folgende Lackpflegestufen unterscheiden:

- Schaumwäsche
- Reinigen
- Konservieren
- Polieren

Allerdings lassen sich nicht alle Pflegemittel in diese Einteilung fassen. Die Tendenz geht zum Mehrzweckmittel, das dem Pfleger die Arbeit erleichtern soll. Aber die Mehrzweckmittel sind nicht immer die Alleskönner, als die sie häufig angepriesen werden. Wir kommen noch darauf zu sprechen.

Auto-Shampoo nicht zu oft anwenden

Leider ist Auto-Shampoo zur »Naß-Pflege« des Lacks bei Samstagnachmittag-Straßenrand-Pflegern sehr beliebt, so daß sie allwöchentlich mit wenigen Eimerchen Wasser und Shampoo ihr Auto wieder auf Hochglanz bringen. Daß Eimerwäsche schon an sich problematisch ist, wurde bereits auf Seite 201 beschrieben. Schlimmer wird es noch, wenn die fehlende Wassermenge durch Shampoo ausgeglichen werden soll. Die Rechnung geht nicht auf, denn die meisten Auto-Shampoo, auch als »Auto-Schaumwäsche« bezeichnet, laugen den Lack mit der Zeit doch ziemlich aus und ihre vielfach angebliche »rückfettende Wirkung«, bei der die fettlösenden Bestandteile des Shampoos in den Lackporen nach getaner Arbeit während des Reinigungsprozesses durch schützende Wachsteilchen ersetzt werden sollen, ist eine Art chemische Akrobatik, die wohl nur in der Theorie einwandfrei funktioniert. Nicht so in der Praxis, denn Versuche haben gezeigt, daß nach zwei Jahren der Lack nie mit Shampoo gewaschener Wagen wesentlich besser ist als jener, der ständig fleißig mit Shampoo gepflegt wurde.

Deshalb Auto-Shampoo nur gelegentlich verwenden, wenn der Lack etwa von Dieselqualm, Ruß oder anderer Schmiere wasserunlöslich verschmutzt ist. Vorher wird der große Schmutz vom Wagen abgewaschen – also noch ohne Shampoo – danach kommt als zweiter Gang die »Feinwäsche« mit Shampoo, das wieder mit einer tüchtigen Wasserflut abgeschwemmt werden muß, damit alle fettlösenden Stoffe und Emulgatoren aus den Lackporen gewaschen werden. Und schließlich soll, wenn nötig, nach dem Trockenledern die Lackierung mit einem Hartwachs oder Lack-Konservierer behandelt werden, um die gereinigten Poren mit einem Konservierungsfilm zu verschließen.

Konservieren

Konservierungsmittel verschließen die Poren wieder. Man kann mit ihnen den jeweiligen Zustand des Lacks erhalten, aber nicht auffrischen – von Mehrzweckmitteln zunächst abgesehen. Deshalb nur neuen oder gut erhaltenen Lack konservieren. Alten zerfallenen und beschädigten Lack erst in konservierungswerten Zustand bringen. Auf keinen Fall Schmutz- und Chemikalienspuren konservieren. Gründliche Wäsche muß der Konservierung vorangehen.

Die Konservierungsmittel gibt es im Zubehörhandel, in Werkstätten und an Tankstellen in Sprühdosen, flüssig oder als Pasten. Die meisten Konservierer sind auf Wachsbasis aufgebaut. Bei guten Konservierungsmitteln ist den synthetischen Wachsen in mehr oder weniger großen Anteilen Naturwachs beigemischt. Das beste und härteste Naturwachs ist das von der südamerikanischen Carnauba-Palme. Der Zusatz ist meist auf der Packung vermerkt.

Manche Konservierungsmittel sind mit Silikonteilchen durchmischt. Silikon verstärkt zwar die Konservierungswirkung, aber man kann über seine Verwendung am Auto streiten, weil man kaum vermeiden kann, daß es auf die Scheiben gerät, und dort ist es gar nicht erwünscht. Außerdem muß ein mit Silikon gepflegter Lack erst umständlich vorbehandelt und geschliffen werden, wenn der Lack ausgebessert werden soll. Auf Silikon bildet der aufgesprühte Lack nämlich »Fischaugen« oder »Krater« durch chemische Zersetzung. Das zu beheben wird dann teuer.

Die Konservierungsmittel der großen Marken haben sich gut bewährt: Car-Plate, Polifac-Hartwachs, Rex-Lackbalsam, Sonax-Autohartwachs, 1z-Hartglanz und die Wachse aus den Programmen der großen Mineralölfirmen, wenn

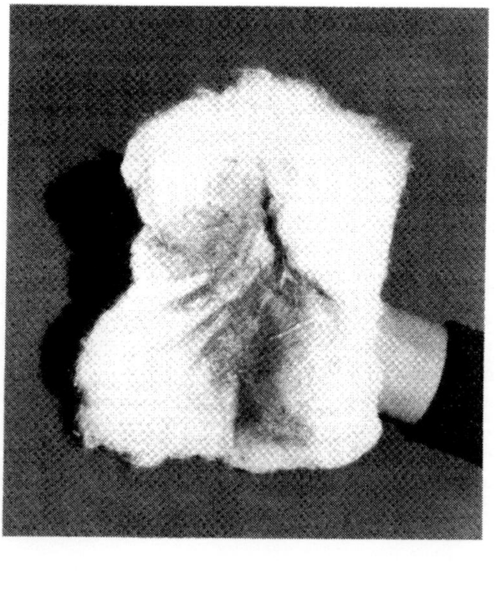

Bei den zahlreichen Lackpflegemitteln laufen die Bezeichnungen oft verwirrend durcheinander. Ob ein Lackpflegemittel den Lack schleifend angreift, läßt sich auf dem polierenden Wattebausch erkennen: Wenn der Lack auf ihn abfärbt, handelt es sich um ein Poliermittel mit schleifender Wirkung. Und solche sollen möglichst selten angewandt werden, sonst hat man bald auf die Grundierung »durchpoliert«. Bei geringer Abfärbung ist es zumindest ein intensiv wirkender Lackreiniger.

man auch nicht alle Angaben glauben muß, welche die Dauer der Konservierungswirksamkeit betreffen. Die mittlere Konservierungsdauer dürfte bei etwa drei bis vier Monaten liegen, auch wenn oft mehr versprochen wird. Die Verarbeitung ist unterschiedlich: Gebrauchsanweisung beachten!

Waschkonservierer

Bei der Eimerwäsche gibt man bei der letzten Nachwäsche mit dem Schwamm einen Meßbecher voll Waschkonservierer in den Eimer mit klarem Wasser, wäscht damit den Wagen ab und ledert den Wagen trocken (bei Rex) oder läßt die Feuchtigkeit antrocknen (bei Polifac). Zum Schluß mit dem Poliertuch oder noch besser mit der Polierwatte nachreiben. Es bleibt dann eine wachsartige Schutzschicht auf dem Lack zurück. Waschkonservierer soll man nur bei einwandfrei gutem Lack verwenden. Sie wirken nicht so lange und intensiv wie spezielle Konservierer, können die Dauerhaftigkeit aber verstärken und verlängern. Bei Dauerverwendung sollte man sie bei jeder Wäsche zugeben. Eilige Leute sparen mit ihnen Zeit, aber kaum Geld.

Fingerzeige: *Schlierenbildung deutet auf mangelhaft auspolierte Konservierungsmittel hin. Abhilfe: neuerliche Schaumwäsche mit gründlichem Klarspülen. Danach richtig konservieren. Pflegemittel sparsam auftragen. Der Lack nimmt nur etwa 2 Prozent des aufgetragenen Wachses zur Konservierung auf. Ein Teil liegt als Schutzschicht darüber, aber der große Rest bleibt an der Polierwatte.*
Stellen, an denen das Wasser stehenbleibt oder langsamer trocknet, verstärkt konservieren. Das sind besonders die Einstiegkanten unter den Türen, Karosserie-Trennfugen und der Umkreis von Zierat, die Wasser lange halten. Stehendes Wasser begünstigt Rostbildung.

Lack kann man zu Tode pflegen

Leichter als mit Autoshampoos und mit Konservierern kann man den Autolack mit Reinigern und Polituren ruinieren. Man kann den Lack buchstäblich zu Tode pflegen. Wer immer wieder mit einem Poliermittel an seinem Wagenlack herumfummelt, wird eines Tages die hauchdünne Lackschicht durchgeschliffen haben. Wenn erst die Grundierung oder gar das blanke Blech durchschimmert, wird eine teure Nachlackierung fällig. Deshalb grundsätzlich mit Pflegemitteln sparsam umgehen, nicht mehr tun als notwendig. Und immer nur das Mittel anwenden, das gerade noch die angestrebte Wirkung bringt. Es gibt nämlich Poliermittel für neuwertigen, matten und zerfallenen Lack mit Zwischenstufen. Im Zweifelsfall einen Lackfachmann der Werkstatt fragen.
Der Wagenpfleger kann auch am besten beraten, wenn es um die Wahl eines bewährten Wagenpflegemittels geht. Was er mit Erfolg ausprobiert hat, kann man nehmen. Das Angebot ist nämlich derart unübersichtlich und vielseitig geworden, daß sich praktisch nur noch der zurechtfindet, der von Berufs wegen damit zu tun hat.

Lack reinigen

Man sollte eine Reinigungskur nicht scheuen. Sie schadet dem Lack weniger als eine Auffrischung mit Politur. Reinigende Wirkung hat schon die Schaumwäsche. Lackreiniger sollen aber erst angewendet werden, wenn das Shampoo nicht mehr hilft oder der Lackglanz zu erblinden beginnt. Die Lackreiniger lösen verstärkt Chemikalien und Schmutz aus dem Lack, sie entfernen auch die »toten« Farb- und Lackteilchen, die durch Verwitterung des Lacks und Verflüchtigen des Weichmachers vorhanden sind. Matte Lacke erhalten durch Reinigen neuen Glanz, nicht aber zerfallene. Allerdings enthalten viele Reiniger einen mehr oder weniger starken Schleifmittelzusatz, der stumpfe Lacke wieder

auf Hochglanz poliert. Dann ist Vorsicht geboten. Reinblütige Reiniger haben selten Konservierungswirkung: deshalb nach der Reinigung immer konservieren.
Bewährte Lackreiniger sind Super Carnu, ultra deep gloss bzw. dessen Nachfolger gloss, 1z-Extra, Abomar u. a.

Lack polieren

Für alten verwitterten Lack sind Reiniger zu milde. Man muß größeres Geschütz auffahren, also Poliermittel. Beim Polieren wird die verwitterte Lackschicht abgeschliffen, eingeebnet. Da bei der Lackpolitur der Lack am stärksten strapaziert wird, versucht man, die Politur durch regelmäßiges Waschen und Konservieren so weit als möglich hinauszuschieben.
Wer seinen Wagen regelmäßig etwa alle 3 Monate konserviert, wird auch vor 3 Jahren kaum mit einem Poliermittel Bekanntschaft machen müssen. Ist Polieren unumgänglich geworden, dann wählt man ein Poliermittel aus, das dem Stadium des Lackzerfalls entspricht: Es eignet sich:
Für matte, aber neuere Lacke: Polifac Wax-Politur, Sonax-Autopolish, 1z-Lackpolitur.

Mehrzweckmittel können nicht alles

Wir sind skeptisch gegenüber Mehrzweckmitteln, die reinigen, polieren und konservieren können. Zwar enthalten sie in der Regel milde Zusätze, die einen neuen Lack nicht ruinieren. Aber oft wird die Lackoberfläche schon leicht angeschliffen, wenn eine Konservierung noch genügte. Andersereits sind die enthaltenen Schleifmittelzusätze meist zu milde, um einem matten Lack wieder Hochglanz zu geben, dazu läßt fast immer die Konservierungsdauer zu wünschen übrig. Die Mehrzweckmittel können also vieles ein wenig, aber nicht viel richtig. Deshalb sind nach unserer Meinung und auch nach der Ansicht der professionellen Lackpfleger die Kombinationspflegemittel vorwiegend bei neuwertigen Lacken vertretbar, optimal und gezielt gepflegt werden kann der Lack nur nach dem herkömmlichen Verfahren, indem man ein reinrassiges Mittel für den jeweils beabsichtigten Zweck nimmt.

Teerspritzer und Insekten

Keinesfalls mit Messer, Fingernagel oder einem Holz abschaben. Das gibt Kratzer im Lack. Für Teerflecken gibt es spezielle Teerentferner, aber auch einfaches Petroleum oder Butter eignet sich. Mit dem Teerentferner kann man auch Blüten- oder Baumabsonderungen entfernen, wenn man mal längere Zeit unter einem Baum geparkt hatte. In jedem Fall muß man aber die gereinigte Stelle mit Shampoo abwaschen, klarspülen und neu konservieren. Insektenleichen können den Lack verätzen, wenn man sie nicht rechtzeitig entfernt. Keine chemischen Experimente starten. Am einfachsten: Die Rückstände gut mit klarem Wasser aufweichen und mit einem harten Fliegenschwamm aus Kunststoff, z. B. von Aral, oder mit einem alten Perlonstrumpf ablösen. Ältere Insektenreste entfernt man mit Natron (für wenig Geld aus der Drogerie), das man in einem viertel Liter Wasser auflöst und mit Schwamm oder Lappen aufträgt. Der Laugenvorrat reicht für mindestens ein Jahr.

Chromteile pflegen

Am Peugeot sind erfreulicherweise nur wenig Chromteile angebracht. Erfreulich deshalb, weil in der Regel der Lack im Umkreis der Chromteile besonders rostanfällig ist und verstärkt gepflegt werden muß, sonst »blüht« bald Rost oder Oxyd auf und verdirbt den Glanz, besonders in Gegenden mit »Industrieluft«.
Vorbeugen ist gerade bei Chromzierat besser als heilen. Man muß den Rostanfängen wehren. Es gibt dafür im Fachhandel genügend Chrompflege- und

Schutzmittel. Man trägt sie auf, poliert sie mit einem weichen Lappen oder Polierwatte aus. Wenn Chromteile Rost gezogen haben: Mit Chrompolierpaste abreiben, mit Rostumwandler bestreichen oder einreiben und gleich nach dem Trocknen konservieren. Maßnahmen zum Schutz der verchromten Teile siehe im Kapitel »Winterschutz« des Buches.

Lackschäden ausbessern

■ Beschädigte Karosserieteile zuerst mit Gummihammer, Handfaust und Schlichthammer sorgfältig ausbeulen, mit Naßschleifpapier (Nr. 180) alle alten Lack-, Grundierungs- und Spachtelreste von der beschädigten Stelle entfernen, mit Plastik-Füllmasse (aus kleinen Tuben) spachteln, nach Trocknungszeit alle Unebenheiten abschleifen; dazu spannt man ein Schleifpapier über ein handgroßes, völlig planes Brettstück. Grundierung aufpinseln oder aufsprühen, mit feinem Schleifpapier (Nr. 400) naß nachschleifen, angrenzende Karosserieteile sorgfältig abdecken und Lackfarbe aus der Sprühdose aufsprühen.

Sehr wichtig: Zwischen den einzelnen Arbeitsgängen sorgfältig alle Fingerspuren entfernen, z. B. wenn Sie sich befriedigt von der Glätte der gespachtelten Fläche oder der Grundierung überzeugt haben. Denn selbst die geringste Fingerspur würde später durch die Lackierung schlagen. Zum Entfetten vor dem jeweils nächsten Arbeitsgang nimmt man reines Benzin.

■ Neue, unlackierte Karosserieteile gründlich entfetten, eventuelle Transportschäden (auch kleinste) mit Spachtel und Grundierung beseitigen. Erst dann Lackfarbe sprühen.

■ Alte Lackierung zuerst mit reinem Benzin entfetten, dann mit 400er- oder 600er-Schleifpapier naß schleifen, bis alle Lackpflegemittelrückstände (vor allem Silikonspuren) und »toten« Lackteilchen entfernt sind, und die alte Lakkierung eine milchigmatte Oberfläche zeigt. Naß abwaschen, schnell trocknen, damit sich nicht neuer Rostanflug bilden kann (Heizstrahler tun da gute Dienste), eventuelle Unebenheiten spachteln, grundieren und nachschleifen, angrenzende Karosserieteile gut abdecken und zuletzt Lackfarbe sprühen.

■ Roststellen (auch unter dem Lack) bis aufs blanke Blech abschleifen, gründlich entfetten und anschließend mit Grundierung (um weiteren Rost zu verhindern) überziehen, eventuelle Unebenheiten spachteln und grundieren; naß schleifen und nach sorgfältigem Trocknen lackieren. Das ist allerdings nur sinnvoll, wenn das Blech noch nicht durchgerostet ist, für diesen Fall gibt es Reparaturmöglichkeiten mit flüssigem Kunststoff.

Zum Arbeiten mit der Sprühdose: Man deckt den Lack auf dem Wagen in engem Umkreis der auszubessernden Stelle mit Zeitungspapier und Papierklebestreifen ab. Lacksprühen muß man üben! Papier und Pappe taugen nicht als Übungsgrund. Vom Autofriedhof Blechstücke besorgen. Unbedingt beobachten, wann der Lack zu fließen beginnt. Von unten nach oben sprühen, möglichst über kreuz. Und: Lack dünn und in mehreren Schichten auftragen. Nach der Lackierung werden die scharfen Sprühränder freihändig vernebelt, damit der Übergang zur übrigen Lackierung unsichtbar wird. Für tiefergehende Lackschäden gibt es Grundierung in der Sprühdose. Auftragen, nach dem Trocknen mit Naßschleifpapier 400 überschleifen, überlackieren. Wenn man mit der Sprühdose einmal »ausgerutscht« ist, kann man den noch nicht angetrockneten Lack oder Farbnebel ohne weiteres mit Kunstharzlackverdünner abwischen. Das schadet dem alten Lack nicht. Später aber konservieren. Ausgebesserte Stellen kann man nach einigen Tagen aufpolieren und dann konservieren.

■ Zum Behandeln von Roststellen werden in großem Umfang auch Rostumwandler angeboten. Sie bestehen aus verdünnter Phosphorsäure und wandeln Rost in Eisenphosphat um, das zumindest theoretisch nicht mehr weiterrostet und sogar eine gewisse Schutzschicht gegen neuen Rostbefall bildet. Glauben Sie aber auch hier nur die Hälfte – häufig bleiben nämlich Säurereste zurück und es bildet sich doch wieder Rost. Besser als reine Phosphorsäuren sind Präparate, die noch Zusätze enthalten, etwa Bostik Antirost oder Weyer Kurust. Es gibt auch Zweikomponenten-Material, das längere Schutzwirkung verspricht Die Rostumwandler empfehlen sich vor allem für schnelle Beseitigung von kleineren Lackbeschädigungen (aber auch hier den gröbsten Rost vorher entfernen, am besten mit Drahtbürste, Rostradierer oder Radierstift aus dem Schreibwarenladen):

- Steinschlagschäden bessert man mit dem Lackstift aus, nachdem der Rostumwandler aufgetragen wurde, reagiert hat und trocken ist (überflüssige Rostumwandlerreste vorher abwischen). Man kann auch eine Lacksprühdose nehmen. Dann sprüht man eine kleine Lackmenge in den Sprühdeckel und benutzt zum Ausbessern einen Wasserfarbenpinsel.
- Schmale Kratzer: Gleiche Behandlung.
- Viele Steinschlagschäden auf engem Raum: Erst mit Rostumwandler oder -primer behandeln, mit Lackstift oder Wasserfarbenpinsel die Einzelstellen ausbessern, danach mit der Sprühdose die ganze Fläche übersprühen, in der Fachsprache nennt man das vernebeln. Man kann natürlich – was dauerhafter ist – die ganze Fläche abschleifen und den Lack von Grund auf neu aufbauen.

Welche Lackfarbe?

Das Werk nimmt recht wenig Rücksicht auf Selbstlackier-Bestrebungen. Zwar findet man je nach Modell im Motorraum auf dem linken oder rechten Radkasten eine in Silberbronze aufgesprühte vierstellige Zahl, die die Lackfarbe bezeichnet, wobei die beiden letzten Ziffern besonders wichtig sind. Doch die Zahl sagt nur dem Peugeot-geschulten Fachmann in der Werkstatt oder im Ersatzteillager etwas, hilft also nur demjenigen weiter, der ein größeres Gebinde für eine umfangreiche Lackreparatur braucht und diese dementsprechend auch ausführen kann.

Der Privatmann, der für kleinere Lackreparaturen Sprühdosen oder Tupflack kaufen will, muß sich den Namen des Lacks merken, mit dem sein Wagen ausgeliefert wurde. Im Farbverzeichnis der Lackhersteller muß man dann danach suchen. Wer die Farben oder Sprühdosen verkauft (Farb- und Zubehörgeschäfte), hat auch ein solches Buch. Der Lackname bzw. die ermittelte Farbnummer ist demnach so wichtig, daß man beide unverlierbar notieren sollte. Man kann auch statt der Lacknummer die einmal gekaufte Lacksprühdose aufbewahren. Beim nächsten Kauf weist man einfach die alte Dose vor.

Bei einem älteren Wagen, von dem man die Lackfarbe nicht weiß, fährt man bei einem Farbgeschäft vor und vergleicht die Deckelfarbe der Dose oder das Farbmuster des Händlers mit dem Lack seines Wagens, denn eine Farbnuance aus der Erinnerung auszuwählen ist fast ein Ding der Unmöglichkeit, unter anderem auch deswegen, weil unter verschiedenem Tageslicht und Verkaufsraumbeleuchtung gleiche Farben immer anders wirken. Die sicherste Methode ist ein Sprühversuch in der Kofferrauminnenseite.

Rostbremse

Was in diesem Kapitel zusammengefaßt steht, berührt sowohl die Kapitel Wagenpflege wie Karosserie und Arbeiten im Innenraum. Darüber hinaus sind hier Tips für die Werterhaltung festgehalten, basierend auf den Erfahrungen aus der bisherigen Peugeot-Praxis. Dabei müssen wir uns allerdings auf Anregungen beschränken, denn spezielle Hinweise zu Arbeitstechniken, Geräten, Materialien und ihrer Anwendung würden den gegebenen Rahmen sprengen.

Die Rostplage

Die Lackierung französischer Wagen ist nicht die allerbeste – auch die Erfahrungen mit dem Peugeot zeigen dies, obwohl man bei Peugeot viel für die Rostvorbeugung getan hat und stolz auf das angewandte Elektrophoreseverfahren ist, das beim Lackunterbau besonders gleichmäßige Beschichtung des Blechs garantert.
Grundsätzlich: Rostbildung kann man nur durch sorgfältige Lack-, Blech- und Chrompflege vorbeugen. Ganz verhindern kann man sie nicht, wohl aber den Zeitpunkt des Auftretens und allzu große Ausbreitung hinauszögern.
Dementsprechend sollten Sie unbedingt gleich den Anfängen wehren. Den Lack bei jeder Wagenwäsche rundum beobachten. Wer seinen Peugeot vorwiegend in der Schnellwaschanlage reinigen läßt, sollte sich die Lackinspektion außer der Reihe zur Regel machen. Wenn man leichte Steinschlagschäden oder Kratzer gleich mit Rostumwandler behandelt, ist doch schon für eine Weile die Basis fürs Weiterrosten entzogen. Man sollte aber nicht zu lange mit dem Nachlackieren per Lacktupfer oder Spraydose warten, denn der Schutz durch die Rostumwandlerbehandlung allein hält nicht lange vor. Besonders gefährdet durch Steinschlag ist die Lackpartie unterhalb der vorderen Stoßstange. Wer dort keinen Wert auf besondere Schönheit legt, kann die Partie mit Unterbodenschutz besprühen und hat dann für die nächste Zeit Ruhe.

Rostpickel ernst nehmen

Zeigen sich in der Lackfläche jedoch Rostpickel oder Erhebungen, unter denen Rost zum Vorschein kommt, wenn man daran kratzt, dann ist dies keine oberflächliche Beschädigung, sondern häufig sitzt die Ursache tiefer: Rost von innen. Das sollten Sie keinesfalls leicht nehmen, vielmehr an dieser Stelle möglichst bald eine gründliche Entrostungskur vornehmen. Aller Rost muß herunter, auch innen, bevor man die Stelle ausbessert und den Lack neu aufbaut, siehe dazu den Absatz »Beulen in der Haut« in diesem Kapitel. Fürs Ausbessern des vom Rost angenagten Blechs haben sich die modernen Reparatursets mit Glasfasermatte und Zweikomponenten-Massen gut bewährt. Allerdings muß man sich genau an die Gebrauchsanweisung halten, sonst erlebt man unangenehme Überraschungen.
Besonders anfällig für Unterrostungen sind die Blechpartien, unter denen Hohlräume liegen: Unterholme an den Wagenseiten, Vorderkotflügel-Hinterteil, am Vorderkotflügel vorn oben im Umkreis der Vertiefungen, in denen die

Scheinwerferreflektorkörper sitzen (hin und wieder Scheinwerfer ausbauen und dort innen saubermachen), Türunterseiten, Hinterkotflügel-Vorderteil, Abschlußblech hinten, aber auch Karosserietrennfugen und Punktschweißnähte, Radausschnitte und Felgen. Zierleisten sollte man hin und wieder abhebeln und darunter Rostansatz mit Rostumwandler und Lacktupfer bekämpfen. Chrom am Kühlergrill beugt man von Anfang an durch verstärkte Chrompflege vor. Auf all diese Punkte sollte man auch beim Gebrauchtwagenkauf achten.

Fingerzeig: *An der rechten Wagenseite zeigen sich Durchrostungen oft schneller und stärker, weil die Straßen nach rechts abfallen und dort das Wasser in den Hohlräumen zusammenläuft.*

Rost am Wagenboden

Wir meinen den Innenboden. Sie sollten hin und wieder die Bodenmatten anheben und darunter nachsehen. Ist der Bodenfilz naß, dann muß er heraus und getrocknet werden. Bei der Gelegenheit prüft man auch, ob der Geräuschdämpfungsbelag darunter noch fest angeklebt ist. Wenn nicht, muß auch er heraus, aber Vorsicht, damit das Material nicht reißt. Der Wagenboden muß getrocknet und gegebenenfalls entrostet werden. Je nach Rostbefall mit Rostumwandler oder zusätzlich mit Schmirgelleinen. Anschließend den Wagenboden nachlackieren. Dafür genügt billiger Metallack zum Streichen.
Nach dem Trocknen den Geräuschdämpfungsbelag wieder festkleben.

Lohnt sich Unterbodenschutz?

Erschreckend rosten im Winter das Fahrwerk und der Unterboden vor sich hin, wenn sie ungeschützt dem aggressiven Salzwasser aus Schneematsch und Auftausalzen ausgesetzt sind. Besonders heimtückisch dabei ist, daß diese Salze in den unzugänglichsten Winkeln und Hohlräumen der Karosserie antrocknen und auch den folgenden Sommer hindurch immer wieder gierig Spritzwasser aufsaugen und bösartige Rostnester bilden, die den tragenden Teilen so sehr zusetzen, daß der TÜV schon längere Zeit sein Augenmerk darauf richtet. Mit diesem Bild vor Augen wird man zwangsläufig mit der Frage konfrontiert, ob man seinem Peugeot einen Unterbodenschutz spendieren soll, zumal ab Werk nur die Radkästen ausgespritzt sind. Aus unseren Erfahrungen können wir nur zum Unterbodenschutz und zur Hohlraumversiegelung raten.
Bei einem älteren Gebrauchtwagen sollten Sie sich allerdings keinen Illusionen hingeben; hier hilft kein Unterbodenschutz mehr, wenn der oder die Vorbesitzer bislang nichts zum Schutz der Unterseite getan hatten. Unterbodenschutz auf vorhandenen Rost aufzutragen, hat allenfalls moralische Wirkung – der Rost setzt seine Tätigkeit dann eben vorläufig unsichtbar fort. Wer gar vor dem TÜV-Termin noch schnell etwas Unterbodenschutz auf durchgerostete Bleche kleistert, wird mit hundertprozentiger Sicherheit wieder nach Hause geschickt und muß das kunstvolle »Make-up« durch handfeste Bleche ersetzen (hierfür gibt es von verschiedenen Firmen spezielle Reparaturbleche zum Einschweißen).
Wenn Sie aber ein gepflegtes Exemplar Ihr eigen nennen, das bereits in zurückliegender Zeit einen richtigen Unterbodenschutz erhielt, dann sollten Sie diese Schutzschicht weiterhin erhalten.

Der Unterboden muß sauber sein

Noch ein Wort zum Zustand des Unterbodens, bevor der Schutz aufgetragen werden kann. Grundsätzlich: Je sauberer, desto besser. Der Unterboden muß sauber entfettet und entrostet sein. Daß man die Reinigung eines stark verschmutzten Unterbodens extra bezahlen muß, versteht sich von selbst – deshalb ist der Unterbodenschutz der billigste, den man am Neuwagen auftragen läßt.
Wenn Sie den Unterbodenschutz selbst aufbringen wollen: Beim Aufspritzen

beginnen Sie am besten in den Radkästen und an den Unterholmpartien, die im Abspritzwinkel der Räder liegen. Danach spritzt man den übrigen Unterboden. Bis man damit fertig ist, hat der Dauerschutz in den Radkästen meistens so weit abgebunden, daß man dort zum zweitenmal darüberspritzen kann. Der verstärkte Schutz an diesen Partien ist deshalb empfehlenswert, weil er dort durch Splittbeschuß am härtesten strapaziert wird. Übrigens: Es gibt auch streichbaren Dauerunterbodenschutz, z. B. von Teroson oder Bostik.

Unterboden ausbessern

Mindestens einmal im Jahr muß der aufgetragene Unterbodenschutz kontrolliert und eventuell nachgearbeitet werden. Wenn Sie einen hellen oder günstigen Arbeitsplatz haben, wo sich der Peugeot sicher aufbocken läßt, können Sie das selbst machen. Sie brauchen dazu eine helle Handlampe und ein Spachtelwerkzeug oder abgebrochenes Messer, mit dem Sie verdächtige Stellen ankratzen und damit prüfen können, ob der alte Unterbodenschutz nicht locker sitzt oder unterrostet ist. Um alle Ecken beobachten zu können, ist weiterhin ein Spiegel nützlich.

Nach einer gründlichen Unterwagenwäsche – am besten an einer Tankstelle, die ein Heißdampfstrahlgerät hat – werden alle schadhaften Stellen sorgsam ausgekratzt mit Spachtelwerkzeug, Schaber und Drahtbürste. Alle Rostansätze so weit wie möglich bis aufs blanke Metall abschleifen und den letzten Porenrost mit einem Roststopper »einbalsamieren«. Bewährt hat sich dazu »Terotex Rostprimer« von Teroson, der zugleich die Haftfestigkeit des nachfolgenden Unterbodenschutzmaterials verbessert. Sogenannte Rostumwandler haben am Unterboden keinen Sinn, sie versprechen viel und halten wenig.

Zum eigentlichen Ausbessern benötigen Sie sowohl streichbares Material für die größeren Flächen und überall dort, wo Sie mit dem Pinsel hinkommen, denn es läßt sich dickschichtiger auftragen. Für schwer zugängliche Fugen und Ecken brauchen Sie außerdem eine Sprühdose mit Unterbodenschutz, am besten Tectyl von Valvoline, denn die Tectyl-Sprühdose hat einen schräg nach oben strahlenden Sprühkopf, was für diese Arbeit sehr praktisch ist.

Zum Sprühen montiert man die Räder ab und verdeckt die Bremsen mit Papierbogen gegen den schmierigen Sprühnebel.

Hohlraumversiegelung

Man soll die Vorbeugung zwar nicht übertreiben, sonst gibt man eventuell sein Geld für den Nachbesitzer aus. Aber zur Hohlraumversiegelung raten wir dann, wenn man den Wagen mindestens vier Jahre behalten will, also die gleichen Bedingungen vorliegen, die auch zur Entscheidung für einen Dauerunterbodenschutz geführt haben – auch wenn die Hohlraumversiegelung mehr als 100 DM kostet. Es lohnt sich.

Meist versiegeln die Vertretungen, die einen Unterbodenschutz ausführen, auch die Hohlräume. Dabei werden die Hohlräume angebohrt, eine rostschützende, isolierende Flüssigkeit wird eingesprüht, danach verschließt man die Bohrungen wieder mit Gummistopfen. Selbermachen lohnt kaum, es sei denn, Sie können die erforderlichen Geräte ausleihen.

In den letzten Jahren sind mehrere Verfahren der Hohlraumversiegelung entwickelt worden. Am meisten Erfahrungen liegen mit dem ältesten Verfahren vor, das aus Schweden kommt, von Dinol hierzulande eingeführt wurde, und unter Hochdruck arbeitet: 60 bis 80 atü. Dabei werden die Hohlräume unter hohem Druck ausgespritzt, bis auch der letzte Winkel der Hohlräume benetzt ist, ja das Schutzmittel teilweise an den punktgeschweißten Nahtstellen austritt.

Dann gibt es ein neueres Verfahren, das mit Niederdruck arbeitet; die Spritz-

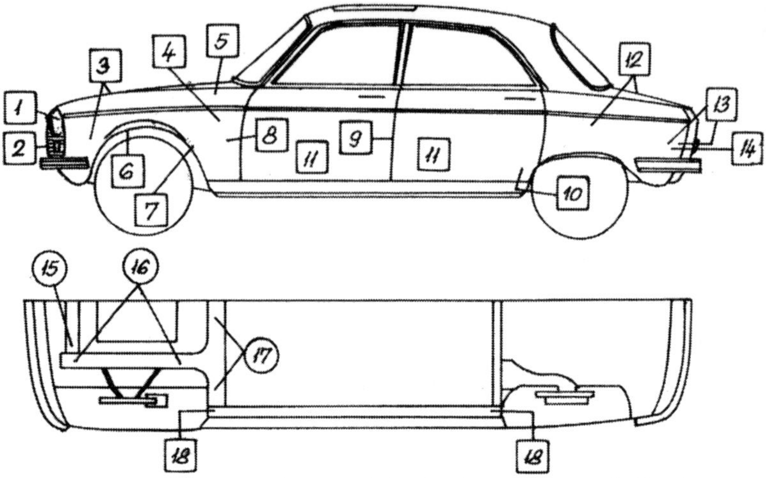

Hohlräume und Karosserieinnenseiten sind ständig vom Rostfraß bedroht. Deshalb sollte man schon beim Neuwagen eine Hohlraumversiegelung vornehmen lassen, wodurch Lebensdauer und Wiederverkaufswert bedeutend länger erhalten bleiben. Unser Arbeitsplan stammt von der Bostik GmbH, die ebenfalls einen Hohlraumversiegler im Programm hat. Die Zahlen betreffen die vorzunehmenden Arbeiten:

1. Scheinwerfergehäuse
2. Vorderes Verstärkungsblech der vorderen Kotflügelinnenwand
3. Motorhaubenstreben (Druck reduzieren) und Motorraum-Trä- und -Verstärkungen
4. Hinteres Verstärkungsblech der vorderen Kotflügelinnenwand
5. Hinterer Innenraum des vorderen Kotflügels
6. Kotflügelinnenwand-Verstärkungsblech
7. Innenraum der vorderen Kotflügel
8. A-Säule (vom Wageninneren her)
9. B-Säule (Türschloß ausbauen)
10. C-Säule (vom Türschweller her)
11. Türen (Verkleidungen entfernen, Druck reduzieren)
12. Kofferraum-Seitenteile und Kofferraum-Deckelverstrebungen (vom Kofferraum her sprühen)
13. Hinterer Querträger unter dem Kofferraumboden (vom Kofferraum her und durch die hintere Lichtöffnung sprühen)
14. Verstärkungsblech der hinteren Kotflügelinnenwand (durch hintere Lichtöffnung sprühen)
15. Querträger
16. Längsträger
17. Querträger
18. Türschweller

pistole wird dabei für schlechtzugängliche Stellen mit einem Schlauchvorsatz versehen. Anfangsschwierigkeiten mit zu rasch ablaufendem Schutzmittel, so daß die oberen und seitlichen Teile der Hohlprofile un- oder schwach benetzt blieben, sind inzwischen behoben.

Die beiden erstgenannten Mittel für die Hohlraumversiegelung sind nicht mit normalen Unterbodenschutzmitteln gleichzusetzen, denn sie müssen auch Feuchtigkeit, die sich selbst beim neuen Fahrzeug schon eingeschlichen hat und auch gar nicht restlos austrocknen läßt, unterwandern und vorhandenen Rostanflug unterkriechen. Auf diesem Gebiet kann Dinol auch Erfolge bei Gebrauchtwagen vorweisen, wenngleich eine Hohlraumversiegelung auf angerostetem Blech nicht mehr die gleiche Dauerhaftigkeit wie beim blanken Neuwagen garantieren kann.

Deshalb ist es auf jeden Fall besser, man läßt gleich den neuen Wagen konservieren, nach etwa 6 Monaten nachprüfen und nochmals nachspritzen. Dann hat man für zwei Jahre bis zur nächsten Kontrolle Ruhe. Will man einen älteren Wagen nachträglich konservieren lassen, sollte man zuerst eine Hohlraumbesichtigung vornehmen lassen, ob sich die Konservierung überhaupt noch lohnt oder der Rost schon zu weit fortgeschritten ist. Für diese Besichtigung haben die Werkstätten spezielle Sonden, mit denen man in die Hohlräume sehen kann, z. B. das Teroscop von Teroson.

Fingerzeige: *Für die Hohlraumversiegelung sollte der Wagen nicht zu kalt sein. Das verschlechtert die Kriecheigenschaft des Mittels.*

Die Hohlraumkonservierung kann man als Heimwerker auf gar keinen Fall selbst durchführen – alle derartigen Behauptungen entsprechender Spraydosen-Anbieter sind Unfug. Das kann nur die Fachwerkstatt mit entsprechend langen Sprühsonden und dem nötigen hohen Arbeitsdruck. Dazu haben gut ausgestattete Fachbetriebe auch noch eine besondere Leucht- und Beobachtungssonde, mit der man in den Hohlräumen des Peugeot Roststellen auffinden kann.

Beulen in der Haut

Das bei einem Zusammenstoß mit Gewalt hineingedrückte Blech will mit gleicher Kraft wieder in seine ursprüngliche Lage versetzt werden! Das ist nicht immer einfach, besonders wenn versteifende Hohlprofile mit im Spiel sind. Kleine Beulen kann man jedoch selbst beseitigen, wenn man einen Gummihammer und einen Faustkeil zum Gegenhalten besitzt. Der Gummihammer vom letzten Camping ist meist schlecht geeignet, weil seine Flächen von den Heringen verunstaltet sind. Man sollte schon die ca. 10 Mark für einen Kunststoff- oder Gummihammer mit einer flachen und einer leicht gewölbten Schlagfläche dranrücken.

Um genügend Wirkung zu erzielen, muß man auf der anderen Seite mit einer »Handfaust« gegenhalten. Handfäuste aus Spezialstahl gibt es im Fachhandel für etwa 20 Mark, für den Privatgebrauch genügt eine Universal-Handfaust. Vor dem Aushämmern einmal versuchen, die Beule mit dem Handballen herauszudrücken.

Mit dem Ausbeulen beginnt man am Rand und setzt die Schläge stückweise immer weiter innen an. Natürlich kann dieses Verfahren nur ein Notbehelf sein – das Blech wird damit nie völlig glatt. Das läßt sich aber erreichen, wenn die ausgebeulte Stelle mit der Schweißbrennerflamme glühend erwärmt und mit dem Metallhammer glattgeklopft wird (Werkstatt). Das Selbstausbeulen erfordert Übung mit dem immer störrischen Blech. Bei zu kräftigen Schlägen besteht die Gefahr, daß man das Blech treibt, bei schräg angesetzten Schlägen kann es unzählige kleine Beulchen geben. Deshalb vorher üben.

Umgang mit Lückenfüllern

Die Feinbearbeitung der ausgebeulten Stelle mit Zinn, Kunstharz oder Spachtel erfordert viel Geschick: Es ist an sich Werkstattarbeit. Meist genügt es ja, wenn die Beule erst einmal verschwunden ist, die Feinbearbeitung können Sie dann beim nächsten Werkstattbesuch vornehmen lassen. Wenn Sie sich trotzdem daranwagen wollen: Sie brauchen:

- Spachtelmasse
- ein Spachtelmesser
- Waschbenzin oder Aceton
- Grundlack
- Naßschleifpapier Nr. 400
- Decklack

Sie haben im Zubehörhandel und im Peugeot-Ersatzteillager die Wahl zwischen einer ganzen Reihe von Spachtelsorten in verschiedenen Gebindegrößen. Wir sind in den Kapiteln Werkzeug (Absatz »Flüssige Hilfen«) und Lackpflege schon darauf eingegangen. Einige Firmen, z. B. Dupli-Color, Bostik, bieten Spachtel und Grundlack in Sprühdosen an, was die Verarbeitung erleichtern kann. Vorteilhaft für den »Normalverbraucher« ist Zweikomponenten-Spachtel. Die benötigte Menge richtet sich natürlich nach der auszubessernden Stelle.

Bei Zweikomponenten-Spachtel kauft man Spachtelmasse und Härter getrennt. Zwar ist fürs Mischen beider Komponenten eine gewisse Sorgfalt nötig (Gebrauchsanweisung genau beachten!), aber man kann dafür die Reste von beiden Komponenten unbegrenzt bis zum nächsten Schadensfall aufbewahren, wenn die Behälter luftdicht verschlossen werden. Außerdem kann man die Aushärtezeit durch Zumischen von etwas mehr Härter beschleunigen, oder durch umgekehrtes Verhältnis etwas verlangsamen, wenn man schwierige Formungsarbeiten, etwa an Karosserieecken, auszuführen hat.

Vorbehandlung ist wichtig

Zunächst muß allerdings die auszubessernde Stelle nach bestem Können ausgebeult, entrostet und mit Schleifpapier gründlich gesäubert werden. Für den ersten Reinigungsschliff kann man grobgekörntes Schleifpapier, etwa Nr. 200, nehmen, für den Feinschliff Nr. 400 oder noch feineres. Danach mit klarem Wasser abwaschen und nach dem Trocknen die ganze Reparaturstelle sorgsam entfetten mit sauberem Waschbenzin (Kraftstoff ist wegen seiner Zusätze nicht geeignet) oder mit dem noch wirksameren Lösungsmittel Aceton. Die entfettete Stelle nicht mehr mit den Fingern berühren, um neue Fettrückstände zu vermeiden.

Nach dem Abtrocknen – man kann es mit dem Fön machen, wenn man nicht so lange warten will – kann die Spachtelmasse aufgebracht werden. Gründlich aushärten lassen, was im ungünstigsten Fall ein bis zwei Stunden dauern kann. Aber besser nicht so dick auftragen, sonst kann die Spachtelmasse abblättern oder reißen. Im Zweifelsfall besser zwei bis drei dünne Schichten nach zwischenzeitlichem Aushärten und Verschleifen auftragen. Verspachtelte Stelle vor dem Auftragen des Grundlacks nochmal verschleifen und sorgsam mit klarem Wasser nachwaschen und trocknen. Dabei darf natürlich keinesfalls Fett auf die Reparaturstelle geraten.

Auch der Grundlack muß aushärten, danach leicht mit feinem Schleifpapier überarbeiten und wieder abwaschen, bevor man endlich den Decklack aufsprüht, wie das im Kapitel Lackpflege in diesem Buch schon beschrieben ist. Dort finden Sie auch Hinweise für die Bestimmung der richtigen Lackfarbe.

Die vorstehende Darstellung einer Reparaturlackierung kann im Rahmen dieses Buches, das noch viele andere Auskünfte geben soll, nur stichwortartig sein. Wer es fachmännisch machen und Fehler vermeiden will, sollte sich deshalb den Band 45 dieser Buchreihe »Die Autokarosserie« anschaffen. Dort ist alles, was mit Lackierung, Lackpflege, Karosseriereparaturen und Rostschutz zu tun hat, ganz speziell und ausführlich beschrieben.

Fingerzeige: *Schmutzfänger für die Vorderräder (Peugeot-Ersatzteillager) verhindern, daß die Wagenseiten zu schnell verschmutzen, und beugen auch vorzeitigem Rosten an der Wagenunterseite vor.*

Besonders rostgefährdet sind die äußeren Unterholme der Bodenplattform. Vorteilhaft ist es, wenn man die Schweißnähte an dieser Stelle besonders sorgfältig mit Unterbodenschutz behandelt.

Dichtungsmassen und Kleber

Die Abdichtkitte, die für alle Dichtarbeiten verwendbar sind, gibt es im Ersatzteillager oder beim Zubehörhandel. Die Haltbarkeitsgrenze der Kitte ist auf den Packungen angegeben. Den bei Karosseriearbeiten überquellenden lufttrocknenden Kitt kann man durch einen mit Verdünner getränkten Lappen glätten.

Auch Kleber gibt es im Ersatzteillager. Wenn dort aber nur größere Gebinde für den Werkstattbedarf vorrätig sind, fragt man besser in der Werkstatt nach. Dort bekommt man eher eine kleinere Menge aus einem schon angebrochenen Gebinde. Oder man kauft kleinere Tuben im Zubehörhandel. Die großen Hersteller wie Bostik oder Teroson haben ein breites Klebemittelprogramm im Angebot, worin Kleber für alle nur denkbaren Zwecke und Materialien zu finden sind.

Eiszeit

Solange noch keine Möglichkeit besteht, unsere Straßen im Winter ohne gleichzeitig erfolgende Korrosionswirkung auf das Autoblech aufzutauen, muß das Blech stärker als im Sommer gegen Rostfraß geschützt werden. Denn der salzige Matsch, der von den Reifen nach allen Seiten hin verspritzt wird, ist für Metall das reinste Gift. Wo sich das Zeug absetzt, beginnt bald der Rost zu blühen, wenn keine Schutzschicht zwischen Salzwasser und Metall liegt.
Auch für den Fahrbetrieb verlangt die eisige Jahreszeit nach zusätzlichen Maßnahmen. Was dazu auf diesen Seiten nicht angesprochen ist, finden Sie in den entsprechenden Kapiteln, z. B. Werterhaltung, Wartung, Kühlung usw.

Glanzteile im Winter

Lack und vor allem Chrom sind in diesem Falle keine ausreichende Schutzschicht. Mit Leichtigkeit dringt das Salzwasser durch die feinsten Poren. Wichtig: Lack vor Winterbeginn gut konservieren, Wagen im Winter häufiger waschen, auch wenn der Wagen bald wieder schmutzig wird.
Das einfachste Schutzmittel für die Chrom- und Eloxalteile ist säurefreie Vaseline, aber sie wird durch hart anprallendes Spritzwasser mit der Zeit verdrängt und wirkungslos. Besser ist deshalb ein Wachsunterbodenschutzmittel wie etwa Tectyl von Valvoline. Alle diese Mittel verstecken den Chromschmuck allerdings unter einer unansehnlichen Fett- oder Wachsschicht. Aber man kann seinen Chromschmuck auch im Winter glänzen lassen. Dazu gibt es Sprühdosen mit einem glasklaren Chromschutzspray von vielen Herstellern, z. B. Polifac. Größere Sorgfalt ist beim Auftragen von ebenfalls sehr dichtem Chromschutzlack (wird sogar in mehreren Farben angeboten) nötig: Die Chromteile müssen vorher restlos trocken sein. Nicht zu dünn auftragen, sonst gibt es Schwierigkeiten beim Ablösen im Frühjahr.

Start bei strenger Kälte

- Luftfilter im Herbst in Stellung »Winter« bringen (am Ansaugstutzen).
- Bei vorwiegendem Kurzstreckenbetrieb im Winter den Kühlergrill abdecken. Abdeckungen gibt's im Ersatzteillager zu kaufen, wenn man sie nicht selbst basteln will.
- Kupplung treten, um Widerstand von steifem Getriebeöl auszuschalten.
- Keilriemen dürfen nicht durchrutschen, sonst Lichtmaschinenspannung ungenügend. Riemen prüfen!
- Motoröl muß die laut Winterempfehlung richtige Viskosität aufweisen (siehe Kapitel »Schmieren, fetten, ölen«). Zu dickes Öl erhöht den Widerstand für den Anlasser und damit die Belastung für die Batterie.
- Im Zubehörhandel gibt es Sprühflaschen (z. B. »Start Pilot«), die einen besonders leicht vergasbaren Anlaßkraftstoff enthalten. Dieser wird bei betätigtem Anlasser in den Luftfilter- oder Vergaserstutzen eingespritzt. Auch Feuerzeugbenzin vergast recht gut. Das sollte aber nur Notbehelf sein. Nach der Ursache für die Kaltstartschwäche forschen.

Für alle Winterfälle gerüstet und nicht kostspielig: zusammenklappbarer Grab-Spaten, Sandsack, Unterlegmatten aus alten Kokosläufern, Anti-Beschlagtuch, Abschleppseil, Eis-Schaber, Kunststoff-Flasche mit Brennspiritus und Handfeger. Am besten verstaut man alles in einem festen Karton, damit es nicht im Kofferraum des Wagens umherpoltert.

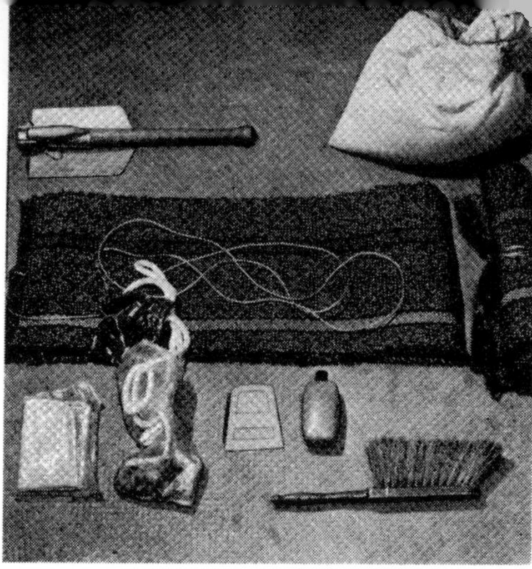

■ Anlassen wird bei sehr strenger Kälte erleichtert, wenn man die Kerzen herausschraubt und vorher an Flamme, Ofen, Herd usw. erwärmt. Wichtig: Elektroden-Abstand muß stimmen. Eventuell um 0,1 mm verengen.
■ Batterie bei Laternengaragenautos in arktisch kalten Nächten ausbauen, in geheizte Wohnung nehmen, und erst zum Start wieder einsetzen.
■ Zündleitungen, Zündspule und Verteiler müssen schmutz- und ölfrei sein.
■ Starterzug zum Vergaser muß freigängig sein. Starterklappe muß einwandfrei schließen (Luftfilter abnehmen, prüfen).

Praktische Hilfen im Winter

Für Fahrten im Winter denkt man als Autofahrer auch an folgende Dinge, die unterwegs sehr nützlich sein können:
■ Scheibenwaschwasser gegen Einfrieren mit etwa 50 Prozent Spiritus mischen, Gummidichtungen und Scheinwerferglas mit Glyzerin einreiben, damit diese nicht festfrieren bzw. während der Fahrt vereisen. Frostschutzmittel kann man an einem Draht von außen in das Türschloß gleiten lassen.
■ Eis-Schaber, um vereiste Scheiben zu reinigen. Er muß aus Kunststoff sein.
■ Sandsäckchen, um an vereister Steigung streuen zu können.
■ Schneeschaufel, um sich bei Schneefall einen Weg bahnen zu können.
■ Anti-Beschlagtuch, mit dem die von innen beschlagene Windschutzscheibe und Heckscheibe abgerieben werden kann. Die Imprägnierung, die das Beschlagen etwa drei Tage verhindert, reicht in dem Tuch für eine Saison. Dann wird das Tuch ausgewaschen und als normales Staubtuch verwendet.
■ Anfahren am Berg evtl. im Rückwärtsgang versuchen, da dann die Antriebsachse stärker belastet ist.

Die ovalen Ausschnitte geben die Aufstandsfläche eines Reifens an und vermitteln eine Vorstellung davon, bei welchen Gleitschutzketten der größte Kontakt mit der Fahrbahn besteht. Von diesen Ketten sind die Leiter- und Zickzack-Ketten (1 und 2) nicht zu empfehlen, dagegen sind die Kreuz-Kette (3) und die Spurkreuz-Ketten (4 und 5) wirkungsvoll genug, um im Schnee besonders gut zu greifen. Diese bieten auch bei Glatteis echte Sicherheit, während die beiden erstgenannten Ketten wegen ihrer ungleichmäßigen und unvollkommenen Auflage den Wagen bei einer Notbremsung unkontrolliert rutschen lassen.

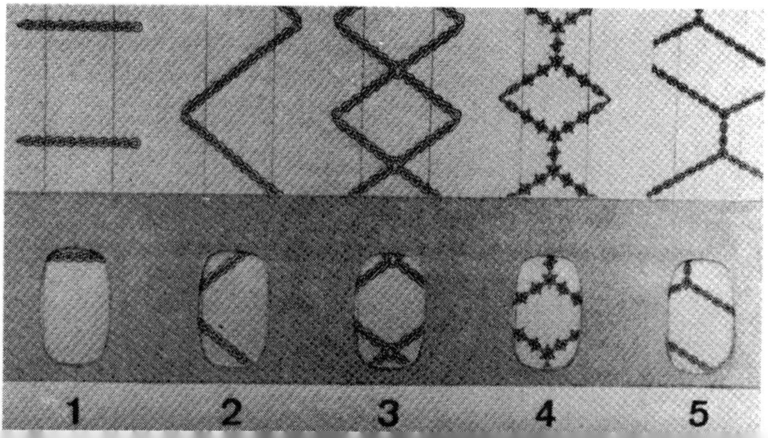

■ Sprühdose gegen vereiste Windschutzscheiben. Billiger und nahezu genauso wirkungsvoll geht es mit Brennspiritus, den man sich in eine kleine Plastikflasche füllt.

Gleitschutzketten

Wenn auch die griffigsten Winterreifen schon versagen, helfen gegen Schnee und Eis, bei Hochgebirgsfahrten und starken Schneefällen noch Ketten. Offiziell heißen sie Gleitschutzketten und haben bei entsprechender Ausführung vom Kraftfahrt-Bundesamt eine Bauartgenehmigung. Solche Gleitschutzketten sind eine gute Anschaffung, aber sie sind nicht billig – für eine gute Spurkreuzkette müssen Sie mindestens 150 DM rechnen (pro Stück!). Irgendwelche Sonderangebote können zwar auf den ersten Blick genauso aussehen, aber nach den ersten Fahrkilometern auf trockener Straße, wobei Ketten am stärksten beansprucht werden, merken Sie den Unterschied bald. Eine Qualitätskette übersteht einige Kilometer auf schnee- und eisfreier Straße, die Billigkette löst sich dagegen schnell in ihre Bestandteile auf.
Auf trockener Fahrbahn sollten Sie auf keinen Fall schneller als 50 km/h fahren – schon deshalb wird man auf freier Strecke die Ketten schnellstmöglich abnehmen –, auf Schnee gelten etwa 80 km/h als die höchste Geschwindigkeit.
Wer das Kettenauflegen vor dem ersten Schnee geübt hat, fürchtet sich kaum vor dem Auflegen und Abnehmen der Ketten und braucht auch nur wenige Minuten. Es war früher ein guter Tip, sich für Fahrten in schneereiche Gebiete ein komplettes sechstes Rad anzuschaffen und dieses wie das ohnehin vorhandene Reserverad daheim in Ruhe mit Ketten zu versehen und mitzunehmen. Das empfehlen wir heute nur noch für Ketten, die bei der Montage erhebliche Schwierigkeiten bereiten.
Die Kette darf nicht zu stramm angezogen werden, sonst wird sie zu sehr belastet und kann reißen oder das Reifenprofil (vor allem bei Winterreifen) beschädigen. Zwischen Kette und Reifenlauffläche sollte etwa die flache Hand geschoben werden können, dann kann die Kette »wandern«, was sie auch soll.

Fingerzeige: *Wer von seinem bisherigen Auto noch gute Spurkreuzketten hat, die nicht für die Reifen des Peugeot passen, kann sich die Ketten umarbeiten lassen. Das machen (allerdings nur in den Sommermonaten) beispielsweise die Firmen Erlau und RUD für die von ihnen gelieferten Ketten.*

Anfahrhilfen

Zum Flottmachen eines steckengebliebenen Wagens können solche Anfahrhilfen nützen. Die kurzen Ketten oder Bügel, die um die Reifen geschnallt werden, helfen etwa, wenn Sie morgens über einen steilen verschneiten Weg auf die gestreute Straße hinausfahren wollen, dann sind sie schnell montiert und wieder abgenommen. Ein Ersatz für Schneeketten sind sie nicht.
Billiger sind zwei alte Teppichstreifen, jeweils etwa einen halben Meter breit und mindestens 1,5 m lang (siehe Bild Seite 218) aus einem alten Teppich oder Kokosläufer. Sie können auch mehrere aneinandergebundene flache Spülgitterroste aus Kunststoff nehmen. Diese Anfahrhilfen werden unter die Hinterräder gelegt, wenn es auf glatter Fahrbahn nicht mehr weitergeht, und jeweils rechts und links an der hinteren Stoßstange mit einem entsprechend langen, kräftigen Bindfaden angebunden. Wenn der Peugeot an der Steigung dann ins Rollen gekommen ist, zieht er die Streifen an der Stoßstange einfach hinterher, bis die Steigung genommen ist. Chemische Mittel, die auf die Reifenlauffläche gesprüht werden, haben sich nach unseren Erfahrungen nicht bewährt.

Maßanzug aus Blech

Auch bei der Konstruktion der Karosserien haben die Peugeot-Leute fortschrittliches Denken bewiesen und – wie es sich für moderne Autos geziemt – die selbsttragende Bauweise verwendet. Das Selbsttragende ist allerdings das, was man nicht sieht:
Auf die dreiteilige, aber festverschweißte Bodengruppe aus Stanzblechen ist der Karosserierahmen geschweißt. Zusammengenommen entsteht daraus das Prinzip der sicherheitsfördernden Dreizellen-Bauweise: Stabile Mittelzelle des Innenraums, Vorbau und Heckteil als energievernichtende Knautschzone aus verformbaren Blechgruppen. Wie sich in der Praxis bei Auffahrunfällen zeigte, hat diese Konstruktion sehr widerstandsfähige, dabei stoßdämpfende Wirkung, wobei die Innenzelle weitgehend stabil bleibt, wenn nicht eine ganz unglückliche Stoßrichtung vorliegt.
Dabei wurde vor allem das Blech der Bodengruppen nach modernsten Erkenntnissen gestanzt, gefalzt, geformt und verschweißt, bei den sportichen Versionen, deren Karosserien etwas kürzer sind, wurde durch verstärkte Stahlblechelemente und Längsträger besonders auf höhere Verwindungssteifigkeit hingearbeitet, so daß sie der Stabilität der Limousinen gleichkommen.
Aber auch die Praxis wurde über all dem nicht vergessen. Gute Geräumigkeit bei kompakten Außenabmessungen, beste Zugänglichkeit durch vier Türen, bei den Kombi gute Beladbarkeit durch weit herabgezogene Heckklappe und Verwandelbarkeit des Laderaums sind bei Peugeot selbstverständlich. Doch nach guter Tradition des Hauses sind außer den Türen und Hauben bei Limousinen und Kombis die vorderen und hinteren Kotflügel sowie die Bleche unterhalb der Frontscheibe, dem Kühlergrill und am Unterholm verschraubt (bei Coupé/Cabrio nur die vorderen Kotflügel), deshalb einfacher auswechselbar als verschweißte Teile. Das läßt schon einige Selbsthilfe-Aktionen zu, wenn das Blech nicht so sehr zerdrückt ist, daß man Stücke des verschweißten Unterbaus neu ausrichten und teilweise schweißen muß. Zwar hat auch hier Peugeot auf leichte Austauschbarkeit Wert gelegt, soweit die Festigkeitsforderungen das zuließen, doch haben wir in diesem Kapitel Arbeiten, bei denen an der Karosserie geschweißt werden muß, bewußt ausgeklammert, weil diese Arbeiten nur in der Werkstatt ordnungsgemäß ausgeführt werden können.

Die Stoßstangen

Sie sind beim 304 vorn und hinten einteilig, beim 204 vorn ebenfalls, während es beim 204 hinten zweiteilige Ausführungen gibt wie beim Break. Diese Einteiligkeit ist von gewissem Nachteil, denn man muß bei leichten Karambolagen, bei denen nur die Stoßstange in Mitleidenschaft gezogen wurde, gleich das ganze Teil auswechseln, wenn man die Stoßstange nicht mehr richten und ausbeulen kann.
Die einteiligen Stoßstangen sind an vier Punkten mit der Karosserie verbunden: An den Enden mit den Kotflügeln (Gummipuffer zwischengelegt), an der

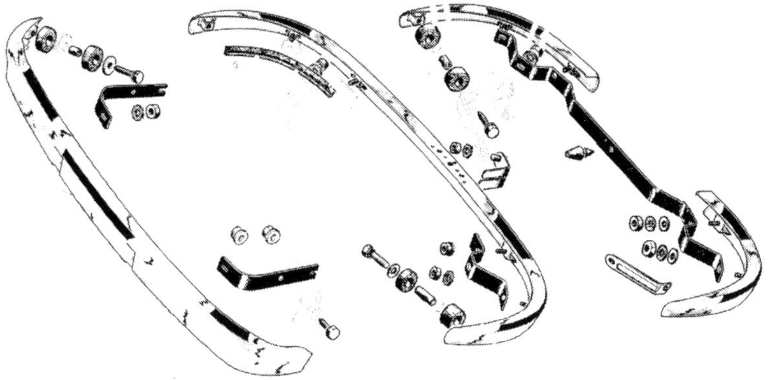

Die Stoßstangen und ihre Befestigungsteile auf einen Blick. Bei den verschiedenen Baujahren und Modellen gibt es geringfügige Unterschiede, rechts oben eine geteilte hintere Stoßstange, wie sie beispielsweise der Break hat.

Breitseite mit zwei Stoßstangenhaltern. Die zweiteiligen Stoßstangen hängen außen ebenfalls an den Kotflügeln, innen an einem Querflacheisen, das mehrfach abgewinkelt und selbst wiederum mit der Karosserie verschraubt ist.
Zum Abnehmen der Stoßstangen müssen die Enden von der Radkasten- bzw. Kotflügelinnenseite her losgeschraubt werden, auch an den inneren Stoßstangenträgern arbeitet man von der Innenseite her.
Für das Abschrauben der Muttern braucht man einen 13 mm-Schlüssel. Die Gummiauflagen auf den Stoßstangen sind unterschiedlich befestigt, entweder mit normalen Sechskantmuttern (SW 10) oder mit Flachblechen mit hochgebogenen Seiten (mit einer Zange lösen), letztere werden dadurch leicht zerstört und müssen dann durch neue ersetzt werden, auch dann, wenn sie verrostet sind. Auch zur Abnahme der Gummibeläge arbeitet man von der Stoßstangeninnenseite her.
Zum völligen Zerlegen muß man das Nummernschild und sein Tragblech abbauen, hinten zusätzlich die Nummernschildbeleuchtung; vor dem Abbau der Stoßstange sollte man hier als erstes das Kabel abziehen.

Kühlergrill ausbauen

Der 204-Grill besteht aus einem Stück und ist oben und außen mit vier Kreuzschlitzschrauben befestigt, unten nur in Haltenasen eingesteckt. Zuerst die Blinkergehäuse abnehmen, dann kann nach Herausdrehen der vier Blechschrauben der Grill nach oben herausgezogen werden.
Beim 304 ist das Grillgitter oben mit zwei Blechschrauben befestigt, unten liegt es auf Gummitüllen aus. Die Zierleisten auf dem Grillgitter bestehen aus zwei Teilen, in der Mitte jeweils durch eine Lasche verbunden, die man beiseiteschieben muß, wenn man einzelne Leistenteile abnehmen und ersetzen will.

Unteres Spritzblech abnehmen

Beim Peugeot heißt das vordere Karosserieabschlußblech unter dem Kühlergrill »Windfang unten«, dies nur als Anmerkung, damit Sie sich im Ersatzteillager richtig ausdrücken, falls Sie das Blech dort kaufen wollen, weil es durch Steinschlag deformiert oder durch Splittbeschuß »zersiebt« wurde und Sie es austauschen müssen.
Der Austausch ist recht einfach, denn das Blech ist sowohl beim 204 wie beim 304 verschraubt, und zwar unten, und außen mit dem Kotflügel. Man arbeitet von der Wagenvorderseite her; nachdem man den Kühlergrill abgenommen hat, kommt man recht einfach an die Sechskantmuttern bzw. Flachblechsicherungen heran. Vergessen Sie aber nicht, vor dem Wiedereinbau des Blechs dessen Anlageflächen außen gründlich zu reinigen und dick mit Dichtmasse zu bestreichen. Sonst dringt Wasser in die Fugen und der Rostprozeß beginnt.

Die Motorhaube und ihre sogenannte Garnierung, falls Sie einmal die Motorhaube ersetzen müssen.

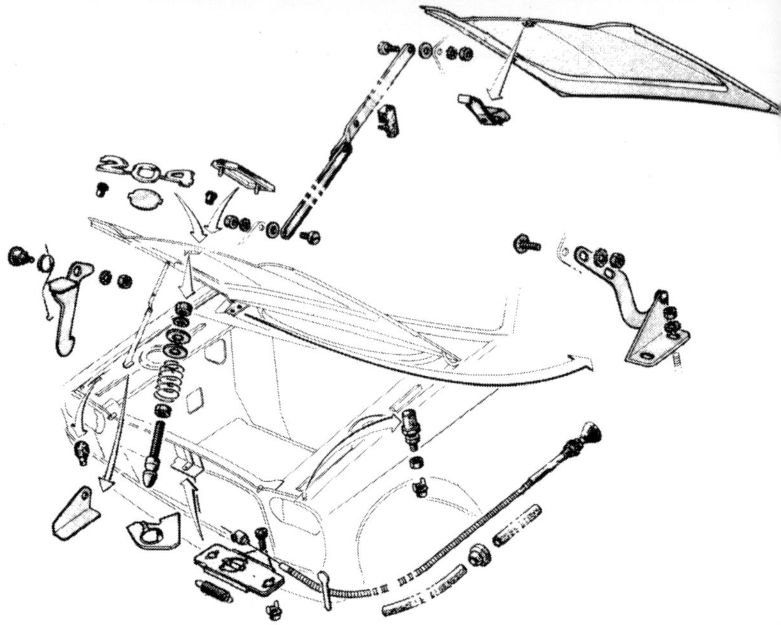

Motorhaube aus- und einbauen

Gebraucht wird: Gabelschlüssel SW 10 und 13, großer Schraubenzieher, ein Helfer oder ein passendes Lattenstück zum Abstützen.

Soll nur die Motorhaube allein ausgebaut werden, so nimmt man zuerst den Haubenaufsteller an der Haube ab, Gabelschlüssel SW 10, mit Schraubenzieher gegenhalten, und stützt die Motorhaube mit der Latte ab, wenn man keinen Helfer zur Verfügung hat. Dann dreht man die Schrauben (SW 13) heraus, die die Haube am Scharnierarm halten. Vorsicht, daß die Haube dann nicht über die Karosserie rutscht und den Lack verschrammt. Der Einbau geschieht in der umgekehrten Reihenfolge.

Der einfache Aus- und Einbau der Haube ist der Idealfall und außer beim Ausbau des Windlaufblechs gibt es dafür kaum einmal eine Notwendigkeit. Meist muß aber an der Haube bzw. ihrer Befestigung im Reparaturfall mehr verändert oder gemacht werden, ehe der Wiedereinbau erfolgen kann. Und dann muß die Motorhaube wieder exakt gegenüber den angrenzenden Karosserie-Teilen ausgerichtet werden. Dafür sind verschiedene Möglichkeiten der Seiten- und Höhenverstellung möglich.

Wichtig: Der Abstand von Motorhaube zu den Kotflügeln und zum Windlaufblech vor der Frontscheibe soll möglichst gleich groß sein. Die Motorhaubenoberseite soll in gleicher Ebene wie die Kotflügel- und Windlaufblechkanten liegen. Die Motorhaube darf während der Fahrt nicht vibrieren.

Für die seitliche Verstellung der Motorhaube haben die Scharnierarme an der Haube und die Scharnierlagerböcke unter dem Windlaufblech Langlöcher. Zum Verstellen werden die Schraubenbefestigungen dort gerade so gelöst, daß man die Motorhaube verschieben kann. Stimmen die Abstände zu den angrenzenden Blechteilen, werden die Schrauben festgezogen. Stimmt der Höhenabstand der Haubenunterseite zum Windlaufblech nicht, kann man die Scharnierböcke etwas unterlegen oder die Scharnierarme verbiegen, besser geht man aber in diesem Fall zur Werkstatt.

Die Höhenausrichtung an der Haubenvorderseite bewerkstelligt man an den beiden Gummipuffern links und rechts außen auf den Radkästen über den Scheinwerfergehäusen. Zieht man die Gummipuffer ab, kommt darunter eine Kreuzschlitzschraube zum Vorschein, die man entsprechend verdreht. Auf diese

Weise gewöhnt man der Motorhaube übrigens auch Vibrieren während der Fahrt oder im Standlauf ab. Natürlich müssen die Puffer während der Ausrichtung immer wieder aufgesetzt werden, um die Lage der Haube kontrollieren zu können. Verlorengegangene Puffer möglichst bald ersetzen.
Stimmt die Höhenausrichtung der Motorhaube vorn, muß natürlich die Verriegelungsklinke (beim 304) bzw. der Bolzenkopf (beim 204) in Haubenmitte vorn exakt in den Schließkeil über dem Kühlergrill einrasten. Beim 204 verdreht man den Bolzen an der Motorhaube entsprechend in seiner Gewindeführung, nachdem man die Sechskantmuttern oben etwas gelöst hat, um dafür Bewegungsfreiheit zu erhalten. Beim 304 kann man dafür die Verschlußeinrichtung über dem Kühlergrill etwas auf der Befestigungsplatte verschieben, nachdem man die Schrauben dort etwas gelöst hat.
Geöffnet wird die Motorhaube über einen Bowdenzug vom Wageninnern aus. Wir haben schon im Kapitel »Schmieren, fetten, ölen« darauf hingewiesen, daß man sowohl den Bowdenzug wie auch die beweglichen Teile des Motorhaubenschlosses und die Haubenscharniere in regelmäßigen Abständen schmieren sollte, um Verschleiß vorzubeugen.

Fingerzeig: *Muß die Motorhaube ausgetauscht werden, so entfernt man von der alten alle abschraubbaren Teile. Diese werden auf die neue Haube übernommen, soweit sie noch verwendungsfähig sind. So spart man Geld.*

Windlaufblech ausbauen

Es ist das Blech mit den Lüftungsschlitzen zwischen Frontscheibe und Motorhaube. Der Ausbau kann aus verschiedenen Gründen nötig werden. Unter anderem, um an die Schläuche und Düsenköpfe der Scheibenwaschanlage heranzukommen. Zuerst die Motorhaube ausbauen und Scheibenwischer von den Achsen abnehmen, dann die Sechskantschrauben (SW 10) vorn bei geöffneter Motorhaube herausdrehen. Blech anheben, hinten in der Mitte ist es noch mit einer Flachsicherung befestigt. Jetzt können Sie das Windlaufblech und das darunter liegende Gitter nach vorn oben herausziehen. Achten Sie beim Wiedereinbau auf richtigen Sitz der Neoprenpuffer hinten auf den Blechzungen, der seitlichen Dichtungen und Puffer sowie der vorderen Gummidichtleiste.

Vorderkotflügel aus- und einbauen

Bevor Sie sich an den Ausbau eines Vorderkotflügels machen, sollten Sie genau prüfen, ob keine darunterliegenden Teile gerichtet oder ebenfalls ausgetauscht werden müssen. Wenn Sie das erst nach Abbau des Kotflügels feststellen, haben Sie sich vergebens die Arbeit gemacht, und der Wagen muß

Der Kreuzschlitzschraubenzieher ist hier auf der Einstellschraube der Motorhauben-Höheneinstellung angesetzt. An dieser Schraube muß man drehen, falls die Motorhaube einmal flattert während der Fahrt. Nach der Einstellung nicht vergessen, den daneben liegenden Gummihut wieder überstülpen.

doch in die Werkstatt. Solch vergebliche Arbeit sollte man sich ersparen, denn obwohl verschraubt, ist der Ausbau der Kotflügel doch umständlich. Zuerst müssen nämlich die vordere Stoßstange, der Kühlergrill, die Motorhaube, das Windlaufblech und der betreffende Gummipuffer der Haubenhöhenverstellung abgebaut werden, Rad abnehmen, Wagen aufbocken. Dann dreht man die restlichen Kotflügelbefestigungsschrauben vorn oben und hinten heraus und löst den Kotflügel vorsichtig vom Radkasten, was wegen der zwischenliegenden Dichtmasse und dem Unterbodenschutz im Radkasten manchmal mit etwas Schwierigkeiten verbunden ist.

Dann können Sie den Kotflügel ausbeulen, flicken oder durch einen neuen ersetzen, wobei Sie vom alten Kotflügel alles abnehmen sollten, was noch verwendbar ist, z. B. die Zierleiste. Bevor Sie den Kotflügel neu anbringen, müssen die Reste der alten Dichtmasse an allen Anlageflächen sorgfältig entfernt werden; das gröbste kann man abschaben oder abziehen, der Rest muß mit Reiniger entfernt werden. Dann wird der Kotflügel angepaßt und zur Vordertürkante (auch Zierleiste) und zum vorderen Abschlußblech ausgerichtet. Am fertig lackierten und an der Innenseite mit Antidröhnmasse gespritzten Kotflügel werden dann die Befestigungslöcher gebohrt, falls nicht vorhanden. Dann neue Dichtmasse an allen Anlageflächen deckend auftragen und den Kotflügel anschrauben. Beim Einbau des Windlaufblechs auf richtigen Sitz der Dichtungen etc. achten, Motorhaube ausrichten, wie beschrieben. Die Kotflügelbefestigungsmuttern oben auf dem Radkasten werden überlackiert, damit sie nicht so schnell rosten.

Kotflügel hinten

Auch beim hinteren Kotflügel gilt, was eingangs des Vorderkotflügels-Absatzes gesagt wurde. Ebenfalls Stoßstange bzw. das Stück an der betreffenden Seite abbauen, Rad abnehmen und Wagen aufbocken. Radkasten-Innenseite säubern, damit Sie die Sechskant-Befestigungsschrauben vor allem oben erkennen können. Vorn (Seitentür öffnen) und hinten ist der Kotflügel mit Kreuzschlitzschrauben befestigt, ebenfalls am Tankeinfüllstutzen am rechten Hinterkotflügel. Wenn das Blech zerknautscht ist, muß man den Kotflügel zerschneiden, um an die Schrauben im Radkasten oben heranzukommen.

Fingerzeig: *Beim Anschrauben austretende Dichtmasse wird nach Festschrauben des Kotflügels entfernt und mit Verdünner geglättet.*

Zierleisten

Gottseidank haben die Peugeot recht wenig Chromzierat. Das erleichtert die Lackpflege und erspart Ärger in Schnellwaschanlagen (vorsichtshalber vor der Schnellwäsche immer die vordere Spitze der Seitenzierleisten abkleben). Die Seitenzierleisten sind lediglich mit Kunststoffklötzchen ins Blech gedrückt. Zum Abnehmen eine Messerklinge vorsichtig zwischen Blech und Leiste schieben und diese abheben, bis man mit den Fingern zugreifen kann. Man muß dabei nur aufpassen, daß die Leiste keinen Knick bekommt. Dies wird sich jedoch bei der Regenrinnenleiste nicht immer vermeiden lassen, denn sie ist recht fest auf das Blech gepreßt; vor dem Abbau die Muffe in der Mitte mit Hammer und Hartholzstück vorsichtig beiseite schlagen.

Die Zierleisten unten an den Fenstern sind auf Blechfalze aufgedrückt, müssen also nach oben abgehoben werden. Auch das wird nicht immer einfach sein, denn sie sitzen bei älteren Wagen sehr fest, evtl. Rostlöser verwenden.

Die Türen

Die Türen der Peugeot bestehen aus zwei Teilen (nicht die Heckklappe beim Break), der Außenbeplankung und dem Rahmen mit Verriegelung, Fenster und

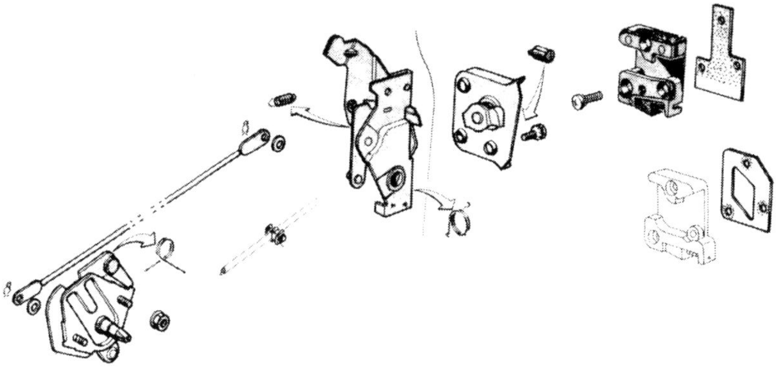

Türschloß und Türfalle in ihren Einzelteilen, damit Sie wissen, was in der Türfüllung noch alles auf Sie wartet. Links der Mechanismus der Innenverriegelung und die Fernbetätigungsstange.

Kurbelmechanismus. Diese Tatsache ermöglicht es, nach leichterer Karambolage, bei der nur die Außenhaut deformiert wurde, nur das Außenblech auszuwechseln, wenn es nicht mehr ausgebeult werden kann. Die Außenbeplankung wird als einzelnes Ersatzteil geliefert. Das senkt die Reparaturkosten. Der Einbau ist allerdings Werkstattsache, denn die Außenhaut muß aufgeschweißt werden.

Fingerzeig: *Bei der Arbeit an den Türen unbedingt die Batteriekabel abklemmen. Sonst entleert sich die Batterie über die Innenleuchten.*

Seitentüren ausbauen

Zum Ausbau braucht man einen Helfer, der die Tür hält ohne sie zu verkanten. Zuerst wird die Türinnenverkleidung ausgebaut, siehe folgendes Kapitel »Arbeiten im Innenraum«, und von der Türinnenseite her der Splint des Türfeststellers herausgezogen und von seiner Führung befreit. Dann dreht man, ebenfalls von der Türinnenseite her, die je zwei Sechskant-Türbefestigungsschrauben heraus. Nun sind noch von der Türaußenseite her die beiden Kreuzschlitzschrauben herauszudrehen. Tür nicht auf den Boden fallen lassen. Eingebaut wird in umgekehrter Reihenfolge.

Türen einstellen und Türschließkeile nachziehen

Pflegearbeit Nr. 28

Nicht gerade selten klappern an den Peugeot die Türen. Dem kann man durch Neueinstellen der Türen abhelfen, übrigens auch, wenn sich die Türen gesenkt haben oder die Trennfugen zu den anderen Türen bzw. zu den angrenzenden Karosserieteilen nicht mehr gleichmäßig sind. Die Haupteinstellarbeit wird an der Grundplatte an den Holmen vorgenommen, wo die Türschlösser einrasten. Der Peugeot-Pflegeplan sieht das Nachziehen der Türschließkeile alle 15 000 km sogar ausdrücklich vor. Mit einem TACL-Schlitzschraubenzieher (der Kauf lohnt sich, weil man ihn immer wieder braucht) werden die drei Schlitzschrauben der Grundplatte gerade so weit gelockert, daß man die Grundplatte etwas verschieben kann. Dann wieder festziehen und an der geschlossenen Tür die Einstellung überprüfen. Einstellvorgang gegebenenfalls wiederholen. Um Bruchteile von Millimetern kann man auch die Türscharniere nachbiegen, wenn es nötig werden sollte.

Türschloß ausbauen

Dazu muß die Türinnenverkleidung abgenommen werden, übrigens auch zum Abschrauben des Türaußengriffs. Dann schraubt man das Schloß an der Schmalseite außen an der Tür ab (3 Spezialschlitzschrauben), greift ins Türinnere, um dort das Schloß zu halten, dreht außen an der Schmalseite mit der anderen Hand die Schloßplatte so um den Riegel, bis man sie abnehmen kann. Die Arbeiten im Türinnern ergeben sich von selbst, richten sich auch nach dem, was zu tun ist. Die Übertragungsstängchen vom Türinnengriff zum Schloß sind bei früheren 204 mit Sprengringen gesichert, beim 304 in Kunststoffbuchsen

Durch Sogwirkung verschmutzt das Schloß an der Heckklappe des Break relativ schnell und muß dann ausgebaut, zerlegt und kräftig in Rostlöser gebadet werden, damit es wieder leichtgängig wird. Hier sehen Sie, wie die Teile des Schließzylinders zusammengehören und wie der Schließzylinder innen unter der Abdeckung arretiert ist.

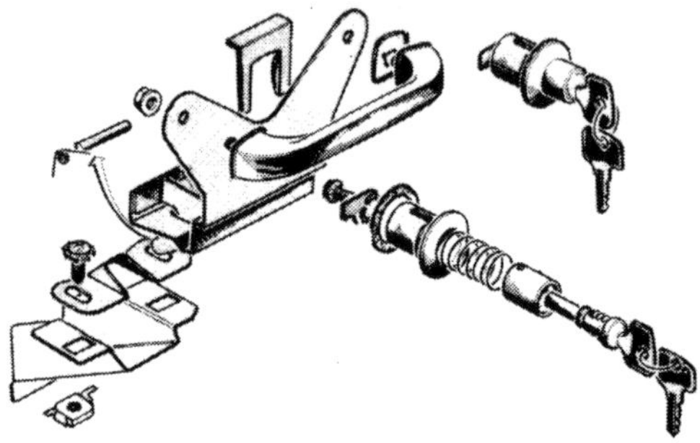

eingesteckt. Das kleine bewegliche Hebelchen neben dem hinteren Türschloß ist übrigens die Kindersicherung.
Wichtig: Vor dem Einbau, bzw. vor dem Anbau der Türinnenverkleidung alle beweglichen Teile des Schlosses einfetten. Und nach dem Schloßeinbau prüfen, ob das Schloß reibungslos funktioniert.

Fingerzeige: *Schwergängige und korrodierte Schließzylinder und Türdrücker kann man mit modernen Sprays, z. B. Teroson mo, Aral Intact, Molykote MoS_2-Oil etc. wieder gängig machen. Schlüssel mit der Spitze ins Schloß stecken, damit man durch den geöffneten Vorhang einsprühen kann.*
Da die Schließzylinder, auch an der Heckklappe, schon bei geringen Frosttemperaturen zum Einfrieren neigen, sollte man immer einen Defroster-Spray in der Manteltasche haben. Es gibt sehr kleine Sprays, die in der Tasche nicht auffallen, z. B. Aral-Türschloß-Baby und Teroson mo u. a.

Die Kurbelscheiben

Diese beweglichen Scheiben liegen im Türinnenraum auf der Fensterhebeschiene, auf einem Profilgummi weich gelagert. Zum Ausbau des Kurbelmechanismus, zu seiner Durchsicht, Reinigung und Schmierung, oder wenn die Hebeschiene von einem Zapfen der Kurbelarme gerutscht ist, muß man die Türinnenverkleidung abnehmen. Dann kann man weiter entscheiden, was zu tun ist. Der Kurbelmechanismus ist mit vier Bolzen gegen die inneren Profilbleche der Tür geschraubt. Dreht man die Muttern heraus, kann man den Kurbelmechanismus aus der Tür fädeln. Vorher aber die Scheibe mit Lattenstücken abstützen, damit sie nicht nach unten fallen kann.
Zum Ausbau der Kurbelfenster, wozu eigentlich kaum Notwendigkeit besteht, oder zu ihrem Einbau, etwa nach Zerstörung, muß man die Zierleisten unten abnehmen (sie sind aufgesteckt) und die beiden Türdichtungen aus dem Rahmen ziehen, dann kann die Scheibe von oben eingesetzt oder nach oben herausgenommen werden. Die innere Türdichtung gibt es im Ersatzteillager als Meterware, die äußere komplett, sie wird unten mit einer Lasche zusammengehalten.

Gepäckraumklappe aus- und einbauen

Die Gepäckraumhaube ist mit zwei Scharnieren befestigt. Zum Ausbau zuerst die Deckelstützen abschrauben, dann die Scharnierschrauben. Ein Helfer sollte dabeisein, der bei der Arbeit die Haube hält, damit sie nicht über den Lack schrammt. Eingestellt wird die Haube wie bei der Motorhaube durch Verschieben der Scharniere in den Langlöchern, ebenso kann man das Deckelschloß an der Gepäckraum-Rückwand verschieben und einstellen.

Break-Hecktür auswechseln

Gebraucht werden: 2 Gewindespindeln mit Mutter und Handgriff, Lattenstück, Kreuzschlitzschraubenzieher, Gabelschlüssel und ein Helfer.

Die genannten Gewindespindeln kann man nicht kaufen, sie werden von der Peugeot-Werkstatt selbst angefertigt (Gewinde 8 x 125, Gewindelänge 20 cm, Mutter H 8, Griff 10 cm breit). Man braucht sie zum Ausbau der Heckklappe aus Sicherheitsgründen, denn die Auflagekräfte der Rollen der Drehstäbe auf dem Ausgleichsnocken ist sehr hoch: 80 bis 100 kg auf jeder Seite. Da man die Hecktür selten ausbauen muß, lohnt die Eigenanfertigung kaum und man geht für den seltenen Fall zur Werkstatt. Für den Notfall dennoch die Schilderung, an die man sich halten sollte, um Unfälle zu vermeiden.
Die Hecktür soweit wie möglich öffnen, ohne jedoch die Rollen der Drehstäbe in Anlage zu den Anschlägen der Ausgleichsnocken zu bringen. In dieser Stellung die Hecktür mit der passend gesägten Latte oder Stange abstützen, darauf das Abdeckblech innen oben abnehmen, indem man die sichtbaren Schrauben außen herausdreht. Anstelle der beiden abgenommenen Schrauben werden jetzt die beiden Gewindespindeln eingedreht, allerdings nur 10 bis 15 mm tief, damit das äußere Blech der Hecktür nicht durch übermäßiges Eindrehen eingepreßt wird. Dann die Mutter auf jeder Spindel anziehen, daß sie die Lagerplatten der Drehstäbe blockieren. Jetzt auf jeder Wagenseite die zweite Befestigungsschraube der Drehstab-Lagerplatten herausdrehen; die Lagerplatten werden dann nur noch von den Gewindespindeln gehalten. Die Muttern der Spindeln müssen nun gleichzeitig langsam mit dem Gabelschlüssel zurückgeschraubt werden, wobei man den Spindelgriff halten muß, die Lagerplatten heben sich dabei von der Hecktür ab und die Drehstäbe entspannen sich. Sobald die Stäbe ganz entspannt sind, die Gewindespindeln, die Drehstäbe und die Lagerplatten abnehmen.
Der Einbau erfolgt in umgekehrter Reihenfolge, wobei die gleichen Vorsichtsmaßnahmen zu treffen sind.

Das Schiebedach

Peugeot baut sehr einfache Schiebedächer ein. Das hat den Vorteil, daß man sehr billig zu Luft von oben kommt, der Einfachbau ist aber auch Ursache von mancherlei Klappereien, über die nicht wenige Peugeot-Besitzer klagen. Es gibt mehrere Ursachen für das Klappern, doch sollte man es bei der Reklamation belassen und die Abhilfe der Werkstatt übertragen.
Bei Wasserundichtigkeit des Schiebedachs zuerst nachprüfen, ob einer der Ablaufschläuche bzw. deren Öffnungen verstopft ist. Die Schläuche kann man mit einem entsprechend langen Stück verbiegbaren Drahts freimachen.

Scheiben aus- und einbauen

An Front und Heck baut Peugeot Sicherheitsglas ein. Beim einfachen Sicherheitsglas tritt beim Zerspringen eine Feinsplitterung ein, wobei sich zur Scheibenmitte hin größere Splitter ergeben. So kann man auch nach dem Bersten der Scheiben noch etwas sehen und evtl. noch die rettende Werkstatt erreichen, ohne daß einem der Wind ins Gesicht bläst. Bei der teureren Verbundglasscheibe ergeben sich meist nur einzelne Sprünge.
Der Scheibenausbau braucht aber nicht erst dann aktuell zu werden, wenn die Scheibe zerplatzt oder beschädigt ist. Auch Wasserundichtigkeit kann zum Ausbau zwingen, wenn Scheibenzement, in die Dichtung gedrückt, keine Abhilfe bringt. Dann wird eventuell gleich ein neuer Fenstergummi nötig, falls der alte spröde und rissig ist. In diesem Zusammenhang mag Sie interessieren, daß die Scheiben stets kleiner als der Fensterausschnitt sind, also nirgends am Karosserieblech direkt anliegen.
Das bedeutet, bei Verlust des Wagenschlüssels, daß Sie auf keinen Fall eine Scheibe einzuschlagen brauchen, wenn Sie unbedingt in Ihren verschlossenen Peugeot hineinmüssen und ohne Mittel allein auf weiter Flur stehen. Sie bauen die Heckscheibe entweder ordnungsgemäß aus oder zerschneiden deren Dich-

tung (beim Break seitlich hinten), um ins Wageninnere klettern zu können. Wie man die Türscheiben ausbaut, haben wir vorstehend beschrieben, so daß wir uns auf die Arbeit an den festen Scheiben, Front und Heck, beschränken können. Zum Ausbau zunächst mit einem Messer oder einer einfachen Klinge, z. B. alter Brieföffner, den festgekitteten Dichtgummi innen und außen vom Blech lösen. Dabei sorgfältig darauf achten, daß der Lack nicht verkratzt wird. Sodann den Zierrahmen abnehmen. Dazu erst die Schiebemuffe in der Mitte der Scheibe mit einem Hammer und einem schräg angesetzten, scharfkantigen Hartholzklötzchen beiseiteschlagen, damit der Zierrahmen mit einem Schraubenzieher aus dem Gummiprofil gehebelt werden kann. Am Heckfenster sind auch die Eckstücke abzuhebeln. Beim Abnehmen den Zierrahmen nicht abknicken! Dann drückt man die Scheibe mitsamt dem Gummiprofil von innen nach außen aus dem Fensterausschnitt, wobei man unbedingt einen Helfer braucht, der von außen gefühlvoll gegen die Scheibe drückt und sie auffängt, wenn sie aus dem Rahmen springt. Ist eine heizbare Heckscheibe eingesetzt, müssen natürlich zuerst deren Kabel abgezogen werden. Dann werden an Scheibe, Blech und in den Rillen des Profilgummis die Reste der alten Dichtmasse gründlich abgekratzt.

Zum Einbau die Scheibe auf einen weich abgedeckten Tisch legen, damit ihr nichts passiert. Dann in die hintere Nut des Gummiprofils mit der kurzen Dichtlippe eine starke Schnur oder Kordel einführen, und zwar so, daß sich die Kordel seitlich links oder rechts unten um etwa 10 cm überlappt und die Enden ca. 20 cm heraushängen. Man kann nun, ehe das Gummiprofil um die Scheibe gelegt wird, in die Scheibennut des Profils Dichtungsmasse aus dem Ersatzteillager oder Scheibenzement vom Zubehörhändler einbringen, oder – wie es die Werkstatt macht – die Dichtmasse erst nach dem Scheibeneinbau mit der Handpumpe unter die Dichtlippen pumpen. Abgedichtet wird die Frontscheibe nur oben und seitlich, unten kann man die Dichtmasse sparen, die Scheibe ist dort durch ihr Gewicht auch so dicht.

Das Einsetzen der Scheibe geht so vor sich: Scheibe mit dem Gummiprofil von außen so ansetzen, daß die überlappenden Schnurenden nach innen hängen. Die Scheibe an den Rahmen anpassen und dort – man muß unbedingt zu zweit sein – wo sich die Kordelenden überschneiden, fest andrücken. Nun hält der Helfer die Scheibe außen fest, der andere Mann geht in den Innenraum und zieht abwechselnd an dem einen und anderen Schnurende, was bewirkt, daß die Gummidichtlippe stückweise über den Fensterrahmen gezogen wird. Der Helfer außen muß jeweils dort, wo innen gerade gezogen wird, außen die Scheibe fest andrücken. Der Herausziehen der Kordel immer an der Fensteroberseite beenden und anschließend kontrollieren, ob das Gummiprofil überall gut anliegt. Gegebenenfalls mit einem Gummi- oder Holzhammer von außen leicht auf das Profil schlagen.

Nach dem Einsetzen der Scheibe wird die Kordel außen in die Profilnut eingelegt, die den Zierrahmen aufnehmen soll.

Fingerzeige: *Nie die Frontscheibe trocken abputzen. Es entstehen feine Kratzer, die bei Nachtfahrt störende Reflexe ergeben.*

Zersplitterte Scheiben außen und innen mit Folie und Papier bekleben, damit die Splitter nicht herausfallen (meist bleibt ja die zersplitterte Scheibe im Rahmen stecken). Das Armaturenbrett mit Papier abdecken, denn dort hineingefallene Splitter sind nur sehr mühsam wieder herauszuholen.

Aufblasbare Notscheibe gibt es im Peugeot-Ersatzteillager und im Zubehörhandel.

Die gute Stube

In einem sauberen Auto fährt es sich behaglicher als in einem muffigen. Der Aufwand für Sauberkeit und Pflege ist nicht hoch, die Mühe lohnt sich auf jeden Fall und sei es nur für den Verkauf an die zweite Hand.

Verkleidungen pflegen

Die Pflege der Tür- und Innenverkleidungen wird dadurch sehr vereinfacht, daß sie aus unempfindlichem Kunstleder gefertigt sind, ebenso die Armaturenbrettverkleidung und der Dachhimmel.
Verschmutzte Kunststoffbezüge reinigt man mit handelsüblichen Kunstlederreinigern: Schaum oder Flüssigkeit mit Schwamm auftragen, in die Narbung und die Prägerillen einwirken lassen und abwaschen. Man kann aber ohne Risiko auch eine milde Lösung eines Haushaltsspülmittels verwenden. Wichtig ist, daß man den Schmutz aus der Narbung herausholt. Das schafft man am besten durch Abwaschen mit einer Bürste, nachher den Bezug mit einem Fensterleder trockenreiben. Die Bodenmatten kann man waschen mit einem milden Reinigungsmittel, Teppichmatten jedoch besser absaugen, ausklopfen oder feucht reinigen. Vor dem Einlegen gründlich trocknen.

Bodenbelag herausnehmen

Die Bodenteppiche und Gummimatten (je nach Ausführung) sind leicht herauszunehmen. Während die Gummimatten nur eingelegt sind, werden die Teppiche an den wichtigsten Punkten durch Stopfen mit Blechschrauben, Druckknöpfen, Klammern, hinten teilweise auch durch eine Klemmleiste gehalten. Man muß sich für den Wiedereinbau nur merken, wo was verwendet worden ist. Wie man den Wagenboden pflegt, steht im Kapitel »Werterhaltung«.

Türverkleidung abnehmen

Für viele Arbeiten an der Tür muß zuerst die Innenverkleidung abgenommen werden. Das beginnt mit dem Abbau der Fensterkurbel. Man drückt die Rosette unter der Kurbel gegen die Verkleidung, dann wird zwischen Rosette und Kurbelfuß die auf einer Seite offene Sicherungsfeder auf der Kurbelachse sichtbar. Die Sicherungsfeder muß abgezogen werden. Eigentlich braucht man dazu eine schmale, leicht abgewinkelte Türfederzange, aber mit etwas Geschick und Geduld bekommt man die Feder auch mit einem Schraubenzieher oder einer Häkelnadel von der Achse ab. Anschließend nimmt man Kurbel und Rosette ab. Nun den Innenverriegelungshebel abschrauben und abziehen (bzw. bei früheren Baujahren die Innenklinke), darauf die Armlehne, die mit Kreuzschlitzschrauben befestigt ist. Jetzt kann man mit einem Schraubenzieher die Verkleidung von der Tür abhebeln, sie ist mit Kunststoffstopfen befestigt. Nur aufpassen, daß dabei nicht der Lack verschrammt wird. Meist genügt es, nur den unteren Stopfen mit dem Schraubenzieher abzuhebeln, dann kann man die Verkleidung mit den Fingern greifen und gefühlvoller arbeiten, damit die Stopfen nicht aus der Verkleidung ausreißen und die Verkleidung nicht geknickt wird.
Zwischen Türverkleidung und Tür liegt eine Kunststoffolie als Schutz gegen

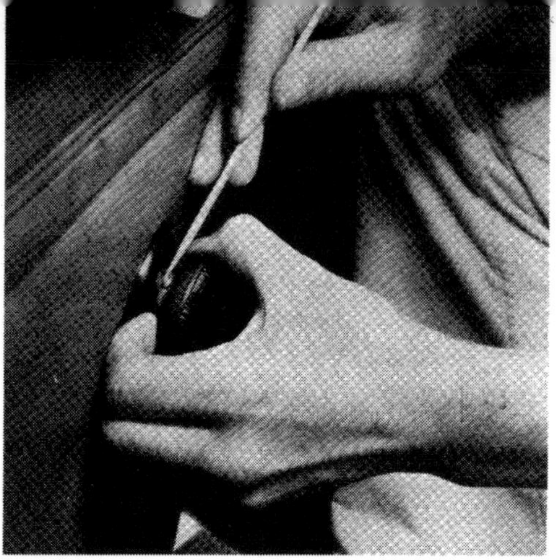

Oben links:
Zum Abnehmen der Fensterkurbel an der Innentürverkleidung braucht man nicht unbedingt eine schmale Zange. Auch mit einer Häkelnadel kann man den einseitig offenen Sprengring von der Kurbelachse ziehen. Aufpassen, daß er nicht wegspritzt. Zugänglich wird der Stahldrahtring, wenn man die Rosette gegen die Verkleidung drückt.

Oben rechts:
Wenn man Fensterkurbel, Armlehne und Innentürgriff mit Griffschale abmontiert hat, kann man die Türverkleidung herausziehen. Sie ist nur mit Kunststoffstopfen im Blech befestigt. Im linken oberen Türausschnitt sieht man das schräge weiße Fernbetätigungsstängchen der Innenverriegelung. Waagrecht in der Türfüllung der Fensterhebemechanismus, der mit vier Schrauben am Innenblech befestigt ist.

Feuchtigkeit. Beim Zusammenbau darf diese Folie keinesfalls vergessen werden, sonst dringt Wasser auf die Rückseite der Verkleidung und die Preßpappe vergammelt. Wenn die Folie gerissen ist, kann man als Ersatz jede Art von wasserfester Folie nehmen, die man entsprechend zuschneidet. Falls es Schwierigkeiten mit dem Auflegen der Folie gibt, kann man sie provisorisch mit Klebstoff befestigen, bis man die Verkleidung angebaut hat.

Türdichtungen pflegen

Die Türdichtungen tragen wesentlich zur Klapperfreiheit, Zugluft- und Wasserdichtigkeit bei. Während an den Verkleidungen in den Türöffnungen eigentlich nichts zu tun ist, muß man bei den weichen Gummis um die Türen darauf bedacht sein, diesen ihre Elastizität zu erhalten.

Zur Pflege eignen sich Talkumpuder und Glyzerin am besten, man kann es auch zu einer Paste mischen. Es ist ausreichend Pflege, wenn man die Gummis etwa alle drei Monate einreibt.

Spröde, gerissene Dichtungen möglichst bald auswechseln, da sie nicht mehr richtig abdichten können und auch Klappern begünstigen. Die Dichtungen sind auf dem Blech festgeklebt. Gealterte Dichtungen werden einfach abgerissen.

Nicht selten hält auch der Kleber nicht, mit dem die Gummis im Werk festgeklebt wurden, oder der ungepflegte Gummi fror im Winter fest und wurde beim Türöffnen abgerissen. Bevor man neue Dichtungen mit Gummikleber anbringt, unbedingt die Reste des alten Klebers vom Blech entfernen. Dafür gibt es spezielle Reiniger im Ersatzteillager oder im Zubehörhandel.

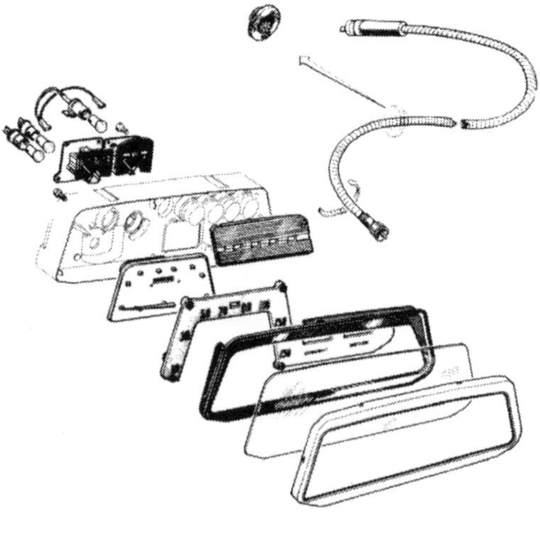

So sah das erse Armaturenbrett des 204 aus. Die Armaturen und Lampen sind von hinten in den Armaturenträger geschoben. Der Wurm rechts oben ist die Tachowelle.

Das Armaturenbrett

Wenn Sie sich das Armaturenbrett etwas genauer anschauen, werden Sie feststellen, daß hier alles recht leicht und einfach miteinander verbunden und verschraubt ist. Zum Teil rühren die Klappereien, die manche Peugeot-Fahrer bemängeln, von dieser Tatsache her. Zum Beispiel ist die obere durchgehende Abdeckung nur aufgesteckt; mit wenig Kraft, aber etwas Gefühl, ist sie leicht abzuheben, ohne daß man die Luftklappen in Armaturenbrettmitte abschrauben muß (Kreuzschlitzschrauben). Zum Ausbau des Armaturenbretts besteht eigentlich kaum einmal Anlaß. Aber wenn schon, dann fängt man nach Abnehmen der oberen Abdeckung am besten von unten her an, die einzelnen Teile wegzunehmen und abzuschrauben. Dann ergibt sich der Arbeitsablauf weitgehend von selbst.

Eher schon muß man einmal den Instrumententräger herausnehmen, um an die Rückseite der Instrumente heranzukommen. Da aber die Armaturenbretter zwischendurch geändert wurden (siehe Kapitel »Änderungen«) verzichten wir auf verwirrende Einzelbeschreibungen. Wir bilden deshalb einige Zeichnungen ab, die zeigen, wie die Armaturenbretter und Instrumententräger zusammengesetzt sind. Sie sagen mehr als tausend Worte und zeigen sicherer den Weg.

Fingerzeige: *Wichtig bei allen Arbeiten, wo Kabel im Spiel sind: Batteriekabel abklemmen!*
Wenn Sie viele Kabel abziehen müssen, z. B. beim Ausbau des Instrumententrägers, und sich dann nicht mehr sicher sind, was wohin gehört, besser die abgeklemmten Kabel oder Kabelstränge gleich beim Ausbau mit Fähnchen aus Heftpflaster oder Tesaband versehen und darauf markieren, wo sie angeschlossen waren. Dann kommen keine Kabelverwechslungen vor.

Vordersitze ausbauen

Wie man die Vordersitze verstellt, schildert die Betriebsanleitung oder man findet es schnell heraus, wenn man an den beiden Hebeln für Sitz- und Lehnenverstellung spielt. Für den Ausbau gibt es zwei Möglichkeiten. Man kann die Sitzschiene mit ausbauen, und muß dazu vorn und hinten an jeder Seite die Befestigungsschrauben (Innensechskant) herausdrehen, bevor man den Sitz herausheben kann. (Findige Köpfe, denen der Fußraum zu klein war, oder die höher sitzen wollten, haben zwischen Schiene und Boden schon Türgummipuffer aus dem Haushalt zwischengelegt und das ganze mit längeren Befestigungsschrauben wieder angeschraubt.) Die zweite Möglichkeit des Sitzausbaus: Der Sitz ist hinten unten mit einer Sechskantschraube auf der Schiene befestigt, vorn ragt einfach ein Dorn in ein Loch einer Kunststoffbuchse. Wenn

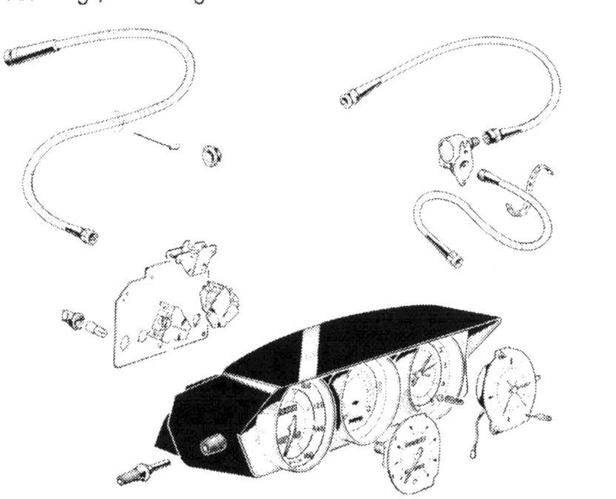

Links:
Die Rundinstrumentengruppe des 204, ähnlich auch beim 304.
Von der Tachowelle gab es zwei Ausführungen.

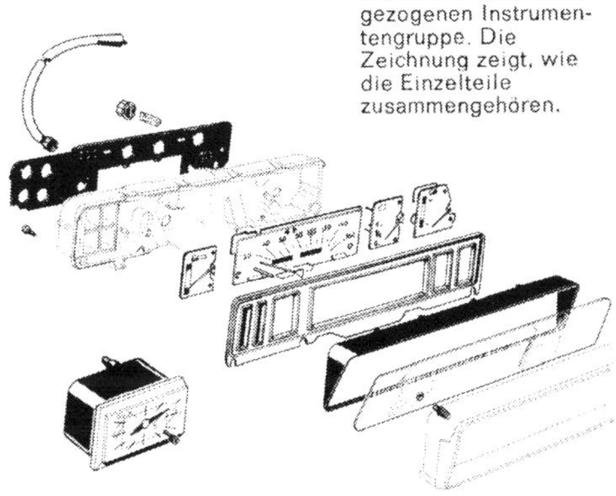

Rechts:
Auch der 304 kam zuerst mit einer breitgezogenen Instrumentengruppe. Die Zeichnung zeigt, wie die Einzelteile zusammengehören.

man die Schraube bzw. Mutter hinten herausdreht, kann man den Sitz nach hinten von der Schienenarretierung abziehen.

Polster reinigen

Während Peugeot für die Breaksitze leicht zu reinigende Kunstlederbezüge nimmt (auf denen man allerdings leicht ins Schwitzen kommt), wird in den Limousinen recht verschmutzungsempfindlicher Stoffbezug verwandt. Glücklicherweise kann man sie mit allen Mitteln behandeln, die auch im Haushalt zur Fleckenentfernung benutzt werden. Deshalb zu Ihrer Erleichterung einige Tips aus der Hausfrauenpraxis: Die Stoffpolsterung reinigt man mit dem Staubsauger oder einer mittelharten Bürste. Ausklopfen. Gegen Flecken kann man mit Schaumwaschmittel vorgehen. Auch Fleckenwasser möglich. Aber unbedingt den Stoff vorher säubern und entstauben, sonst gibt es Schmutzränder. Das Fleckenwasser oder Reinigungsmittel auf einen Lappen gießen, nicht direkt auf den Fleck.

Blutflecken entweder mit kaltem Wasser und weichem Lappen oder mit einem ammoniakgetränkten Lappen entfernen. K2r oder Tetrachlor-Kohlenstoff gegen Schuhcremeflecken, Lippenstiftspuren. Fleck mit Tetra befeuchten, Löschblatt auflegen. Bei besonders diffizielen Flecken fragt man am besten vor dem Reinigen die Hausfrau.

Die Kunstleder-Sitzbezüge reinigt man wie die Seitenbezüge und den Dachhimmel entweder mit einem Haushalts-Schaumreiniger oder mit einem Kunstlederreiniger (Zubehörhändler, Tankstellen). Das Kunstleder ist in dieser Beziehung nicht empfindlich.

Gepäckraum nicht vergessen

Bei manchen Fahrern sieht der Gepäckraum aus wie eine vermoderte Gruft, und ähnlich ist auch sein Zustand. Man sollte aber den Kofferraum nicht vergammeln lassen, sonst riecht es im Innenraum nebenan bald muffig. Roststellen möglichst bald beseitigen und überlackieren.

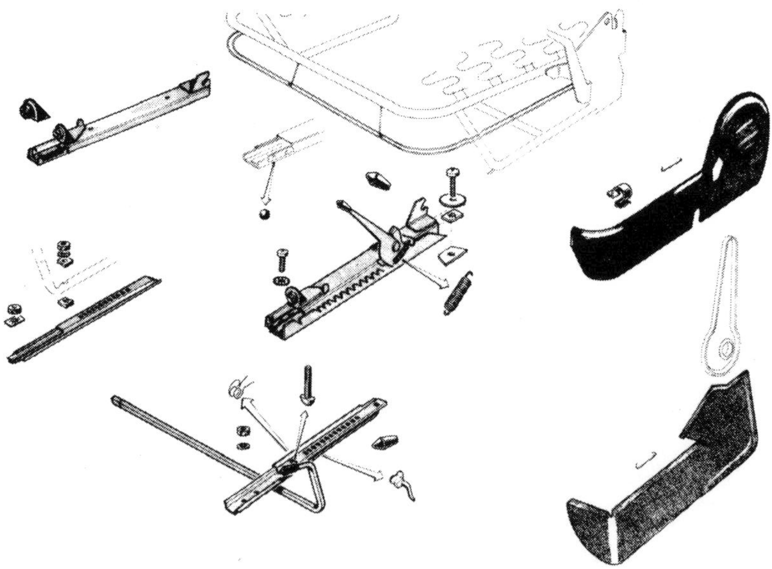

Der Sitzschienenmechanismus des Fahrersitzes. In die Schiene in der Mitte ist vorn der Dorn des Sitzrahmengestells einfach eingesteckt, hinten ist das Sitzgestell mit der Schiene verschraubt.

Drahtseilakt

Mitunter kann es vorkommen, daß Ihr Peugeot – sei es durch Unfall oder Panne – weder mit Erfahrung noch mit gutem Zureden von der Stelle zu bewegen ist. Der Wagen muß abgeschleppt werden. Aber da das gewerbliche Abschleppen gleich teuer zu stehen kommt, versucht man erstmal, einen mildtätigen Zeitgenossen zu finden, der Sie ins Schlepptau nimmt.

Eigenes Seil ist besser

Ein Damenstrumpf, Bindfaden oder Draht kann keine dauerhafte Verbindung schaffen. Es muß ein solides Abschleppseil oder eine Abschleppstange sein. Und besonders vorteilhaft ist es, wenn sich dieses Seil im eigenen Wagen befindet, denn es ist ähnlich wie beim Reservekanister: im Ernstfall hat niemand einen dabei. Wenn Sie Ihr eigenes Seil im Bedarfsfall am Wagen befestigen und mit dem anderen Ende hilfeheischend winken, sieht jeder Autofahrer auf 100 Meter, was Ihr Problem ist und kann noch rechtzeitig bremsen. Der Zubehörhandel bietet ein reichhaltiges Angebot an Abschleppstangen und -seilen aus Perlon, Hanf und Stahl an. Jede Sorte hat ihre Vor- und Nachteile. Perlonseile dehnen sich zum Beispiel beim Anfahren, so daß selten etwas durch Rucken verbogen wird. Dafür sind sie scheuer- und hitzeempfindlich. Das Perlonseil muß verschiebbare Ledermanschetten haben, die man entsprechend dem Wagentyp verschieben kann, um das Seil vor scharfen Kanten und vor dem heißen Auspuff zu schützen. Hanfseile sind besonders preiswert, aber unelastisch, was man durch sorgfältiges ruckfreies Fahren ausgleichen muß. Stahlseile sind noch weniger nachgiebig, wenn sie keinen sogenannten Ruckdämpfer in der Mitte haben. Sehr praktisch wegen der doppelten Verwendungsmöglichkeit sind die neuen kombinierten Abschlepp- und Starthilfekabel, siehe dazu Kapitel »Die Batterie«.

Schleppfahrt mit Gefühl

Wird eine Abschleppstange benutzt, so wird diese immer an den Stoßstangen befestigt. Die Stange hat außer der leichten Anbringung den Vorteil, daß es beim Abschleppen keine Rucke geben kann. In Schwierigkeiten kann man höchstens bei engen Kurven oder Einmündungen kommen, wenn man kein eingespieltes Team ist und keinen günstigen Kurveneinschlag zustande bringt. Nachteil der Stange: Sie ist teuer und nimmt im Gepäckraum relativ viel Platz weg. Diese Sorge hat man mit dem Abschleppseil nicht, dafür ist einige Fahrkunst erforderlich. Fürs Abschleppen und Abgeschlepptwerden haben die Peugeot vorn und hinten stabile Abschleppösen. Allerdings sind die vorderen Ösen recht scharfkantig; man muß gut darauf achten, die Manschette des Seils mit durch die Öse zu bringen, damit das Seil nicht durchgescheuert wird. Wenn möglich nimmt man die Öse der linken Wagenseite. Dadurch hat der Fahrer des abgeschleppten Fahrzeugs das Seil direkt unter den Augen, denn er muß ja darauf achten, daß es immer straff gespannt ist. Außerdem sieht ein zum Überholen ansetzender Hintermann das Seil schneller und weiß, daß

der Raum zwischen den beiden Wagen blockiert ist und er zum Überholen nicht einscheren kann.
Und nun zum Schleppfahren selbst: Die Fußspitze hat der Fahrer des abgeschleppten Wagens stets in geringem Abstand über – nicht auf – dem Bremspedal. Wenn Sie der Abschleppende sind, weisen Sie den Fahrer, dessen Wagen Sie abschleppen, darauf hin. Es kommt darauf an, daß das Abschleppseil auch im Schub immer leicht gestrafft bleibt. Abrupte Reaktionen sind zu vermeiden. Dann bleibt auch das Rucken aus, das beim Anfahren oder Schalten die Gefahr birgt, daß das Seil reißt oder die Kräfte an den Anknüpfungspunkten zu stark werden. Der Fahrer des Abschleppwagens muß viel mit der Kupplung arbeiten, um die Übergänge beim Anfahren und Schalten weich zu gestalten. Vereinbaren Sie einige Zeichen untereinander vor Beginn der Abschleppfahrt. Wenn die Verständigung nicht klappt, oder wenn einmal ein Anfahrvorgang mißglückt ist, dann bremsen Sie zum Stillstand ab und wiederholen Sie den Anfahrvorgang.

Fingerzeig: *Damit auch der Abgeschleppte mit Bremslichtern und Blinkern Zeichen geben kann, sollte die Zündung eingeschaltet werden. Um Schäden zu vermeiden die Zündspulenkabel abziehen!*

Abschleppen juristisch

Das Abschleppen ist nach den Gesetzen eine Notmaßnahme. Es darf nur dazu dienen, einen aus eigener Kraft nicht fahrfähigen Wagen in die nächste Werkstatt – möglichst Peugeot-Werkstatt – oder zum nahe gelegenen Heimatstandort zu bringen. Für Gefälligkeits- oder Überführungsschleppfahrten haftet keine Versicherung. Der Fahrer des abschleppenden Wagens braucht keinen Führerschein Klasse 2, sondern nur der Klasse 3. Und vom Lenker des abgeschleppten Wagens wird gar kein Führerschein verlangt. Für das Abschleppen betriebsfähiger Wagen (z. B. wenn nur die Batterie leer ist) braucht der Lenker des abgeschleppten Fahrzeugs den Führerschein.
Die Versicherung des Abschleppenden kommt für Schäden auf, die während der Schleppfahrt entstehen, sofern dem Fahrer des abgeschleppten Autos nicht ein schuldhaftes Verhalten nachgewiesen werden kann. Daher sollte der Kavalier vor Beginn der Abschleppfahrt kontrollieren, ob für ihn ein ausreichender Versicherungsschutz besteht, also: Versicherungsprämie bezahlt? Fahrerlaubnis gültig? Verkehrssichere Reifen? Außerdem muß das abgeschleppte Auto zu lenken und zu bremsen sein, und der Lenker des abgeschleppten Wagens muß – auch ohne Führerschein lenken und bremsen können. Ein Wagen ohne Benzin darf nur dann abgeschleppt werden, wenn die nächste Tankstelle in für einen Fußmarsch unzumutbarer Ferne liegt.

Sowohl fürs Abschleppen wie fürs Abgeschlepptwerden hat Peugeot Vorsorge getroffen. Vorn befestigt man das Seil an der hier im Foto gezeigten Öse, hinten ist der Anknüpfungspunkt ein rundes verschraubtes Eisenstück. Die Öse vorn ist allerdings recht scharfkantig. Wenn man am Seil kein Kettenende wie hier hat, muß man darauf achten, daß die Ledermanschette in der Öse zu liegen kommt.

Miteinander leben

Das Verhältnis zwischen Autofahrer und Werkstatt entbehrt oft nicht gewisser Spannungen. Wir wollen die Gründe hier nicht näher untersuchen. Fest steht jedenfalls, daß beide aufeinander angewiesen sind. Schließlich kann eine Autowerkstatt ohne Autofahrer nicht existieren, und jeder Wagen ist das ganze Autoleben lang über die Inspektionsintervalle mit der Werkstatt verbunden, von den Reparaturen gar nicht zu reden, die bei jedem Auto vorkommen – ob es seinem Besitzer nun schmeckt oder nicht. Deshalb sollten beide Seiten versuchen, miteinander auszukommen.
Wir würden die sogenannten Schiedsstellen, zu denen neuerdings der Trend geht und die latentes Mißtrauen der Werkstatt gegenüber voraussetzen, möglichst wenig in Anspruch nehmen. Das dürfte dem Peugeot-Fahrer nicht schwerfallen, denn in den Peugeot-Werkstätten arbeiten anerkannt qualifizierte und solide Fachleute. Aber wenn es nicht anders geht: Ein Adressenverzeichnis der Schiedsstellen in der Bundesrepublik ist vom Zentralverband des Kraftfahrzeughandwerks, 53 Bonn 1, Kaiserplatz 18, von der Kfz-Innung und von den Automobil-Clubs oder vom DAT (Deutsche Automobil-Treuhand) erhältlich. Aber auch die Formel »Seid nett zueinander« hilft nicht immer weiter. Zweifellos nützt es dem Zusammenleben am ehesten (auch unter dem Aspekt, daß Peugeot-Werkstätten in der Regel gesalzene Preise verlangen), wenn beide Seiten nach den Gegebenheiten eine vernünftige Handlungsweise praktizieren, und der Autofahrer zur Werkstatt ein sachliches Verhältnis herstellt.

Umgang mit der Werkstatt

Zur Entschärfung diverser Probleme deshalb einige Ratschläge:

- Wartungsdienste und voraussehbare Reparaturen möglichst früh persönlich oder telefonisch anmelden und einen Termin vereinbaren, um langen Wartefristen vorzubeugen. Werkstattbesuche kurz vor Feiertagen und Ferienbeginn vermeiden.
- Morgens möglichst zwischen 7 und 8 Uhr vorfahren; zu dieser Zeit werden die Arbeiten für den Tag eingeteilt. Besser schon am Abend vorher, da herrscht bei der Annahme nicht so viel Gedränge.
- Ganz klaren Reparaturauftrag geben, dieses Buch soll dabei helfen. Ölwechsel ja oder nein? Welches Öl, Zündkerzen austauschen? Am besten im Lauf der Zeit einen Merkzettel anlegen. Sonst vergißt man bei der Reparaturannahme doch einige der gewünschten Punkte anzugeben.
- Den Annehmer der Werkstatt um möglichst genaue Auskunft über die vermutlichen Kosten bitten. Dazu eindeutig erklären, daß man Sie anrufen oder auf Ihr Wiederkommen warten müsse, wenn der Betrag um soundsoviel höher komme. Sie wollen ja nicht von einer Bombenrechnung überrascht werden, die Ihren Monats-Etat über den Haufen wirft.
- Vor der Wagenabholung sicherheitshalber nochmal nach der Kostensumme fragen. Denn es ist allgemeiner Werkstattbrauch, den fertigen Wagen nur

gegen Barzahlung herauszugeben. Auch von Schecks will man in manchen Werkstätten nichts wissen, es sei denn, Sie besitzen eine Scheckkarte.

■ Eigene Telefonnummer hinterlassen, wichtig für Rückfragen wegen zusätzlicher Arbeiten. So etwas stellt sich manchmal erst während der Reparatur heraus. Übrigens können Sie zusätzliche Arbeiten nicht ablehnen, wenn ohne sie der Wagen nicht mehr verkehrssicher ist.

■ Auch bei Reparaturen haben Sie Garantieansprüche, wenn die Arbeit unsachgemäß erledigt wurde oder wenn sich ein Materialfehler herausstellt. Im Gegensatz zur Erstgarantie haben Sie sogar Anspruch auf Schadenersatz, wenn fahrlässig repariert wurde.

■ Bei Uneinigkeiten mit der Werkstatt wende man sich an eine der über die BRD verteilten Schiedsstellen. Ein Anschriftenverzeichnis ist vom Zentralverband des Kraftfahrzeughandwerks, 5300 Bonn 1, Franz-Lohe-Straße 21, von der Kfz-Innung, von der Industrie- und Handelskammer, von den Automobil-Clubs, vom TÜV oder von der DAT erhältlich.

Was wird das wohl kosten?

Die größte Scheu haben Autofahrer, wie wir immer wieder beobachten, vor der Frage nach den Kosten. Man will seine Unkenntnis nicht zugeben, obwohl unmöglich ein Mensch erwarten kann, daß man die Ersatzteilpreise für die einzelnen Teile kennen kann, besonders bei den heutigen Teuerungsraten.

Bei größeren Reparaturen sollte man grundsätzlich einen schriftlichen Kostenvoranschlag verlangen. Dabei genügt durchaus eine Durchschrift des Reparatur-Auftragszettels mit jeweils hinter die Arbeitspositionen und Teile geschriebenen Preisen. Ein solcher Kostenvoranschlag sollte nach dem Brauch der Branche nur um höchstens 15 % überschritten werden, ohne daß man Sie um Erlaubnis fragen muß.

Gelegentlich hört man von Rechnungen, deren sparsamer Text sich in dem Satz »Wagen instandgesetzt 327,51 DM« erschöpft. Solch eine Rechnung ist keine Rechnung. Man braucht sich damit nicht zufriedenzugeben, denn es ist das gute Recht des Kunden, genau zu erfahren, was ihm da alles berechnet wurde. Nicht zuletzt gilt eine exakte Rechnung auch als eventuelles Beweismittel bei Reklamationen. So ist es für eine gute Werkstatt selbstverständlicher Brauch, daß die Rechnung genau beschreibt, wie und was eigentlich repariert wurde, welche Teile und zu welchem Preis dazu nötig waren und wie hoch der Preis für die eigentliche Arbeitszeit war.

Gerade diese letzte Position bringt manchen unkundigen Autobesitzer zum Schaudern, denn in den meisten Fällen sind die Kosten der Montage wesentlich höher als der Preis des jeweiligen Ersatzteils.

Fleißige Hände kosten Geld

Deshalb unser Rat, daß man sich vor jeder größeren Reparatur einen Kostenvoranschlag von seiner Werkstatt geben lassen soll. Solch ein Kostenvoranschlag einschließlich des Arbeitspreises ist für die Peugeot-Händler kein Problem, denn die Peugeot-Werke haben für ihre Vertragswerkstätten ein Fest-Zeiten-Buch zusammengestellt.

Der Stundenpreis selbst richtet sich aber nach den Stundenlöhnen, die von der Werkstatt nach eigener Kalkulation berechnet werden. Die Stundenpreise liegen in der Großstadt meistens höher als auf dem flachen Land. Deshalb kostet die gleiche Reparatur in jeder Werkstatt einen anderen Preis, was den Arbeitslohn betrifft. Bei Reparaturen mit hohem Arbeitsaufwand können dabei erhebliche Differenzen herauskommen, weshalb es sich unter Umständen schon lohnt, vorweg verbindliche Kostenvoranschläge von verschiedenen Peugeot-Werkstätten einzuholen.

Neuwagen-Garantie

Eine Menge Kleingedrucktes hing hinten an dem Kaufvertrag, den Sie zum Erwerb Ihres neuen Peugeot unterschrieben hatten. Natürlich haben Sie das alles ganz genau gelesen – oder? Hoffentlich sind Sie dann klaglos über das »Allgemeine«, den Preis, die Zahlungs-, Liefer- und Übernahmebedingungen gekommen. Falls nun Ihr Peugeot noch im jugendfrischen Alter unter einem Jahr steht (die Kilometerbegrenzung hat Peugeot abgeschafft), bleibt der letzte Abschnitt, die Gewährleistung, für Sie interessant.

Garantie-Ausschlüsse

In mehr Sätzen und Nebensätzen, als einem beim ersten Blick auffällt, sind jene Gründe genannt, die den Anspruch auf Gewährleistung ausschließen oder erlöschen lassen. Das sind unter anderem: Unsachgemäße Behandlung, also Nichtbeachten der Betriebsanleitung, Einbau fremder Teile und Übergehen der vorgeschriebenen Inspektionen. Schon um den Garantieanspruch nicht zu verlieren, wird man die ersten Inspektionen brav und termingemäß bei der Peugeot-Vertretung absolvieren. Hinsichtlich der Reifen, der Elektroteile und der Batterie übernimmt Peugeot keine Garantie, sondern man muß sich über seinen Peugeot-Händler an den betreffenden Hersteller wenden. Da Ihr Peugeot jedoch kein deutsches Erzeugnis ist, wird Ihnen Ihr Peugeot-Händler im Rahmen der Kulanz diese Arbeit abnehmen.

Garantie-Praxis

Innerhalb der Gewährleistungszeit müssen Garantieansprüche rechtzeitig und schriftlich gestellt werden. Klare Verhältnisse schaffen bestätigte Reparaturaufträge der Peugeot-Werkstatt. Wenden Sie sich schriftlich an eine der Regionaldirektionen in Lohrte, Krefeld, Saarbrücken oder München, dann sollte dies mit Durchschlag oder Kopie und per Einschreiben geschehen.

Die Regionaldirektionen haben vom Werk die Vollmacht, über Garantie- und Kulanzfälle zu entscheiden. Doch auch den Händlern und den Niederlassungen in Köln, Dillingen/Saar, Neunkirchen, Saarbrücken, Freiburg, München, Hannover und Hamburg liegen interne Richtlinien über die Abwicklung der üblichen Garantie- und Kulanzfälle vor.

Falls der Peugeot übrigens wegen eines gewährleistungspflichtigen Schadens unterwegs liegenblieb, muß der Autofahrer die nächstgelegene Peugeot-Werkstatt informieren. Sie entscheidet dann, ob der Schaden an Ort und Stelle behoben oder das Fahrzeug abgeschleppt wird. Im letzteren Fall übernimmt der Peugeot-Betrieb die Schleppkosten. Der Haken an dieser Regelung ist lediglich, daß man als Laie nicht immer deutlich erkennen kann, ob der Schaden unter die Gewährleistung fällt.

Kulanz — die Zeit nach der Garantie

Zu Zeiten, als die Autowerke hierzulande nur ein halbes Jahr Garantie auf ihre Autos gaben, hatte man – als Trostpflaster sozusagen – anschließend eine gewisse Kulanz bei auftretenden Schäden gezeigt. Seit der Einführung der längeren, kundenfreundlicheren Garantiefristen kann man nur noch bei einem frühen Motor- oder Getriebeschaden (etwa durch Materialfehler) oder Rostschäden (durch nachweisbar schlechte Karosserie-Vorbehandlung) mit Kulanzbereitschaft des Werkes rechnen.

Ungewöhnliche Geräusche aus Motor oder Getriebe, die während der Garantiezeit nicht behoben werden konnten, hält man sicherheitshalber schon in der Gewährleistungszeit schriftlich fest (hier ist wieder der Werkstattauftrag das beste Schriftstück). Durch einen eingeschriebenen Brief an Werkstatt, Niederlassung oder Regionaldirektion meldet man mögliche spätere Ansprüche bereits an. Dann fällt die Anerkennung leichter, wenn sich ein »harmloses« Geräusch doch etwa als Getriebeschaden herausstellt.

Zahlen zählen

Freunde handfester Zahlen kommen hier auf ihre Kosten. Die folgenden Daten stellen den jüngsten Stand dar, wie sie bei Erscheinen des Buches Gültigkeit hatten. Als technische Daten bezeichnet man am Auto jedoch nicht nur das, was sich wiegen, messen oder sonstwie in Zahlen ausdrücken läßt. Auch die Kurzbeschreibung des Motors, der Karosserie und des Fahrwerks gehören dazu. Diese Zahlen können eines Tages für Sie von Interesse sein. Über Modelländerungen durch die Baujahre gibt das nachfolgende Kapitel »Entwicklungsjahre« Auskunft.

Kennzeichnung der Peugeot-Motoren

Die **Seriennummer** vorn rechts auf einer Metallnase des Zylinderkopfs rechts neben dem Auspuffkrümmer in 18 mm großen Buchstaben und Ziffern. Diese Seriennummer (die Serie begann mit Nr. 6.000.001) muß vorn und hinten ein X haben, und die Nummer muß mit der Seriennummer auf dem Typschild und der auf dem Radkasten davor eingeschlagenen Nummer übereinstimmen.

Die **Motornummer** ist hinten rechts auf dem Motorblock eingeprägt. Diese Herstellungs- oder Fabrikationsnummer des Motors (beginnend mit Nr. C-00494 G) setzt sich aus einem Buchstaben und 5 folgenden Zahlen zusammen.
Zu den Nummern kommen noch **Identifizierungsbuchstaben.** Der oder die Buchstaben stehen hinter der Motornummer, wenn die Zündspule am Radkasten befestigt ist. Wenn die Zündspule auf dem Zylinderblock befestigt ist, stehen die Buchstaben hinter der Seriennummer. Die Bedeutung der Buchstaben:

Buchstabe	Modell	Motortyp	Leistung	Verdichtung	Hubraum
N	204	XK 3, XK 4	48–49 PS	7,6 : 1	1130 cm³
G	204	XK 3, XK 4	53–55 PS	8,8 : 1	1130 cm³
GA	204	XK 5	59 PS	8,8 : 1	1130 cm³
Z (USA), ZA	304	XL 3	48 PS	7,5 : 1	1288 cm³
S	304	XL 3	65 PS	8,8 : 1	1288 cm³
SA	304 S	XL 3 S	75 PS	8,8 : 1	1288 cm³
SB	304	XL 5	65 PS	8,8 : 1	1288 cm³
SD	304 S	XL 5 S	75 PS	8,8 : 1	1288 cm³

Wichtig: Motor-, Serien- und Fahrgestellnummer muß man oftmals wissen, wenn man im Peugeot-Ersatzteillager Teile kaufen will.

Motor

Vierzylinder-Viertakt-Reihenmotor, flüssigkeitsgekühlt, Triebwerksblock mit Getriebe und Differential.

Einbaulage: Im Bug, quer im Motorraum stehend, 20° nach vorn geneigt, anfangs an 3 Punkten gelagert, seit September 1968 an 4 Punkten.

Motortyp	XK 3	XK 4	XK 5	XL 3	XL 3 S	XL 5	XL 5 S	XL 4 D	XL 4 D	XIDL
eingebaut seit/ab	1965	1965	ab 9.75	1969	1969	ab 9.75	ab 9.75	1967	ab 9.76	ab 9.79
Modell	204	204	204/ 304	304	304	304	304	204 D/ 304 D	304 D	304 D
Leistung DIN-PS	48*	53–55*	59	65	75	65	75	40	45	47
bei 1/min	5750	6000	6200	6000	6000	6000	6200	5000	5000	5000
Leistung kW	–	44	43,4	48	55	48	55	30	33	36
Hubraum cm³	1130	1130	1130	1288	1288	1288	1288	1255	1357	1548
Bohrung mm	75	75	78	76	76	78	78	75	78	80
Hub mm	64	64	59	71	71	67,5	76,5	71	71	77
Verdichtung : 1	7,6	8,8	8,8	8,8	8,8	8,8	8,8	22,3	23,3	22,5
Kraftstoffsorte	N	S	S	S	S	S	S	D	D	D
Drehmoment mkg	–	8,2	8,2	9,6	10,3	9,6	10,3	7,3	7,8	8,7
Drehmoment Nm	–	80,4	80,4	94,2	101	94,1	101	73	77	87
bei 1/min	–	3500	3750	3750	4500	3750	3750	3000	2500	2500
Lehrlaufdrehzahl	800 U/min				900 U/min					

*Leistungsveränderung siehe auch Kapitel »Entwicklungsjahre«

Ventilanordnung: Im Zylinderkopf hängend, Steuerung über Kipphebel und obenliegende Nockenwelle, Nockenwellenantrieb durch doppelte Rollenkette von der Kurbelwelle

Ventilspiel: Bei kaltem Motor: Einlaß 0,10 mm, Auslaß 0,25 mm, Diesel: Einlaß 0,15 mm, Auslaß 0,30 mm

Einstelltabelle:

Ventil ganz öffnen	Ventile einstellen
A1	E3 + A4
A3	E4 + A2
A4	E2 + A1
A2	E1 + A3

Ventilreihenfolge: E–A–E–A–E–A–E–A (E = Einlaß, A = Auslaß), Zylinder 1 in Fahrtrichtung links

Ventilsteuerung/Modell	204	204/304	304	304	204 D
Motor	XK 3, 4	XK 5	XL 3, XL 3 S	XL 5, XL5 S	XL 4 D
Leistung PS	53–55	59	65, 75	65, 75	40
Einlaß öffnet vor OT	1°20'	4°30'	2°20'	6°	5°34'
Einlaß schließt nach UT	32°	33°	40°30'	38°	26°26'
Auslaß öffnet vor UT	33°	36°	39°50'	45°	38°24'
Auslaß schließt nach OT	2°30'	7°30'	3°	1°	5°36'

Drehrichtung	des Motors: im Uhrzeigersinn
Zylinderkopf	Leichtmetall-Druckguß mit leicht halbkugeligen Brennräumen, darf nur kalt ausgebaut werden, um Deformation zu vermeiden. Kein Abschleifen möglich wegen obenliegender Nockenwelle
Motorblock	Leichtmetall-Druckguß, anfangs zweiteilig, ab Sept. 68 einteilig
Kurbelwelle	fünffach gelagert, Längsspiel zwischen 0,07 und 0,23 mm, Einstellung durch Anlaufscheiben
Zylinderlaufbüchsen	auswechselbar in Zylinderblock eingesetzt, Abdichtung durch Papierdichtungen verschiedener Stärke zur Erreichung des vorgeschriebenen Überstands von 0,21 mm bei 204 und 304

Kühlung

Überdruck-Flüssigkeitskühlsystem, Kühler im Fahrtwind, abschaltbarer Ventilator von Keilriemen angetrieben, Umwälzung durch Wasserpumpe, Durchflußmenge durch Thermostat geregelt, umlaufendes Wasser wärmt Vergaserflansch vor. Anzeige im Armaturenbrett.

Kühlflüssigkeit	Sommer: Wasser, Winter: Frostschutzmischung
Kühlerdeckel	bzw. Deckel Entgasungsbehälter 280 mbars
Thermostat	siehe Kapitel »Heizung und Kühlung«
Ventilator	Riemenspannung 2 % = 101,5 — 102 bei Dreh-, 102 — 102,5 bei Gleichstromlichtmaschine für Ventilator Kontaktschalter vorn unten am Kühler, Einkupplungstemperatur 87° C ± 3° C,
Wärmefühler	für Temperaturanzeige an Zylinderkopfrückseite zwischen den beiden linken Einlaßrohren

Schmierung

Druckumlaufschmierung, Ölpumpe, Ölwechselfilter im Hauptstrom, Öldruckkontrolleuchte im Armaturenbrett

Öldruckschalter	in Motorblockvorderseite neben Wechselfilter, teilweise auch direkt im Filterträger
Öldruck	Messung mit Manometer anstelle des Öldruckschalters und bei 90° C Ölwannentemperatur (abgekühlten Motor mit 3500 U/min drehen lassen und 5 Minuten nach dem 1. Einschalten des Ventilators kontrollieren)
Druckwerte	bei neuem Motor: bei 850 U/min = 1–2 bar, bei 2000 U/min = 3,2–4,1 bar, bei 4000 U/min = 3,4–4,3 bar (bar entspricht atü oder kg/cm²). Normale Drucksenkung entsprechend der Kilometerleistung 0,4 bar
Ölwechselfilter	Purflux oder Lockheed, siehe auch Schmier-Kapitel.

Kraftstoffanlage

Tank	Unter dem Gepäckraum, Einfüllöffnung an rechter Wagenseite, Tankentlüftung über Tankdeckel, Benzinstandgeber im Tank
Kraftstoffpumpe	Membranpumpe, unter Einlaßkrümmer an Motorblock geschraubt, Antrieb durch Kurbelwelle, Fabrikate AC, SEV-Marchal, Guiot
Luftfilter	Trockenfilter mit Balgeinsatz, teilweise Ölbad, mit Anschluß für Kurbelgehäuseentlüftung.

Vergaser

Wagentypen	204					304		304 S	204/304	304	304 C	
Motortypen	XK			XK 4		XL 3		KL 3 S	XK 5	XL 5	XL 5 S	
Vergasertypen	32 PBISA	32 PBISA2	32 PBISA3 1./2. Einst.	PBISA3	34 PBISA4	34 PBISA3	34 PBISA4	35 EEISA	34 PBISA5	34 PBISA5	32/35 TCICA 1. Stufe	2. Stufe
Orig.-Markierung*	11	–	25/26	36	62	27	63	85	102, A102	110 A110	103, A103	
Lufttrichter	24	24	24/24	26	26	26	26	24	26	26	24	24
Hauptdüse	122,5	120	127,5/122,5	137,5	130	140	132,5	122,5	130±2,5	132±2,5	117±2,5	120±2,5
Luftkorr.-Düse	190	220	180/170	180	150	180	150	120	140±10	160±10	140±10	160±10
Mischrohr	E 2	E 2	E 2/E 2	E 2	E 2∅4	E 2	E 2∅4	ND	S01	S01	S08	S1P1
Leerlaufdüse	47,5	50	50/50	52	57,5	55	55	50	44±4	43±5	51±5	50±5
Leerlaufluftbohrung	–	–	–/–	220	180	220	180	80	180±10	180±10	125±10	50±5
Leerlaufbohrung unter Lufttrichter	220	220	220/220	–	–	–	–	200	–	–	–	–
By-pass-Bohrung	2/90	3/90	3/90/3/90	3/110	2/120 1/90	3/90	2/120 1/90	Schlitz 0,6x6	–	–	–	–
Einspritzrohr	45	45	45/45	45	40	45	40	35	45	45	40	–
Ende Pumpenhub bei Öffnung Drosselklappe mm	3,5	3,5(2)	3,5/6,5	6,5	6,5	6,5	6,5	Nocken	6±0,5	6±0,5	Nocken	Nr. 4
Gemischanreicherung	–	60	–/–	–	E 50	–	E 40	–	–	–	–	–
Econostatdüse	–	130	–/–	–	–	–	–	–	–	–	–	–
Econostatluftdüse	–	150	–/–	–	–	–	–	–	–	–	–	–
Schwimmernadelventil	1,5	1,5	1,5/1,5	1,5	1,5	1,5	1,5	1,8	–	–	–	–
Schwimmer	5,7 g	5,7 g	5,7 g/5,7 g	5,7 g	5,7 g	5,7 g	5,7 g	6,2 g	5,7 g	5,7 g	7,2 g	–
Düse für konstanten CO-Gehalt									30±5	30±5	100±10	–
Luft für konst. CO-Gehalt									180±10	180±10	–	–
Nadelventil (m-Kugel)									1,5	1,5	1,5	–
Grundeinst. im Leerlauf									40'	50'	30'	45'
Positive Öffnung									12° 40'	13°	–	–

*Markierung ist auf dem Starterklappenbetätigungshebel oder auf dem auf den Deckel geschraubten Plättchen eingeprägt.

Elektrische Anlage

Bordnetz	12 Volt
Batterie	40 Ah, Minus (–) an Masse
Zündspule	SEV 3 H
Lichtmaschine	bei Gleichstrom: Ducellier 7319 oder 7320, Paris-Rhône G 10 C 34/46/50 330 Watt, Leistung bei 13 V = 25 A, Einschaltdrehzahl Ducellier 1800 U/min, Paris-Rhône 1450 U/min, Induktionswiderstand bei 20° C = 7 ±0,5 Ohm, Kurbelwellenriemenscheiben-∅ = 118 mm, ∅ Lichtmaschinenriemenscheibe = 75 mm, Antriebsverhältnis 1,61
Regler	Ducellier 8343, Paris-Rhône YD 217
Wechselstrom-Lichtmaschine	SEV-Motorola 26 656 oder 71 227.502/302/602/002, Paris-Rhône A 13 R 96/R 129 Nennspannung 14 V, Leistung 500 W bei 14 V = 35 A, entsprechende Drehzahl 4000 U/min, Induktionswiderstand bei 20° C = 4,5±0,3 Ohm, ∅ der Kurbelwellenriemenscheibe 118 mm, ∅ Lichtmaschinenriemenscheibe 64,6 mm, Antriebsverhältnis 1,89
Regler	Ducellier 8349, Paris-Rhône AYA 21
Anlasser	204/304 = Ducellier 6155, Paris-Rhône D8 E 50, 204 Diesel = Ducellier 6178
Zündverteiler	Ducellier M 43/M 68/M 59. Wichtig: Seriennummer bei Austausch und Reparatur angeben, besonders weil enger Zusammenhang mit verwendbaren Zündkerzen. Verteiler M 43 kann den Verteiler ersetzen an 204 mit Motor XK, Verdichtung 8,8:1 unter unbedingter Verwendung der Zündkerzen Marchal 35 HS oder AC 44 XL, oder Kerzen mit gleichem Wärmewert.
Unterbrecher	Kontaktabstand 0,40 mm, Schließwinkel 57° ±2°
Schließwinkel	siehe Kapitel »Die Zündanlage«
Zündkerzen Elektroden	Abstand 0,6 mm, im Winter evtl. 0,5 mm
Zündfolge	1 – 3 – 4 – 2
Zündzeitpunkt	am Schwungrad 12° vor OT, am Kolben 0,9 mm vor OT, bei Verteilern M 70/73/75 = 5° vor OT, seit Baujahr 1978 elektronischer OT-Geber für Zündeinstellung

Kraftübertragung

Kupplung	Einscheiben-Trockenkupplung mit Tellerfeder und kugelgelagertem Ausrücklager, System Ferodo, Dentel und LUK, Betätigung Kupplungspedal/Ausrückhebel hydraulisch
Kupplungsspiel	2,7 mm am Ausrückhebel, 30 bis 35 mm am Kupplungspedal
Getriebe	Vollsynchronisiertes Vierganggetriebe, 1 Rückwärtsgang (unsynchronisiert), Gangwahl durch Lenkrad- bzw. Knüppelschaltung in Wagenmitte

		204/55 PS	304/65, 75 PS
Untersetzungen	1. Gang	3,73	3,65
	2. Gang	2,27	2,22
	3. Gang	1,48	1,45
	4. Gang	1,04	0,968
	R.-Gang	4,03	3,95
Achsuntersetzung		4,06 (15:61 Zähne)	4,02
Gesamtuntersetzungen	1. Gang	15,12	14,67
	2. Gang	9,19	8,92
	3. Gang	6,02	5,83
	4. Gang	4,23	3,89
	R.-Gang	16,36	15,88

Antrieb	über zwei Halbwellen auf die Vorderräder. Radseite mit Doppelkardangelenk oder Rollengelenk, Getriebeseite Dreikugelgelenk mit Längenausgleich
Tachoantrieb	Antriebsritzel im Getriebe, Untersetzung bis 1967 = 7 x 16, 1968 = 8 x 18 Zähne

Fahrwerk

Radführung vorn	McPherson-Federbeine (hochliegende Schraubenfedern mit innenstehenden doppeltwirkenden Teleskopstoßdämpfern), untenliegende Dreiecks-Querlenker, seit 1968 Querstabilisator und Federbeine mit drehbaren Schraubenfedern
Radführung hinten	McPherson-Federbeine, gezogene Längslenker mit gemeinsamem querliegendem Achsrohr, seit 1968 Querstabilisator
Radeinstellung vorn	Nachspur 2 ±1 mm, Nachlauf 0°30' ±30', Radsturz 0°30' ±45' Achsschenkelspreizung 9°30' ±30'
Radeinstellung hinten	bis Sept. 70 Vorspur 1,5 bis 2 mm, negativer Sturz 0°30' ±1° Sept. 70–Mai 71 Vorspur 3 ±1,5 mm, negativer Sturz 0° ±1° seit Mai 71 Vorspur 3 ±1,5 mm, negativer Sturz 2° ±1°

Lenkung

Zahnstangenlenkung, bis Sept. 69 an 204 mit einteiliger Lenksäule, Zahnstange und Lenkgetriebe getrennt, ab Sept. 69 und 304 abgeknickte Sicherheitslenksäule, Zahnstange und Lenkgetriebe kombiniert

Untersetzung	18,6:1, Antriebsritzel/Zahnstange 8:30 Zähne
Lenkradumdrehungen	von Anschlag zu Anschlag ca. 3,7

Bremsen

Hydraulische Vierrad-Bremsanlage, Scheibenbremsen vorn, Trommelbremsen hinten, teilweise Bremskraftverstärker, Bremskraftregler gegen Überbremsen der Hinterräder

Scheibenbremsen	Fabrikate Girling und Bendix mit 2 oder 3 Kolbenbremssätteln, Identifizierung siehe Zeichnungen im Kapitel »Bremsen«. Abschleifen der Bremsscheibe muß beidseitig gleich geschehen, um Zentrierung zu erhalten, min. 9 mm, max. Unterschied an jeder Seite 0,02 mm. Maximaler Schlag an Radnabe (gemessen 22 mm vom Außenrand) 0,05 mm
Scheiben-∅	entsprechend den verschiedenen Ausführungen 247 und 256,6 mm

Trommelbremsen	3 Ausführungen von Bremsträgerplatten: 1. Bohrung Ø 82 mm, 1 Loch zur Durchführung des Handbremskabels 2. Bohrung Ø 82 mm, 2 Löcher, 1 abnehmbarer Verschlußstopfen für das nicht verwendete Loch 3. Bohrung Ø 62 mm Radbremszylinder 19 mm Ø Max. Trommel-Ø nach Ausschleifen 229,6 mm, Differenz zwischen linkem und rechtem Rad höchstens 0,15 mm, max. Schlag der Trommel an der Radnabe 0,10 mm, ebenso zwischen größtem und kleinstem Durchmesser. Primärbremsbacken (vornliegend) Belag Ferodo 4Z 231 mm lang, 40 mm breit, Sekundärbremsbacken hinten Ferodo 4Z, Länge 176 mm, Breite 40 mm
Hauptbremszylinder	4 verschiedene Ausführungen und Einstellungen
Bremshilfe	(Bremskraftverstärker) Mastervac, Unterdruck nach Abfallen aus 4500 U/min = 500 mm/Hg oder mehr, in 2000 m Höhe = 370 mm/Hg
Bremskraftregler	Girling bis Sept. 68, Lockheed ab Okt. 68
Bremslichtschalter	Seit Sept. 69 am Bremspedallagerbock, vorher am Hauptbremszylinder. Bei 204 ohne Bremshilfe: Überstand Druckstange ohne Dichtung 35,35 bis 35,85 mm am Pedallagerbock aus Aluminium, 36 bis 36,55 bei Stahlblech, folglich auf den Gummianschlag des Bremspedals drükken. Bei Bremshilfe: Überstand Druckstange von Bremshilfe-Dichtfläche 36,3 bis 36,5 mm
Handbremse	mechanisch über Seilzüge auf die Hinterräder wirkend, Handbremshebelweg 6 bis 8 Rasten

Räder

	Stahlscheibenräder
Felgen	Tiefbettfelgen, 4 J x 14 oder 2 1/2 J x 14, ab Modelljahr 1978 (Seriennummer 4 031 501) Radbefestigung mit Kugelbundmuttern statt BM-Muttern
Reifen Reifendruck	

Reifen	135 x 14		145 x 14 / Break	
	vorn	hinten	vorn	hinten
Michelin X	1,7	2,0	1,5/1,6	1,8/2,5
Michelin zX	1,7	2,0	1,6/1,7	1,9/2,6
Kleber V10	1,8	2,1	1,6/1,7	1,9/2,5
Uniroyal Rallye 180	1,6	2,0	1,5/1,6	1,9/2,6

Karosserie

viertüriger Stahlaufbau, selbsttragend, mit Bodenplattform verschweißt, Koflügel geschraubt, ebenso Abschlußbleche vorn und hinten sowie Unterholmverkleidung

Maße und Gewichte

	204 Lim.	204 Cabrio	204 Coupé	204 Break	204 Diesel	304 Lim.	304 S Lim.	304 S Cabrio	304 S Coupé	304 Break
Gesamtlänge mm	3990	3735	3735	3970	3970	4150	4150	3759	3759	3990
Gesamtbreite mm	1560	1560	1560	1560	1560	1570	1570	1573	1573	1570
Gesamthöhe belastet mm	1340	1300	1280	1340	1340	1340	1340	1328	1322	1340
Überstand vorn mm	620	620	620	–	–	–	–	–	–	–
hinten mm	775	810	810	760	760	910	910	–	–	760
	(darf nicht überschritten werden									
Radstand mm	2595	2305	2305	2595	2595	2595	2595	2305	2305	2595
Spurweite vorn mm	1320	1320	1320	1320	1320	1320	1320	1320	1320	1320
hinten mm	1290, früher 1260									
Wendekreis-Ø m	10,3	9,54	9,54	10,3	10,3	10,4	10,4	9,54	9,54	10,4
Bodenfreiheit belast. mm	140	140	140	140	140	120	120	120	120	120
Leergewicht kg	880	850	875	935	955	940	940	895	930	950
zul. Gesamtgewicht kg	1305	1050	1155	1360	1380	1330	1330	1085	1250	1370
Zuladung kg	425	200	280	425	425	390	390	190	320	420
Gepäckrauminhalt Liter	370	400	300	–	–	382	382	320	320	–
zul. Anhängelast										
gebremst kg	850	800	800	400	400	950	950	800	800	950
ungebremst kg	440	–	–	400	400	500	500	475	495	400
Dachlast kg	50	–	50	50	50	50	50	–	50	50

Füllmengen und Sorten

Kraftstofftank	42 Liter, Superbenzin bzw. Diesel
Triebwerksblock	Wechselmenge 4 Liter, Mehrbereichsöl SAE 10 W 40 (Winter), 20 W 50 oder 10 W 50 (Sommer)
Kühlsystem	5,8 Liter, bei Einbau von Entgasungsbehälter Liter, Sommer: Wasser, Winter: Frostschutzmischung
Bremssystem	Original Bremsflüssigkeit, Lockheed 55, Nafic FN 3, Peugeot, Ate
Scheibenwascher	1,5 Liter, im Winter Frostschutzzusatz

Fahrleistungen

(eigene Meßwerte)	204 Lim. 55 PS	204 Break D 40 PS	304 Lim. 65 PS	304 S Lim. 75 PS	304 Cabrio/ Coupé 65 PS	304 S Cabrio/ Coupé 75 PS
0– 80 km/h sec	11,5	20,8	10,3	9,4	10,2	9,3
0–100 km/h sec	18,3	38,0	17,0	14,6	16,3	14,0
0–120 km/h sec	33,0	–	27,0	21,7	25,4	21,0
0–140 km/h sec	–	–	45,5	40,0	–	–
Spitze km/h	140	120	150	155	150	155
Durchschnittsverbrauch Liter/100 km/h	10,3	7,3	10,5	11,5	10,5	11,5

Entwicklungsjahre

Die nachstehende Übersicht zeigt das Bemühen von Peugeot, die Modelle 204 und 304 fortlaufend zu verfeinern und den Wünschen und Erfahrungen aus der Praxis entgegenzukommen. Darüber hinaus geben die chronologisch aufgeführten Änderungen Anhaltspunkte für Baujahre und Ausstattungsabwandlungen – wichtig für den Gebrauchtwagenkauf und -verkauf. Über einzelne technische Änderungen geben an den betreffenden Stellen die Buchkapitel Auskunft. Die technischen Daten der Motoren und Modellen finden Sie im vorstehenden Kapitel.

1963

Ab März verdichten sich Gerüchte über einen neuen kleinen Peugeot. Prototypzeichnungen in der französischen Zeitschrift »l'auto-journal« und der deutschen Zeitschrift »mot auto-journal« sind in der Form allerdings weitgehend verfehlt, statt der gezeichneten Doppelscheinwerfer kamen später die breiten Hauptscheinwerfer.

1964

Gerüchte über einen Peugeot mit 1100-ccm-Motor, Vorstellung im März 1965 zum Genfer Salon vermutet.

1965

Januar: Erstes offizielles Foto des 204 vom Werk herausgegeben. Erste Angaben: 1200 ccm, 48 PS, Motor quer eingebaut, Frontantrieb, Wagenlänge 4 Meter.
April: Vorstellung des 204 in der Umgebung von Paris.
Mai: Produktionsbeginn des 204 (Nullserie) in Socheaux, 53 PS statt der angekündigten 48 PS.
Juni: Auslieferungsbeginn des 204 in die Bundesrepublik, Preis 7370 DM ohne, 7495 DM mit Schiebedach.
Oktober: Vorstellung des 204 Break auf dem Pariser Automobilsalon, Break gegenüber Limousine mit härteren Federn für höhere Nutzlast (500 kg) und breiteren Reifen (145 R 14).

1966

Januar: Preisermäßigung, nachdem sich die Preise als für den deutschen Markt zu hoch herausgestellt hatten. Limousine jetzt 6970 DM ohne, 7095 DM mit Schiebedach, Break 7480 DM.
April: Zusammenarbeit von Renault und Peugeot vereinbart, Marken und Verkaufsorganisationen bleiben jedoch getrennt.
Mai: Gerüchte über 204 Coupé mit 65 PS.
August: Bei Versuchsfahrten in Ostfrankreich sind Coupé und Cabrio des 204 gesichtet worden.
Oktober: Vorstellung von Coupé und Cabrio auf dem Pariser Salon. Bremskraftverstärker für alle 204 auf Wunsch, Aufpreis 60 DM.

1967

Anfang des Jahres Modellerweiterung in L (Luxe) und GL (Grand Luxe), Bremskraftverstärker serienmäßig für GL.
Februar: Erneute Preissenkung. 204 L kostet 6290 DM, GL 6750 DM, Break mit GL-Ausstattung 7140, Coupé 8290 DM, Cabrio 7930 DM.
März: Lieferbeginn für 204 Coupé und Cabrio in die Bundesrepublik, Stabilisatoren vorn und hinten.
September: Modelländerungen für Baujahr 68. Neue Instrumentengruppe für Limousine und Break (nicht beim L), 3 Rundinstrumente wie Coupé und Cabrio. Gepolsterte Lenkradnabe, dicker Schalthebelknauf, mit Kunstleder überzogen, Technik und Preise unverändert.
Coupé mit Gepäckraumabdeckung, entfernbar für sperrige Gegenstände.
Oktober: Vorstellung des 204 Diesel beim Pariser Salon.

1968

Januar: Produktionsbeginn 204 Diesel, nur als Break.
April: Preiserhöhung.
September: Änderungen für Modelljahr 1969, größte Änderungswelle seit Erscheinen des 204.
Äußerlich: Gummibelegte Stoßstangen, mattschwarze Scheibenwischer.
Innen: Neues Lenkrad mit gepolsterten Speichen, für mehr innere Sicherheit Schräghandgriffe der Türen gepolstert, Türinnengriffe und Fensterkurbeln aus nachgiebigem Kunststoff, Verstellung der Vordersitze auf Kugellagern statt Schienen, Gepäckraum mit teppich- statt filzartigem Material ausgekleidet, neue Schlösser an den Türen.
Technik: Vierpunktaufhängung des Motors, Auspuffanlage mit zwei Auspufftöpfen, Bremsflächen der Girling-Scheibenbremsen von 25,3 auf 28 cm² vergrößert, Vierwege-Bremskraftverteiler Bendix unter dem Wagenboden. Bei Coupé und Cabrio Gürtelreifen 145 SR 14. Bei allen Modellen außer L und Lieferwagen: Abgeknicktes Sicherheitslenkrad, automatische Regulierung der Heizluft. Für Cabrio und Coupé Halogenscheinwerfer.
Oktober: Preiserhöhung 204 L = 6397,49 DM, GL = 6680,48 DM, GL-Break = 7255,40 DM, Diesel-Break = 8264,53 DM, Coupé = 8420,90 DM, Cabrio = 8052,38 DM, Hardtop dazu 827,50 DM.
November: Durch neue Typprüfungen haben sich ohne technische Änderungen die Motorleistungen geändert (in Klammern alte Werte): 204 L = 48 PS bei 5600 U/min (53 PS bei 5600 U/min), 204 GL, Kombi, Coupé, Cabrio = 54 PS bei 5800 U/min (53 PS bei 5800 U/min); Leistungsunterschied durch abschaltbaren Kühlerventilator, den der L nicht hat.

1969

Mai: Erste Vermutungen zum Peugeot 304, der die Lücke schließen soll, die durch Wegfall des 403 zwischen 204 und 404 entstanden ist.
Juni: Erste offizielle Fotos und Daten zum 304.
August: Änderungen zum Modelljahr 1970. Alle Modelle: Warnblinklicht serienmäßig, neue Stoßstangen, Windschutzscheibe geändert, ebenso Dichtungen und Zierleisten, auch an

der Heckscheibe. Zünd/Lenkschloß höhergelegt aus dem Knieaufprallbereich, Verankerung auch für Dreipunktsicherheitsgurte vorn serienmäßig, Scheibenwascherinhalt auf 1,5 Liter vergrößert, Behälter im Radkasten. Schriftzug 204 am Armaturenbrett weggefallen. Technische Details: Neuer Zylinderkopf, Ansaugkrümmer und Vergaser.
204 L Rundinstrumente wie GL, jedoch ohne Zeituhr. Coupé, Cabrio: Breitinstrumente des neuen 304.
Im Zusammenhang mit den Motoränderungen ergaben sich bei der neuen deutschen Typprüfung geringe Leistungserhöhungen: 204 S 49 statt 48 PS, übrige Modelle 55 statt 54 PS, Spitze nach Werksangabe um 4 km/h höher.
Oktober: Vorstellung des 304 beim Pariser Salon, 65 PS bei 6000 U/min.
November: Preis des 304 bekanntgegeben = 7420 DM ohne, 7550 DM mit Schiebedach.
Dezember: Auslieferungsbeginn des 304 in die Bundesrepublik.

1970

Januar: Heizbare Heckscheibe gegen Aufpreis lieferbar, außer Break, Coupé, Cabrio.
April: Produktionsbeginn 304 Coupé/Cabrio, ersetzt 204 Coupé/Cabrio-Reihe, Front vom 304, jedoch serienmäßig Halogenscheinwerfer, Armaturenbrett des 304, Knüppelschaltung statt Lenkradschaltung, neue Heckleuchtengruppe in rechteckiger hoher Form der flachen Ausführung.
Mai: Lieferbeginn des 304 Coupé/Cabrio in die Bundesrepublik. Coupé = 8560 DM, Cabrio = 8195 DM.
Oktober: Zum Pariser Salon Änderungen fürs Modelljahr 1971. 204: Türinnenverriegelungshebel in Schalen versenkt, auch hinten, dadurch besser vom Vordersitz erreichbar, gepolsterte Armlehnen an allen Türen. 204 und 304: Wechselstromlichtmaschine 350 Watt (bis zum Jahresende gleitende Umrüstung auf Drehstromlichtmaschine), Batterie 45 Ah statt 40 Ah, Dreipunktsicherheitsgurte serienmäßig vorn, verstärkte Scheibenbremsen vorn (Bremsfläche wie beim 404). Beim 204 Break Diesel verschlossenes (nicht versiegeltes) Kühlsystem.

1971

Mai: Preiserhöhung.
Oktober: Änderungen für Baujahr 1972. 204 mit Löwenkopf im Kühlergrill wie 304. Hinterräder mit geändertem negativem Sturz, dadurch Spurverbreiterung um 3 cm auf 129 cm. Fondaschenbecher in unteren Teil der Türverkleidung verlegt.
304: gleiche Spurverbreiterung hinten, Heizungs- und Lüftungshebel mit indirekter Beleuchtung. Limousine erhielt seitliche Kartentasche, Cabrio/Coupé offenes Ablagefach links unter dem Armaturenbrett.

1972

März: Vorstellung 304 Coupé/Cabrio mit 75 PS auf dem Genfer Salon.
September: Auslieferungsbeginn 304 Coupé/Cabrio in die Bundesrepublik, Preis 9600 DM.
Änderungen für das Baujahr 1973: 204 L mit 49 PS aus dem Programm gestrichen. 204 GL/55 PS: Polsterbezüge wie 304, Vordersitze mit Halterungen für Kopfstützen, Befestigungspunkte für Gurte an den Rücksitzen, abblendbarer Innenspiegel, Zigarettenanzünder, vergrößerte Heckleuchten.
304: Coupé/Cabrio nur noch mit 75 PS, Limousine wahlweise mit 65 oder 75 PS-Doppelvergasermotor. Mit 75 PS-Motor jeweils mit der Zusatzbezeichnung S. 304 S-Limousine kostet 9145 DM. Steilere Heckscheibe, Rücksitzbank um 5 cm hinten versetzt für mehr Kniefreiheit und Kopffreiheit, Heckraumentlüftung, größere Heckleuchten. Innen 3 Rundinstrumente mit Drehzahlmesser und Ladekontrolleuchte (Voltmeter weggefallen), Bodenteppich vorn.
Weitere Detailänderungen wie Coupé/Cabrio: Scheibenwischer zweistufig, kunstlederbezogenes Lenkrad, Rückfahrscheinwerfer serienmäßig, neue Felgen und Radkappen, vergrößerte Scheibenbremsen vorn, Zweikreisbremsanlage. 304 S-Limousine zusätzlich gegenüber 304 Limousine: Halogenscheinwerfer, Mittelschaltung, Kopfstützen serienmäßig.

1973

Juni: 204 Break Diesel mit 45 statt bisher 40 PS, 1357 ccm Hubraum, Spitze 130 statt 120 km/h.

1974

Juni: Zusammenarbeit Peugeot/Citroen beschlossen. Händlernetze und Zusammenarbeit Peugeot/Renault davon vorläufig nicht betroffen.
September: Alle 204-Modelle mit mattschwarzem Kühlergrill, gepolstertem Lenkrad. Bodenteppich. Zusätzliche Ablage rechts unter Armaturenbrett. Kontrolleuchte für Handbremse.

1975

Juli (nach Werksferien): 204 GL und Diesel bekommen Zweikreisbremsanlage und Einbaufeld für Autoradio im Armaturenbrett.
304 GL: Mattschwarzer Kühlergrill, Mittelarmstütze hinten.
304 GL und S: Zweikreisbremsanlage, Vordersitze mit strafferer Polsterung, stärker ausgeformten Lehnen und Taschen an den Lehnenrückseiten. Zusätzliches Ablagefach links unter dem Armaturenbrett.
Neue Motoren (siehe auch technische Daten): 204 GL und Break Motor XK 5 (59 PS) statt XK 4 (55 PS); 304 GL und Break Motor XL 5 (wie bisher 65 PS) statt XL 3; 304 S mit Motor XL 5 S (wie bisher 75 PS) statt XL 3 S.

1976

Ende Juli: Produktion des 204 eingestellt; insgesamt wurden seit Frühjahr 1965 rund 1,5 Millionen gebaut.
August: 304-Programm auf 4 Motoren und 6 Modellversionen erweitert:
304 GL
1290 cm³, 65 PS (48 kW)
304 SLS
1290 cm³, 75 PS (55 kW)
304 GL Diesel
1357 cm³, 45 PS (33 kW)
304 Break GL
1127 cm³, 59 PS (43 kW)
304 Break SL
1290 cm³, 65 PS (48 kW)
304 Break GL Diesel
1357 cm³, 45 PS (33 kW)
Neu beim GL: Knüppelschaltung, Armaturenbrett und vordere Sitze vom ausgelaufenen 204, Bodenbeläge Gummi, Schriftzug GL am Heck.
304 SLS ersetzt das bisherige S-Modell, neu: aufrollbare Sicherheitsgurte, neugestaltete Nackenstützen, Wischerbetätigung am Lichtschalter statt am Armaturenbrett, Schriftzug SLS am Heck.
304 Break GL: Ausstattung wie GL-Limousine, jedoch 59 PS-Motor.
304 Break SL: Ausstattung wie SL-Limousine, jedoch 65 PS-Motor.
304 GL Diesel: Ausstattung wie GL-Benzin-Modelle, jedoch mit 45 PS-Diesel-Motor.

1977

August, für Modelljahr 1978: 304 SLS mit H4-Scheinwerfern, 304 Diesel mit neuer Bosch VE-Einspritzpumpe. Vorglühen und Motorabstellen jetzt mit Zündschlüssel-Betätigung. Elektronischer Kraftstoff-Fördergeber erleichtert Einstellen der Einspritzpumpe.
Alle Modelle: Neue Felgenbefestigung mit Kugelbundmuttern statt bisher BM-Muttern, keine Radkappen mehr, Verwendung an älteren Modellen nicht möglich.
Neue Vorderachse mit 5 cm breiterer Spur: jetzt 1,37 m breit.
Wartungsintervalle von 10 000 auf 15 000 Kilometer erhöht. Motorölwechsel von 5000 auf 7500 Kilometer. Elektronischer OT-Geber.

1978

keine Änderungen

1979

Spätsommer, für Modelljahr 1980: Modellangebot reduziert auf zwei 304-Modelle mit Benzinmotor XL 5 mit 65 PS, und ein Dieselmodell: 304 Break GL Diesel mit neuem Motor XIDL (47 PS) vom 305 statt vorher XL 4 D mit 45 PS.

Wegweiser

Suchtrupp

Seit 1965 wird der 204 gebaut, der 304 seit 1969. In der Zwischenzeit wurde die Verkabelung des Bordnetzes mehrfach geändert; bis heute existieren rund 25 mehr oder weniger voneinander abweichende Kabelverlegungspläne von den 204/304 und ihren Versionen.
Deshalb wollen wir zum ersten Mal mit dem in dieser Buchreihe gepflegten Brauch brechen, einen doppelseitigen Schaltplan in die hintere Buchklappe einzurücken. Wir bringen vielmehr einen ganzen Schaltplan-Anhang, mit dem wir möglichst viele Peugeot-Baujahre erfassen wollen, um weitestgehende Hilfestellung bei Basteln und Fehlersuche zu geben.
Natürlich können wir nicht die Schaltpläne aller Detailänderungen abbilden, sondern wir haben nur die wichtigsen ausgewählt. Wer also die Baujahrperiode speziell seines 204 oder 304 vermißt, sollte im Anhang den zeitlich vorhergehenden oder folgenden Kabelverlegungsplan studieren. Im Beitext zum jeweiligen Plan stecken Zusatzinformationen, die weiterhelfen können. So sind z. B. die Pläne für den 204 Diesel weitgehend deckungsgleich mit denen des 204 GL und Break, so daß wir die wichtigsten Diesel-Abweichungen in Einzelausschnitten dort eingefügt haben. Wir achteten weiter darauf, von jedem Modell den Verlegungsplan am Breitinstrument und an der Instrumenteneinheit mit Rundinstrumenten zu zeigen. Wichtig ist ferner der 1. Januar 1971: Ab diesem Zeitpunkt wurde die Warnblinkanlage serienmäßig eingeführt.
Wie bereits im Kapitel »Elektrische Leitungen« angemerkt, halten sich die französischen Hersteller weder an die bei uns üblichen Kabelfarben noch an die DIN-genormten Kabel- und Klemmenbezeichnungen. Doch deshalb muß man nicht gleich die Flinte ins Korn werfen. Wenn man es genau nimmt, sind auch die peugeot-speziellen Klemmenbezeichnungen und Kabelnummern eine narrensichere Hilfe, mit der man sich gut zurechtfinden kann.

Die Klemmenbezeichnungen

Sie sind nichts anderes als die Anfangsbuchstaben oder Abkürzungen des jeweiligen französischen Begriffs. Da wir aber kein technisches Wörterbuch herausgeben wollen, verzichten wir auf die Übersetzung und setzen hinter das französische Kürzel jeweils die deutsche Bezeichnung. Das ist schon deshalb praxisnah, weil die französischen Klemmenbezeichnungen vielfach an den betreffenden Anschlüssen der Schalter und Aggregate zu finden sind.
Diese Klemmenbezeichnungen sind seit Anfang gleichgeblieben, treffen also auf alle Kabelverlegungspläne der 204 und 304 zu. Natürlich sind nicht alle Klemmenbezeichnungen in jedem Kabelverlegungsplan enthalten, denn die Peugeot sind ja unterschiedlich ausgestattet. Die Großbuchstaben bei den Steckverbindereinheiten in den Schaltplänen haben nichts mit den Klemmenbezeichnungen zu tun, sie können höchstens bei der Ersatzbeschaffung weiterhelfen. Außerdem sind in der folgenden Aufstellung Buchstabenkombinationen von Instrumenten enthalten, die nur in ausländischen Ausführungen vorkommen.

Klemmenbezeichnung	Aggregat, Instrument
A bis Z	Kabelverbinder (Buchstaben im Kreis)
A.C.	Zigarrenanzünder
A.C.S.	Akustisches Warnsignal Sicherheitsgurte
Al.	Zündverteiler mit Kondensator
Alt.	Lichtmaschine
Amp.	Amperemeter
A.T.C.	Warnanlage für Zündschlüssel
Av.	Signalhorn
Bie.	Batterie
Bo.	Zündspule
Bo.P.	Glühkerzen
B.r.	Anschlußklemme
C.A.	Signalhornschalter
Cap.P.	Auge für Abgasentgiftungsanlage
C.C.E.	Schaltkasten für Elektroventil
C.Cli.	Blinkautomat
C.E.V/L.V.	Schalter für Scheibenwischer/ Scheibenwaschanlage
Cli.	Blinker
Com.	Lichtschalter
Conac.	Doppelkontakt an der Spritzwand
Cor.	Relaiskasten
Co.R.	Reglerkondensator
Coup.	Automatische Kupplung
Cr.	Kabelverbinder für Scheinwerfer
C.R.	Leerlaufabschaltventil
C.S.	Stopschalter (Dieselmotor)
C.T.	Drehzahlmesser
C.T.P.	Schalter für Vorglüh-Kontrolleuchte
Dém.	Anlasser mit Magnetschalter
DIR.AV.	Schalter für Blinklichter u. Signalanlage
Dyn.	Geichstromlichtmaschine
E.C.	Kofferraumbeleuchtung
E.Ce.	Aschenbecherbeleuchtung
E.Cl	Beleuchtung: Hebelgruppe der Klimaanlage
E.Co	Beleuchtung der Bedienungshebel
E.I.	Innenraumbeleuchtung
E.I.D.	Rechte Innenraumbeleuchtung
E.I.G.	Linke Innenraumbeleuchtung
E.P.B.D.	Beleuchtung des rechten Armaturenbretts
E.P.B.G.	Beleuchtung des linken Armaturenbretts
E.P.P.	Nummernschildbeleuchtung
E.V.	Scheibenwischer
E.Va.	Elektroventil
E.V.P.	Handschuhfachbeleuchtung
F. (n)	Sicherung
F.L.	Seitliche Begrenzungsleuchten
F.P.	Türbegrenzungsleuchten
F.Pr.	Sicherung für Scheinwerfer
F.R.	Seitliche Blinker
F.S.	Parkleuchte
Gov.	Zentrifugalschalter
H.E.	Öl- und Wasserkontrolleuchte
I.A.	Lenk-Zündschloß Davauto oder Neiman
I.A.D.	Schalter für Lenk-Zünd-Anlaßschloß
I.C.F.	Schalter für Bremskontrolleuchte
I.Cli.	Blinkerschalter
I.C.P.	Druckabfall-Warnanzeiger
I.C.S.	Schalter für Sicherheitsgurte
I.D.	Schalter für Warnblinkanlage
I.E.C.	Schalter für Kofferraumbeleuchtung
I.E.V.	Schalter für Scheibenwischer
I.E.V./L.V.	Schalter Scheibenwischer, Bedienungshebel der Scheibenwaschanlage
I.E.V.P.	Schalter für Handschuhfachbeleuchtung
I.F.M.	Handbremskontaktschalter
I.F.S.	Schalter für Parkleuchten
I.L.C.	Schalter für heizbare Heckscheibe
I.L.V.D.	Schalter für rechten Fensterheber
I.L.V.G.	Schalter für linken Fensterheber
I.P.	Türkontaktschalter
I.P.AV.	Schalter für Vordertür
I.P.AR.	Schalter für Hintertür
I.P.D.	Vorglüh-Anlaßschalter
I.P.M.	Leerlaufschalter
I.P.R.	Schalter für Rückfahrscheinwerfer
I.S.	Bremslichtschalter

Klemmenbezeichnung	Aggregat, Instrument
I.S.D	Anlaßsperrschalter
I.T.S.	Schalter für Kaltstartzugkontrolleuchte
I.V.	Kontaktschalter für Hecktür
I.V.Cl.	Schalter für Heizungsventilator
I.V.Cl.C.	Schalter für Heizungsventilator komplett
J.R.	Benzinstandanzeiger
J.Tr.	Benzinstandgeber
L.	Standlichter
L.C.	Heizbare Heckscheibe
L.E.	Lampe für Armaturentafelbeleuchtung
L.V.D.	Motor für rechten Scheibenheber
L.V.G.	Motor für linken Scheibenheber
M.	Masseanschluß
Ma.	Lichthupenbetätigung
M.C.A.	Kontaktschalter für Bremshilfe
M.C.E.	Geber für Kraftstoffanzeige
M.C.F.	Kontrollschalter für Bremsflüssigkeit
M.C.H.	Öldruckschalter
Mo.	Elektrische Zeituhr
P.B.	Handlampenanschluß
P.E.	Benzinpumpe
P.E.V.	Fußpedalschalter der Scheibenwischer
P.F.	Bremsbelagplatten
Pl.	Deckenleuchte mit Schalter
Pl.2	Hintere Deckenleuchte (abgeleitete Typen)
Pl.D.	Rechte Deckenleuchte
Pl.G.	Linke Deckenleuchte
P.L.V.	Pumpe der Scheibenwaschanlage
Pl.R.	Relaisplatte
Pog.	Schalthebel
P.R.	Rückfahrscheinwerfer
Pr.	Scheinwerfer
Pr.C.	Abblendlicht
Pr.H.	Halogenscheinwerfer
Pr.R.	Fernlicht
P.T.	Anschluß des Kühlwasserthermometers
R.A.E.V.	Relais für Lichtmaschine und Scheibenwischer
R.A.L.	Doppelrelais für Lichthupe
R.A.P.	Relais für Abgasentgiftungsanlage
R.Bie.	Batteriehauptschalter
R.C.S.	Relais Sicherheitsgurte
R.D.	Anlasserrelais
R.E.V.	Scheibenwischerrelais
Reg.	Regler
R.F.E.V.	Abstellautomat für den Scheibenwischer
Rh.	Rheostat der Instrumententafelbeleuchtung
Rh.Co.	Rheostat Beleuchtung der Bedienungshebel
Rh.V.Cl.	Rheostat für Ventilator der Klimaanlage
R.L.C.	Relais für heizbare Heckscheibe
R.L.F.	Bremsflüssigkeitsbehälter
R.P.	Vorglührelais
R.Ph.	Scheinwerferrelais
R.Pr.	Fernlichtrelais
R.T.	Glühspirale
R.V.E.	Relais des Elektroventilators
S.	Stop (Bremsen)
T.	Scheibenwischertemporisator
T.C.	Ladestrom-Kontrolleuchte
T.Cli.	Blinker-Kontrolleuchte
T.C.S.	Kontrolleuchte Sicherheitsgurte
T.D.	Warnblinkanlage-Kontrolleuchte
Te.E.	Wassertemperatur-Kontrolleuchte
T.E.	Benzindruck-Kontrolleuchte
T.H.	Öldruck-Kontrolleuchte
Th.E.	Kühlwasserthermometer
Th.T.	Wärmekontakt der Wassertemperatur
Th.V.D.	Wärmekontakt des auskuppelbaren Ventilators
Th.V.D.E.	Wärmekontakt des auskuppelbaren Ventilators für Kühlwasserkreislauf
Th.V.D.H.	Wärmekontakt des auskuppelbaren Ventilators für Ölkreislauf
Th. V. E.	Thermokontakt des Elektroventilators
T.L.	Standlicht-Kontrolleuchte
T.L.C.	Konrolleuchte für heizbare Heckscheibe
T.Ph.	Fernlicht-Kontrolleuchte
T.P.	Vorglüh-Kontrolleuchte
T.S.	Starter-Kontrolleuchte
T.S.F.	Brems-Kontrolleuchte
T.V.	Fahrbereichsanzeige
V.Cl.	Ventilator der Klimaanlage
V.Cl.C.	Zusätzlicher Ventilator der Klimaanlage
V.D.	Auskuppelbarer Ventilator
V.E.	Elektroventilator
*a.c.	Stromzufuhr nach Einschalten der Zündung
*p.	Dauernde Stromzufuhr

Die Kabelnummern

Auch sie sind willkürlich gewählt, die deutschen DIN-Klemmenbezeichnungen helfen nicht weiter. Da aber bei allen Peugeot die Kabel mit den gleichen Nummern die gleichen Teile miteinander verbinden, kann man durchaus von einer Peugeot-Norm sprechen.

Die Kabelnummern finden Sie nicht nur im Schaltplan, sondern meist in bestimmten Abständen auf den Kabelisolationen selbst aufgedruckt. Die Kabelfarben haben praktisch nichts zu bedeuten, können jedoch beim Verfolgen einer Leitung helfen.

Im Schaltplan verschwinden die Einzelleitungen immer in einem dickeren Strang. In welcher Richtung das Kabel dort weiterläuft, deutet der kleine Knick vor Eintritt in den Strang an. Zum Weiterverfolgen der Leitung müssen Sie jetzt mit dem Finger oder mit einer Bleistiftspitze am Strang soweit entlangfahren, bis das Kabel mit der gesuchten Nummer wieder aus dem Strang austritt.

Auf diese Weise können Sie jede Leitung im Schaltplan verfolgen: Dann fällt Ihnen die Suche im Wagen leichter. Hier zusammengefaßt die wichtigsten Kabelnummern und was sie verbinden.

Kabel-Nr.	Verbindung zwischen
1	Anlasser-Magnetschalter – Sicherungsschiene F. 2
2	Zündspule – Zündschloß
3	Zündspule Primärstrom – Unterbrecher
4	Sicherungsschiene F. 2 – Reglerklemme BAT
5	Sicherungsschiene F. 2 – Lichtschalter +
6	Lichtschalter – Signalhorn (oder 24)
7	Regler + DYN oder – Lichtmaschine + oder DYN
8	Regler EXC – Lichtmaschine EXC
13	Sicherungsschiene F. 2 – Armaturenbrett +p (dauernde Stromzufuhr)
16	Sicherung – Innenleuchte
17	Blinkgeber – Blinkerschalter +
18	Blinkerschalter – Blinker rechte Seite über 38 (vorn), 48 (hinten)
19	Blinkerschalter – Blinker linke Seite über 37 (vorn), 49 (hinten)
20	Sicherungsschiene F. 2 – Zündschloß B+
21	Batterie + – Anlasser Magnetschalter
22	Batterie – – zur Masse
29	Sicherung – Armaturenbrett +a.c. (Stromzufuhr nach Einschalten der Zündung)
32	Sicherung – Zündschloß
33	Zündschloß – Wischerschalter
46	Anlasser-Magnetschalter – Zündschloß

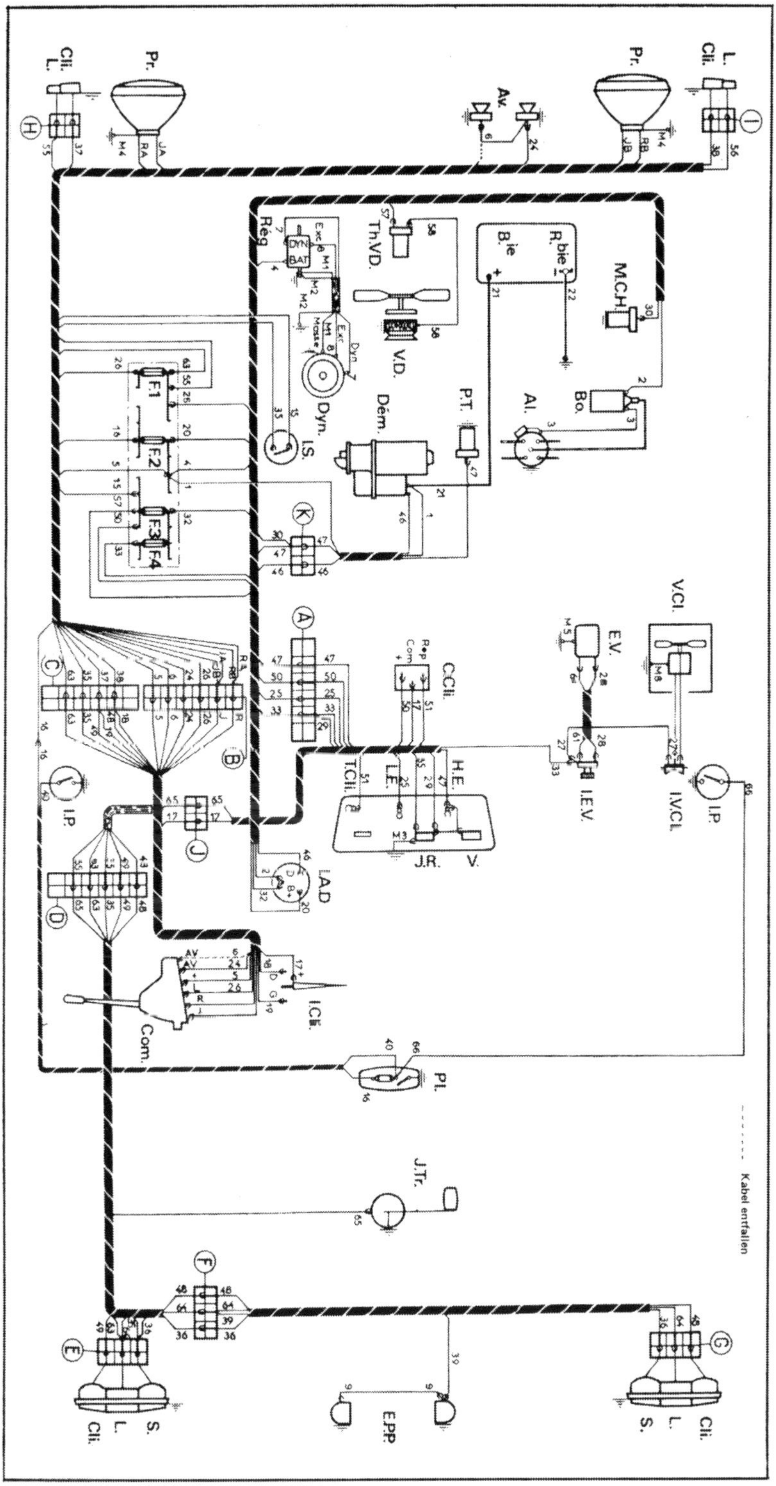

204 GL und Break bis Juli 1967

Bis Seriennummer:
204 GL = 6 311 000,
204 B = 6 692 000.

Anmerkungen:
Gestrichelt gezeichnete Kabel, z. B. Signalhorn, entfallen.

Der Ventilator der Klimaanlage (V.Cl.) mit 2 Geschwindigkeiten wird seit März 1966 eingebaut. Den Türschalter (I.P.) auf der Mitfahrerseite gibt es seit Juli 1966. Die Signalhörner (Av.) sind seit Dezember 1966 durch ein Kabel miteinander verbunden.

204 GL und Break Juli 1970 bis Januar 1971

Seriennummern:
204 GL = von 8 844 001 bis 8 888 134
204 B = von 7 529 001 bis 7 545 288.

Anmerkungen:
Gestrichelt gezeichnete Kabel kennzeichnen Besonderheiten beim Break gegenüber der Limousine.
Seit Juli 1967 hat das 204-Armaturenbrett 3 Rundinstrumente.
Der Break bekam die Laderaumleuchte (Pl.) und den Schalter (I.V.), betätigt beim Öffnen der Heckklappe.
Seit Juli 1969 hat das Lenk-Zünd-Anlaßschloß (I.A.D.) die Stellung »Zubehörteile«, ins Armaturenbrett kam neu die Standlichtkontrollampe (T.L.).
Statt über Schalter wird der Heizventilator jetzt über Hebel und Widerstand (Rheostat, Rh.V.Cl.) gesteuert.
Nur noch 1 Signalhorn (Av.).
Das Kabel 50 ist seit März 1970 an die Sicherung F. 4 (mit Kabel 27) angeschlossen anstatt an Sicherung F. 3.
Im hier abgebildeten Schaltplan taucht zum ersten Mal die einphasige Wechselstromlichtmaschine (Alt.) auf.

Der 204 Diesel,
von dem wir hier 2 rot umrahmte Schaltplan-Ausschnitte eingefügt haben, läuft allerdings weiterhin mit Gleichstromlichtmaschine. Der größere Ausschnitt unten zeigt die vom Benzinmotor abweichende Zündschloß- und Vorglühanlage. Der kleinere Ausschnitt oben zeigt die Glühkerzen; das Kabel 104 finden Sie im größeren Ausschnitt an der Glühspirale wieder, die ja Kontrollinstrument für das Vorgühen ist.

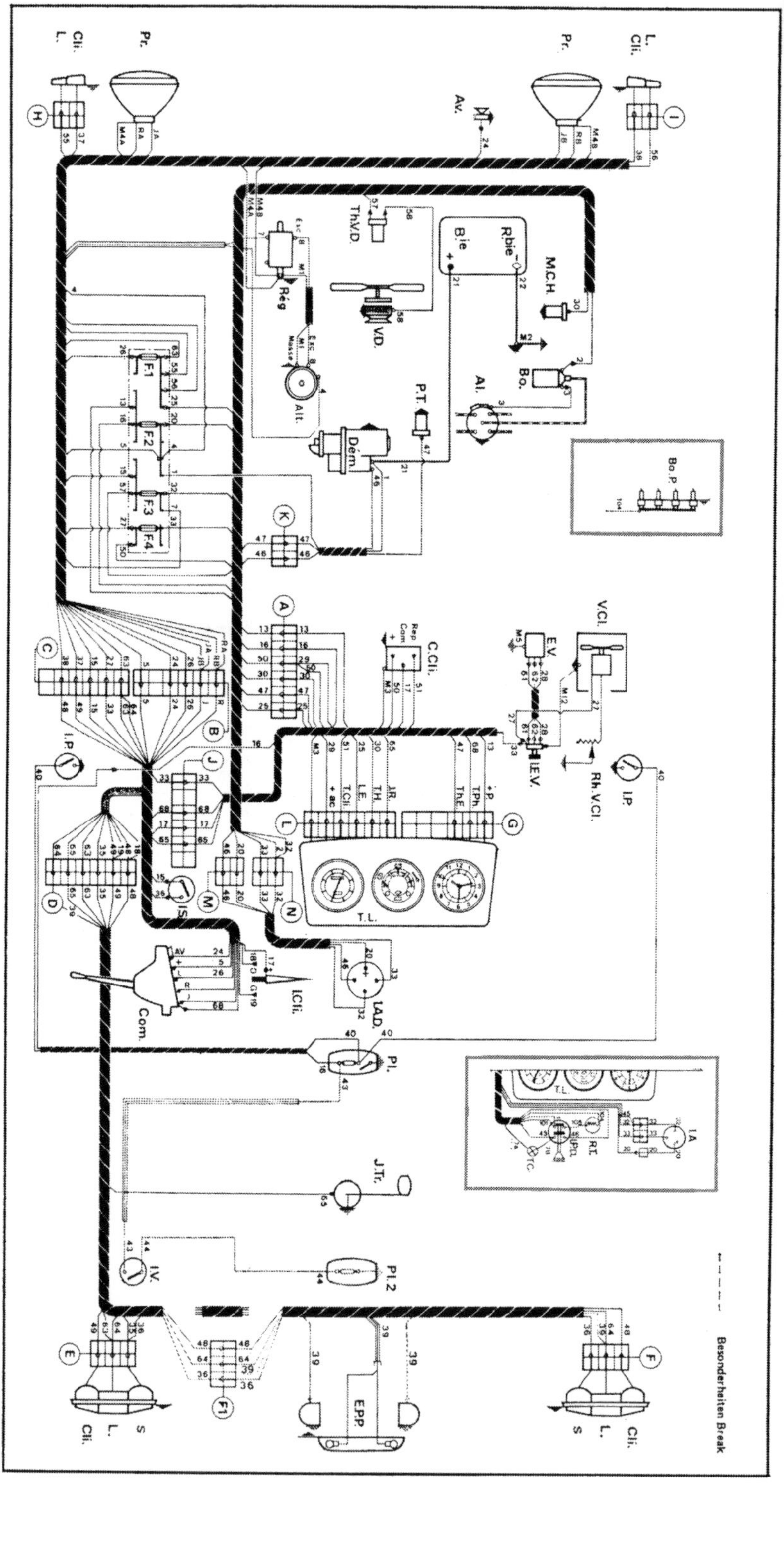

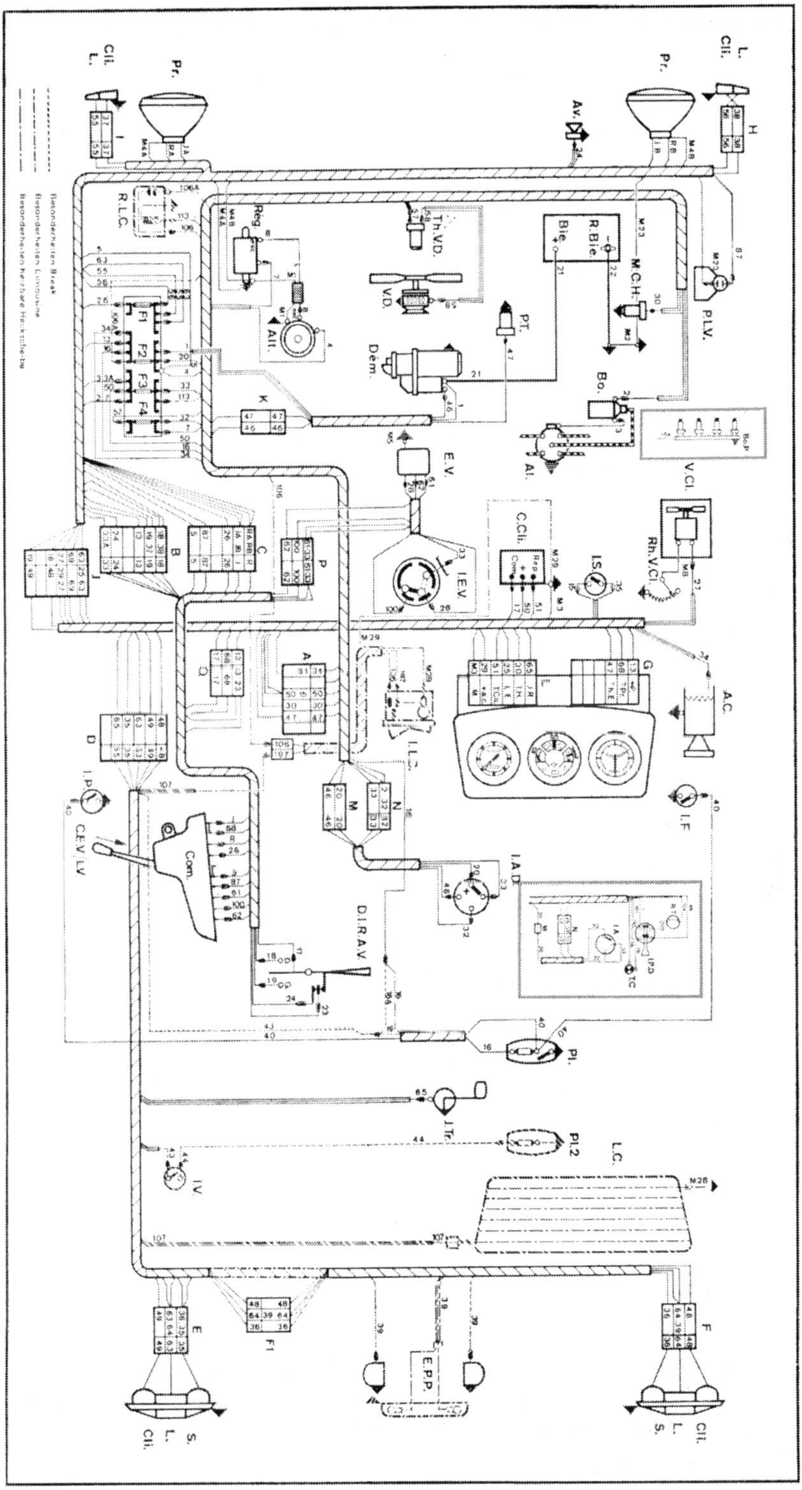

204 GL und Break seit Juli 1972

Seriennummern:
204 GL = 9 053 001,
204 B = 7 599 001.

Neu in diesem Plan:
Besonderheiten siehe Zeichenerklärung links oben.
Neu hinzugekommen ist der Zigarrenanzünder (A.C.), der an der Sicherung F. 2 abgesichert ist.
Auf Wunsch gibt es heizbare Heckscheibe (L.C.), deren Wippschalter mit beleuchtetem Symbol im Armaturenbrett sitzt. Stromverbindung von Schalter zur Scheibe über Kabel 107, Scheibe zur Masse über M 28. Der Schalter steuert über das Kabel 106 das Relais (R.L.C.) für die Heckscheibe.

204 Diesel ab Juli 1972:
Seriennummer:
204 BD = 7 939 501.
Die beiden Ausschnitte betreffen den Vorglüh-Anlaßschalter (I.P.D.), die Ladestrom-Kontrolleuchte (T.C.) und die Glühspirale (R.T.), deren Kabelanschluß 104 Sie im oberen Ausschnitt der Glühkerzen (Bo.P.) wiederfinden.

Änderungen zwischendurch:
Im Januar 1971 kam die elektrische Betätigung des Scheibenwaschers. Dazu gehört die Pumpe (P.L.V.) am Wasserbehälter, außerdem ergaben sich dadurch Änderungen am Lichtschalter (Com.) und Lichtschalter-/Wascher-Hebel (C.E.V./L.V.) gegenüber dem vorigen Schaltplan.
Da das Horn jetzt auf den Blinkerhebel (D.I.R. A.V.) geschaltet ist, trägt auch dieser Schalter seit Januar 1971 mehr elektrische Anschlüsse.

204 Cabrio und Coupé von Januar 1969 bis Juli 1969

Seriennummern:
204 C = Von 6 415 528 bis 6 418 200
204 Co = Von 6 478 834 bis 6 486 900.

Schaltplan von Cabriolet und Coupé im wesentlichen gleich; beim Cabriolet Innenleuchte anders geschaltet, da nicht im Dach untergebracht. Bis Juli 1967 hatten Coupé und Cabrio 5 Sicherungen, seit Juli 1967 nur noch 4. Im Juli 1968 bekam das Modell Jodscheinwerfer (Pr.) mit doppeltem Parabolspiegel, gesteuert über das neue Scheinwerferrelais (R.Ph.). Im abgebildeten Schaltplan waren Coupé und Cabrio erstmals mit der dreiphasigen Wechselstromlichtmaschine (Alt.) ausgerüstet.

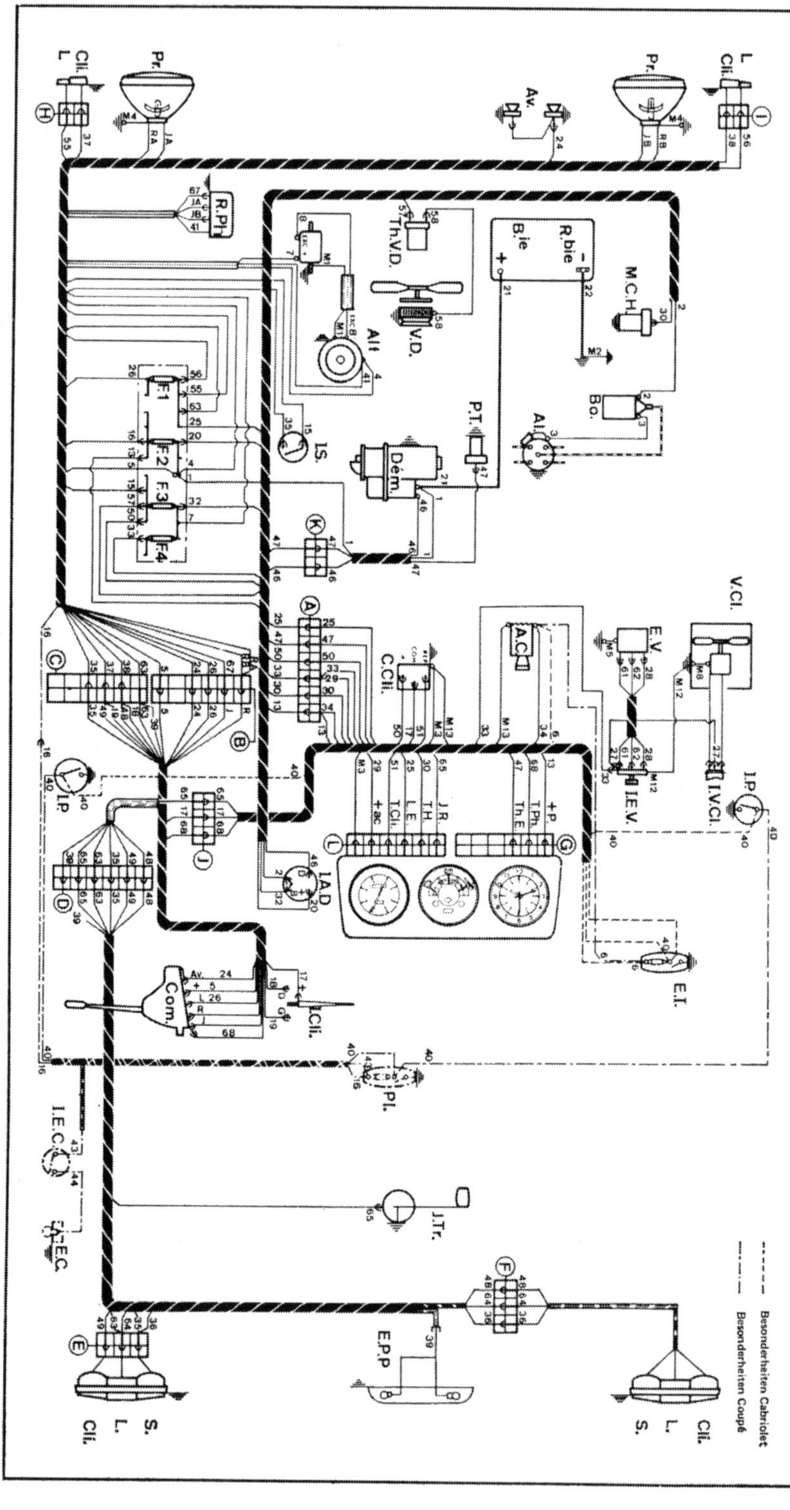

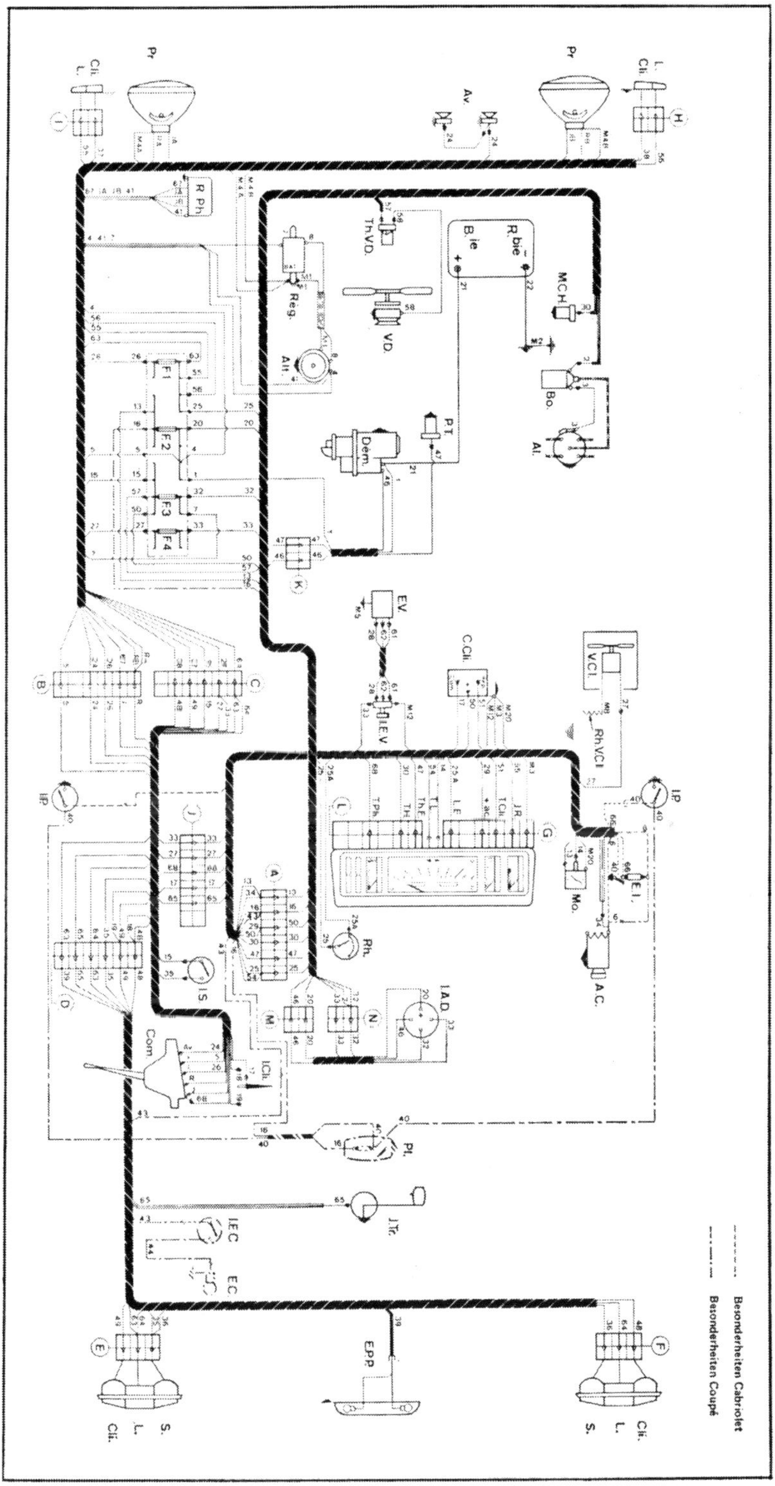

204 Cabrio und Coupé seit Juli 1969

Seriennummern:
204 C = ab 6 418 201
204 Co = ab 6 486 901.

Änderungen gegenüber dem vorigen Schaltplan (nicht abgebildet):
Armaturenbrett mit rechteckigen Anzeigeskalen.
Neu: Standlichtkontrollleuchte (T.L.).
Armaturenbrettbeleuchtung über Widerstand (Rheostat) stufenlos regelbar.
Klimaanlage Sofica mit Rheostat (Rh.V.Cl.) stufenlos verstellbar.
Lenk-Zündschloß (I.A.D.) mit Stellung »Zubehörteile«.

304 Limousine und Break Juli 1970 bis Januar 1971

Seriennummern:
304 A 01 = von 3 084 001 bis 3 143 544,
304 D 01 = bis 3 143 487.
Seit März 1970 wird das Kabel 50 an Sicherung F. 4 (mit Kabel 27) angeschlossen anstatt an Sicherung F. 3.
Neu seit Juli 1970 die einphasige Wechselstromlichtmaschine (Alt.) und der Zigarrenanzünder (A.C.).

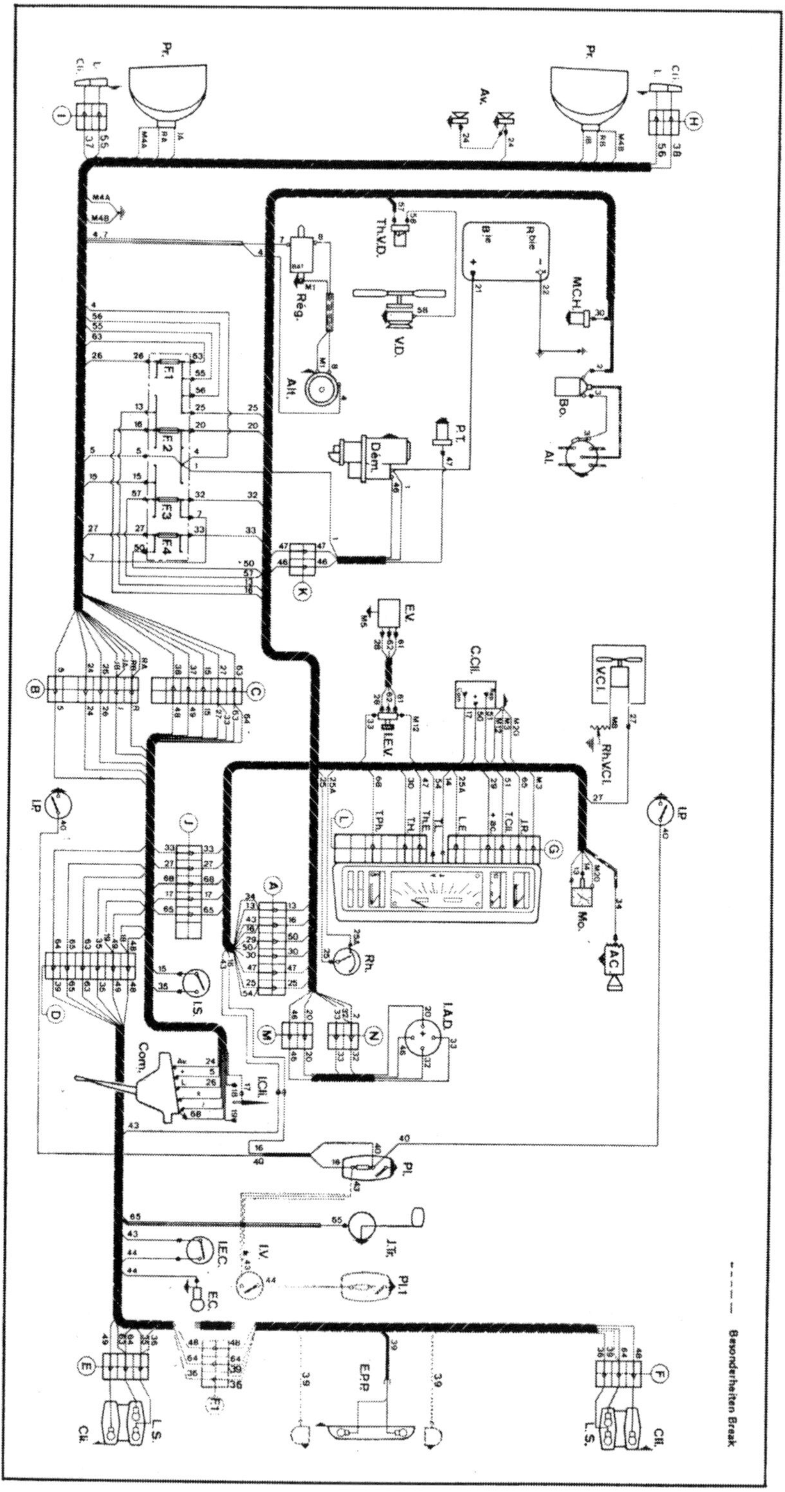

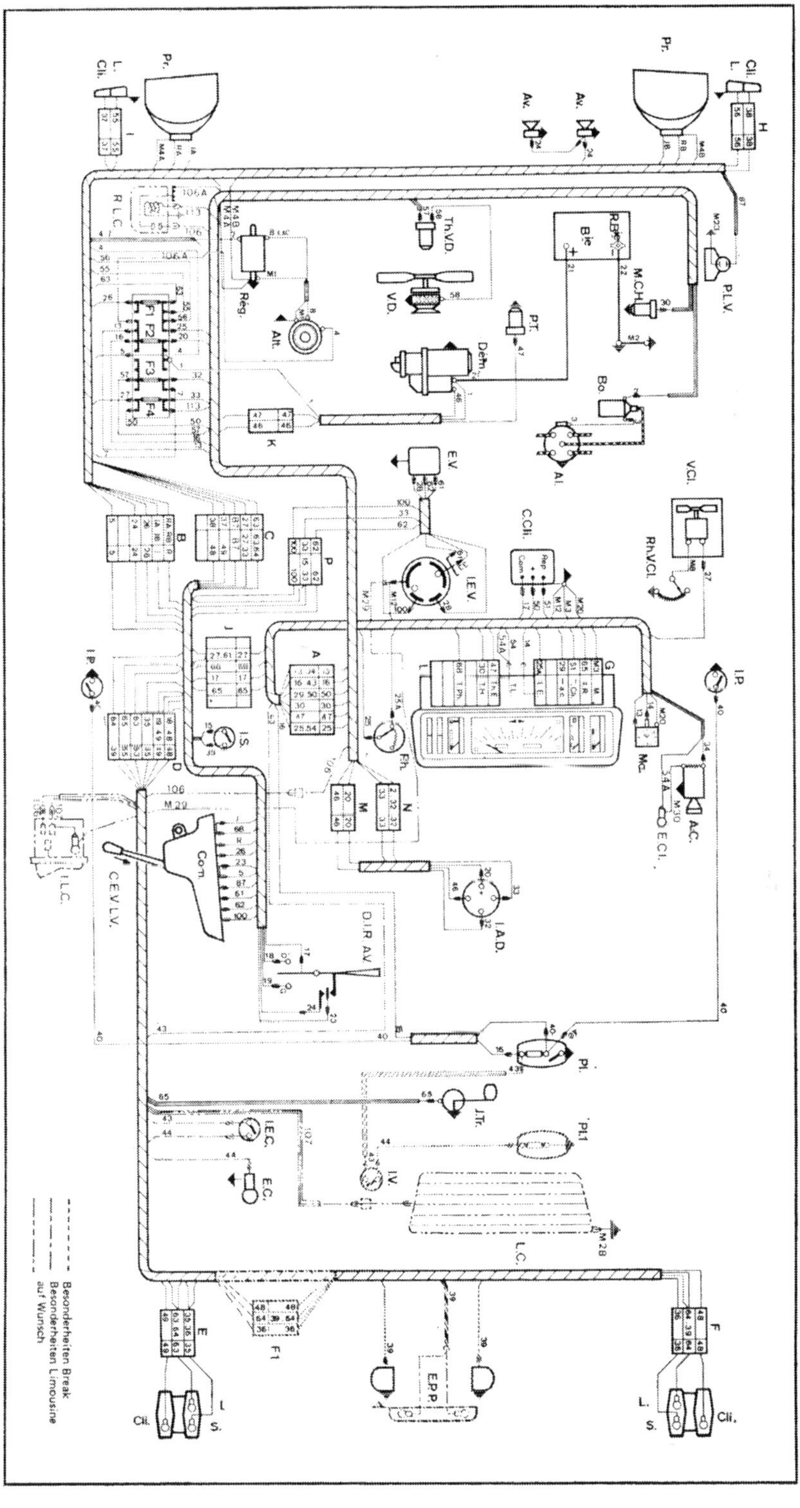

304 Limousine und Break Januar 1971 bis Juli 1972

Seriennummern:
304 A 01 = von 3 143 545 bis Serienende,
304 D 01 = von 3 143 488 bis 3 354 000.

Besonderheiten siehe links unten im Plan.

Änderungen gegenüber dem letzten Schaltplan (nicht abgebildet):
Elektrische Pumpe für die Scheibenwaschanlage (P.L.V.).

Schalter für Blinklichter und Signalanlage (Warnblinkanlage, D.I.R. A.V.).

Lichtschalter (Com.) und Schalter für Wisch/Wasch-Anlage (C.E.V./L.V.).

Seit Juli 1971 wird die Hebelgruppe der Klimaanlage (E.Cl.) beleuchtet montiert.

Die heizbare Heckscheibe (L.C.) mit Relais (R.C.L.) und Schalter (I.L.C.) wird auf Wunsch seit Juli 1971 eingebaut.

304 Limousine und Break seit Juli 1972

Seriennummern:
304 M 01 = ab 3 365 001,
304 D 01 = ab 3 354 001.

Besonderheiten:
siehe Zeichenerklärungen oben links.

Änderungen gegenüber dem letzten Schaltplan (nicht abgebildet):
Kombieinheit mit 3 Rundinstrumenten und Ladekontrollampe.

Scheibenwischermotor mit neuer automatischer Rückstellvorrichtung.

Der Kondensator (Co.R.) wird nicht mit der Drehstromlichtmaschine eingebaut.

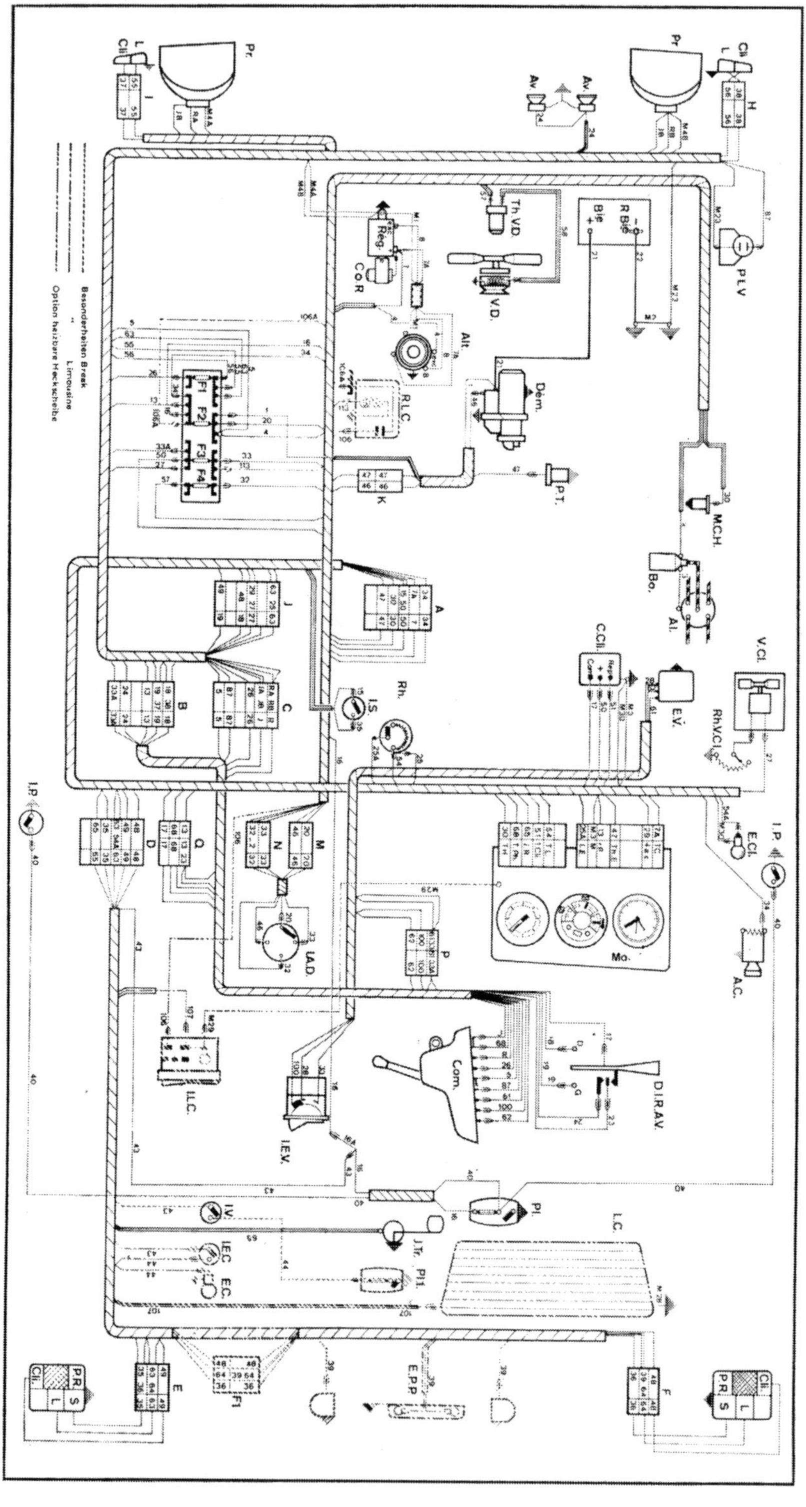

4 Cabrio
d Coupé
it Juli 1972

riennummern:
4 B 02/C 01/C 02 =
3 354 001.

sonderheiten siehe
chenerklärungen
ks unten.

it Juli 1972 haben
4 S Cabrio und Coupé
ch Rundinstrumente
der Armatureneinheit,
enso Ladekontroll-
uchte.

u beim 304 S die
ckfahrscheinwerfer
R.) in der Rückleuch-
nkombination.
ehzahlmesser (C.T.)
rd nur bei 304 S
ngebaut.
e früheren Cabrio
d Coupé: Siehe
tsprechende Schalt-
äne 304 Limousine
d Break, die nur in
enigen Details
weichen.

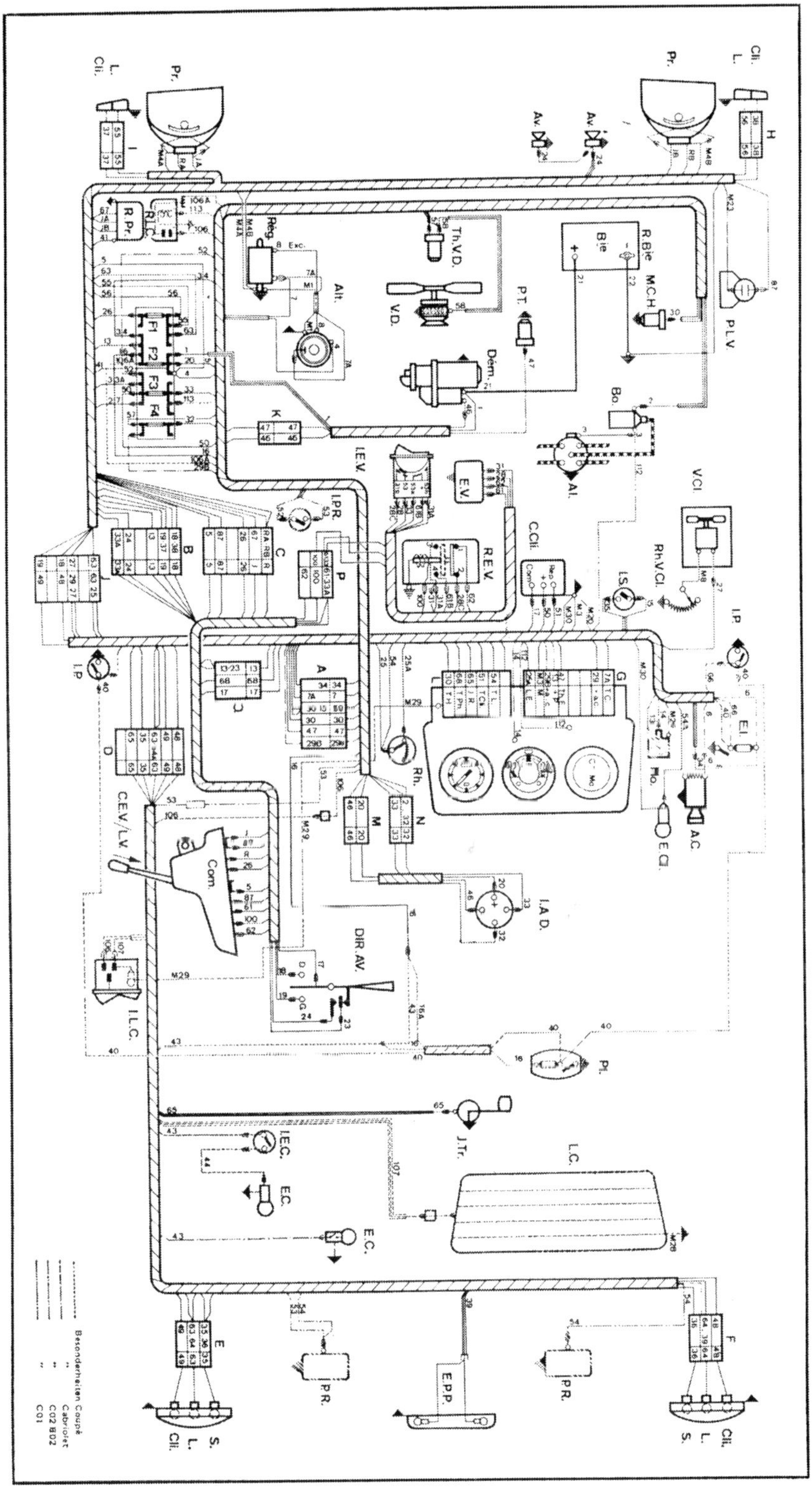

304 S Limousine seit September 1972

Seriennummer:
304 M 02 = ab 3 365 001.

Besonderheit:
Gestrichelt eingezeichnet die heizbare Heckscheibe, die auf Wunsch eingebaut wird.

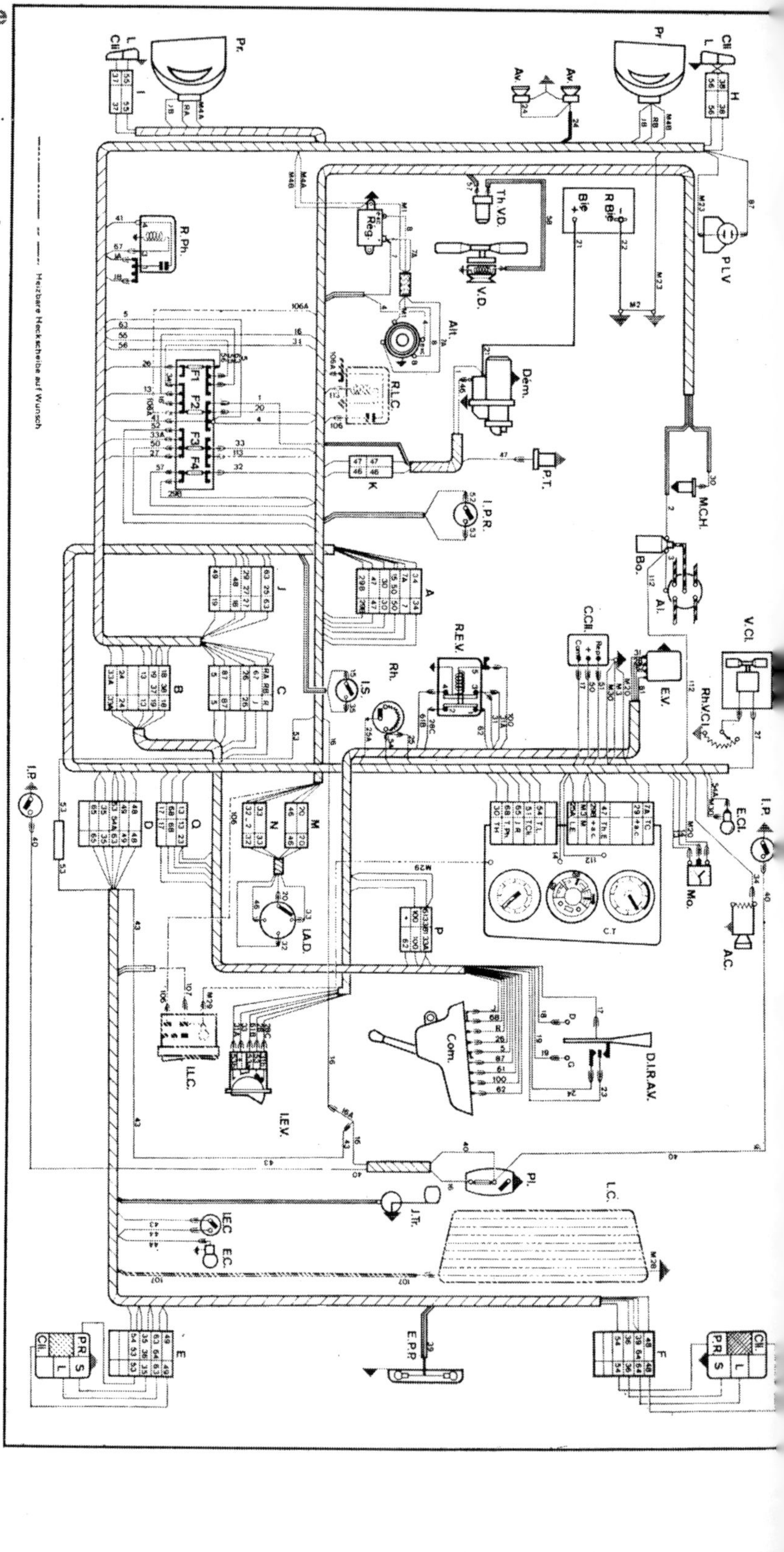

Kolibri 360 GmbH
Ferdinand-Jühlke-Straße 7
99095 Erfurt, Deutschland
produktsicherheit@kolibri360.de